# 打造創新路徑

改變世界的台灣科技產業

# CONSTRUCTING
## INNOVATION PATHS

Taiwan's High-tech Industries
That Changed the World

洪世章

# 目錄

# 自序

　　人類的歷史，也是一部科技史。從燧人氏的鑽木取火、火藥的發明，到智慧型手機的問世，人類的生活就在科技的驅動之下，發展出不同的時代文明。同理，當代台灣的歷史，也可以看成是一部科技創新史。從早期的石化、鋼鐵、汽車、家電等民生科技，再到近期的電腦、網路、面板、半導體等資訊科技，各個階段的社會活動總是離不開科技的形塑，而各個階段的代表性企業，從台塑、裕隆，到宏碁、台積電，不只是經濟成長的主要動力來源，也是維持社會安定的重要基石。科技的創新，讓台灣得以脫離落後國家的困境，走入國際市場與社會，建立鮮明的台灣主體意識。科技就像可以點石成金的魔法棒，為了扭轉乾坤、改變命運，我們總是汲汲營營於找尋新科技，發掘創新的機會。

　　科技改變了台灣，台灣也改變了科技。台灣的卓越工程製造能力，促使個人電腦的普及流行，也讓半導體的垂直分工成為可行的獲利模式。2000 年代中期聯發科的晶片組，讓中國的山寨機可以突破外國專利的束縛，加速低價手機的市場競爭與發展。沒有工研院的利他精神，台灣的創新系統就很難與中小企業發生相輔相成的效果。《西遊記》裡由太上老君所打造的天河定底神珍鐵，放在東海龍王的宮殿裡，就是一根定海神針，但落到孫悟空的手中，就變成了千變萬化的如意金箍棒。當科技走進台灣，有時就像將兩顆輕的原子核對撞後產生一顆較重的原子，並在過程中釋放出新能量的核融合效果；有時候又像是兩個互斥的磁鐵，找不到融合的空間。科技的發展，總是充滿各種社會可能性，有時回到過去、有時又回到未來，例如台灣硬

碟機的發展，儼然看到台灣汽車工業許多場景的複製，而台積電的先進製程，則改變摩爾定律的進展，加速引領台灣走向新科技的未來。

這本書記錄的是 1970 年代之後，資訊科技在台灣地區發展的近半世紀故事。科技之事，族繁不及備載，我選了六個對象，在此書進行探討，並將它們貫連起來，在行動與制度、英雄與時勢的對話之中，鋪陳出科技創新的發展道路。本書的六個案例故事，不只分別對應到過去這幾十年間，最具有代表性的台灣科技興衰與成就，這些產業活動與組織創新，也都是剛好伴隨我的學術歷程而自然開展。

第一個科技案例是 1970 年代以後，在台灣蓬勃發展的個人電腦產業，這也是我 1991 年開始撰寫博士論文的研究對象。記得那時我這個菜鳥學生，常常奔波在各大電腦公司之間進行訪談，在跌跌撞撞的過程中，建立了我對台灣資訊業的初步印象。1995 年我學成返國後，第一年的工作是在淡江國貿系，雖然只待了一年，但後來繼續兼任了好幾年，期間也指導了幾位淡江的研究生，他們所探討的對象也都跟個人電腦有關。我對電腦產業的研究一直延續到 2000 年代初期，這段期間也陸續出版了一些論文。個人電腦不只打開了我對於科技創新的研究興趣，也是讓我這個長期受社會科學訓練的學者，得以克服研究科技產業時常會遇到許多技術理解障礙的試金石。在個人電腦之後，科技創新就自然而然成為我研究的主軸。

因為研究個人電腦的關係，連帶引申出我對於硬碟機的注意，這也就是本書所收錄的第二個科技案例。在大家高聲談論電腦王國的時代，硬碟機就像是個空白鍵，雖然一開始的發展是敲鑼打鼓，但後來變成視而不見。我對硬碟機的研究，主要是我從淡江國貿轉往清華工業工程與工業管理、從商學院轉往工學院任職期間所進行。硬碟機的技術層次，比起個人電腦更深也更複雜。因為在清華工學院的耳濡目染與薰陶之下，讓我學會用工程的方法解構硬碟技術，進一步加深我對於「科技」兩個字的認識。事實上，科技管理領域的大師級人物如 Steven Barley、Kathleen Eisenhardt 等人，他們所任職的系所也剛好是跟清華工工相對應的史丹佛管理科學與工程學系。對我而言，走過

清華工學院，就像是劉姥姥進大觀園，總懷著忐忑不安的心，但也因置身新奇環境而獲得學習成長的機會。

台灣硬碟機是個失敗的案例，在硬碟機之後，很多相關從業人員轉往光碟機產業發展，所以我的研究也就隨之轉往光碟機。然而這個轉變只有持續很短的時間，原因很簡單，因為1990年代晚期台灣科技產業的重心，很大程度集中在面板身上，當很多學生都被吸引到面板產業工作時，老師也就不能免俗的選擇研究面板技術，這也就是本書第四章所收錄的案例。記得我在清華的第一個EMBA學生就是統寶的工程師，他的碩士論文就是研究面板產業，也因為這個機會，讓我有幸可以參訪到當年最為先進的面板工廠。我對面板產業的研究橫跨了清華工工與清華科技管理之間的系所轉換，中間還插入了一年意外的中興企管之旅。在這段約莫六、七年的時間裡，我幾乎都是在研究面板技術與產業，因為有了先前硬碟機的歷練，所以對於面板技術的掌握就比較得心應手，而且也因為對於硬碟機的研究頗有心得，讓我在分析台灣面板的發展時，能夠有一個可以隨時拿來比較的對象。

2005年，清華科管所迎來第一屆博士班學生，敏芬也就在那時開始跟著我從事研究工作。因為同時間史欽泰院長從工研院退休後，轉而加入清華科管所行列並擔任科管院院長一職，因為這一層的關係，敏芬在尋找她的博士論文題目時，工研院很自然的走進了她的個案清單。再加上我曾經在《工研院三十年》一書中，撰寫其中的一章，也因此對於工研院有些基本認識，最後我們就決定來探討工研院的創新歷程。原本的計畫是完成一本工研院的專書，但計畫總趕不上變化，很多原因讓這個構想未能付諸實現。但不管如何，從2005到2010年五年多時間裡，我們幾乎都在研究工研院，本書的第五章記錄的也就是這段期間最主要的研究成果。

2011年，也就是適逢民國百年，政大發起「中華民國發展史」寫作計畫，我受邀撰寫其中的科技發展一章，我邀請很會寫故事的李傳楷老師跟我一起合作，當時我們也一起撰寫大陸山寨機發展的論文。因為這個計畫的機會，讓我得以好好回顧並整理台灣科技產業歷

年來的發展，在結合當時我很感興趣的互動觀點之後，提出了對於台灣科技新族群的興起與演化過程的另類解釋。在這個時間點，我也跟我的好同事林博文老師進行了許多科技政策的研究計畫，我的博士班學生詠青也在這時加入，協助我蒐集了許多台灣科技業的風雲實錄，這些都是我完成本書第六章的重要資料來源與源頭活水。

到了 2016 年，也就是在完成《創新六策》一書之後，我開始有了將我對於台灣科技產業的研究彙整成書的想法，再加上我從 2016 年起，借調到科技部服務，在一個接一個幾乎無間斷的會議中，每天想的與做的都是關於科技的現在與未來，因此寫書的動機也變得更加強烈。但對於如何落實這個構想，總覺得還欠缺了重要的一環，也就是半導體的發展，特別是現今被認為是台灣最有競爭力的企業台積電。在我的博士生俊彥的協助下，我開始專注於研究台積電；也就在這個時候，我覺得我對於行動與制度之間關係的掌握才真正成熟。其實從 1996 年我來到清華大學以後，對於台灣半導體與台積電的關注，一直是個現在進行式，每年我在 EMBA 與 MBA 的「策略」課堂裡，最大宗的在職生就是來自於半導體，我所指導的學生裡也陸陸續續都會有台積電的員工。對於半導體與台積電的研究，可以說一直都是我在清華大學工作的日常事務，希望本書第七章所描述的台積電創新過程，能夠忠實反映出我從學生們身上所學習到的寶貴知識。

除了以上的台灣科技多樣面貌外，我在本書的第一章裡將科技管理的相關理論，做了一個全面性的回顧，並據此導引出我對於全書的分析邏輯與解釋各章之間的相關性。在本書的最後一章，我則彙整本書所有的案例、故事與素材，提出一個新的「創新路徑」分析架構，來統整行動與制度、英雄與時勢之間的歷史走向與動態關係。另外，我將各章關於台灣科技業發展的研究方法獨立拉出來成為本書的「附錄」，我的目的不只是清楚交代本書的研究過程，也是提供其他有志於質性研究的同儕或學子，一個可以參考的專文。

本書終於完成了，要感謝的人很多，除了以上所提及的學生、同事外，還包括曾經修過我課的許多清華學子們，他們都在課堂上聽過

我對於台灣科技產業的研究心得，他們也是給我最多回饋的讀者。我要特別謝謝清華科管所 2019 年入學的學生，因為我在「創新與技術策略」課程裡，曾指定他們每週閱讀一章本書的初稿，學生們除了協助我找出很多錯字之外，也提了很多問題，讓我可以更精進很多的分析。也謝謝我的博士生淑珍與朱康，在本書出版前的最後階段，幫助我完成最後的校稿工作以及許多繁瑣的行政流程。身為質性工作者而言，也都不可避免的一定會感謝曾經接受過我們訪談的對象，他們的想法與經歷，都是不可取代的研究素材。謝謝清華大學給了我一個可以自由思考、恣意揮灑的工作環境，也謝謝科技部這麼多年來的經費支持，讓我與我的研究生們可以從事我們認為有趣的研究題目。

　　能夠將自己多年來的研究心得成書並與大家分享，是一件很高興的事，特別是在例行的研究工作之中，因為與不同人事物的緣分，而投入創作台灣科技發展的另類事蹟與故事。回首既往，科技萬千、台灣爭渡，這是一個由英雄與時勢共同打造的創新路徑。

　　「無限事，從頭說。」

洪世章

2020 年 10 月

# 第一章

# 時勢照英雄：
# 科技三疊話創新

　　本書從管理的視角，探討台灣科技產業的發展。在學術上，這是一門科技管理的學問；但科技要如何管理，或是說，應採用何種管理角度，理解科技的發展與產業競爭力，則是一個複雜的問題。在本書的起始，我們用一章的篇幅，定義科技管理的內涵，包括緣起、發展與範疇，特別是英雄與時勢、行動與制度之間的關係，據此來奠定本書的分析框架。換言之，英雄／行動與時勢／制度所構建的科技分析觀點，就是本書的骨幹，而台灣科技產業的人事物，就是本書的血肉。

## 第一節　科技如何管理？

　　科技管理是一門新興發展、同時也是一個蓬勃擴散的學科，與一般企業管理功能不同的是，科技管理更加強調研發、創業、創新與變革等議題，實際探討內容也大多以科技產業或高科技組織作為研究對象。科技管理在過去的發展歷程中，主要有兩條不同的詮釋途徑。一是從商管的角度著眼，以「美國管理學會」（Academy of Management；AOM）為例，AOM 於 1987 年成立「科技與創新學

門」（Technology and Innovation Management Division；TIM），此學門所探討的議題涵蓋技術策略、研發管理、創新過程、創新擴散、技術演化與變遷、產品開發、科技政策等。另一種觀點是工程管理的視野，以期刊《IEEE Transactions on Engineering Management》為例，該期刊從 1950 年代起便收錄與科技管理相關的論文（Allen and Sosa, 2004），特別是著重在生產、研發、專案與運營管理的相關議題。因為研究人員背景的差異，對於科技管理的內涵，也就發展出了不同的學術結構與典範（Ball and Rigby, 2006；Linton and Thongpapanl, 2004；Rigby, 2016）。源自於商管學科的科技管理研究，不管是在理論發展或是方法設計上，都與其他的社會科學領域有著更多的「家族類似性」（family resemblance）（Wittgenstein, 1953)，包括共用的圖像、通則、價值與信念。相對而言，從工管出發的科技管理研究取向更偏向自然工程領域，也就是不會特別關心形而上的理論爭辯，而是更在乎實務問題的解決（例如發展出降低成本的方法，或是提升研發流程的效率），以及實驗方法的創新性與應用性（見科技筆記：自然理工與人文社會的對比）。

### 📝 科技筆記

## 自然理工與人文社會的對比

　　學術研究可概分為自然理工與人文社會，區隔這兩大領域的因素不只是來自於科研人員、設施或議題的不同，也是來自於對於科研的不同信仰所形成的典範之別（Kuhn, 1962；Nelson, 2016）。分享同一典範的研究者，代表的是擁有同樣的教育背景、接受同樣價值、運用共同的方法、探索共同的目標。不同的典範，也就代表不同的學術社群、「不同掛」的科

學工作者，而在「格式塔轉換」（Gestalt-switch）[1] 的影響下，社群之間也就常會出現雞同鴨講的爭辯、爭吵，甚或是爭鬥。這樣的衝突或矛盾，在自然科學與人文社會間就很典型，特別是在重理工、輕人文的台灣學術社群裡，更是如此。

　　表 1-1 列舉出自然科學與人文社會的許多不同處。在理性的基礎上，自然理工對現代性的追求，讓它的發展從啟蒙理性走向了工具理性，總是不停地追求更好的技術、更好的方法，進而達到自己所要的預期目的。也就是說，自然理工強調效益主義，重視以終為始，是以結果論英雄。相對而言，人文社會對現代性的批評，則讓它更為強調價值理性，不去計較是否取得成就，而是著眼於實現社會的公平、正義、忠誠、榮譽等價值。也因為人文社會強調行為與作品的不可比較性，尊重每一個領域的特殊性，在理性或道德的天平上，更偏重於絕對主義，認為學術的發展不應充滿計算，意圖的初衷應高於結果的成敗。

▶ **表 1-1　學術典範的比較**

| 面向 | 自然理工 | 人文社會 |
|---|---|---|
| 理性 | 工具理性、效益主義（結果論） | 價值理性、絕對主義（意圖論） |
| 對象 | 科技發展 | 人類文明 |
| 用處 | 實用、應用 | 無用之用 |
| 節奏 | 快 | 慢 |
| 競爭 | 贏者全拿 | 百花齊放 |
| 產權 | 直接（專利、技轉金） | 間接（概念、思想啟發） |
| 資源 | 經費 | 時間 |
| 要角 | 大老、天才 | 大師、耆老 |

---

[1] 「格式塔」是德語的整體、完形之意，指的是通體相關而不能分隔成簡單元素的完整現象。Kuhn（1962）認為，從一個典範到另一個典範，或是從一個理論的世界轉變到另一個，是所謂的「格式塔轉換」，而不是經由任何的理解或接受過程，這也就是一種典範「不可通約性」（incommensurability）的概念。

　　在訴求或對象上，自然理工心繫科技發展，人文社會更為關心人類文明。在使用分析上，自然理工就如兵戈鐵馬一般，易於發揮實用、應用的價值，但被認為是「蘭花之學」的人文社會則無法求此前此刻之即時應用，但這或可理解為「無用之用是為大用」，例如很多偉大的企業經營者，都會從文學、藝術來汲取創意的土壤。事實上不只如此，為了彰顯人文社會的價值，有時在課堂上，我都會問學生一個問題：「馬克思與賈伯斯，到底哪一個『ㄙ』，對我們社會的影響比較大？」從學生們幾乎都會一面倒地認為是馬克思的回答中，我們可以知道，千萬不要忽略人文或社會思想所帶來的力量。

　　在進步的節奏上，科技的發展總是一日千里，講究的是先做先贏，但很多人社學者強調的是傳薪，而非只是創新，人文的研究更需要細火慢燉，而非大火快炒。而這就如余光中所言：「科技催未來快來，文化求歷史慢走。」[2] 科技研發的成果常是贏者全拿，但人文社會更重視百花齊放、爭奇鬥豔。科技的成果與產權可以直接的以專利、技轉金的具體財產權方式表現，但人文社會強調的是概念、思想上啟發，而即便是觀念上的偉大突破，也很難如專利般直接歸因於特定個人或文章的貢獻。此外，自然理工最重要的資源就是經費，但人社學者需要的更多是時間。最後，在行動主體或要角上，自然理工既重英雄出少年，也因為研究需有大規模的經費投入與資源累積，也易產生資深大老主導的現象；相對的，人文社會雖也會有大老的現象，但因為對於資源的控制情況較不明顯，故影響上相對輕微。另也因文人相輕，故除非是所寫的文章能讓人打從心底佩服，否則只是大老還是容易凋零，但若可成就一家之言的大師就會永世長存，而具有文化保存者或捍衛者地位的耆老，也常常扮演重要的角色。

---

[2] 2016 年 5 月 18 日，中山大學校長楊弘敦即將北上接掌科技部部長一職，余光中在歡送會上親筆寫下此句話以為贈言，https://news.nsysu.edu.tw/p/404-1120-151619.php?Lang=zh-tw。瀏覽時間：2019 年 5 月。

　　當然，以上的分析，並非是絕對的一體適用，因為科技的發展常離不開人文，而人文的發展也常需科技的協助。另外，因為人文社會的豐富性，以上的分類在不同領域間之適用性也有一些差別：例如文史哲領域更為注重文化主體的詮釋性，也更為強調百花齊放、百家爭鳴；相對的，社會科學更為重視入世的研究，而商管領域也很強調產業的相關性與應用性。然而，自然理工與人文社會的根本差別，確實是牢不可破，而這樣的張力或衝突也會影響到學術社群的發展，從計畫的補助、資源的分配，到論文的審查等，都是如此。以科技管理領域為例，工程研究取向者會很重視數字、專利、比較、評價與總量，而社會科學取向的科管學者會更為強調概念、理論、學派、過程與現象。一方面，多元的價值與走向，除了代表科技管理的新興發展地位外，也代表制度的不成熟與環境的不確定性，而這都對研究人員帶來很大的挑戰。另一方面，因為典範的差異，所帶來的部分交流機會（Kuhn, 1977），也持續為科技創新與管理的研究，帶來新的發展能量與可能。

　　本書的主軸內涵明顯屬於社會科學的一環，也就是從商管的角度來詮釋台灣科技產業的發展。商管的範疇與詮釋下的科技管理，早期是依附在策略管理的學術社群發展，以 AOM 為例，尚未成立 TIM 學門以前，從事科技管理研究的學者通常會選擇加入「企業政策與策略學門」（Business Policy and Strategy Division；BPS），並以此作為投稿途徑，BPS 致力於策略理論與實務的研究。但是，1987 年 TIM 正式成立後，許多從事科技管理研究的學者紛紛從 BPS 脫離出來，並逐漸形成一個擁有主體性的學術社群；同時間，專門探討科技管理的學術研討也如雨後春筍般設立。例如：1988 年所舉行的第一屆「國際科技管理學會（International Association for Management of Technology；IAMOT）年會」；1991 年開始舉辦、當時主題訂為「科技管理：新的國際語言」（Technology Management: The New

International Language）的「波特蘭國際工程與科技管理研討會（Portland International Conference on Management of Engineering and Technology；PICMET）」；1995 年開始，於國內定期舉辦的「中華民國科技管理學會年會暨論文研討會」。

而在原本策略管理領域，探討科技創新的議題，也是如火如荼地展開，知名的《Strategic Management Journal》（SMJ），就在 2007 年衍生出姊妹刊物《Strategic Entrepreneurship Journal》（SEJ），專門收錄創新創業相關論文。許多的策略學者，轉身一變，成為創新創業專家，而許多的管理研究生，也轉而關注科技產業的發展，這種情況，在台灣更加明顯，特別是科技產業成為現今台灣競爭力所在。引領台灣產業發展的工商業領袖，從 1980、1990 年代的電腦教父施振榮、到 2000 年之後的半導體教父張忠謀，兩位也是歷年來代表台灣參與 APEC 峰會的唯二商業領袖。科技既是台灣的競爭優勢所在，也是台灣競逐國際舞台鎂光燈的珍貴籌碼。

如同策略管理是商管領域的最核心科目，是經理人王冠上的那顆珍珠，科技管理的核心議題所在，就是科技事業的策略管理，而這也就是本書所關心的問題所在。但是，什麼是策略管理，或是說策略管理關心的問題，或是分析的角度是什麼？回答這個問題，有助於幫助讀者瞭解本書的理論定位，或是學術的依循，也就是要採用什麼理論視角來探索現象、回答問題。為此，我們先來回顧一下策略概念的歷史發展，並且說明為何策略管理與科技管理走到了「你泥中有我，我泥中有你」的情況。

## 第二節　從策略管理到科技管理

策略管理，作為一門學科，可上溯自 1930 年代，至今成為全世界任何商管學院 EMBA、MBA 學生們的必修、也是最為核心的科目，甚至有人戲稱，每一個哈佛大學商學院的教授，都是策略教授。縱觀過往 80 多年來的發展，策略的內涵及關心的重點，一直隨著時

代的更迭，而有所變化，基本上可以將其分成六個階段來說明，以下
我們依序說明。[3]

## 一、1930 年代以前：營運效能與企業政策

　　20 世紀初管理者的目標就是運用最少的資源獲得最大的產出，
進行效率生產，因此發展出泰勒主義（Taylorism）以及福特主義
（Fordism）；前者將重點放在專業化的生產，後者則是追求有效率
的分工。Frederick Taylor 受雇於伯利恆鋼鐵公司時（1898 ～ 1901
年），透過科學方法觀察與研究工人的動作與工具，設計出最適合工
人使用的鏟子，減少動作上的浪費。而福特汽車公司的 Henry Ford
在參考芝加哥的一家肉食品加工廠後，設計出足以大量生產 T 型車
（Model T）的裝配線。自 1913 年起的十年內，福特汽車的產量逐年
增加一倍（Hounshell, 1985）。泰勒主義與福特主義的盛行，揭露了
當時的策略重點擺在生產線的專業化與量產，追求的是產能極大化與
營運效能。

　　接著，1930 年代的策略重點開始從低層次的作業流程，移往高
層次的戰略目標。於 1923 年成為當時世界最大公司 General Motors
（通用汽車）總裁的 Alfred Sloan，經由實際的管理經驗，慢慢捨棄
公司傳統上只憑感覺或直覺的領導方式，而更為強調讓事實或證據說
話。Sloan（1963）認為，主管或經理人的目標在於確認市場所在，
並追求利潤極大化，在執行上，這些高階主管應將其努力專注於政策
（policy）規劃，擬定發展方向，而非投入過多心力於營運或作業性活
動上。一直到 2000 年代初期，「企業政策」一詞，還在許多大學的課
堂中作為教授策略的正式課名，而 AOM 也是一直到 2017 年，才將
原有的「Business Policy and Strategy」學門，正式更名為「Strategic
Management」。

---

[3] 本節的部分回顧內容，曾發表於洪世章、曾詠青、賴俊彥（2016）。

## 二、1940 ～ 1950 年代：最佳化決策與策略規劃

1940 至 1950 年代，一方面適逢二次世界大戰，因為戰爭的需要，發展出許多決策數量方法，例如：分析政治談判的賽局理論（von Neumann and Morgenstern, 1944）以及預算控制等。另一方面，大型電腦與計算機開始從美國官方流入民間企業，企業開始學會如何使用電腦來處理複雜的管理問題。因此，這一時期的策略重點放在如何透過數量與模擬的方法，在既定的條件限制下求取最佳解。例如：GE（General Electric；奇異）、美國國防部與學術界，就發展出許多複雜的規劃模型，像是線性規劃、專案計畫評估查核技術、路徑法、等候理論等，以便幫助管理者找到最佳的解決方案。

另外，自 1950 年代開始，因為組織與決策理論的蓬勃發展，正式的策略規劃開始盛行，強調由上到下的規劃過程，整合各功能別的人員來完成組織所設定的長期目標與短期任務。企業史學家 Chandler（1962）就強調，策略的意義就在於擬定基本的、長期的企業目標，配合資源投入與具體行動，以完成企業目標。公司經營的基本問題是如何設計與建立組織結構，以使高層管理者能專注其決策責任，此即著名的「結構必須追隨策略」（Structure follows strategy.）命題。Ansoff（1965）所完成第一本策略教科書《*Corporate Strategy*》，延續 Von Neumann and Morgenstern（1944）的軍事戰略觀點，有系統地將策略規劃與軍隊活動串連在一起，藉由有紀律的階層管理以完成組織的目的，也就形塑了經理人的中心策略思想。

## 三、1960 ～ 1970 年代：多角化策略

此時期不僅企業與企業之間的競爭加劇，國際之間的競爭也急速上升，尤其是當美國企業面對日本戰後復甦所帶來的挑戰，諸如日本的汽車工業、半導體產業與家電用品，外部的威脅與機會成為不可忽視的策略構面，尤其當機會出現時，就刺激企業從事多角化經營。

Ansoff（1957）強調，企業成長有四種策略選擇：市場滲透、

產品開發、新市場開發以及多角化策略，而其中多角化策略所帶來的成長是最大、最顯著的。據此，快速的多角化擴張成為企業發展的主流，因此也連帶使得顧問公司如雨後春筍般紛紛成立（Kiechel, 2010），當中最有名的就是成立於 1963 年的波士頓顧問集團（Boston Consulting Group；BCG）。這些顧問公司發展出許多新的策略分析架構，包括：成長／市佔矩陣（growth share matrix）（又稱為 BCG 矩陣）、經驗曲線（experience curve），以及奇異－麥肯錫矩陣（GE-McKinsey matrix），用來分析不同事業單位的相對優勢與成長方向。

## 四、1980 年代：策略內容與程序

1980 年具有代表性的策略期刊 SMJ 正式創刊，隔年其所屬的學術研討會「Strategic Management Society」（SMS）也在英國倫敦舉辦。至此，「策略管理」這一名詞，也開始慢慢的取代「企業政策」，成為教學單位與學術社群的正式用語。

SMJ 以及 SMS 的誕生，標誌著策略管理開始在學術社群中有較系統性專業化的發展，並在往後的數十年中，探討的議題與研究方法日新月異（Ketchen et al., 2008；Mintzberg et al., 1998），使得策略管理成為一個較為成熟的管理領域（Boyd et al., 2005）。此時期對於學術界最有影響力的學者包含：Michael Porter（波特）、Jeffrey Pfeffer（菲佛）、Oliver Williamson（威廉森）以及 Henry Mintzberg（明茲伯格）等（Nerur et al., 2008），其中尤以 Michael Porter 一系列有關於競爭優勢與定位的著作，更是重新定義、也豐富了策略管理的內涵（Wright, 1987）。

在 Porter（1980, 1996）的策略世界中，市場競爭是個零和賽局，廠商本身的獲利來自於競爭對手的失利，所以策略重點強調如何比競爭對手有更傑出的表現，也就是要能發展自己的策略定位。Michael Porter 的策略理論被歸類為定位學派（Mintzberg et al., 1998），其所發展出來的工具就是著名的五力分析（five-force analysis）（Porter, 1980）。Porter（1985）也揭示三種基本競爭策

略：成本領導（cost leadership）、差異化（differentiation）、集中化（focus）。企業為了產生優於競爭對手的績效，應該專注於其中一種策略，假若同時追求兩種以上的策略，就會「困在其中」（stuck in the middle）（Porter, 1985）。無論是成本領導、差異化或是集中化策略，都在追求廠商之間的差異化程度；換言之，如果想要在產業中獲得競爭優勢，最好的策略就是跟別人不同。此時期 Michael Porter 的策略理論成為顯學，無論是理論或是實務，幾乎主導了這一時期的策略研究（Dess and Davis, 1982；Galbraith and Schendel, 1983；Hambrick, 1983；Murray, 1988；Wright, 1984）。1990 年，Porter（1990）進一步出版《*The Competitive Advantage of Nations*》（國家競爭優勢）一書，一夕之間，競爭優勢理論從廠商、產業往上延伸至國家層次，大師儼然也成為國師。也因為 Porter（1980, 1985, 1990）三本書的成就，策略管理幾乎成為每一個經理人所必談、必修與必行的功課。

相較於 Michael Porter 所代表的策略內容（content）學派，以 Henry Mintzberg 為首所建立的程序（process）學派，也在這時期發展成為可以相與抗衡的主軸領域。Mintzberg（1973）透過直接觀察高階經理人的日常工作行為，發現管理者一天中花最多時間的地方，都是一些看似平常的日常瑣碎之事，這樣的發現與過去強調的正式策略性規劃相違背。重要的程序研究推動者還包括：Quinn（1980）以邏輯式漸進（logical incrementalism）解釋策略的形成；Pettigrew（1985）則詳細描述政治行為對於策略形成的影響。

## 五、1990 年代：核心能力與多元分析

1960、1970 年代多角化活動所產生的大而無當現象，讓企業從過去的自外而內（outside-in）的策略思維，轉向自內而外（inside-out），開始強調組織內部的核心能力（core competence）（Prahalad and Hamel, 1990），包括：Wernerfelt（1984）以及 Barney（1991）等人所提的資源基礎觀點（resource-based view；RBV），Kogut and

Zander（1992, 1996）的組織知識（knowledge of the firm），Teece, Pisano, and Shuen（1997）所提出的動態能力（dynamic capability），或是 Cohen and Levinthal（1990）基於組織學習的觀點提出的吸收能耐（absorptive capacity），都逐漸成為熱門理論。這些自內而外的學說都有一個共通點：競爭優勢來自於內部資源的建立，也是廠商差異化的緣由，非相關多角化的策略思維應該被揚棄，專注的成長才是首選策略。Barney（1986）甚至宣稱，廠商應該要將分析的重點擺在特殊的技能與資源，而非外部的競爭環境。

　　除此之外，交易成本經濟學、利害關係人等觀點，在分析策略選擇與購併行為中應用得更為普遍（e.g., Ghoshal and Moran, 1996；Harrison and Freeman, 1999；Masten, 1993；Parkhe, 1993；Rindfleisch and Heide, 1997）。總而言之，策略已不再侷限於傳統的規劃與執行，其運用範圍、涵蓋議題變得更加廣泛。

## 六、2000 年以後：創新與科技管理

　　進入 21 世紀後，技術變遷的速度比起以往更加劇烈，產業與市場的結構瞬息萬變，競爭優勢也是轉眼即逝（McGrath, 2013）。Schumpeter（1934, 1942）的創業家精神（entrepreneurship）與創造性破壞（creative destruction），又再次回到世界的舞台，以及策略管理的議程裡（Hitt, Ireland, Camp, and Sexton, 2001, 2002；Landström and Harirchi, 2018）。Steve Jobs（賈伯斯）返回 Apple（蘋果）後所創造的傳奇，讓科技創新、典範移轉、平台經濟成為經理人的必修功課。美國的 eBay、Amazon（亞馬遜）以及中國的阿里巴巴等新的電子商務，徹底改變既有的商業競爭模式，而原本的產業龍頭，如 Polaroid（寶麗萊）（Tripsas and Gavetti, 2000）、Kodak（柯達）（Anthony, 2016）、Nokia（諾基亞）（Doz and Wilson, 2018；Vuori and Huy, 2016）等，都因為新型態的挑戰而面臨破產或被收購的命運。超競爭（hyper-competition）的思維既加快了產業的創新節奏，也改變了原有的競爭遊戲規則（Wiggins and Ruefli, 2005）。

在快速競爭的世代中，管理者的策略重點開始從內部轉為外部、從封閉移往開放（Chesbrough, 2003；Hautz, Seidl, and Whittington, 2017；Whittington, Cailluet, and Yakis-Douglas, 2011），從階層移往平台（Cennamo and Santalo, 2013）、從紅海轉往藍海（Kim and Mauborgne, 2005）、從持續性創新轉到了破壞式創新（Ansari and Krop, 2012），更多的學術研究也從傳統、成熟產業，轉往科技、新興產業，從已開發國家移往新興經濟體。外包、策略聯盟、分工網路、開放平台、虛擬組織等新的策略方案，都改變原有熟悉的企業型態與組織形式。組織變革、創新速度與持續改變的適應力，成為重要的核心競爭力。環境的變遷，讓策略變得只能專注於短期可達成的目標，而非以往的五年長期規劃；管理本質也越來越開放，講求組織能夠吸收外面的知識，得以更能夠適應環境的劇烈變動。更近者，隨著分享經濟時代到來，企業更加重視平台策略與數位經營。工業 4.0、物聯網、大數據，以及 AR、VR 等科技新革命，也都為企業帶來新的挑戰。

## 七、小結

由以上的回顧可以得知，一方面，策略管理的關心重點從競爭轉往創新、從營運效能轉往技術策略；另一方面，科技管理從傳統策略學科中取得的主體性趨於成熟。以具代表性的 AOM 年會為例，2000年時 ENT 與 TIM 學門在論文投稿的數量上，包含論文（paper）與座談會（symposium），合計有 266 篇投稿（TIM：134 篇；ENT：132 篇），佔當年度總量的 9.38%；但到了 2018 年，投稿數量上升至 1,458 篇（TIM：626 篇；ENT：832 篇），比例也提升至 17.47%（見圖 1-1）。很顯然地，科技管理社群在過去三十年的發展，呈現出急遽成長與蓬勃擴散的態勢。科技管理之所以成為一門顯學，不只是因為時勢使然，亦即因為環境的變遷引導大家對於科技產業的重視，也是因為策略管理提供了充足的養分，包括健全的理論、充足的研究人

才，以及豐富的發表園地等。就像是 Huxley（赫胥黎）[4] 遇見了演化論、張無忌發現了《九陽真經》，八十多年來所累積的豐富策略與科技管理文獻，提供了本書一個可以恣意發揮、但又是「變不離宗」的思辨基礎。

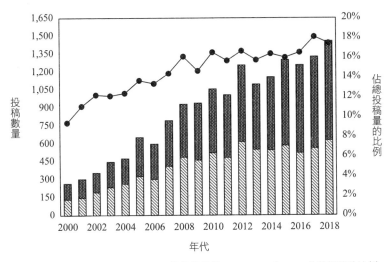

▶ **圖 1-1**　ENT 和 TIM 學門於 AOM 年會投稿數量的變化

## 第三節　進出行動與制度之間

　　上一節扼要地回顧策略管理過去的變化與演進。從這裡可以得知，隨著產業結構與經濟情勢的轉變，2000 年以後，科技與創新管理成為策略管理很重要的核心議題，相關論文、會議與專刊層出不窮浮上檯面，正所謂「量變產生質變」，雖說傳統的策略管理也納入創新創業相關研究議題，但是「科技管理」作為一門學科，也慢慢建立

---

[4] Thomas Huxley，英國生物學家，是堅定捍衛 Darwin（達爾文）演化論的著名代表人物。

更獨立自主的地位，不只是相關的大學系所，專業學術社群也開始蓬勃發展。

從策略管理走出來的科技與創新管理，在理論的內涵與發展上，一直圍繞著「行動」與「制度」關係的爭辯。學者們的研究雖然不至於在兩者之間選邊站，但也因為重點的不同，而發展出不同的看法與視角（傅大為，2009；Abdelnour, Hasselbladh, and Kallinikos, 2017；Bijker, 1995；Reed, 1997）。行動論者，屬於主觀主義（subjectivism），堅信謀事在人、英雄造時勢，創業家或經理人是產業發展的重心，也是推動技術發展、突破變革、創造價值的主要推手。制度論者，屬於客觀主義（objectivism），相信成事在天、時勢造英雄，行動者受到既有結構與制度的約束，個人很難有自主操弄的空間。事實上，行動與制度的爭辯，並不為科技管理所獨有，而是可以廣泛的適用於所有隸屬於社會科學領域，包括：政治學、經濟學、心理學、社會學等（葉啟政，2004；Berger and Luckman, 1966；Burrell and Morgan, 1979；Diesing, 1966；Luthans and Davis, 1982）。

以下，我們就依據「行動」與「制度」這兩個基本元素，分別討論對於科技管理的三種不同分析視角與研究範疇，這也同時構成了本書回顧台灣走過的創新路徑（innovation path，見第八章）的三大主軸。

## 一、行動：英雄造時勢

為了說明「行動」與「制度」兩個觀點對於理解科技發展與創新的不同影響，在此先列舉兩個相關的交通運輸故事以為對照說明：首先是大陸長春汽車廠的引擎製造機床，其次是美國太空梭的火箭推進器。

1953 年，中國大陸在蘇聯的協助下，在長春市興建「第一汽車製造廠」。製造汽車底盤所需的大型機床，由「史達林汽車製造廠」幫忙製造完成後，再用火車沿鐵路穿越西伯利亞地區，運往長春。因為機床很大，蘇聯就把沿途會造成阻礙的橋梁、電線桿都拆掉，最終

順利完成運輸任務。在革命者、創業家的眼中，行動就是競爭力的展現、意志力的延伸。從巍然屹立在崎嶇不平岩地上的古希臘帕德嫩神廟（Heidegger, 1936），[5] 到當今的許多長隧道工程以及跨海大橋，都見證了這種人定勝天的英雄事蹟。

　　對比這種行動與破壞為先的變革精神，則是歷史、文化或制度等因素形塑而成的科技發展路徑。例如太空梭雖是現代科技文明的成果，但它的火箭推進器直徑大小 ── 4 呎 8 吋半（143.5 公分），卻是個制度與路徑依賴的產物（Puffert, 2000）。此路徑的源起最早可追溯至羅馬帝國時期，牽引一輛二輪戰車的兩匹馬的屁股寬度就是 4 呎 8 吋半，而這也是戰車的車輪距離。後來英國人依據此輪距，建立市區的電車運輸系統，而同一批人又據此軌距，建立起英國的第一條鐵路。19 世紀初，殖民美國的英國僑民，繼續沿用英國的鐵道軌距，以 4 呎 8 吋半建造美國的鐵路。到了 1970 年代，美國在發展太空梭系統時，因為必須使用火車運送火箭推進器到休士頓，而運送途中又會通過一些比火車軌道稍寬的隧道，因此 4 呎 8 吋半的寬度便決定了火箭推進器的直徑大小。

　　行動抑或制度、英雄或是時勢、路徑變革還是路徑依賴，不同的理論觀點，讓我們對於科技創新的本質有著截然不同的想像與體會。從策略管理領域延伸出來的科技與創新管理研究，主流的思想無疑就是英雄為尊、行動至上、變革必成。不管是歷史的包袱，抑或是制度的阻礙，看在堅定的行動者眼中，都只是「不為也，非不能也」的藉口。科技創新就如同策略規劃一樣，也是一種管理過程，只要思慮緊密、決策得當，就可以找到最佳解，讓科技的發展可以如同一把削鐵如泥的寶劍，雖在市場與競爭的強大壓力下，仍可以發揮克敵致勝、無往不利的效果。只要領導英明、策略正確，技術就可以成為殺手級的應用（killer application）、市場的主流設計（dominant design）

---

[5] 德國哲學家 Heidegger（海德格）於 1936 年所寫的《藝術作品的本源》（*The Origin of The Work of Art*），曾經以帕德嫩神廟為例子，說明人類的意志如何在崎嶇的山谷之中，開啟一個嶄新的世界。

（Suárez and Utterback, 1995），達到諸如倚天劍與屠龍刀的江湖地位，「武林至尊，寶刀屠龍，號令天下，莫敢不從！倚天不出，誰與爭鋒？」在 Steve Jobs 的帶領下，Apple 接連推出 iPod、iPhone、iPad 等新產品，這不只改變了電腦與手機產業的遊戲規則，也成為扭轉公司命運的三支滿貫全壘打；Samsung（三星）雖是手機的後進者，但是因為在選擇 Android（安卓）開放系統之後，可以專心在產品的外觀與功能上發揮差異化優勢，進而打敗執著於發展專屬作業系統的 Nokia、Motorola（摩托羅拉）、Blackberry（黑莓）等原本的產業領導者。因為「有志者事竟成」，不管是產業的進展、技術的更替，成功永遠是屬於擁有堅強意志與正確選擇的一方。

概念上而言，這一流派是「意志論」的忠實信徒，他們普遍相信的是「英雄造時勢」，而非篤信「時勢造英雄」的「命定論」者。因為有志者事竟成，時間永遠站在人類這一邊，所以科技發展的關鍵，不在「一命二運三風水」或是「天不時、地不利、人不和」之所限，而端視主體的意志是否能夠徹底貫徹、策略的選擇是否正確，以及行動力是否能夠有效地發揮，創新既是理性的判斷與選擇，也是自由意志的延伸。所謂意志，指的是有內在動機性或目的性的行動，自由意志則可以看成是遊走於意志堅定與意志薄弱天平兩端的程度。有堅定意志的人，是堅剛不可奪其志的行動者或企業家，他們的所作所為具有絕對的獨立性和自主性，既敢於對抗外在的壓力，有時也能點燃創造力的火花，做出他們所要或是符合其利益的選擇。子曰：「不降其志，不辱其身。」、「三軍可奪帥也，匹夫不可奪其志也。」指的就是這種行動者。

相較而言，意志力薄弱的人，則易受限於自身的生理慾望（如心理學家 Freud〔佛洛伊德〕所稱的「本我」）或是外在目的性（受到法律制度、國家教育、社會規範所引導），而做出無意識的行動。提倡意志論的科技管理學者，會認為創新、變革「非不能也，實不為也」。如同法國啟蒙思想家 Rousseau（盧梭）所強調的，從自然狀態走進國家社會的個人，仍是擁有自然理性與權利的思慮主體，不應也

不會在受教育的過程中成為籠中鳥。自由是我們的天賦人權，其不只賦予我們反抗制度的正當性，也給了我們選擇行動的空間。因為天下無難事，只怕有心人，所以只要找對策略，我們就能改變全域、扭轉乾坤。就如 Kodak 運用類比的行銷策略，創造出嶄新的「柯達女孩」（Kodak girl），進而成功改變以男性使用者為核心的攝影產業文化（Munir and Phillips, 2005）。Maguire and Hardy（2009）探討使用殺蟲劑的既定成俗，如何在「問題化」（problematization）的宣達中被改變與摒棄。科技或產業制度不是不變，只是欠缺積極有效創新行動。

　　就如台灣諺語「三分天注定，七分靠打拚」所言，立基於意志論思維的科技管理研究相信，行動者或企業家篤信「天行健，君子以自強不息」，他們既是科技理性的實踐者，也是產業發展的推動者。如同希臘神話裡的 Sisyphus（薛西佛斯），日子雖是永不停歇的推石頭過程，但辛苦灑下的汗水卻有可能化成甜美的果實，進而帶來成長進步的光榮與榮耀。在此，行動者主體普遍被認為具備獨特的能力與洞察力來克服所有的障礙，如同 Schumpeter（1942）所稱的企業家精神，將生產要素進行重新組合發揮創造性破壞效果，或是扮演一隻看得見的手，在組織內進行更有效的資源調配與策略規劃（Ansoff, 1965；Chandler, 1977）。領導的角色、英雄的事蹟或是策略的運用，在決策過程中被突顯出來，甚至能對制度與結構進行強而有力的抗辯，或是在大型、悠久歷史組織中主導創新變革（Daft, 1978；Hage and Dewar, 1973；Howell and Higgins, 1990）。在行動者的進取路上，科技不斷改變我們的社會，遠自燧人氏的鑽木取火、蔡倫造紙、James Watt（瓦特）改良蒸汽機，以及 Tim Berners-Lee（伯納李）發明互聯網，這些科技就像一盞高懸的明燈，指引人類前進的道路，但有時也會像是一輛失去控制的太陽神馬車，為世界帶來無法預期的後果。[6]

---

[6] 這個比喻出自希臘神話。大意是說：Phaëthon（法厄同）為了向別人證明，自己是太陽神 Helios（海利歐斯）的兒子，因此向太陽神請求駕駛他的火馬車。但因為 Phaëthon 沒辦法控制馬車，因此為大地帶來可怕的災難。

因為科技創新的主軸聚焦在創業家、科學家、企業家與領導者等行動者或經濟要角（economic actors）身上，這些人的個性、特徵、能力與經驗就被放大檢視，並被視為是影響與推進科技活動的重要因素。「問人間誰是英雄？」，[7] 是個研究科技管理與產業創新的好題目。Dyer, Gregersen, and Christensen（2011）就曾指出，創新者通常具備聯想、質疑、觀察、實驗，以及建立人脈等五種個人特質或技能。討論 Apple 的成功，就一定缺少不了提到 Steve Jobs 的英明神武，Jeff Bezos（貝佐斯）之於 Amazon、Mark Zuckerberg（祖克柏）之於 Facebook（臉書）、Jack Welch（威爾許）之於 GE、馬雲之於阿里巴巴、施振榮之於宏碁、張忠謀之於台積電，也是如此。

強調行動也者，也不是說就可以隨心所欲地扭轉乾坤，化腐朽為神奇，在科技的範疇裡，絕對的產品效率、性價比，仍是打動消費者的不二法則。1990 年代初期，筆記型電腦所普遍使用的鎳氫電池，因具有記憶效應，且蓄電時間較短，而被後來出現功能相對較佳的鋰電池所淘汰出局。同樣的，從馬車到汽車的交通變化、從傳統硬碟到固態硬碟（solid-state drive）的儲存技術改變，以及行動通訊從 2G 進展到 5G，這些技術的改朝換代都是物理上的定律，也是技術上的必然。

行動的角色，往往是在科技的優劣不易判斷或差別不大的情況下，而有發揮的空間。雖說 JVC（傑偉世）的 VHS 比起 Sony（索尼）的 Betamax，有技術上的劣勢，但這並非天地之別或是顯而易見的差距（Betamax 的解析度較高，但 VHS 的攝錄時間則較長），也因此 VHS 可以藉由正確的策略行動（在市場方面，鼓勵消費者以租代買；在通路方面，採用技術授權，擴大銷售據點），而成為產業的最後贏家（Cusumano, Mylonadis, and Rosenbloom, 1992）。Nokia 的手機之所以被市場所淘汰，並不是因為技術上的絕對劣勢，而是因為產品定位、市場預測，甚或是領導分歧與執行不當所形成的策略失誤

---

[7] 摘錄自元代阿魯威《蟾宮曲》。

所致（Laamanen, Lamberg, and Vaara, 2016；Vuori and Huy, 2016）。根據 Kahl and Grodal（2016）的研究，IBM 在早期保險商用電腦市場上，之所以可以擊敗 Remington Rand（雷明頓蘭德），並不是因為提供更好的技術，而是因為可以「說的一口好技術」。主要的論述差異包括：IBM 對於產品的溝通訴求多用「人」（「我們」或「你們」）作為主詞、而 Remington Rand 則多使用「電腦」（UNIVAC）當作廣告語句的主詞；IBM 多用疑問句以吸引讀者或聽眾的注意，而 Remington Rand 則多使用肯定的陳述句來強調產品的功能；IBM 以顧客為中心，會用顧客熟悉的方式來行銷產品（例如：IBM 650 與 700 系列是打字機的延伸），相反的，Remington Rand 會以公司為中心，強調 UNIVAC 是一個全新的發明。換言之，「IBM 650 與 700 系列」與「UNIVAC」的標準之爭，並非是單純的技術之爭，更多的是論述之爭。這就如同春秋戰國時代，各國之間的爭伐對抗，比的不只是武裝力量，也在捭闔縱橫、論述說理。正所謂「三分軍事，七分政治」，國家之間的對抗如此，新興技術之間的比賽亦然。

　　所謂「巧婦難為無米之炊」，要能發揮行動力、擁有改變的力量，就必須擁有資源取得與分配的權力，並且能夠選擇與落實適當的創新策略。策略引導結構（Chandler, 1962），並決定最後的成敗。就此，資源基礎觀點引導我們探討管理者如何有效配置資源組合，特別是有價值性、稀少、無法被完全模仿以及不可被替代的資源，以創造出獨特的創新優勢（Barney, 1991；Eisenhardt and Martin, 2000；Sirmon, and Hitt, and Ireland, 2007；Sirmon, Hitt, Ireland, and Gilbert, 2011）。Shamsie, Phelps, and Kuperman（2004）從家用電器裝置市場的研究中指出，即使面對市場已被嚴重瓜分的產業後進者，只要能有好的資源背景以及適當的產品定位，也定能夠扭轉劣勢，後發先至（Shamsie, Phelps, and Kuperman, 2004）。資源，不管是有形或無形、來自於內部或外在，既是行動者或經理人的策略槓桿，也是創業創新、變革突圍之核心所在。例如，對於台灣科技業頗有研究的 Mathews（2002a, 2006）提出，缺乏資源的後進者，為了要在國際間

競爭、進而變革勝出，必須仰賴三個階段的模式：連結、槓桿、學習（Linkage-Leverage-Learning，簡稱 LLL 架構）（cf. Agarwal and Ramaswami, 1992；Dunning, 1981, 1988）。首先，後進廠商會想辦法從外部的環境中找尋可利用的資源，特別是與已開發國家的成熟廠商，或是多國際籍企業產生「連結」關係。接著，善用這層連結關係，發揮資源「槓桿」的效果，以圖源源不絕地引進與汲取所需要的資源、知識或能力。經由資源的連結與槓桿，企業就能逐步地「學習」領先者的技術，並累積經驗。沒有資源，行動就無法持續，科技的發展也就無法推陳出新。

因為創新者面對的通常是不確定、變化快速的環境，因此如何透過策略選擇，來有效活化資產、運用資源，也是重要的行動工作。據此，學者們提出許多不同的策略方案或架構，讓行動者或創新者可以選擇執行（洪世章，2016）。Mathews（2002a, 2006）的 LLL 架構是一例。又如 Teece（1986）提出，創新者可以根據互補資產的配合、技術模仿的困難度，以及強力競爭者數目等因素而定，來決定是否選擇自行開發，或是採用聯盟、授權、外包等合作策略。Santos and Eisenhardt（2009）強調，創業家可以採用以下三種策略，來建立在新興市場領域的競爭優勢，包括：宣稱（claim）為市場的開創者，以建構自己的獨特身份認同；透過與既有廠商合作，來劃定（demarcate）自己的特定領域地盤；採用購併手段消滅潛在對手，取得對於市場的絕對控制（control）。本書第二章所回顧的台灣個人電腦產業發展歷程，則提出企業在追求創新成長的過程中，有三種的基本策略可資選擇與運用，包括：階層式的自我擴張、透過市場機制進行購併，以及發展如策略聯盟般的網絡關係。不同的發展階段、不同的公司背景，以及不同的資源條件，都會影響到對這三種策略的選擇。雖然「權變」（contingency）或是「看情況而定」（It depends.）會決定行動的方向，但科技發展的主軸都圍繞著創業家或創新者的理性決策，想方設法要在原子的空間或工程的世界裡，找到可以改變現況的支點與槓桿，進而扭轉乾坤，創造新局。

## 二、制度：時勢造英雄

　　在科技管理與創新的眾多文獻中，相對於意志論的自由、理性與英雄主義思維，是命定論的制度、脈絡與演化程序主張。這一流派的提倡者基本上認為：科技的發展不是隨機的活動，亦即既非只是來自於市場消費者之需求拉動，也不是完全受到研發實驗室的突破發現所推動，而是依存所屬之社會脈絡或制度所建構而成（Fransman, 2001；Nelson, 1998；Pinch and Bijker, 1987）。換言之，科技也是個社會化的現象，是制度、歷史與文化發展下的一個產物。不管是產業的進展、科技的活動，或是市場的變化，更多的是「時勢造英雄」，而非「英雄造時勢」，成功與否，「得之，我幸；不得，我命」。[8] 在制度的壓力、未知的恐懼，以及文化的包袱之下，許多的創新訴求或產品變革都是「非不為也，實不能也」。

　　在命定論的思維下，制度成為馴化行動的機制，也就是行動模式總以制度的規範馬首是瞻、唯命是從。就如同童話小說《小王子》裡的狐狸所說的：「馴化就是『建立關聯（ties）』。」狐狸不願意跟小王子玩耍，因為牠還沒有被小王子馴化。相反的，馴化之後的關係，就會是「我們就彼此互相需要。你對於我將是世界上唯一的，我對於你也將是世界上唯一的」。對於科技業者而言，制度所建立的馴化、馴服或馴養關係，就是讓科技的發展「認識一種腳步聲，它將與其他所有的腳步聲不同。其他的腳步聲使我更深地躲進洞裡，你的腳步聲像音樂一樣把我從洞裡叫出來」。就如同電腦業者會根據 Wintel（Windows + Intel）規範而擬定投資計畫，或是半導體技術可以依循摩爾定律（Moore's Law）的預測而逐步向前發展，制度讓行動者不需面對不確定性的恐懼，在有跡可尋的發展中，「生命將會有如被陽光照耀般而充滿希望」。而「幸福的代價」就是沒能或沒時間去認識

---

[8] 為徐志摩寫給他的老師梁啟超書信上的一句名言：「我將在茫茫人海中尋訪我唯一之靈魂伴侶，得之，我幸；不得，我命，如此而已。」

馴化關係之外的事物與可能，就像依循內燃機引擎技術發展的汽車大廠，在電動車技術的發展上，就總會落後如 Tesla 這般的野生外來者一樣。[9]

在管理的文獻上，制度或脈絡對於科技的主宰，事實上已是個長久存在的管理研究議題，源頭可上溯自工業組織的核心思想，也就是結構決定行為、科技決定組織的主張。Woodward（1965）的經典研究指出，不同的技術條件與工作情況，需要不同的組織型態。Bain/Mason 的「結構－行為－績效」（structure-conduct-performance；S-C-P）典範（Bain, 1956；Mason, 1939；Porter, 1981；Scherer, 1980），強調市場的結構特徵對於企業行為產生決定性的影響，而企業的行為又決定了其在市場中運行的績效，因此，奉行 S-C-P 的學者就會強調結構的特徵，例如：組織環境（Duncan, 1972）、結構變數（Zaltman, Robert, and Jonny, 1973）、策略類型（Saren, 1987）、策略群組（strategic group）（McGee and Thomas, 1986）等。

這種「結構決定行為」觀點，隱含了科技命定論的思維，亦即科技活動也是受到了所屬產業環境或是社會制度的制約。結構對於行為的制約，不只來自於競爭行為的趨同性，也來自於法規、專業與文化－認知等社會制度所施加的束縛（DiMaggio and Powell, 1983）。對於同一產業的廠商而言，因為面對同樣的顧客、同樣的供應商，自然而然就會發展出類似的產品與服務（Aldrich, 1979；Hannan and Freeman, 1977）。雖然環境的豐富性，會讓廠商有更多「求同存異」的發展空間，但「策略群組」的形成（McGee and Thomas, 1986），還是會使得同一群組內的企業發展出類似的競爭行動、獲取類似的收益與市場佔有率、對外在環境與科技的變化做出類似的反應，並且限縮了企業在不同群組間移動的自由度與可行性。品牌廠與代工廠就可看成是兩個不同的策略群組，對製藥業者而言，品牌廠強調的是研發與行銷，而代工廠更看重製程與成本。國際醫藥大廠不太可能變成代

---

[9] 此段落裡的引號內文都是摘錄自《小王子》第二十一章。

工廠，而生產學名藥的廠商也很難轉型為從事新藥開發的公司。

　　政府的法規也是讓企業或科技的發展，表現出同形的重要來源。台灣有全世界密度最高的 24 小時營業、全年無休的超商連鎖體系，這與台灣的低時薪、低水電費，肯定有密切的關聯。1990 年代初期，台灣對於大陸投資的開放政策，讓台灣傳統產業找到了另一個春天，也減緩了產業升級的壓力。[10] 2000 年之後，台灣所推行的非核家園政策，讓發展綠色或再生能源成為產業界的勢之所在、利之所趨；連台積電也於 2009 年時，以參與茂迪增資的方式（斥資新台幣 62 億元，買進 20% 股權），跨足太陽能產業。在國家機器的引導下，產業的發展或科技的走向就像是國慶上的閱兵，步伐整齊，動作一致。在公權力或是 Weber（1946：78）所說的「對於暴力的合法壟斷」（the monopoly of the legitimate use of violence）的作用下（亦可參考：Giddens, 1985），科技也可能化身而為火眼金睛，讓社會或企業的活動既是無所遁形，也是同質發展。正如同英國小說家 George Orwell 在《1984》所描述的：「老大哥正在看著你。」[11] 當國家機器遇見科技創新，國家社會也就預見了科技極權。

　　至於專業化的規範，這就如全世界的商學院都會努力取得 AACSB（Association to Advance Collegiate Schools of Business； 國際商學院促進協會）的認證一樣（Durand and McGuire, 2005），也是制約力量的來源。漢翔要銷售飛機座椅給長榮、華航，就要先取得 Boeing（波音）的認證，早年的台積電為了打開晶圓代工的市場，費盡心思終於得到 Intel（英特爾）的背書。同一家公司的認證、肯定，代表的當然就是同樣水準的技術。另外，文化上的約定俗成，再加上有限理性所形成的認知上限制（March and Simon, 1958），都會

---

[10] 1990 年 1 月，台灣政府公佈《對大陸地區間接投資或技術合作管理辦法》，開始逐步放寬台商對大陸投資，讓當時正面臨產業升級壓力的傳統加工出口導向的中小企業，既得到了喘息，也獲得了繼續發展的機會。

[11] 原文為：“The Big Brother is watching you.”。

使得企業採取模仿的行為，來應付不確定性。台灣的代工模式，既是產業界的選擇，也是文化上的宿命。在固有歷史文化的洗禮之下，科技很難成為改造社會的力量，更不可能成為不受控制的脫韁之馬。吳嘉苓（2002）的研究就指出，在台灣早期的「男性遠生殖」與「父系傳承」的文化影響下，助孕科技的發展就只能侷限在以女方為主的不孕檢查與治療。

就因模仿所導致的同形結果而言，Haunschild and Miner（1997）也指出三種可能的原因，包括：次數模仿（frequency imitation）、特徵模仿（trait imitation）、成果模仿（outcome imitation）。次數模仿指的是組織會傾向模仿大多數其他組織都會採用的活動，就是「一窩蜂」的意思，例如1990年代台灣面板業的投資熱潮即為一例，又如2018年開始的中美貿易戰，讓許多大陸台商都跟隨著別人的腳步移往越南投資也是如此。特徵模仿則是對於高知名、高獲利或高市場佔有率等突出特徵廠商的模仿或標竿學習，這也就是一種「有為者，亦若是」的心態。例如當宏碁、聯電等科技先鋒決定採用分紅配股時，就會對其他科技公司產生帶動效果。成果模仿則是學習與模仿具有明顯正面效益的管理作為。例如 Toyota（豐田）的精實管理與 Motorola 六個標準差的風行，都是屬於這一種類型。許文宗、王俊如（2012）的研究指出，台灣的代工廠之所以會願意勇於投資建立關係專屬性資產，相當程度就是受到模仿同形因素的影響。

特別針對科技管理與創新的命定或宿命觀點而言，承襲演化論的學者們所發展的理論與積累的成果，算是最有影響力的研究。這門學派的宗師 Nelson and Winter（1977）強調，雖然技術發明或創新活動是由各種不同的因素所促成，但創新非僅僅依循市場的力量運作，因為經濟環境與技術變遷方向存有複雜的回饋機制，使創新活動成為遵循社會的規則、規範而不斷地建構。技術的發展會受到制度的規範，使得技術演化過程中所產生的變異（variation）或替代方案（alternative），被迫選擇屈服或是淘汰。當市場已經出現主流設計（Utterback, 1994）或技術典範（technological paradigm）

（Dosi, 1982），技術的發展就會產生類似物理惰性（inertia）的路經依賴特質，依附在這個設計或典範進行演化（David, 2001；Rycroft and Kash, 2002）。或是因為得到外部機構與組織的支持（Antonelli, 1993），或是因為發展出外部性效益（Arthur, 1989），制度化過程所產生的路徑依賴或社會邏輯，通常都可持續相當長的一段時間（Kroezen and Heugens, 2019）。因為典範或標準具有強烈的排他性，只要無法和它相配合的技術，就必須面對被淘汰的命運（Dobusch and Schüßler, 2013；Hill, 1997；Sydow, Schreyögg, and Koch, 2009）。

　　例如，雖然 Dvorak 鍵盤比起傳統的 QWERTY 鍵盤好用、省時，但後者已經成為了市場的主流設計，Dvorak 鍵盤無法取代 QWERTY 鍵盤（David, 1985；Kay, 2013）。1980 年代初期，Apple 與 IBM 爭奪個人電腦產品標準。採用 Wintel 開放標準的 IBM 後來勝出，贏過技術相對較佳、但卻堅守專屬軟硬體規格的 Apple 電腦。Wintel 標準被市場廣泛接受之後，雖然後續仍有一些破壞性變革 —— 包括當時不可一世的王安電腦新產品，或是 IBM 自行於 1987 年推出的 PS/2，但都沒有成功，根本原因就是無法與 Wintel 所建構已成為主流設計的開放系統競爭（Ferguson and Morris, 1993；McKenna, 1989）。由於開放系統架構鼓勵競爭者瞭解技術主導廠商的產品特徵，因而開發相關或相容產品，使知識擴散較易於產業領域裡進行。伴隨著鼓勵市場夥伴的進入與產業網路的擴增，開放系統也將消費者的使用習慣深深鎖入了一個特定的標準架構，而隨著更多使用者的加入，此系統因而產生報酬遞增的自我增強效果，進而提供網路外溢資源，嘉惠系統產品廠商與生產互補產品或相關零組件的供應商（Garud and Kumaraswamy, 1993）。

　　當科技創新變成科技演化，制度、環境就會扮演了選擇的機制（selection），進而決定哪一種創新或多樣化（variety）會成為最終的留存贏家（retention）（Aldrich and Ruef, 1999）。因為認知了制度的主導性，進而引導學者們發展出「創新系統」（innovation system）方法（Lundvall, 1992；Nelson, 1993），也就是強調系統對於創新發

展所能發揮的結構作用,而「系統」一詞,本身就隱含結構、命定,按照某種規則運作的意義。對於制度論者而言,系統就是一種特定的「組織場域」(organizational field),這裡「涵蓋了主要供應商、資源與產品的消費者、法規制訂者,以及生產類似服務或產品的其他機構,這些不同的單位共同地聚集起來,構築一個可被識別的制度生活(DiMaggio and Powell, 1983:148)。這裡所謂的制度生活,對於創新系統而言,就是知識的應用、產品的發展,以及科技的創新。雖然「場域」一詞更強調人員的互動,就如 Friedman(1994)的「技術場域」(technological field)概念所代表意義,而系統更強調規則的運作,但關鍵的議題都是結構化、接合感與聚斂性。

　　廣義而言,創新系統的文獻包括:產業創新系統(sectoral system of innovation)、技術系統(technological system)、國家創新系統(national system of innovation)等。一般而言,雖然秉持這些系統觀研究的學者們,對於歷史、文化、制度與脈絡的重要性均毋庸置疑,但對於制度或系統的涵蓋範疇卻有不同的看法。「產業創新系統」觀點認為,產業是分析制度影響科技創新的最佳系統(Malerba, 2004)。「技術系統」亦同意產業的重要性,但更為強調跨國間的技術連結(Carlsson and Stankiewics, 1991),而此主張與「全球商品鏈」(Gereffi, 1996)或是「全球價值鏈」(Dedrick, Kraemer, and Linden, 2010;Gereffi, Humphrey, and Sturgeon, 2005)的論點有許多的類似之處。「國家創新系統」則認為,地理、文化與歷史因素所形成的國家政權,是解釋科技發展與競爭力的最佳單位(Lundvall, 1992;Nelson, 1993)。因為地理的集中與文化的同質均有助於制度的擴散,因此國家創新系統的現象更易於在如芬蘭、瑞典、挪威、丹麥、荷蘭、新加坡與台灣等小國中展現(Edquist and Hommen, 2008)。但不管是哪一派的文獻,在創新系統的思維下,都是強調系統的主導作用,在系統內,創新得利於各個組織、網路與結構的連結作用,所謂適者生存、不適者淘汰,能夠與系統內相互融合、互動與增強的技術,就是適合發展的技術,亦即系統決定科技,進而決定了競爭力

與創新效果。在國家的制約之下，變革突圍、橫空出世的英雄或創業家雖然不見得只是鳳毛麟角，但在系統或制度的再生性與持續性影響之下，我們所看到的往往可能只是「菁英流轉」（circulation of the elite），[12] 而非歷史的奠基者。

　　舉個電視劇對話，來進一步說明這種「時勢造英雄」的意涵。在大陸知名的《喬家大院》中，有一個場景是孫茂才因私慾被趕出喬家後，前去投奔對手錢家。孫茂才告訴錢東家：「我能讓喬家生意做得這麼大，也就能為錢家把生意做大。」然而，錢東家卻回說：「不是你成就了喬家的生意，而是喬家的生意成就了你！」制度不只是行動的依據，而且也總是無所不在地引導我們該往哪裡去。在國家機器與社會結構的影響下，我們很容易成為無法逃離母體的囚徒，甚至是願意繼續投注資源，維繫制度的生存。[13] Dacin et al.（2010）指出，劍橋大學所定期舉辦的高桌晚宴儀式，目的就是為了讓新進的學生都能快速的融入與接受貴族階級制度。順勢或服從不只來自於外在的目的性，也可能根源於內在的目的性。在一些神經科學家與實驗心理學家的眼中，支撐起行動力的自由意志是個虛幻表象，人類的行為都只是某些神經元活動下的產物，是由先天的 DNA 加上後天的經驗、經歷所形塑而成（Nahmias, 2015）。[14] 因為科技的發展常常是「大勢所趨」、「時也、命也、運也」，探討科技發展的先天條件、路徑依賴、社會建構或是制度化發展過程，就一直都是研究創業創新的好問題。

　　除了演化論、系統觀外，混沌理論（chaos theory）的相關研究（Hung and Tu, 2014；Hung and Lai, 2016；Lorenz, 1993；Ruelle, 1989），也可歸類在命定論思維。混沌理論，或是熟知的「蝴蝶

---

[12] 亦可譯成「菁英循環」，原由古希臘哲學家柏拉圖所提出，用以強調沒有任何的政治菁英可以長治久安，永保統治地位，也就是「江山代有才人出，各領風騷數百年」的意思。

[13] 這也就如電影《駭客任務》（*The Matrix*）裡所述，母體控制每一個人的思想、行為一樣。

[14] 亦可參考：吳嫻，2016，如何用科學方法驗證「自由意志」是否存在？ https://www.youtube.com/watch?v=DFH1uTRd7iI。瀏覽時間：2019 年 5 月。

效應」（butterfly effect），[15] 所闡述的是對初始值產生敏感依賴（sensitive to initial conditions）所導致的些微差距，隨著時間的推移以及系統內長期的迭代加成作用下，終將產生巨大且不可預期的差異。然而這樣行為模式並非就此走向無可控制的發散軌道，因為系統之耗散作用將使遠處之軌道收縮至「奇異吸子」（strange attractor），使得集合在有限相空間中的系統行為會依循著吸子流域，表現出無數次的靠攏又分開以及伸展與對折行為，進而發展出無窮層次的自相似性結構。在這樣的結構形塑之下，再加上初始值的敏感特徵，使得身處在混沌系統當中的行為個體，都難以逃脫由複雜關係所建構出來的命定性，所以混沌行為也是一種命定性混沌（deterministic chaos）（Radzicki, 1990）。

雖然同樣都強調命定過程，混沌與技術典範、主流設計等傳統演化觀點，還是有一些根本上的不同。簡單的說，傳統的演化論所強調的科技命定就像是打水漂，在引力（技術典範、主流設計）的作用下，不管石塊可以飛出去多遠，最後都會落到水面。相反的，混沌觀點下的科技發展，雖然在奇異吸子之引力下，會讓變化軌跡呈現類似點集合般的碎形圖結構，但因為軌跡並不會重複，因此也就讓長期的發展呈現出「差之毫釐，失之千里」的樣態。混沌的行為就像是打彈珠，雖然每次出手的力道都一樣，但結果可能南轅北轍。[16]

在混沌理論的視野下，因果關係並非直觀的線性，而是一種不可預測的非線性關係，凡是具有動態性、演化特質的實體都可被概念化為混沌的系統，例如：創業家精神（Churchill and Bygrave, 1990）、技術變遷（Hung and Tu, 2014；Hung and Lai, 2016）、產業結構（Radzicki, 1990）、創新發明（Cheng and Van de Ven, 1996; Koput,

---

[15] 蝴蝶效應，意指巴西一隻蝴蝶的翅膀拍動，會引發德州的一場龍捲風（Lorenz, 1993）。

[16] 打彈珠不是如擲骰子般的隨機模式，而更像是不可測的混沌過程。彈珠台上的彈珠軌跡，涉及到球體的摩擦力、位能轉換成動能、動能轉化成位能等物理現象，玩家雖然在一定的程度上可以透過力道、技巧，想辦法掌握彈珠的落點，但結果總是人算不如天算。

1997）、交易談判（Thiétart and Forgues, 1997）等。管理者所面對的環境是非隨機、不可預測的，隨時可能因為一件看似不起眼的事件而產生天翻地覆的變革（Taleb, 2007）。不只我們的世界充斥著意外的發明，例如：便利貼、可口可樂、微波爐、X 射線、抗生素等，歷史上許多的黑天鵝事件，也改變科技的發展軌跡，從 SARS 疫情加速電子商務的發展、蘇聯的解體促使愛沙尼亞轉型成為數位國家，到亞洲金融風暴讓日本願意將面板技術轉移台灣，都是如此。

　　面對不可預測的產業與科技變化，管理者的因應之道就是做好環境的偵測，以及發展簡單規則，避免因為複雜的思維與作法使得組織僵固，得以隨著環境的變化而保有靈活的彈性。混沌是命定的、制約的、不可預測的，因應之道當然就只能是強調彈性應變與順勢而為的簡單行動（洪世章，2016；Brown and Eisenhardt, 1998）。

## 三、制度中的行動：時勢照英雄

　　行文至此，我們分別從行動與制度兩個構面，討論科技管理相關研究重心與議題。一般而言，行動論者，強調資源、策略、變革；而制度觀者，強調規則、宿命、順從。在這二元對立（dualism）之觀點外，學界也興起另一種分析的典範，也就是將制度或結構視為「雙重性」（duality），兼具使動（enabling）和制約（constraining）兩種的特質（Giddens, 1984；Jones and Karsten, 2008；Pozzebon, 2004），就如「水能載舟，亦能覆舟」之意。換言之，制度本身所建構的規則、規範，既是限制，但也相對提供遵循規則可得到的報償與資源。這方面的研究主要受到 Giddens（1979, 1984）的結構化理論、Bourdieu（1990）的實踐理論等的啟發，而在科技與創新管理領域，包括 Barley（1986）、Feldman（2000）、Orlikowski（1992）等，都是這方面的主要提倡者。

　　如果說行動論者是「英雄造時勢」、制度觀者是「時勢造英雄」，那麼這一流派的主張或可稱之為「時勢照英雄」。此處的「照」字既有照射、應和之意，也有照映、照耀、使能的概念。在學理基礎

上，提倡「時勢照英雄」的科技管理與創新研究，可以說是跳脫了「美國夢」中的個人或英雄主義，而與歐陸哲學搭上了線。個人既不能透過理性分析找到最佳解，也不能脫離結構或制度而單獨存在。個人或組織作為行動的主體，並非空蕩蕩的存在於原子世界之中，不管是透過「意向性」（intentionality）的投射、有意識的認知或是感官的形塑，行動者都跟他人或世界建立了某種結構或制度關係，據此做出理性的反省與選擇。Edmund Husserl（胡賽爾）的現象學（phenomenology）指出，人與世界的關係或是所思維的對象，都是由自我意識透過意向性活動所建構而來，意向性既是人類意識的基本結構，也代表行動者的思考與作為都不是虛無縹緲，而是結構性或鑲嵌性的存在。另一個現象學家 Martin Heidegger（海德格）也指出，關乎於理解能動性（agency）的問題，不在於主體或行動者本身，而在於探討行動者所佔據位置的周遭世界、背景與視域；簡言之，能動性不等於行動者，就像「存在」不能化約為「存在者」一樣。Jean-Paul Sartre（沙特）的存在主義（existentialism）進一步指出，人或行動者是一種能建立關係的存在，因為「人在江湖，身不由己」，選擇就不可避免的受到個人的性格、經驗、目標和觀點等自我意識所影響。提倡身體現象學的 Maurice Merleau-Ponty（梅洛龐蒂）則認為，個人的行為不止受到純粹的自我意識牽引，也受到身體感官的制約；換言之，不管是性別、年紀或是受限理性，都影響了個人選擇與行動的自由。行動與制度，既是彼此相互預設，也是一種盤根錯節的關係（Seo and Creed, 2002）。

　　近年來興起的策略實踐（strategy-as-practice）學派，也是依循這樣的分析觀點，來探討行動與環境的關係（Jarzabkowski and Balogun, 2019；Johnson, G., Langely, Melin, and Whittington, 2007；Vaara and Whittington, 2012）。策略實踐關心的是，行動者做了哪些決定，而這些決定是如何受到他們所處的組織與制度脈絡所影響，而同時這些決定也可以影響組織與制度脈絡。策略實踐學者不像傳統研究者將制度視為行動的對立面，反而是著重於觀察行動者所

依循的慣習（habitus）著手。慣習就是一種制度，是經過日常積累所形成的做事方式。慣習促使行動者得以產生各式各樣的實踐，而這些實踐在臨機應變、不斷創新的情況下，足以與環境挑戰相適配（Bourdieu, 1990），進而經由一連串的行動逐步達到想要完成的目標（Whittington, 2006）。雖然慣習的養成，會形塑行動者的實踐作為，但這不表示一定是個路徑或技術鎖入的活動軌跡。如同丹麥哲學家 Søren Kierkegaard（齊克果）的一句名言所示：「生命只能從回顧中領悟，但必須在前瞻中展開。」[17] 在科技的競技場中，行動者除了會根據自身的習慣與人生經驗來理解制度，也會對於制度產生未來的想像，包含可能的機會與威脅，最重要的是，在當下行動者會連結過去與未來，透過自我反思的過程後，根據當下的情境給予務實的行為（Battilana and D'Aunno, 2009；Hardy and Maguire, 2010）。慣習、傳統或起點不一定是框架、牢籠，也是具有方向性的引導，具有擴展的可能性。所謂「知其不可為而為之」，就是讓起點不會成為限制，而是成為行為動機與自由的基礎。

　　在本質上，結構化或實踐觀點的科技管理與創新研究，還是屬於一種意志論的表現，然而這並不只是一種真空下的「隔空抓藥」，也不只是完全理性的盡情發揮，而是一種強調「鑲嵌的能動性」（embedded agency）（Battilana and D'Aunno, 2009；Garud and Karnøe, 2003；Garud, Hardy, and Maguire, 2007），也就是既不是重視文化、規範與次文化期待的過度社會化（over-socialized），也不是講求自由意志的低度社會化（under-socialized）（Granovetter, 1985），而是依循既定的社會脈絡或制度連結，發揮個人的能動性。換言之，所有的行動主體都有既定或特定的社會鑲嵌性，在追求利益、創造價值的行動上，既不是擁有完全理性選擇的自主性，也不是完全服膺內化的社會價值觀，而是依其所在社會脈絡的特質，與個人行為模式的交互關係來決定其行動的取向。這一思維下的行動主體，雖然批評制度的宿

---

[17] 英文原文為："Life can only be understood backwards; but it must be lived forwards."。

命觀點，但不是就完全的拋棄了制度，也就是英文諺語說的：「Don't throw the baby out with the bathwater.」（在倒掉洗澡水時，別連嬰兒也倒掉了），制度仍是解釋行動力的重要基礎。

例如，前面所談到的 Mathews（2006）的 LLL 架構，是一種純粹意志論的觀點，但如同 Hung and Tseng（2017）在其後續的延伸研究中所指出，Mathews（2006）的研究，過於偏向自由意志的無限發揮，缺乏對於個人能動性根源與由來的探討。亦即唯有找到每個個人或組織的社會鑲嵌與制度連結，才能夠將其從鐵籠中抽離出來，賦予能動性的空間，進而找到資源運用的基礎與可能性。制度因此既是規則，限制與約束人的行為，但也是資源的提供者，因為遵守規則，就取得資源。在理解到自己的社會身份與認同地位時，也就開啟了運用自己獨特的關係與連結資源，以改變受到的約束，進而實現自己的利益。

行動者要能不為制度所限，反而能善用制度關係，就必須具備反思力（reflexivity）（Bourdieu, 2004；Bourdieu and Wacquant, 1992；Giddens, 1979, 1984）。反思力指的是，我們會懂得觀察自己的行動與後果，並思考該如何再次行動，是「能知」（knowledgeability）能力的呈現。擁有能知的行動者，會知道要如何在社會上做人做事。Giddens（1984）稱此為「實踐意識」（practical consciousness），甚或是可以使用語言去解釋行動意義的「言說意識」（discursive consciousness）。要能發揮自我的能動性，行動者也要能夠懂得利用資源來開展行動，且會遵循例行的慣習或路徑，去取得正當性與內心的平靜。此即為 Giddens（1984）所謂的「本體論的安全」（ontological security），也就是可以自在安心的做一個行動者，會為義務而義務，避免失去制度的連結，而落入了認同失落的危機。

曾子曰：「吾日三省吾身；為人謀而不忠乎？與朋友交而不信乎？傳不習乎？」談的是君子的反思實踐。不管是英文的「think twice」（再想一遍），或是中文的「三思而後行」，強調的也都是這種內心戲過程。電影《今天暫時停止》（*Groundhog Day*）的男主角，

在重複每一天同樣的人事物的過程中，不斷檢討自己的所作所為，進而提升周圍的人際關係，也是反思力的發揮。[18] Leung, Zietsma, and Peredo（2014）研究由日本中產階級家庭主婦成功主導的「寧靜革命」（quiet revolution），指出家庭主婦雖為「邊緣人」（邊陲行動者），卻透過內省式的定位過程，突破自己只是家庭主婦之自我認知設限，階段性地透過集體式的行動、學習、感知與角色疆界的擴大，發揮一己之力，並在日本社會中對於社區支持農業此議題造成巨大影響力。寧靜革命代表的，不只是日本家庭主婦懂得如何突破自我角色限制，也是知道如何在寧靜、安全的過程中，運用可得的資源來引發變革。反思自己的定位，善用制度保護與社會資源，在創新的道路上，才有可能成為扭轉全局的贏家。

　　行動者要能走出制度的框架，除了需具備反思力，也需具備未來力（projectivity）（Emirbayer and Mische, 1998）；前者是能知，後者是能想，簡單的是，就是「能動」來自於「能知」與「能想」。[19] 代表能知的反思力，是一種面向過去、從例行慣習或路徑中找到能動空間的能力；未來力則是面向未來，是一種驅使行動者設想未來的可能，進而重組既有資源來實現未來可能與機會的能力。未來力既有想像的成分，也有務實的一面。一方面，未來力必須能夠對於機會懷抱著夢想、期待和渴望，並且可以對未來的生活創造或重新建立不同的制度與行動模式。另一方面，具備能想的行動者，也要能夠創造性地重組既有的規則與資源，來資助未來的行動。也因此，對於

---

[18] 關於反思力應用的類似電影例子，還包括：《明日邊界》（*Edge of Tomorrow*）裡男主角，在每次重複死亡與重生到參戰的過程中，因為不斷記取教訓，最後終於可以擊退入侵的外星生物；《真愛每一天》（*About Time*）的男主角，因為可以持續回到過去，更正先前的錯誤，因此可以成功打動佳人芳心。

[19] 這裡的論述，剛好也可以對照 Kant（康德）哲學所處理的三個基本哲學問題，包括：一、我能知道什麼？二、我可以做什麼？三、我能希望什麼？「能動」對應的是我可以做什麼？也就是我有哪些行動選項？「能知」對應的是我能知道什麼？包含的是慣習、路徑、社會地位等。「能想」對應的是我能希望什麼？涵蓋的是行動者對於未來的想像、希望、渴望，或是恐懼，以及如何實現未來的規劃。

未來的想像，也不免必須在既有的基礎之上，能夠以務實的態度，來建構可能、也是可以實現的未來。例如，宏碁之所以走向品牌創新的道路，不只是創辦人施振榮懂得從多元的社會環境中，找到能動性的施為空間，也在於他能以微笑曲線來設想未來可能的產業模式，進而得以重組既有的組織與資源來實現期待的未來。即便面對重重困難，Abraham Lincoln（林肯）總統還是堅持，要透過修憲的方式廢除奴隸制，因為這不只是解放被束縛的黑人，也是因為這是根據未來的景象，來擬定今日的行動。

行動者要能從設想未來到實現未來，不只是需要反思現在的處境與未來的關係，也要能夠針對這中間的時空差異性，構想出可能的連結或是發展出創造性的務實方案，進而可以合理化重整規則與資源的活動，以便迎向希望的未來。這個過程牽涉的即是行動者如何發揮他／她的社會技能（social skill）（Dorado, 2013；Fligstein, 1997）。社會技能指的則是，能夠創造且維護一個創新的群體認同、並鼓動潛在行動者採取一致的行動達到共同目標，並且為這個行動和目標建立合法性與正當性。社會技能可以實踐或表現在不同的面向，例如：宣揚可行理念的能力、策劃變革步驟的能力、洞察態勢的能力、凝聚群體的能力、煽動群體行動的能力、橋接外部資源的能力等（Fligstein, 1997）。子曰：「侍於君子有三愆：言未及之而言，謂之躁；言及之而不言，謂之隱；未見顏色而言，謂之瞽。」就是一種社會技能。在美國高畫質電視產業的案例中，主要的行動者全美廣播電視協會（National Association of Broadcasters）就是具備社會技能的策略性組織，也因此才能有效率地集結、動員、管理並引導美國本土原本具有競爭關係的成員，朝向一致的方向，共同搶救可能被日本廠商搶攻的市場（Dowell, Swaminathan, and Wade, 2002）。又例如，Garud, Jain, and Kumaraswamy（2002）研究美商 Sun（昇陽）推動 Java（爪哇）技術成為共同技術標準的過程，發現 Sun 雖為開放原始碼之領導廠商，但在面對 Microsoft（微軟）此一強力競爭者時，Sun 深深覺得難憑一己之力對抗 Microsoft。因此當時 Sun 領導者的作法便是，清

楚反思自己的地位情況，善用他們的社會技能與政治手腕，說服並動員其他軟體廠商，一同創建並鞏固了 Java 開放系統的有效運作。

行動與制度的關係，不是背離、對立，而是互為牽引，共同建構（Abdelnour, Hasselbladh, and Kallinikos, 2017；Barley and Tolbert, 1997；Cardinale, 2018）。對行動而言，制度不只是過河的彼岸、目的，也是幫助渡河的竹筏、工具。探討科技的管理與進展，也是如此，例如若將科技視為制度，那它不只是限制、規範，也是提供能動、改變可能性的資源基礎。例如，摩爾定律雖然規範半導體的技術發展，但也提供台積電充分的資源，以實現從製程創新來引導產品創新。台灣的 OEM [20] 文化雖然讓製造業總是面臨「毛（利）三到四」的挑戰，但也讓很多處於 Apple 供應鏈的廠商（如大立光、台達電）可以持續引領科技創新。任何的技術標準，既是限制、也是機會；一方面，限制了創新的空間，但一方面又提供行為的保障與獲利的機會。從鑲嵌的能動性探討科技的發展與競爭，就是要引導我們不只是要在外面「搖旗吶喊」，或是站在「場（域）外抗議」，而是要能走入其中，找到與自身的關係連結，進而發揮改變的可能性。

不同的制度連結，代表不同的改變動機與資源取用管道（Haveman, Rao, and Paruchuri, 2007）。對於身處核心、也就是強制度連結的核心或菁英份子而言，有更好的機會行使權利，獲取資源，建立信任（Muzio, Brock, and Suddaby, 2013；Rao et al., 2003；Scott, 2008）。Sherer and Lee（2002）的研究發現具有名望的法律事務所，會率先採納新的人資管理實務。加拿大五大會計事務所，是推動會計事務所轉型成為複合式經營的變革代理人，除了提供會計服務，亦提供法律與管理諮詢服務，創造新型態的經營方式（Greenwood and Suddaby, 2006）。在法國廚藝文化領域中，改變舊式法國料理就是由擁有米其林星級認證的大廚師所促使（Rao, Monin, and Durand,

---

[20] OEM 即 Original Equipment Manufacturer（或是 Original Equipment Manufacturing）的縮寫，是受委託廠商依照原廠之需求與授權，依特定的條件而代工生產。

2003）。在加拿大愛滋病治療宣導的場域中，愛滋病患因為患者的身份，比起其他行動者更具備有合法性的角色主導愛滋病宣導的發展，即便是財力雄厚的各大藥廠、醫療專業人員，乃至於政府等，最後都得接受由愛滋病患們所主導的協會所制定的各種規範框架（Maguire, Hardy, and Lawrence, 2004）。

相較於強連結者，弱制度連結者雖然無法佔據有利的位置，但也因此較不重視制度規範與慣習，也因為身處邊陲較容易接觸到不同的想法，而此都讓其有較強的動機發動變革（Maguire, Hardy, and Lawrence, 2004；Martí and Mair, 2009）。像是在美國音樂產業中，開啟 MP3 革命的，想當然耳一定不是原有五大傳統唱片公司這樣的既得利益者，而是由名不見經傳的 Napster 所發動（Hensmans, 2003）。Shu and Lewin（2017）的研究發現，在 1970 年代中期改變日本汽車環保排放法規標準的，不是當時的產業龍頭老大 Toyota 與 Nissan（日產），反而是當時規模與影響力都相對小很多的 Honda（本田）汽車。春秋戰國時代，齊、楚、燕、韓、趙、魏等山東六國都有變法圖強，但都沒有成功，原因就是文化包袱太重，反而是位處邊陲的秦國，能夠變法成功，統一天下；同樣的，推翻滿清政權的，不是位在天子腳下的袁世凱，而是來自遙遠邊境的孫中山。一般而言，「中產階級」被認為是穩定的力量，而這與文獻的研究只探討核心份子與邊陲力量所引發的創新變革，也大致符合。然而，在我們對於台灣精神醫療院所的研究卻發現，推動台灣精神醫療場域的變革者，既非擁有實權、資深的行政主管，也非出入職場的醫師，反而是如科主任這般有點黏又不會太黏的中間份子。原因就在於這一群專業醫師可能同時具有變革的能力以及被邊緣化的危機意識，所以有較高的動機與能力形成社群，成為帶動改變的中間力量（洪世章、林秀萍，2017）。

不管是強或弱的制度連結，都不是牽引行動者實踐理性的唯一力量。制度的多元性或複雜性（Greenwood et al., 2011；Jarzabkowskiand Fenton, 2006；Kraatz and Block, 2008；McPherson and Sauder, 2013；Ocasio and Radoynovska, 2016），加上環境的變動

與豐富性（Aldrich 1979；Dess and Beard 1984；Goll and Rasheed, 2005；Meyer, 1982），讓行動者不會侷限於單一的制度連結與慣習養成，也就有管道援引規則、運用資源，也就是有更多發揮能動性的空間。簡單的是，就是制度的異質性，會成就組織的能動性。就如身處於新舊世代交替的史學家，就可以有機會在不同道德或習俗標準之間左右逢源、循環取利，發展出嶄新的歷史解釋與意義。[21] 進出於東方傳統與西方社會交際的研究學者，也總能從文化的對立之中找到更多學術創新的空間（Chen, 2014）。在現實的世界裡，隨著生命歷程的展開，領導人或企業家投身到了不同的場域，為了不同的利益而奮鬥，也因此發展出不同的制度連結與慣習。例如台積電的成功，相當大的一個原因就是因為創辦人張忠謀本身的中美雙文化背景所賜（見第七章）。當東方遇到西方、全球化碰到在地化，創新更有機會從對立當中孕育而生。能動性的運用，就是橫跨制度間的行動者，懂得透過反思力與未來力的交互運用，一方面從例行慣習中找到安身立命的空間，一方面從設想未來的過程中，發掘新的可能模式，進而發揮社會技能重整規則與資源，走向新的未來。

## 第四節　本書的章節安排

　　上述的回顧與評論，提供本書一個基本的理論框架，亦即我們會將台灣科技產業的發展視為一個特定的歷史事實與創新路徑，在不同的時間點演繹制度與英雄之間的關係。為了講述這些創新故事與歷史脈絡，原則上我們會按照時間的軸線，針對台灣過去三、四十年最具有代表性的科技產業、組織與廠商，進行回顧與分析。而在各章的分析角度或方法上，我們會參考 Giddens（1984）的論點，亦即在強調行動的主導角色時，就會將制度面的因素或作用，括弧起來，存而不

---

[21] 王汎森，2006，史家與時代，https://www.youtube.com/watch?v=ept30HSyPuI。瀏覽時間：2018 年 5 月。

論;而在分析制度面或系統性作用時,同理亦然(亦可見:Langley, 1999)。依照德國哲學家 Heidegger(1962)的說法,就是要從特定或有限的視角,提出有力的解釋。

我們的分析會涵蓋本章所回顧的三種科技創新分析觀點,也就是從「科技三疊」來「話創新」。我們會先從行動面著手(英雄造時勢),接著轉而分析制度的力量(時勢造英雄),再接著探討走進制度的能動性(時勢照英雄)。具體而言,除了在此的第一章是介紹行動(英雄)與制度(時勢)之間的三種可能關係外,本書的其他各章內容簡要說明如下:

第二章:因為是故事的開始、路徑的源頭,所謂萬事起頭難,所以會先從行動面的角度,探討 1980、1990 年代的個人電腦,這也是開啟台灣科技奇蹟的源頭。我們會聚焦在宏碁、神通、大眾這三大電腦公司,探討並比較它們所採用的成長行動策略之間的異同。[22]

第三章:分析對象是 1980 年代中期到 1990 年代初期的硬碟機,這是當年台灣繼個人電腦之後,所期待發展的未來明星產業,但結果卻是大失所望。相較前一章的行動面,在此我們會轉而從制度面的角度,探討造成台灣硬碟機發展不起來的外在環境與結構因素。[23]

第四章:延續前一章的制度面分析,本章的分析對象是台灣於 1990 年代所快速發展起來的面板(平面顯示器)產業。相較於硬碟機的殞落,台灣面板產業在短短幾年間,就跨越了高技術、大資本的門檻,成為世界級的產業聚落。硬碟機與面板的對比,讓我們對於制度與科技的關係,可以有更深一層的認識。[24]

第五章:這裡的分析重點會轉而探討行動對於制度的影響,研究

---

[22] 本章主要是以洪世章、譚丹琪、廖曉青(2007)為基礎,再納入 Hung(2002)、Hung, Liu, and Chang(2003),以及洪世章、蔡碧鳳(2006)等的內容後,改寫而成。

[23] 本章主要是根據洪世章(2002)所繼續改寫而成。

[24] 本章關於面板的一些基本回顧與分析,曾經陸續發表在洪世章、呂巧玲(2001)、洪世章、黃欣怡(2003)、洪世章、馬玫生(2004)。

對象是工業技術研究院（工研院）於 2000 年的前後約二十年時間，如何發揮策略行動，進而將所欲實現的利益與目標轉化成為一種新的制度性安排（也就是「創新前瞻制度」），改變其與制度環境之間的關係，也間接促成台灣科技專案體系轉型的歷程。[25]

第六章：研究對象是 2000 年代之後，電腦、半導體、通訊以及光電等高科技公司，所共同形成的一個新興且色彩鮮明的台灣產業族群的興起與制度化過程。分析的視角會同時強調制度與行動的共演過程，我們會強調社會制度既是創業家賴以行動的基礎，同時也是創業行動所要改變的對象。[26]

第七章：本章會聚焦在分析台積電與摩爾定律的互動關係，不同於以往對摩爾定律是引導半導體廠商行為模式的主導邏輯或制度的認知，我們會討論台積電如何在跟隨摩爾定律的同時，又能夠發揮改變的能動性，發展出獨特晶圓代工的商業模式，進而改變半導體產業的遊戲規則。

第八章：這裡會依據前面幾章所介紹的案例素材，以及第一章所介紹的不同科技分析視角，提出一個嶄新的「創新路徑」架構，據以調和行動與制度的衝突或矛盾，並以此作為本書的總結，作為我們看待科技與產業發展時的行動－制度的整合性理論觀點。[27]

最後是附錄，說明本書各章對於台灣科技產業分析所共同採用的研究方法。作為獨立的一個篇章，我們也藉此對於質性分析做一個比較全面的介紹，以供後續研究者可以參考與依循。

---

[25] 本章主要根據涂敏芬、洪世章（2012）所改寫而成。
[26] 本章主要根據洪世章、李傳楷（2011）、Hung and Whittington（2011）所改寫而成。
[27] 本章是在 Hung（2004）的基礎之上發展而成。

# 第二章

# 電腦的爭渡：
# 追求成長的行動

　　本章聚焦在個體或微觀的行動面，分析台灣個人電腦廠商的成長策略。成長是企業所不可抗拒的重要使命，企業成長型態則代表領導者或經理人在組織發展之不同階段，所選擇不同之企業策略，並據以構成行動創新與策略改變之軌跡。在本章裡，我們根據相關研究文獻，整理提出企業有三種基本的成長行動策略可茲選擇，包括：階層擴張、市場購併與網絡關係。根據此三種策略架構，本章探討 1970 年代到 1990 年間，台灣蓬勃發展的個人電腦產業，我們會比較宏碁、神通、大眾等三大電腦集團，在創業初期與成長過程中的策略選擇與行為變化模式。

## 第一節　企業要如何成長？

　　電影《駭客任務》（*The Matrix*）裡有個情節，叛軍首領墨菲斯（Morpheus）要主角尼歐（Neo）在藍色藥丸與紅色藥丸之間做出選擇。如果吃下藍色藥丸，就會繼續活在習以為常的虛幻世界，並相信任何你所想要相信的。而如果吃下紅色藥丸，就會留在如愛麗絲夢遊

的仙境，並有機會探索未知的世界。[1] 追求成長的創業家或領導者就像是選擇吞下紅色藥丸的尼歐，在自主行動的過程中，打造出屬於自己的命運與世界。

企業的成長由一連串的行動組合而成，代表的不只是一種不斷尋找新的商業機會、不斷開拓新的獲利模式的企業家精神（Schumpeter, 1942），也是一種積極進取、艱苦奮鬥、永不停歇、做大做強的「浮士德精神」。在學術研究上，企業成長是創新、策略與變革管理領域的一項重要研究議題。成長可表現在產出、營收、規模等「量」的增加，與結構、能耐、效率等「質」的提升，這些都可使企業賺取利潤，並維繫企業的永續生存（Mahoney and Pandian, 1992；Penrose, 1959；Slater, 1980）。例如台積電 2019 年的營收達到 1.07 兆元，與 2018 年相較成長 3.7%，這是量的增加，而台積電的製程技術從 2018 年的 7 奈米，進步到 2020 年的 5 奈米，代表的就是質的提升。

企業既是一個行政管理單位，也是一個資源匯集的中心，而其資源的配置方式與運用時機，則是透過策略管理來決定，當企業內部有未被充分利用的閒置資源存在，高層管理者若能採行適當的策略選擇，使閒置資源得以充分利用，便可帶動企業成長。換言之，企業成長反應了管理者想要極大化資源運用，以追求更高報酬的渴望與企圖心（Finkelstein and Hambrick, 1996；Hambrick and Mason, 1984）。而策略選擇或施為之可能性，則提供管理者追求成長能動性的空間（Beckert, 1999；Child, 1972）。隨著時間經過，管理者在公司發展之不同階段，或基於現有資源基礎之考量（Barney, 1986；Wernerfelt, 1984），或基於不同策略意圖之驅動（Hamel and Prahalad, 1989, 1993），選擇不同的成長策略，此則構成了企業策略改變之軌跡（Pettigrew, Woodman, and Cameron, 2001；Rajagopalan and Spreitzer, 1997）。本章之分析重點即是：描述並解釋企業成長過程之策略選擇

---

[1] 墨菲斯的原話為："You take the blue pill—the story ends, you wake up in your bed and believe whatever you want to believe. You take the red pill—you stay in Wonderland, and I show you how deep the rabbit hole goes."。

與行動軌跡。

在本章裡，我們先從資源基礎理論、動態能耐、交易成本、社會網絡以及組織演化等研究文獻中，整理提出可茲企業選擇的三種基本的創新成長策略。首先是採行階層式的一般性擴張策略，即透過各階層間的溝通、協調，更有效地運用內部資源，而產生自發性成長（Penrose, 1959；Wernerfelt, 1984）。其次是透過市場機制功能進行購併活動，將外部資源內部化（Capron, 1999；Karim and Mitchell, 2000）。第三種是組織間觀點，發展非階層、非市場的混合式網絡關係（Gulati, Nohria, and Zaheer, 2000；Powell, 1990），具體型式如策略聯盟與合約夥伴。本章再根據此三種成長策略，比較宏碁、神通、大眾等台灣三大資訊電腦集團之發展。首先，我們先回顧一下相關的文獻與理論。

## 第二節　企業成長策略：階層、市場、網絡

企業成長的動力來源，既是來自於高層管理者對於維持現狀的不安全感，也是對於增進績效或獲利率的渴望。根據牛頓的第一運動定律，除非受到外力，否則保持靜止的物體，會一直保持靜止，這既是慣性定律，也是惰性定律。應用到管理上，沒有成長的企業，職場關係開始變得複雜，資源管理能力也變得舉步維艱，慢慢地陷入停滯的泥潭之中。如同烏龜賽跑寓言的啟示，成功不是屬於跑得最快的人，而是屬於永遠不停前進的人。孟子有云：「生於憂患，死於安樂。」國家如此，企業亦然。所謂要活就要動，不停地運動，就會產生源源不絕的活力，避免組織惰性的發生（Hannan and Freeman, 1984)。追求成長的企業，就是一直在充滿激烈競爭的凡塵俗世之中，持續的發揮「人間力」，[2] 將領導力、專業力、知識力、創造力、反思力、未來力等

---

[2]「人間力」一詞是日語說法，大意是指一個具有獨立自主、理性選擇的個體，所具有的在社會當中能夠不屈不撓的工作與生活下去的綜合能力。這與本書所談到的行動力、能動性等名詞都具有類似的意涵。

各種核心能力,巧妙的用以提升組織的市場價值以及競爭力。在做中學、也就是「不經一事,不長一智」的觀點下,組織成長也是培養能耐、開發機會以及追求創新的重要來源所在(Bingham, Eisenhardt, and Furr, 2007;Danneels, 2002)。

根據 Hambrick and Mason(1984)、Finkelstein and Hambrick(1996)以及 Peng(1997)的看法,要探討企業成長的方式,即應研究高層管理者或領導者對企業成長策略的選擇。Child(1972)認為,策略選擇是組織理論與管理領域一個重要考量因素。策略選擇就是假設企業是在自由市場經濟中運作,且對於其資源的分配與競爭策略之履行,有自由判斷的能力與執行的自主性。管理者對成長策略型態的選擇,除了考量當時社會的經濟型態與時代背景外,亦可能因其公司本身不同發展階段、資源現況與未來需求規劃,以及不同之策略性意圖而有所差異。但基本上而言,企業的成長策略可概括分為階層擴張、市場購併,以及網絡關係等三大類(Hamilton and Feenstra, 1995;Peng, 1997;Powell, 1990)。

## 一、階層擴張

首先是階層式觀點的一般性擴張策略,此為企業以漸進或演化方式,隨著外在環境的變遷與內部體質的轉化,而新設或擴建營運組織。階層,一直是組織分析的核心。Weber(1952)指出,讓組織成員各依其所在位置,依法取得某種權威的階層設計,也就是各安其位、各司其職的安排,是最為穩定、也最為有效的組織運作方式。根據 Coase(1937)與 Williamson(1985)的交易成本理論,企業可以存在的一個基本假設,就是組織階層可以比市場機制運作得更有效率。據此,隨著時間的變化,階層式擴張代表的即是,組織不停的追求更有效的內部化資源分配的過程。

Chandler(1990)指出,回顧歐美工業國家的發展,都會看到類似的發展模式與成功故事。企業先是憑著特殊的技術取得市場利基,隨後增加投資擴大市場,追求規模經濟。等到取得領導地位之後,再

發展相關產品，實現範疇經濟，接著努力提高新產品的市場佔有率，實現另一個規模經濟。上述的過程，正是以規模為核心所發展出來的階層擴充與成長邏輯。根據 Penrose（1959）的公司成長理論，一般性擴張策略則是肇因於高層管理者欲充分利用過剩的物質或人力資源，而進行擴大核心事業或相關多角化的活動（Chatterjee, 1990；Silverman, 1999）。Penrose（1959）將企業視為一個包含物質與人力的資源中心。所謂物質資源，包括廠房、設備、土地、物料等；所謂人力資源，則包括技術性與非技術性勞力、管理與科技的勞務等。隨著時間的經過，資源會隨著經驗而累積發展，由於其具有專屬性與不可分割性，而無法以契約方式出售，高階管理者只能將這些資源留在公司內，做進一步的運用。在此，企業成長即可視為是高層管理者充分利用閒置的專屬企業資源之結果。Wernerfelt（1984, 1995）將此一觀點擴充成在策略管理領域裡很有影響力的資源基礎理論。後續研究者，如：Barney（1986）、Conner（1991）、Grant（1991）、Hamel and Prahalad（1994）、Helfat and Peteraf（2003）等人，對於由核心資源或能力所驅動之企業成長，都提出許多詳細的討論。

　　根據 Penrose（1959）的原始論點，或是後來發展的資源基礎理論之主張，企業本質上為一行政組織，以既定的行為規範維繫工作者之間的關係，管理者為充分運用閒置資源，必須擬定並執行擴張計畫，並溝通協調各組織層級，使資源的運用更加有效率，而達到成長的目的。因此，在組織層級間溝通協調的過程中，是否有能力強、經驗豐富的管理者帶頭領導，從中疏通，遂成為公司順利成長的關鍵。施振榮之於宏碁、張忠謀之於台積電、馬雲之於阿里巴巴、Steve Jobs 之於 Apple，都是如此。在階層式觀點下，企業的成長有其極限，主要原因是企業的資源有限。即便是物質資源的取得並不困難，企業也無法無限的取得經驗資本，故不可能會有公司能夠無限期地產生自發性的擴張。

　　除了物質資源與人力資源外，Nelson and Winter（1982）提出企業所必須具備的第三種資源 ── 組織路徑（organizational routines），即一種將投入轉換為產出所需的管理機制。管理人才的取得是企業成長的必要條件，而當企業在成長，需要更多管理人才時，組織路徑或是組織的傳統、文化便是企業與新進人員間的橋樑，可以將公司的各方面資訊灌輸給新的管理者，使其能儘速融入該組織（Becker, 2004, 2005）。而此加入路徑所強調之企業演化觀點，亦使學者提出動態能耐（dynamic capabilities）（Eisenhardt and Martin, 2000；Teece, Pisano, and Shuen, 1997；Macher and Mowery, 2009）以取代資源基礎理論，來解讀企業成長所依據之力量來源。

根據 Teece et al.（1997）的論點與定義，所謂動態能力是指企業因應內部或外部競爭與變動而整合、學習與重組的能力，應包括「動態」與「能力」兩種概念，前者係指為因應環境的變動，而更新其既有的能力，後者係指該能力的管理能力；換言之，動態能力應包括「能力的更新」與「能力的延展」兩部份程序。而能力的更新與廠商的營運及管理程序（process）、產業與社會中的定位（position）、發展路徑（path）等三要素有著相當大的關聯，換言之，廠商在既有的產業軌跡與路徑相依的限制下，透過組織與管理程序，發展出適合的能力，進而得以在變動中的環境繼續成長。而所謂的管理與組織程序係指廠商營運或者學習的模式，產業定位則指廠商因特有的資產如：技術性資產、輔助性資產、財務性資產、信譽、結構性資產、制度性資產、市場性資產以及組織範疇等，而使企業得以居於產業中獨特的地位（雍惟畚、洪世章，2006；Eisenhardt and Martin, 2000）。

因為能力是動態的、可演化的，資源是可重組的（Amit and Schoemaker, 1993；Helfat and Raubitschek, 2000），因此一般性擴張不只是企業在成熟產業競爭，亦是面對高速變動環境之重要策略選擇。2010 年代中期，在新任執行長 Satya Nadella（納德拉）領導下的 Microsoft，為了因應行動網路時代的競爭，重新調整組織結構，包括分拆重組原本的 Windows 與裝置部門，新成立「體驗及裝置」、「雲端計算及人工智慧平台」、「人工智慧及研究」等三大事業部，就是屬於運用資源重組的變革成長策略（Nadella, 2017）。

## 二、市場購併

　　除了經由內部力量催生之一般性擴張外，企業亦可透過市場機制功能，進行購併活動，將外部資源內部化，以配合不同階段成長所需之各種功能、知識與技術需求，並配合高層管理人員主導公司積極成長之策略意圖。有別於層級式組織中由企業體將各個成員的貢獻加以評價後給予適當報酬的交易方式，市場中的交易是以價格機制來進行，並且發生於獨立的兩造之間（Williamson, 1985）。根據資源基礎理論（Silverman, 1999）及交易成本理論（Hennart and Park, 1993），企業之所以採用購併之原因，乃是因為同於一般性擴張，企業內部有閒置資源待充分運用，然而這些資源的運用需要搭配目前組織缺乏的資源。或許企業可以經過長時間的培養發展，而獲致這些稀有資源，但也許會因此而錯失了良好的市場成長時機。又或者這些資源無法有效自市場中個別取得，特別是當這些所需的資源為鑲嵌在原有的組織脈絡中，或具有不可分割性。企業若要取得此資源，往往便得採用購併的方式進行，以降低因受限理性與時間因素所產生對於稀有、隱性專業知識需求之跨組織間移轉落差。購併的最終目的，是希望透過所購入資源與原有資源的整合，達成成長所需的綜效。例如，1990 年宏碁併購美商 Altos（高圖斯），以及 2005 年明碁購併德國 Siemens（西門子）的手機部門，都是為了突破現有公司資源所限，快速進入新市場或發展新事業的例子。

　　Teece（1982）認為，經由購併所促成之多角化成長，由於需要內部資本的配合，因此可增進資源分配上的效率。效率之增進包括收入與支出扣抵後所產生的經濟效益，以及資源重組後所產生之能耐提升所產生的綜效，這都會使得購併後新廠商所具有的市場價值，大於購併前不同廠商之個別價值（Capron, 1999）。Karim and Mitchell（2000）之研究顯示，購併式成長有助於企業從事資源擴張努力，並且是企業在面對變動環境中追求變革與成長之重要策略選擇。Granstrand and Sjolander（1990）對於瑞典公司之研究則顯示，

大企業通常藉由購併小企業以取得並加速發展成長所需之技術能力。而就長期發展與效益而言，企業亦可利用購併式成長策略以突破組織惰性之壓力（Capron, Dussauge, and Mitchell, 1998）。Cefis and Marsili（2015）的實證研究指出，購併有助於企業持續追求創新的軌跡。Lodh and Battaggion（2015）分析美國生技公司的購併活動後發現，購併相關事業有助於增加知識的深度，而購併非相關事業則有助於增加知識的廣度。Karim and Mitchell（2000）將此經由市場購併所發動之企業成長、改變與創新方式稱為「路徑突破式變革」（path-breaking change），以與前面段落所述經由資源演化觀點所催生之「路徑依賴式變革」（path-dependent change）有所區隔。

利用購併方式成長的企業，大多透過發行股票，或交換股份方式融資。因此，為使企業經營權與所有權得以順利轉移，企業所歸屬之國家環境便必須提供健全的金融市場，對購買的公司才能產生正確的評價（Peng and Heath, 1996）。此外，為協助企業進行購併，完整的法規設計或制度環境，亦不可或缺（Jensen and Ruback, 1983）。

透過購併的成長方式，不僅常發生於傳統製造業或金融服務業，亦適用於高科技產業。例如，1995 年接掌 Cisco（思科）執行長之 John Chambers（錢伯斯），即透過每年平均購併 8 到 12 家企業的擴張動作，在 5 年間由年營收 12 億美元之小公司，攀升為年營收 170 億美元以上的世界級公司。Cisco 也因此成為有史以來全球成長最快的公司（Wheelwright, Holloway, Kasper, and Tempest, 2000）。1990 年代晚期的台積電與聯電，也都曾以購併的方式，來加速擴充晶圓代工的產能。1998 年，聯電先是買下新日鐵，隔年再併入合泰半導體，台積電則是隨後決定購併世大與德碁。當處於快速發展中的產業，而漸進式的組織階層擴張不足以開發新興的市場機會時，購併式的快速成長常常就會是經理人的最佳策略選擇。

## 三、網絡關係

除了階層擴張和市場購併兩種成長策略外，企業亦可藉由技術相

互移轉、代銷合約、少數或對等股權投資、產能互換、聯合行銷、共同研發、共同生產等方式所建立的各種網絡關係，尋求成長。對於欠缺專業經理與財務資源的新創或小廠而言，網絡式成長顯得相當重要。以 1980 年代的台灣個人電腦產業為例，很多廠商都是將本身的創新能力極度發揮，剩下的工作部份便交由外購。另外，當面對的是快速變動的技術環境，或是詭譎多變的國際市場時，網絡式成長策略更被認為是重要的創新平台、聯外大道（Gulati, Nohria, and Zaheer, 2000；Powell, 1990），就像是舉起「瓦托姆博魔杖」（Wand of Watoomb）的奇異博士（Dr. Strange），具有維度穿越、悠遊宇宙的特異功能。對於科技業而言，隨著國際技術能力差距之日漸接近、產品及技術生命週期縮短、技術移轉與學習速度增快，共同研發或相互授權可加速新產品與新製程之開發速度，具有先佔市場的競爭優勢。

最著名的網絡式成長模式即是策略聯盟（Gulati, 1998）。Pekar and Allio（1994）之研究發現在 1988 至 1992 年間，美國的策略聯盟事件較 1980 至 1987 年間增加了許多，並且還以每年 25% 的比率持續增加。Dyer, Kale, and Singh（2001）的研究則指出，全球 500 大企業平均擁有 60 個策略聯盟。Mohr, Garnsey, and Theyel（2014）指出，對於追求快速成長的廠商而言，策略聯盟是個必要的選擇。Will and Theo（1996）對荷蘭四百五十餘家成衣批發商之訪談及調查中發現，參加策略聯盟之廠商均展現較佳之經營績效。張琬喻、劉志旋、洪世章（2003）採用事件研究法分析 1996 至 2000 年間，曾正式宣告策略聯盟的 140 家上市公司的績效反應，結果顯示：策略聯盟的訊息在宣告當日，對股東財富有顯著正向的影響。換言之，投資大眾們普遍相信，策略聯盟對於提升企業績效應有正面的效果。

根據 Gulati（1998）的論點，策略聯盟是指企業雙方或多方為獲取某種特殊經營資源，所採取的非市場導向網絡交易方式。此種建立在組織間關係的網絡式成長策略，除了策略聯盟外，還包含合資、合夥、外包等許多不同的型態（Grandori and Soda, 1995；Parkhe, 1993）。儘管它們的型態各異，其共同特點就是，在交易成本的限制

與知識擴散的考量之下，達成各方的共識與協議，並形成如 Hamilton and Feenstra（1995）與 Powell（1990）所稱之「非市場、非階層」的組織間網絡式經營。網絡式成長策略反應出，當企業無法單獨擁有用以從事階層式擴張或購併其他公司所需的全部資源，則可藉由發展組織間關係來獲得互補性資產，以因應環境不確定性所帶來的挑戰與威脅，而這對於從事科技創新的公司更為重要（Rothaermel and Hill, 2005；Tripsas, 1997）。立基於組織間網絡觀點之策略成長思維，除了能擴充產業組織學派之產品市場環境優勢來源考量外，亦能與資源或能耐基礎之廠商理論在以資源解讀企業演化論點上相輔相成。一般而言，資源基礎理論強調價值性（valuable）、稀有性（rare）、不可模仿性（inimitable）與不可替代性（nonsubstitutable）（簡稱 VRIN）等組織內部資源之重要性。然而這些 VRIN 屬性，同樣的亦可應用資源基礎理論所較忽略之外部資源領域，特別是網絡資源（Gulati, Nohria, and Zaheer, 2000）。雖然組織間之關係可以強連結（strong ties）與弱連結（weak ties）區分（Granovetter, 1973；Nelson, 1989），但各有優勢基礎。強連結通常代表密切的組織關係，參與之夥伴較特定且集中，並有長期且固定之市場交換或業務往來關係，且通常應用於組織對於政治性動員之依賴。相對而言，弱連結代表鬆散、機會式之市場交換夥伴關係，而因此所連結之結構關係也較廣大與複雜，並常見諸於組織因對於資訊與創新知識之需求所建構之技術關係結構中。據此，不管是強連結抑或是弱連結，網絡成員均可利用外部網絡結構，獲取成長所需之不同資源。

就策略目的而言，組織間關係的建立肇因於分擔風險、獲取新技術、進入新市場、規模經濟與技術互補等各種不同的動機，它可使參與者互補資源，加速關鍵技術之移轉，擴大原有技術或產品之運用途徑，並且提高對於供應商、配銷商與使用者之議價或談判能力。網絡運作的另一個好處是，其雖將各個企業連結在一起，但卻能避免具有政治敏感性的所有權移轉問題。網絡組織沒有市場中的清楚規範，也沒有層級式組織的嚴密干涉。企業以個別自主為前提，透過這種較為

鬆散的網絡結構，將資源匯集起來，用作投資或轉包承攬集群成員的業務，達到互蒙其利的目的。就像台灣的一些中小企業，會去爭奪一些超越他們供應能力的訂單，等到拿到訂單時，再去尋求協力廠商支援。在網絡中，夥伴間的合作、資源的分配與補給，都需要以彼此間的信任為協調的基礎（McKnight, Cummings, and Chervany, 1998），以降低可能的交易成本。非市場、非階層的網絡式成長策略因此不但可解決企業成長所需資源不足的問題，又可免除內部化過程中所產生的各項成本，讓企業不必經由直接購併或取得所有權的程序，仍可獲得所需的輔助資產與專業知識（Das and Teng, 1998）。

## 四、分類與衡量

　　根據以上的論述，我們進一步將常見的企業活動與關鍵事件，對應三種不同的成長模式進行詳細的歸屬與分類（請見表 2-1）。因為我們要比較宏碁、神通、大眾的成長策略軌跡，這樣的分類除了可以協助我們落實資料的蒐集、衡量與分析，特別是也可從縱觀或時間的構面上，彰顯組織的能動性軌跡。換言之，行動是人類自由的充分展現，而歷史時間的紀錄則是呈現這個生活型態的必要方式。而此就如政治理論家 Hannah Arendt（漢娜・鄂蘭）所強調的，行動的創造性，就在時間感中表現（Arendt, 1958）。

　　如表 2-1 所示，歸屬於階層式成長策略主要為新設或擴建營運組織，其資源、資金均來自企業內部或藉由增資、舉債等各種以公司信用或資產為基礎之籌資方式而得，進而擴大公司的營業範圍或規模，並調出組織內部份人力、資源與管理階層，輔助新生組織的成立與文化制度的移轉。而市場型的策略事件則都歷經資產、股權或所有權移轉的內部化過程，經由交易行為將外部資源內部化，具體的行動就是收購與合併。至於網絡型的策略事件也是運用外部資源以達到成長的目的，但與市場型策略不同的是，其未經複雜的內部化過程，僅藉由合約建立互惠關係，包括了合資、代理經銷、聯盟、商業協定、轉包承攬以及聯合管理等。

▶ 表 2-1 策略事件的分類

| 策略 | 常見的企業活動或事件 |
|---|---|
| 階層型 | • 創設全新的公司<br>• 國內設立新廠<br>• 擴建廠房<br>• 設立海內外分支機構（子／分公司、據點、工廠）<br>• 業務擴張（代工訂單）<br>• 在國內成立連鎖店，自創通路 |
| 市場型 | • 獨立購併外國公司<br>• 收購行銷通路<br>• 承接持股，取得他公司經營權<br>• 聯合國內多家企業共同購併外國公司<br>• 收購他公司之事業群、品牌、產品線 |
| 網絡型 | • 與國內外企業合資成立新公司<br>• 與他公司進行生產、行銷、技術等方面的合作<br>• 與海外企業合資在當地成立子／分公司（結合地緣）<br>• 取得他公司產品代理權<br>• 財團加盟<br>• 合資成立國內分公司<br>• 代理經銷 |

# 第三節　台灣個人電腦

　　本章的分析對象是台灣的個人電腦產業。最早的起源或可追溯到 1974 年，神通電腦成立作為零組件代理商開始。然而實際的生產活動則晚了一點，一直到 1970 年代末期，國內家電廠商如大同、聲寶、東元等才開始生產少量監視器以供出口。1981 年是個轉捩點，其時 Apple II 相容產品在台灣研發成功並且開始投產。同時期，由於台灣政府全面禁絕源自於日本的電動玩具，部分國內廠商轉移他們的機器設備去生產技術原理相似的 Apple II 相容品（曾推出產品 Pineapple）。1981 年 9 月，政府明訂資訊業為策略性工業，技術交由工研院電子所協助開發、軟體部分則交由資策會負責推動，至此正式開啟台灣個人電腦的黃金時代。產業的典型特徵是靈活變通、迅速反

應、技術能力純熟，新產品推出速度快。台北光華商場貨架上隨時現貨供應相關電子零組件，再加上台灣上游電子零件業廉價供貨，因此儘管中小廠商各自獨立、合縱連橫後，台灣個人電腦在國際上逐漸建立了無可取代的形象與地位。

在個人電腦的產業裡，領跑的主要是宏碁、神通、大眾這三家公司（見科技筆記：電腦三強），而這也是我們要探討的行動成長焦點。[3] 在以下的篇幅裡，我們會回顧宏碁、神通、大眾的發展過程，並標示重要的策略行動或事件，按照事件發生的順序，以 E1、E2、E3 等順序加以編號（E 代表 event）。接下來，我們再依據此編號順序，將之對應於表 2-1 來進行歸類、分析與比較。

📝 科技筆記

## 電腦三強

1980 年代，台灣最具有代表性的產業就是個人電腦，R.O.C. 一詞代表的不只是中華民國（Republic of China），也是「電腦王國」（Republic of Computers）（黃欽勇，1996）。台灣個人電腦最有影響力的前三大企業分別是宏碁、神通與大眾，各自的領導人分別是施振榮、苗豐強與簡明仁。他們三位獨特且迥異的學經歷、產業關係與領導風格，不只代表了台灣科技創業者的圖像，也深深影響了各自公司的業務發展與策略選擇。

---

[3] 台灣個人電腦的另一股重要發展力量，是成立於 1972 年的三愛電子所延伸或分化出的廠商，包括廣達、英業達、金寶、仁寶等（張如心、潘文淵文教基金會，2006：61）。原則上，相較於宏碁、神通與大眾等大廠，「三愛體系」的廠商更為低調、保守，且幾乎都專注在代工生產，而不強調品牌經營。

　　宏碁的創辦人 —— 施振榮，1944 年出生於彰化鹿港，國立交通大學電子研究所畢業，曾任職環宇電子公司研發工程師、副理、榮泰電子公司協理。因為榮泰的財務問題，施振榮於 1976 年在有點勉為其難的情況下創辦了宏碁（王百祿，1988）。有著質樸又帶著濃厚的勤儉、務實、沉默性格的施振榮，在創業初期就強調窮人哲學與集體創業。[4] 窮人哲學，又稱平民文化，這除了代表施振榮的出身外，也代表沒有家族財力支持的宏碁，更需把握每一個可能的市場成長機會。集體創業代表的既是充分信任、充分授權，也是分散股權、群龍無首，就是「把大家都拖下水」，一起承擔創業的成功與失敗。

　　相較於宏碁施振榮的窮人文化，神通的苗豐強就帶有濃濃的貴族風格。1946 年出生於山東牟平縣的苗豐強，父親苗育秀為聯華實業公司創辦人，也是「山東幫」最具代表性人物。13 歲時負笈香港，後轉往美國求學，畢業於加州大學柏克萊分校電機工程系。1971 年進入 Intel 任工程師與產品行銷經理，參與開發半導體晶片，並於期間獲得加州大學聖塔克萊拉分校企管碩士學位。1976 年返國參與籌建聯成石化公司，並因緣際會的投資與經營神通電腦。苗豐強的家世背景與政商人脈對神通集團的發展助益良多，再加上其海外留學與工作經驗，使神通在對外的發展上，明顯的觸角更為廣闊、氣勢上也更為恢弘。在對內的管理方面，苗豐強一方面維持著傳統家族企業在財務上的嚴謹態度，而在用人、領導等方面，又流露出非常美式的作風。

---

[4] 宏碁的集體創業形式，就是在台灣首創的入股分紅制度，一開始只有幹部可以參與，後來也開放給員工。「當時規定入股的額度是績效獎金的一半，加上每個月薪水中之 10%，分期陸續繳股款，約兩年可以繳齊可認股額度。當初實施這個政策時，根本沒有想到要讓公司的股票上市，只是因為不是股東就不能分紅，所以讓幹部與員工先入股然後才能分紅，否則他們只有年終的績效獎金可拿。」「以前是先入股再分紅，後來變成分紅後入股。公司股票上市之前，我都是提撥部分稅前盈餘給員工，當作是稅前之費用，這部分公司就不必繳稅。上市之後，我們把提撥給員工的紅利轉為增資股票，然後分配給員工，也就是先分紅再入股。」（施振榮，2004：257-258）

至於大眾的簡明仁，代表的又是另外一種創業典型。簡明仁於 1947 年在台南出生，畢業於國立交通大學電子工程學系，1975 年取得美國加州大學柏克萊分校電機及電腦博士學位後，在密西根韋恩州立大學任教兩年，接著擔任 AT&T 貝爾實驗室系統工程師兩年。1979 年返台擔任交通大學客座教授，後來並與妻子王雪齡（王永慶之女）共同成立大眾電腦。大眾遵行「老二主義」，在成熟的產品區隔市場中，以低成本、大量的生產方式，快速地吃下競爭者的市場佔有率。這和大眾內部許多制度都是來自台塑集團有關。一方面在台塑文化的影響下，一方面再加上簡明仁的父親簡吉是日據時代農民運動先驅，也是 228 事件的受難者之一，簡明仁在行事風格與對外關係上，似乎更為保守、謹慎與務實，既不像施振榮總是孜孜不倦地宣揚他的微笑曲線以及宏碁的經營理念，也不像苗豐強總是可以自信自在善用與開發他的對外關係，為神通創造更多合資成長機會。

## 一、宏碁的創立與發展

### 從貿易到製造

1976 年，施振榮與夫人葉紫華，以及林家和、黃少華、邰中和、涂金泉和沈立均等七人，以 100 萬元新台幣，合資成立「宏碁股份有限公司」，從事微處理器的代理、貿易業務（E1）。當時台灣的微處理器市場才剛萌芽，且幾乎是由神通所代理的 Intel 所獨佔，為了進入此市場，宏碁先是設法取得與 Intel 相容的 Zilog 微處理器的代理權，累積相關經驗後，再進一步取得 Intel 之產品代理權（E2）。

因為施振榮的電子工程教育背景，以及相關電子公司的從業經歷，對於宏碁開發與確認微處理器與個人電腦的市場潛力，扮演關鍵的能動者角色。另外，在這創業的過程中，施振榮也得到舊日交大同學，當時任職美國惠普的張國華的幫忙，因此機緣，1977 年，宏碁便與張國華合資成立「宏碁美國公司」（E3），張國華佔六成股權，

宏碁佔四成，這就是現在「宏碁北美公司」的前身。1978年，宏碁也與全亞電子合作，代理其「EDU-80」微處理器學習機（E4）。隨著業務的擴張，1979年陸續成立台中、高雄分公司（E5）。

1981年，因為原本接受外商設廠為主的竹科，政策性地接受國內廠商申請入園，宏碁便於1981年成立「宏碁電腦股份有限公司」（E6），資本額1,000萬元，正式跨入製造業。隔年4月擴建新廠，增資為3,000萬元（E7），在隔年，又再增資為9,000萬元（E8）。1983年，再成立「第三波文化事業公司」（E9）。至此，到了1983年底，宏碁電腦、宏碁股份有限公司、第三波文化事業三家公司的總營業額超過16億元，超越原執電腦業牛耳的神通電腦，成為台灣最大的電腦公司。

隨著業務的擴展，對於資金需求殷切的施振榮，於1984年得到交大校友、大陸工程董事長殷之浩先生的支持，成立「宏大創業投資公司」（E10）。在成立宏大投資公司的同時，美國宏碁公司獲得美國國際電話電報公司（ITT）的電腦訂單，但當時宏碁電腦正忙於生產自有品牌的個人電腦和美國NCR子公司ADDS的代工，無法抽出生產線，且亦不適合同時為兩家業務上有競爭的美國公司代工生產。為求兩全，宏碁遂再度與大陸工程合資成立「明碁電腦公司」（E11），專為ITT代工，初期實收資本額為3,500萬元，之後發展為以生產如鍵盤、監視器等周邊設備為主。

隨著在國內市場佔有率的不斷提升，1985年，宏碁成立了台灣第一批電腦連鎖店「宏碁資訊廣場」（E12），擁有了自己專屬的行銷通路。同年，更成立了日本、德國分公司（E13）。接著，宏碁開始往上游發展。1986年，成立「揚智科技」（E14），從事「特殊應用積體電路」（ASIC）之設計。而成立於1981年的宏碁電腦公司，由於陸續生產的小教授系列和IBM相容電腦，大受歡迎，身為當年創業主體的宏碁股份有限公司遂於1987年更名為「宏碁科技股份公司」，與宏電地位互換，成為宏電的子公司。

### 國際購併

　　1987 年 11 月，就在宏碁剛更改英文名字和商標為 Acer 後兩個月，宏碁宣佈購併生產迷你電腦的美國 Counterpoint（康點）（E15）。隔年 9 月宏碁推出第一台迷你電腦，以另取自有品牌 Concer 為名。然而因為市場變化，Concer 很快就失去生產價值。在 Counterpoint 虧損累累的同時，Service Intelligent 則是宏碁的另一個大問題。Service Intelligent 是宏碁於 1987 年在洛杉磯以 50 萬美元購併的一家小型電腦維修公司（E16）。宏碁原本打算在美國市場大展宏圖，期望以 Service Intelligent 為根據地，在美國各地徵人、成立維修據點，結果發展不如預期，數年內就造成鉅額虧損。根據施振榮事後的看法，「這完全是無法想像的結果，早知道打死也不會去買。」[5]

　　雖說經歷購併 Counterpoint 和 Service Intelligent 的慘痛經驗，宏碁仍繼續國際購併步伐。值得一提的是，1980 年代中後期之後快速蓬勃發展的台灣股票市場，對於諸如宏碁這樣的國際企業，在長期資金的籌措上，可說是幫助很大。繼 1989 年購併生產精密桌上型排版系統的美國「普林斯頓出版實驗室」（Princeton Publishing Labs）（E18）後，1990 年，再度收購美商 Altos（E20）。由於併購 Altos 之金額過高，政府還以無息方式借款宏碁 2,000 萬美元，資助其國際化活動。然而併購後第一年，也馬上就造成宏碁超過 2,000 萬美元的虧損。為此，當時的北美洲總公司總經理劉英武將 Counterpoint 和 Service Intelligent 裁併到北美洲公司的部門內，Altos 電腦改隸屬北美洲公司旗下的一個事業群，1991 年起部份 Altos 生產線更改為生產宏碁自有品牌 Acer 個人電腦，1992 年全面停產迷你電腦。

　　在國際購併受阻之際，宏碁繼續往產業的上下游發展、延伸。在上游的半導體方面，1989 年，宏碁與美商 TI（Texas Instruments；德

---

[5] 中 時 電 子 報，2011 年 1 月 31 日，http://www.stanshares.com.tw/stanshares/portal/digest/content.aspx?sno=406。瀏覽時間：2019 年 5 月。

州儀器）合資成立「德碁半導體」（E17），專業生產 DRAM。在電腦的生產方面則開始發展海外生產基地，明碁電腦於 1989 年在馬來西亞設立第一條海外生產線，生產鍵盤與監視器（E19），[6] 1995 年則在大陸蘇州設廠，同年，宏碁電腦也於菲律賓蘇比克灣設廠（E29）。1996 年宏碁因接到 TI 的筆記型電腦訂單，也再進一步推動筆記型電腦的全球組裝作業，在海外設立二個筆記型電腦專業組裝廠，一個在美國德州，一個在荷蘭（E32）。1997 年，宏碁進一步購併 TI 筆記型電腦事業群 TravelMate 及 Extensa 兩大品牌、產品線，以及相關技術行銷資源（E34）。

### 既有事業延伸與結合全球地緣

除了海外佈局，宏碁在國內的擴張也未曾停歇。1990 年，宏碁成立「卜碁資訊」，從事系統整合、加值型網路（VAN）與電腦輔助教學業務（E21）。1991 年，也與德國賓士集團旗下 Temic 公司合資成立「國碁公司」，從事混成微電子系統的設計與製造（E22）。1992 年，成立「建碁公司」（AOpen）（E24），主攻電腦零組件市場，初期產品以主機板與電腦機殼為主，1994 年進軍光碟機的研發與製造，1995 年加入多媒體附加卡的生產。1996 年，宏碁先後與 Intel（E30）和 IBM（E31）簽訂技術交換協定。另外，隨著國內電信開放，宏碁科技於 1997 年也開始代理太平洋通訊的行動電話門號、手機業務（E35）。1998 年，宏碁也與香港嘉禾集團策略聯盟，合資成立「嘉碁科技娛樂公司」，發展多媒體資訊娛樂的軟體業務（E38）。

1990 年代，宏碁的海外擴張策略重點就是「全球品牌，結合地緣」。1992 年，宏電分別在杜拜及奧地利設立「中東分公司」與「奧地利分公司」（E23），接著，又投資墨西哥經銷商 Computec 公司

---

[6] 這應該是台灣最早一批前進東南亞的重要投資。原本預期在宏碁的帶動下，會掀起一股「南向」熱潮，然而隨後在鄧小平九二南巡後所帶起的改革開放熱潮，再加上台灣也陸續開放大陸投資，許多台商因此選擇「西進」去賺比較容易賺的錢，南向政策與活動也就因此變得無聲無息。

19% 的股權。1995 年，將宏碁拉丁美洲子公司與 Computec 合併為「拉丁美洲宏碁公司」（E27），雙方各持股 50%，並申請當地股票上市。在東南亞部分，1993 年，宏碁透過總部設於新加坡的宏碁國際股份公司，與泰國經銷商偉成發集團在曼谷設立合資公司（E25），負責開拓 Acer 品牌在中南半島的業務。循此模式，1994 年，宏碁又再與南非主要資訊廠商 Persetel Holdings 合資成立「非洲子公司」（E26）。1995 年與智利 Cientic 集團合資成立「宏碁智利子公司」（E28）。1997 年，宏碁國際公司分別在土耳其、菲律賓與合作多年的當地經銷商 Ihalas、Upson 簽約合資設立分公司，統籌當地所有銷售業務（E36）。1998 年，宏碁電腦再與土耳其 Ihalas（伊拉）集團合資成立「伊拉宏碁電腦裝配廠」。相對其他國外市場，宏碁在大陸的發展則不算順利。1996 年，宏碁與中國大陸聯想集團策略聯盟，共同在大陸合作組裝與銷售宏碁的平價電腦 AcerBasic（E33），但合作不到一年便停止。

　　在半導體業方面，1997 年宏電與德碁、科榮、中華開發、光華通資及交通銀行合資成立「宏測科技」（E37），主要業務為測試德碁的 DRAM。1998 年，宏碁又與韓國安南、台積電、慶豐半導體與聯測科技等合資成立「台宏科技」（E39），從事封裝業務。同年，由於集團內部有需求，宏電便與花旗銀行及一些小 IC 設計業者共同成立「鉅碁半導體」（E40），從事電源 IC、混合訊號產品以及部份消費 IC 之製造。然而，原本是宏碁在半導體最重要的佈局 —— 德碁，則是發展不如預期。成立於 1989 年的德碁在 1992 年剛進入量產時，立即面臨 DRAM 景氣低潮，1990 至 1993 年皆處於虧損狀態；1993 至 1995 年，隨著 DRAM 景氣復甦，德碁終於為宏碁帶來豐厚的利潤。1996 年以後，又再度進入虧損狀態。1998 年，德儀決定退出所有德碁持股，與宏碁僅維持技術移轉與採購的合作關係。宏碁則承接德儀所有持股，取得德碁經營自主權，並與 IBM 進行策略聯盟（E41），由 IBM 移轉邏輯 IC、記憶體 IC、代工等技術予德碁。整體而言，宏碁在半導體表現遠遠不如個人電腦。

## 二、神通的創立與發展

### 從代理到製造

1974 年，原任職美商 HP（惠普）的侯清雄與李振瀛二人分別出資 5 萬元，加上台安飼料投資 190 萬元，共同成立了「神通公司」，從事電腦零組件的代理、銷售業務（E1）。由於侯清雄於任職於 HP 期間與 Q1 電腦（最早利用微處理器技術所設計的電腦產品之一）已有聯繫，故很快地就取得 Q1 電腦的在台代理權（E2）。1975 年更進一步取得 Intel 微處理器的台灣代理權（E3）。

1976 年的一次展示活動，促成了聯華實業少東、時任 Intel 美國總公司行銷經理的苗豐強，參股投資神通（E4）。也因為苗豐強的牽線，神通就取得 Lear Siglar、TTY 與 Diablo 等世界知名品牌終端機和印表機的代理權（E5），以及由美商 INTER-DATA 公司設計、全球第一台 32 位元超迷你電腦系統 Perkin-Elmer 的代理權（E6）。1978 年，神通進一步把全球最先進的美國 Computer Vision CAD/CAM（電腦輔助設計／製造）設備引進台灣（E7）。同時，也將觸角伸向數值控制工具機（E8）。為推廣微處理器的應用，神通於 1979 年開始發行「神通快訊」給客戶，接著成立「華通文化事業公司」，發行「微電腦時代」（E9）。同年，為爭取當時世界迷你電腦第一品牌美商 DEC 的台灣代理權（E11），應對方要求，成立「華光電腦公司」（E10），專責代理 DEC 的電腦產品，以避免神通同時代理 Perkin-Elmer 和 DEC 兩種同類產品所可能造成的衝突。

1980 年，神通再以資本額 500 萬元，設立子公司「聯通電子公司」（E12），負責日商 NEC 等電子零組件的代理、銷售業務，以便與神通所代理的 Intel 及其他美系產品有所區隔。另外，神通公司也取得加拿大 North Telecom（北方電訊）公司的電子數位交換機的代理權（E13）。也是在同年，鑑於迷你電腦的行銷，必須有合適的應用軟體搭配，神通遂決定出資 110 萬元與余宏揚（出資 100 萬）共同成立一家專業軟體公司 —— 「資通電腦公司」（E14）。

　　1981 年，神通跨足製造業，於竹科闢建電腦生產廠（E15）。同時，隨著神通的規模越來越大，聯華不再為神通對外融資提供背書保證，苗豐強遂決定進行公開的增資行動，導入聯華實業、中華開發與中國信託集團的資金，使神通順利增資為 3,000 萬元（E16）。

　　1981 年，神通再度與中國信託、嘉新水泥等合資成立全國最大的專業資訊系統整合軟體公司 ──「中國嘉通公司」（E17）。1982年，再集資於竹科成立以外銷為導向的「神達電腦公司」（E19）。而在海外方面，於 1981 年在美國加州矽谷的聖荷西市設立美國分公司（E18）。1982 年，又於聖荷西成立「American Mitac」（E20）。1983年成立日本分公司（E21）。

　　1980 年代初期，因為 DEC 的關係，神通將重心放在 CP/M 桌上型電腦，直到 1980 年代中期，才正式全力發展 IBM 相容（DOS）的個人電腦上。1984 年，神通增資為 1 億元（E25），開始建立國內個人電腦量產線（E26）。由於早年代理世界知名品牌的關係，神通很快就接獲了世界級大廠 ITT 的長期 OEM 訂單（E27）。但由於 ITT 需求量太大，風險問題考量下，此訂單最後由宏碁與神達共同承接。1985年，由神通主要股東轉投資的華光電腦公司，被 DEC 購併，由於華光原本的中文字形等技術，並未一併售予 DEC，故華光原股東便又集資設立「華康科技公司」（E28），繼續承接華光時期的中文軟體產品。

　　神通也跟許多國外廠商、研究機構有許多技術上的合作。例如 1983 年，與美國 XEBEC（賽貝克）公司合作，生產電腦周邊記憶裝置板（E22），並與工研院電子所合作發展微電腦模版商品化（E23）。1984 年，與日商 OMRON 合作，結合電腦及光纖通信科技，完成台灣第一條高速公路交通自動化監控系統。同年又引進美國西屋產製的軍用電腦（E24），投資國防資訊市場。至 1989 年，更與GE 航太事業部各出資 50%，共同成立「神基電腦公司」（GETAC）（E37），生產國防電子產品。

　　1985 年，神通集團旗下的聯通電子獲得美商 C&T（晶技）晶片組的台灣總代理（E29），為神通集團的代理業務又添一樁。1986

年，聯通開始走多品牌代理，設立不同子公司（E30）。1988 年，歐洲著名商品銷售集團英商 LEX 決定購入聯通 50% 股份的方式，與神通聯手在台灣設立「聯強國際機構」（E36）。

## 國際化與重整

神通集團的國際化佈局始於 1987 年，該年旗下的神達電腦先在德國的 Dusseldorf（杜塞道夫）設立據點（E33），又於隔年在英國 Telford（特爾福）設立英國分公司（E34）。1989 年，再於美國投資設立 MICC 公司（E38），生產研發高速數據機、TI 迴音消除器等通信產品。此外，在個人電腦外銷業務的強勁成長下，神達分別於 1988、1989 年展開竹科第三期（E35）與第四期（E39）的擴廠計畫。1980 年代後期，相較於幾乎以倍數速度成長的神達電腦，母公司神通的成長則相對緩慢，即便如此，也還是陸續有些許大訂單，並於 1986 年代理了全球首屈一指的 CARY 超級電腦（E31），1987 年還成立「神通電腦世界」（E32），經營個人電腦內銷市場。

1989 年，神達電腦聯合國內其他企業，以 1 億 2,000 萬美元在美國購併了全球最大終端機製造廠 —— WYSE（E40）。1990 年，神通取得 INFORMIX 軟體及 Sun Microsystems 工作站的代理權（E41）。另外，神通公司在通信領域上也有突破，正式從聲音通信電話交換機銷售，切入電腦與通信整合的新興市場，神通更為此成立子公司「新達電腦公司」（E42），並於次年（1991）與 Solid State Systems 公司簽約合作，產銷用戶交換機（E44）。此外，為發展歐洲市場，神通亦於 1990 年在歐洲成立技術服務中心，於荷蘭成立發貨中心（E43）。

1990 年代初期，神通開始陷入艱辛的重整期。首先是 1990 年的上市，正巧遭逢波斯灣戰爭，掛牌第二天起便出現無量下跌的窘況，繼之則是高速成長所帶來的內部管理失控。1992 年，也面臨世界級競爭對手美商 Compaq 掀起全球個人電腦的殺價戰火。儘管內外情勢交迫，神達還是在 1992 年斥資 1,200 多萬美元，購併美商 Compac（E45）並於次年將美國分公司與 Compac 合併，改名為 SYNNEX，

與聯強國際同名。

　　1993 年仍深陷財務虧損中的神達，依舊進行著一連串的國外擴張。首先在中國大陸廣東省順德市投資成立「順達電腦」（E47），並配合 1992 年所成立的香港分公司（E46），和 1994 年成立的北京分公司（E50），逐步進入大陸市場。此外，神達更投入 300 萬英鎊，在英國特爾福建廠（E48），作為其在歐洲的產銷中心。在母公司神通公司方面，1992 年神通決定投入製造工業用電腦，並於 1993 年與美商 Westinghouse（西屋）達成策略聯盟協議（E49），使得 1994 年 Westinghouse 在日本東京機場取得的控制系統訂單中，就包含數以千計神通生產的工業用電腦。

### 聯盟強化與購併

　　1990 年代中期起始，神通又開始了一連串的聯盟行動。首先，1994 年神通公司獲英國 NCC（國家電腦中心）授權，與新加坡的電腦教育機構 Informatics 結盟，引進國際性電腦專業中文教材（E51）。1995 年，獲得美商 Compaq 電腦代理權，並與之合作建立「全球運籌產銷模式」（E52）。1996 年，先與資策會簽約，獲得 ATE「模組化自動測試設備」技術移轉（E53），以開發高階無線電射頻自動測試裝備，加速國內航太後勤系統的本土化；再與 IBM 簽約合組全新銷售聯盟通路（E54）。繼之，神通電腦又於同年取得美國最大光碟發行商 TLC 教育軟體的台灣及大陸市場代理權（E55），進入光碟市場。1997 年，隨著國內電信業務的開放民營，神通旗下的聯強國際與遠傳電信簽訂通路代理合約，建立「聯強電信聯盟」（E56）。

　　除了一連串的締約聯盟，神通集團在 1997 年還密集地進行了數個購併案。先是由美國神達公司主導，向全球第二大電腦配銷商美國 Merisel（梅利索）公司收購美國知名電腦連鎖店 Computer Land（E57）。神通還收購香港雷射公司（E58），作為進軍大陸的跳板；接著，再購併英國大型資訊行銷通路（E59）。1998 年，神達因接獲 Compaq 桌上型電腦大訂單，遂決定向南亞塑膠公司購得林口工業區

土地，作為生產廠房及營運基地之用（E60）。至此，神通已經發展成為與宏碁分庭抗禮的國際級電腦集團。

## 三、大眾的創立與發展

### 從代理到製造

1979 年，簡明仁與妻子王雪齡以 100 萬元的資金，共同成立大眾電腦（E1）。公司早期，一直採取內外兼顧、代理與製造並行的方式。

在內銷方面，剛成立不久便取得美國 Prime 電腦公司 32 位元超級迷你電腦在台總代理（E2）。1984 年成立的工程顧問部，後來獨立成為「新眾電腦」（E3），負責自動化設計與多媒體套件業務。1985 年又引進設計和生產硬體容錯電腦系統的美國 Stratus（E4），同年，也引進 Siemens 控制用電腦，及美國 Mass Comp 電腦（E5）。1988 年，成立金融事業部（E9），並引進日本 Fujitsu（富士通）自動付款機與銀行終端機（E10）。1990 年，引進美商 Stratus 公司 Kimera XA2000 系列產品（E17），向金融服務業進軍。1990 年與美商 SCO 締約，代理其 UNIX 作業系統軟體（E18）。1991 年與 Fujitsu 簽約，獨家負責日本 Fujitsu 電腦主機、印表機及光碟系統的在台銷售業務（E21）。1992 年與日本 NTT-DATA 合資成立「眾電系統」（E27），從事 ATM 金融系統維護業務。

除了代理業務，大眾也於 1986 年在新店建廠，生產個人電腦（E6），並於 1989 年擴建新店二廠（E13）。1987 年針對國內市場自創「Leo」品牌（E7），由「國眾電腦」統轄所有內銷業務（E11）。1989 年，進一步成立「大眾電腦聯盟」（E14），在國內廣佈經銷據點。1990 年由於將 Leo 內銷業務完全交由國眾負責，遂更名為「國眾電腦聯盟」。大眾亦積極朝國際化發展，初期重心放在歐洲與亞太市場。1987 年初，於巴塞隆納設立「西班牙分公司」（E8）。1990 年，則於荷蘭成立分公司（E19），自此在南、北歐皆有了銷售據點。在大陸方面，大眾於 1989 年在香港成立分公司 ——「台眾實業」

（E15），負責大陸地區銷售業務，直至 1990 年，才正式於北京設立分公司，除負責當地行銷外，並積極爭取當時大眾在台代理之各型電腦的大陸代理權。至 1998 年時，大眾已於中國大陸設有七座工廠，分別從事主機板、電腦組裝、監視器、電池及封裝等業務。在日本方面，大眾於 1994 年成立日本分公司（E29），以代工 OEM、採購與銷售結合的方式進入日本。另外美國市場方面，大眾於 1989 年才在矽谷聯合市成立銷售辦事處（E16）。1994 年，購併 Everex（E30），由該公司負責在美國市場之筆記型電腦、伺服器等產品組裝業務。

大眾最為人稱道的主機板始於 1988 年（E12），由於主機板比系統產品容易切入市場，且在製造上比較能夠發揮成本優勢，因此就成為了大眾的重心。1992 年更透過零件銷售的方式，由往來密切的香港經銷商 —— 台眾實業公司，赴大陸深圳投資設廠生產主機板（E24）。由於大眾切入主機板的時間點正好是全球經銷商不再大量直接購買系統產品，而改採自行組裝之時，加以大眾與從事晶片組設計研發的「威盛電子公司」有轉投資關係，以致大量採購時得降低物料成本，因此得以在主機板市場中快速崛起。1991 年，大眾電腦上市（E22），該年營業額達到 51 億元，次年更跳升至 86 億元。

與此同時，由於迷你電腦陷入低度成長期，大眾便漸漸將業務重點轉向個人電腦、工作站整合與主機板，以降低迷你電腦業務比重。1992 年，斥資 2 億元增設林口廠，第一期廠房用以生產筆記型電腦（E25），1994 年，因接獲 NEC 龐大且長期性的訂單，遂進行現金增資 6 億元（E31），以擴充產量。在監視器方面，於 1991 年投資林口第二期廠房用以生產監視器（E23），並成立「智眾公司」（E20）負責監視器業務，後來由於營運未若預期，遂將之併入國眾之下。至 1997 年時，因配合內部改組，而又將監視器事業獨立成立「旭眾科技」專責經營（E37）。

1992 年，為因應國內外市場變遷，大眾開始進行大規模的組織調整（E26），重新劃分旗下各個事業部功能，主要是其個人電腦相關產銷與其他代理業務明確釐清，並設立一個新產品開發中心，主掌

影像處理技術在台灣、大陸與美國三方發展的長程計畫。

## 資通訊多元化發展

大眾於 1993 年成立半導體部門，後衍生為園區分公司，從事 IC 測試業務（E28）。發展至 1997 年，由於該年全球有 48 座 8 吋晶圓廠陸續量產，因為看好未來公司業務發展，遂針對新竹廠進行擴建，並同時積極規畫投資 45 億元於興建第二廠。而由於封裝測試廠的規模越來越大，大眾遂以 20 億的資本額成立「眾晶科技公司」（E33），專事封裝測試之相關研發。除了半導體，1994 年，大眾也以 50% 持股轉投資成立「眾通科技」，進軍通訊市場（E32），並以東南亞及大陸等地的中小企業為主要銷售對象。

1996 年，大眾把握電信自由化的機會，與中興保全、新光保全、輝瑞、正隆紙業、香港電訊，合資 5 億元共同成立「大眾國際傳呼公司」，之後增加持股，改名「大眾電信」（E38）。1999 年，再度引進香港星光電訊海外公司投資（E45）。1997 年時，也成立「大眾國際電信加值網路服務公司」（FICNet）（E39），專注於線上事業的開發。

## 原始業務的延伸

1990 年代中期之後，大眾也繼續延伸原有的個人電腦與經銷代理兩個事業主軸。首先，在個人電腦方面，1996 年，國眾除了與聲寶家電簽訂經銷商通路的合作計畫外，也與適才宣佈開放加盟連鎖經營的天地通複合通路聯盟結盟合作（E34）。同年，為因應全球化的產銷分工，以轉投資 100% 持股的投資公司 Brilliant World 之名義，在香港發行 1 億美元的浮動利率票券，用以投資美國（Austin, Texas）、歐洲、香港三地的電腦組裝廠，並著手進行「全球後勤支援方案」（Global Logistic Assistance Program）、「全球運籌、處處滿意」（Global Operational、Local Fulfillment）、「維修服務中心」（Resources Service Provider）等全球化策略（E35）。

其次，在經銷代理方面，1996 年國眾先是與美國超大型電

腦系統製造商 Sequent 簽署經銷合約，代理其最新的電腦系統 NUMA-Q，在台灣推出大型主機。再與美商 Compaq 公司結盟（E36），成為 Compaq 在台九家代理商（包括神通）之一。此外，更與 Compaq 就桌上型電腦建立全球運籌合作（E36）。1997 年，為切入高倍速光碟機生產領域，斥資 6.4 億元成立「眾工科技公司」，並與日本三洋展開光碟機零組件技術移轉策略聯盟（E40）。隔年，由於看準國內資訊教育的蓬勃發展，國眾電腦與小紅莓教育事業機構籌組策略聯盟 ── 「軟硬兼施」（E41），聯手進軍資訊教育社區市場。此外，大眾於同年還取得 Internet Dynamic 公司產品代理權（E42），並得發表 Conclave 網路存取防護軟體。之後，國眾又與美商第二大印表機大廠 Lexmark，簽訂經銷合約（E43），代理並銷售利盟的全系列印表機。國眾也於同年與 Intel、Microsoft 等公司合作，進軍中小企業電腦化市場（E44）。

## 第四節　策略行動的變化

　　根據表 2-1 之事件分類細目，我們將前述宏碁、神通、大眾等三家公司的每一個重要策略行動依其內涵予以分類至所屬之成長型態。圖 2-1 顯示我們的分析結果。

　　接著，為了進一步觀察宏碁、神通及大眾之成長策略演變，我們首先在不涉及各集團間不同劃分期間比較下，以各階段群組間的策略模式相似性為內部比較基礎，將各階段中策略型態出現的比率劃分為 N、L、M、H 四個等級：N 即 Nil，表該時段完全沒有採行某一種成長型態（R = 0%）；L 即 Low，表該時段採行某一種成長型態的比率很低（0% < R < 25%）；M 即 Medium，表該時段對某一種成長型態有相當比率的採行（25% < R < 50%）；H 即 High，表示該時段採用某一種成長型態的比率很高（50% < R < 100%）。以上這些分析結果，分別整理於表 2-2（宏碁）、表 2-3（神通）與表 2-4（大眾），並在以下詳述。

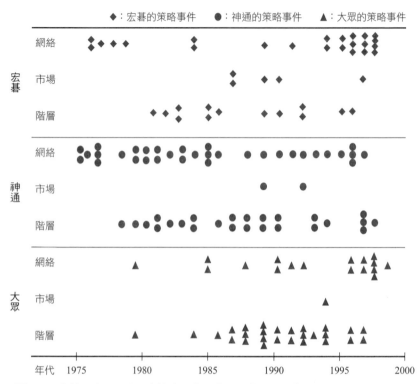

▶ 圖 2-1　宏碁、神通、大眾之策略行動：階層、市場、網絡

▶ 表 2-2　宏碁成長策略之演變

| 年代 | 策略型態 | | | | | |
| --- | --- | --- | --- | --- | --- | --- |
| | 階層 | | 市場 | | 網絡 | |
| | 事件數目 | 等級 | 事件數目 | 等級 | 事件數目 | 等級 |
| 1976 ～ 1980 年 | 0/5* | $N_{(0)}$** | 0/5 | $N_{(0)}$ | 5/5 | $H_{(100)}$ |
| 1981 ～ 1985 年 | 6/8 | $H_{(75)}$ | 0/8 | $N_{(0)}$ | 2/8 | $M_{(25)}$ |
| 1986 ～ 1990 年 | 3/8 | $M_{(38)}$ | 4/8 | $H_{(50)}$ | 1/8 | $L_{(12)}$ |
| 1991 ～ 1999 年 | 4/19 | $L_{(20)}$ | 1/19 | $L_{(5)}$ | 15/19 | $H_{(75)}$ |

\*：此分數之分母表示為宏碁於 1976 至 1980 年中之總發生策略事件數目，而分子為宏碁於同時期中歸類為階層式的策略事件數目；其餘同理類推。

\*\*：各階段程策略型態出現的比率劃分為 N（Nil）、L（low）、M（medium）、H（high）四個等級，而括號內則為 1976 至 1980 年中，階層式策略事件佔同時其總策略事件數目的百分比；其餘同理類推。

▶ 表 2-3　神通成長策略之演變

| 年代 | 策略型態 | | | | | |
|---|---|---|---|---|---|---|
| | 階層 | | 市場 | | 網絡 | |
| | 事件數目 | 等級 | 事件數目 | 等級 | 事件數目 | 等級 |
| 1974 ～ 1982 年 | 6/20 | M $_{(30)}$ | 0/20 | N $_{(0)}$ | 14/20 | H $_{(70)}$ |
| 1983 ～ 1984 年 | 3/6 | H $_{(50)}$ | 0/6 | N $_{(0)}$ | 3/6 | H $_{(50)}$ |
| 1985 ～ 1990 年 | 9/17 | H $_{(53)}$ | 1/17 | L $_{(6)}$ | 7/17 | M $_{(41)}$ |
| 1991 ～ 1993 年 | 3/6 | H $_{(50)}$ | 1/6 | L $_{(17)}$ | 2/6 | M $_{(33)}$ |
| 1994 ～ 1999 年 | 2/11 | L $_{(17)}$ | 3/11 | M $_{(33)}$ | 6/11 | H $_{(50)}$ |

註：內容的表述方式同表 2-2。

▶ 表 2-4　大眾成長策略之演變

| 發展階段（年代） | 策略型態 | | | | | |
|---|---|---|---|---|---|---|
| | 階層 | | 市場 | | 網絡 | |
| | 事件數目 | 等級 | 事件數目 | 等級 | 事件數目 | 等級 |
| 1979 ～ 1992 年 | 19/27 | H $_{(70)}$ | 0/27 | N $_{(0)}$ | 8/27 | M $_{(30)}$ |
| 1993 ～ 1995 年 | 4/5 | H $_{(80)}$ | 0/5 | L $_{(20)}$ | 1/5 | N $_{(0)}$ |
| 1996 ～ 1999 年 | 4/13 | M $_{(31)}$ | 0/13 | N $_{(0)}$ | 9/13 | H $_{(69)}$ |

註：內容的表述方式同表 2-2。

## 一、宏碁成長策略

如表 2-2 所示，我們大致將宏碁策略發展取向分為四個階段：

（1）1976 ～ 1980 年：此時期業務擴展上是以產品代理為主，且因規模小、自有資金短缺，故在組織的擴張上也多以合資方式進行，因此成長策略型態基本屬於網絡式。

（2）1981 ～ 1985 年：由於公司本身各方面的資源已逐漸累積，且有一定規模，開始有能力進行增資、擴廠等活動，再加上大陸工程的巨額資金挹注，自行擴張的實力更不虞匱乏，故此階段的成長策略大部份屬於階層性。

（3）1986 ～ 1990 年：此時期宏碁大舉購併國外公司以加速國際

化，其中以 1987 年收購美國 Counterpoint 電腦，以及 1990
年購併美國多人使用電腦商 Altos 最為重要，因此市場性的
成長策略在此時運用頻繁。

（4）1991～1999 年：由於購併所顯現的效果不彰，宏碁於 1990
年代以後放慢購併的腳步，而改以策略聯盟的方式繼續向國
際化的目標邁進，策略型態又回到以網絡式為主（施振榮，
1996）。

## 二、神通成長策略

如表 2-3 所示，我們大致將神通策略發展取向分為五個階段：

（1）1974～1982 年：如同宏碁，神通集團也是靠代理起家，在
苗豐強自美返國加入後，憑藉其在美工作的地利之便，及良
好的人脈關係（特別是與 Intel 總裁 Andy Grove 的交情），
不但快速取得眾多外商產品代理權，更引進國內各大集團資
金，使神通的規模得以配合業務迅速擴張，故此時期的成長
策略型態以網絡式為主、階層式為輔；事實上，早期的苗豐
強早已贏得「合資先生」的稱號（苗豐強，1997）。

（2）1983～1984 年：此時期神通捨棄投注多年心血的 CP/M 桌
上型電腦，轉往 IBM 相容個人電腦發展，除了持續其善用
的網絡型策略外，更以階層性方式成立分公司、建立量產個
人電腦生產線。

（3）1985～1990 年：神通於此時期積極往相關周邊、系統通路
等方面發展，並且開始國際化擴張行動，分別於國內外設立
子公司與分支機構，階層式策略型態的比例增加。

（4）1991～1993 年：在進行內部重整以使內部管理與協調能力
能夠跟上組織規模擴充的同時，神通仍繼續其海外設點行
動，因此這個時期裡的策略型態還是以階層式為主，三種策
略型態出現的比例與 1985～1990 年時期相仿。

（5）1994～1999 年：此時期的神通積極與其他公司進行各式的

策略聯盟，並於 1997 年以後熱衷從事購併活動，所以策略
型態是以網絡式為主，市場式為輔。

　　另外，綜觀神通這 26 年來所採行的成長策略模式，在上述五個
階段中所採行的成長策略模式皆十分相似，各階段所採行的成長策
略明顯偏向階層式的自發性擴張，以及網絡式的策略聯盟與合資。
然而，雖是以階層式與網絡式為主，但也曾有幾件重要且龐大的購
併案，如 1989 年集資購併美國 WYSE、1992 年收購美商 Compac、
1997 年又收購美國 Computer Land 連鎖商等，都是耗費鉅資的大型
購併，尤其在 1997 年購案有明顯增加的現象。

## 三、大眾成長策略

　　如表 2-4 所示，我們將大眾策略發展取向分為三個階段。

（1）1979 ～ 1992 年：首先，大眾於 1979 年賴以起家的迷你電
　　　腦代理業務，隨著個人電腦的興起，而於十年後的 1989 年
　　　逐漸降低比重。從 1984 年及 1988 年間，開始嘗試進入的個
　　　人電腦與主機板製造，在 1990 年代開始成為主力重心。

（2）1993 ～ 1995 年：這一時期，大眾開始資通訊方面的多元發
　　　展，但成長方式仍是相對保守，也就是大多在原有基礎上面
　　　的延伸或擴充。

（3）1996 ～ 1999 年：1990 年代中期之後，大眾的事業發展更趨
　　　多元化，轉往 IC 測試、通訊、電信、網路服務等方面發展。

　　整體而言，大眾長期以來所採取的成長策略型態並沒有太大的或
階段性的改變，多以階層型（設廠製造）為主，網絡型（代理經銷）
為輔。這應是由於大眾初期主要是以迷你電腦代理經銷為主，而轉入
個人電腦領域後，由於台塑集團的核心能力主要建立在製造，移植其
經營方式與企業文化的大眾，自然也以量產策略（主機板與個人電腦
的代工）為主。甚且包括廠房增設或據點擴充等新生組織，多以台塑
自身資源和人才為發展基礎，屬於階層式的自發性擴張。另一方面在
台塑集團的影響下，1996 年以前，大眾鮮少認知有在技術上與別人

進行策略聯盟的必要，因此在網絡型策略事件方面，只侷限於代理銷售國外大廠的產品。至於屬於市場型態的成長方式，大眾也深受台塑保守文化影響，一直以來鮮見大規模的購併行動，只在 1994 年曾收購一家美國電腦品牌 —— Everex，作為美國市場的行銷品牌。然而 1996 年以後，大眾開始從主機板朝向系統與零組件廠轉型，並積極介入 IC 與通訊領域，以及與國內外相關廠商技術與銷售上的結盟合作，網絡式策略型態的出現比例明顯增加。

## 四、比較分析

　　同樣位處於台灣創新系統中，歷經相同的社會變遷、文化洗禮與技術變革，宏碁、神通與大眾在成長策略模式的採行上，必定因大環境的相似性而有著些許共通。但企業行為也可能會因各自特有的高階經營團隊、產業關係或是策略意圖，而有所不同。根據表 2-2、表 2-3、表 2-4 的整理分析，我們在以下進一步探討宏碁、神通與大眾集團的成長策略模式演變，進而觀察與比較各自策略選擇走勢的差異性。

　　我們發現，宏碁的成長策略演變型態，依時間順序大致可歸納為：「網絡－階層－市場－網絡」。初期採用網絡是宏碁取得成長所需資源的最主要方式。從集團的背景來看，宏碁是三集團中唯一白手起家、從無到有的企業，因此，在沒有任何家族勢力庇蔭的情況下，宏碁必須致力於尋求外界資源的支持，例如引進大陸工程的資金、與政府建立密切的關係，以及利用上市與國際化獲取更多的社會資源。待已累積出一定資源，發展出核心能力，階層式成長才成為宏碁的發展主力。

　　隨著站穩國內的龍頭地位，宏碁將觸角慢慢延伸至國外市場，由於宏碁需要國外經營知識與經驗，因此以購併外國廠商取得所需資源，而此獨特之「龍騰國際」成長策略選擇，也反映出宏碁創辦人施振榮，發展國際性品牌之獨特策略意圖（周正賢，1996）。而後期的網絡式成長，則為反應國際技術變動環境之重要策略選擇。另外值得

強調的是，宏碁的「網絡－階層－市場－網絡」成長模式不僅僅代表台灣本土企業家白手起家的典型發展模式，也是台灣過去以來，不同的社會變遷過程所代表企業成長所可依靠的不同制度特性與資源基礎。

　　有別於宏碁，神通自創業以來，從早期的代理、中期的合資到後期的策略聯盟，成長的策略型態一直都以網絡式為主。從集團的背景來看，這可能是因為神通的策略主導者苗豐強本身是聯華實業的第二代負責人，擁有在美求學與 Intel 工作經驗所培養的國際性視野，再加上海內外產業界都有良好的關係，因此神通特別傾向與其他企業的聯盟與合作；苗豐強甚至還出了一本書：《雙贏策略：苗豐強策略聯盟的故事》（苗豐強，1997），來記錄他的策略事蹟。神通的政通人合也顯現在政府採購上。1970 年代後期，神通為了銷售產品給政府部門，就透過關係找到曾任職於政府財稅中心電腦部門的朱厚天加盟神通，由於對政府部門資訊採購流程相當熟悉，故促使神通順利推動政府部門之業務。

　　由集團的產品組合觀點而言，神通集團主要以產品製造（神達、神基）與通路（聯強、神通）經營為兩大方向，由於在產品上不完全強調 Mitac 此一自有品牌，通路的經營採開放式加盟體系，且兩大體系間之經營管理完全獨立，因此增加許多與其他公司合作、聯盟的機會。也或由於創辦人背景的不同，也讓神通與宏碁表現出非常不同的經營型態與價值主張，「我們集團跟宏碁不一樣，宏碁一定是用 Acer 的體系不斷擴展，一切歸回到 Acer 的榮耀；我們集團沒有什麼神通榮耀，只要賺錢就是榮耀，我們比較現實，他們比較完美主義，有崇高理想，所以我們也不需要做到全世界第一，賺錢第一就好。」[7]神通的「現實主義」，對比於宏碁的「理想主義」，也是「保守」與「冒險」的差別。1985 年，神達接獲來自美國 ITT 公司的 OEM 訂單，這也是當時台灣有史以來最大的一批訂單，當時的苗豐強考慮再三，最

----

[7] 訪談紀錄，1999/04/02。

後因為風險太高，恐怕會影響到聯華實業，因此決定不要單獨承接，而是邀請宏碁一起接單生產。而就在宏碁大肆擴建工廠，滿足 ITT 的訂單同時，神達仍是一如以往，保守以對，並未大肆擴張（譚仲民，1995：105-107）。相較於施振榮一貫的「沒啥好損失」、「把大家都拖下水」的態度，苗豐強總是小心翼翼在聯華實業的光芒下，穩定前進，保守以對。亦即，聯華給了神通自由，但這也是一種無法拋棄的自由。

至於大眾，其成長則絕大部份透過階層式的自發性擴張。事實上，大眾長期發展下的業務著重於主機板製造與 OEM、ODM，此種強調製造為先，以及重視保守，追求穩定獲利率的作法，肯定受到台塑集團的影響（周正賢，2000）。即便是海外的擴充，也大都是原有業務與階層組織的延伸，「我們（大眾）在海外設廠行動都是因應業務上的擴展才去投資的，所以要能儘速與台灣總公司達成密切地配合，……購併一般而言要能快速進入狀況並不容易，所以我們比較少採用這樣的方式，多半是因業務的需要才慢慢一步步進行擴充。」[8]大眾與神通一樣，在成長與擴充上，更多的是考量與母公司的關係，以及是否會影響到關係企業的營運。因為考量風險問題，如果把大眾與宏碁拿來對比，在業務的擴充上，前者就會強調鬆散耦合（loosely-coupled）、分進合擊，而後者則更重視緊密耦合（tightly-coupled）、垂直整合，「大眾所投資的項目是比較平行的，是一個面，宏碁則比較傾向垂直整合，施振榮先生可能發現 PC 很好賣，他就開始去投資做 Monitor、做 RAM、做主機板、成立德碁……（然而）當電腦不景氣時，宏碁這一整串都（會）完了；但是對於大眾而言，衝擊是有限的，因為我們垂直性沒有他們堆得高，……我們涉足的項目比較平面。」[9]而大眾相較於神通，似乎又更為保守，這也或許是因為簡明仁與苗豐強兩者之於集團母公司關係的親疏遠近有別，也或由於兩者在

---

[8] 訪談紀錄，1999/03/10。

[9] 訪談紀錄，1999/05/07。

資訊業的經歷、自信有別所致。

　　除了個別企業的獨特性以外，我們在比較分析過宏碁、神通、大眾三集團歷年成長策略的演變之後，亦發現一些共通模式。首先，宏碁、神通、大眾在成立初期，都是以網絡式的代理業務起家，表示他們均承襲了台灣既有以中小型企業為主的生態體系。既有的研究文獻都不約而同的指出，台灣為數繁多的中小企業必須附著在一個堅固的網絡及鷹架裡，包括擁有更多資源的國內外大企業，才能維繫生存和發揮力量（陳介玄，1994；Chung, 2006；Hamilton and Kao, 1990；Orrù, Biggart, and Hamilton, 1991）。因此，在國內資訊業萌芽階段，代理銷售國外知名電腦及相關產品，自然成為小公司創業時的主要業務。而由於本身的技術背景，以及台灣在生產製造上的優勢，使得宏碁、神通與大眾能夠經由代理業務的擴展，逐漸移轉資訊業大廠的技術，吸取管理知識與經驗。就如這三家電腦公司的發展所顯示的，台灣的新創企業在成立初期，由於資金及要素市場不完備，通常不容易籌資取得資源自行發展（階層式），或是整批方式取得（購併）。然而台灣企業間的互動頻繁，存在互信關係，卻也因此為他們開了一扇窗，讓這些新創公司可以透過網絡關係取得所需資源，達到創新成長的目的。[10]

　　另外一個共通性是，隨著技術國際化或跨國流動（Archibugi and Michie, 1997）程度越來越高，組織間的網絡型活動也越趨頻繁。原因應為隨著企業國際化程度升高，全球資訊科技產業的技術迅速變化及不確定性因素直接衝擊國內廠商，企業對於所需的技術若以階層式方式自行培養，將耗時過久，以購併方式取得技術又易使企業喪失策略的彈性，因此網絡式就是最好的選擇。此外，台灣的國家創新

---

[10] 不同的技術與產業特性，讓 1970、1980 年代的台灣個人電腦，與 1990 年代之後才開始發展的半導體工業，形成強烈的對比。前者主要靠的是個人或私人資本而發展，而後者則是依靠政府資金的融資而成長。個人電腦的開放系統特性，讓產業的進入門檻不高，創業因此也變得相對容易。但半導體的高資本、高知識密集特性，也讓半導體伊始，就是典型的國家資本產物。

系統是偏向技術追隨，而非技術領導（Dedrick and Kraemer, 1998；Hobday, 1995），因此，在國際化程度高、資訊流通日趨迅速的 1990 年代裡，宏碁、神通、大眾的策略選擇絕大部分來自於反應國際技術環境的需求，而明顯增加各種網絡式策略聯盟的情形（Tzeng, Beamish, and Chen, 2011）。最後，我們亦發現，長期而言宏碁、神通、大眾對於市場式成長策略採行的比例都不高，當然這與台灣的企業文化以及金融法規環境都不是很支持，有很密切的關係。

# 第五節　結語

　　本章對於宏碁、神通與大眾等三家公司成長策略行動的研究成果，基本上可歸納成以下五點：

　　首先，在理論發展上，我們整理相關文獻提出階層式、市場式、網絡式三種策略成長模式。階層式成長指的是，公司可以漸進或演化方式，隨著外在環境的變遷與內部體質的轉化，將組織內的閒置資源加以有效運用而逐漸茁壯、擴張。市場式成長指的則是，企業可透過價格機能與其他企業交換整組不可分割的閒置資源，進而得以快速獲得其成長所需而自身卻不具備的特定資源與能力，最常見的實際作法即為購併。網絡式成長策略屬於組織間觀點，指企業可透過彼此間的相互合作，拆去壁壘、模糊疆界，以尋求更多的輔助資產來使公司成長，合資與策略聯盟都是常見的網絡式成長。藉由此三種策略的分析架構，可以協助我們探索並瞭解企業的成長模式，以及策略選擇的施為空間。

　　其次，在個案分析上，我們選擇研究 1980 至 1990 年代裡，最能代表台灣的科技產業 —— 個人電腦，我們專注於比較產業的龍頭 —— 宏碁、神通、大眾等三家公司的成長模式。我們發現，宏碁的成長策略主要是根據本身不同的發展階段、不同策略目標與意圖需求、與所能夠獲得不同的社會資源來做調整，其策略改變情形可大致可分為「網絡－階層－市場－網絡」四個階段。另外，神通自創業以

來，從早期的代理、中期的合資到近期的策略聯盟，成長的策略型態一直都以網絡式為主。最後，大眾的成長絕大部份透過階層式的自發性擴張來進行，這基本上是公司經理人遵循與延續台塑製造王國技術軌跡的具體策略意圖表徵。我們也發現，宏碁、神通、大眾在成立初期都是以網絡式的代理業務起家，承襲了台灣既有以中小型企業為主的生態體系。而在國際化程度高、資訊流通迅速的 1990 年代，三家公司亦皆出現各種網絡式策略聯盟明顯增加的情形。此外，對於市場式的成長策略，長期下三者採行的比例都不高，這主要應該是由於台灣缺乏健全的金融市場、法規環境，以及其他制度環境的支持。

　　第三，在研究貢獻上，我們對於企業成長行動的分析包含資源基礎理論、動態能耐、交易成本、社會網絡與組織演化等學說之融合應用。此種採行交互理論之實徵或經驗性研究，讓我們可以用更開放、多元的方式探索社會現象，並且朝向建立組織科學（a science of organization）的方向而邁前一步（Gioia and Pitre, 1990；Lengnick-Hall and Wolff, 1999；Weick, 1989；Williamson, 1999）。另外，本研究成果除可融入「策略性創業」學說（Hitt et al., 2001），瞭解新創企業在成長不同階段所需依靠之不同資源外，亦可擴充公司能耐演化研究軌跡所關心之組織成長議題（Helfat and Peteraf, 2003；Holbrook, Cohen, Hounshell, and Klepper, 2000；Karim and Mitchell, 2000）。我們的動態研究也回應了 Arendt（1958）的論述，從時間的角度探討了行動的創造性。亦即，宏碁、神通、大眾的成長過程，既不是周而復始的勞動投入，也非只是建立思想與技術的工作產物，而是展現三家企業的自由度、獨特性與歷史感的創新行動過程。

　　第四，在策略意涵上，本研究引導領導者在追求企業成長過程中，所可以運用的不同策略工具與資源組合。成長是一種力量，這既可以讓組織避免失去活力（Leonard-Barton, 1992；Loderer, Stulz, and Waelchli, 2017），也能不斷提升與精進自己的核心能力（Helfat and Peteraf, 2003；Prahalad and Hamel, 1990）或資源轉換能力（Capron, Dussauge, and Mitchell, 1998；Garud and Nayyar, 1994）。「莫聽穿林

打葉聲，何妨吟嘯且徐行。」[11] 行動者的生活從來都是一種不平靜的狀態，不斷的在組織生活裡克服逆境，創造獨特的事蹟與軌跡。本文所強調對於不同成長策略的交互運用，不管是階層、購併或網絡，也是賦予企業突破既有路徑、追求創新變革的重要思維（Christensen and Raynor, 2013；Karim and Mitchell, 2000）。

另外，就如同我們從宏碁、神通與大眾之比較研究所發現的，台灣企業之初始，往往為內部資源所限，而傾向於依靠社會網絡所驅動之策略成長。及至企業茁壯，且隨著技術國際化程度越來越高，組織間的各種網絡式策略聯盟與技術合作活動也會越趨頻繁。準此，社會網絡被視為策略資源，對於創業伊始之小企業與規模相對強大之國際企業而言，都特別重要。具體而言，就前者而言，網絡資源可協助企業克服「小規模制約」（the liability of smallness）、「新設立制約」（the liability of newness）（Freeman, Carroll, and Hannan, 1983；Henderson, 1999；Singh, Tucker, and House, 1986），甚或是「異域制約」（liability of foreignness）（Bucheli and Salvaj, 2018；Gaur, Kumar, and Sarathy, 2011；Lu and Beamish, 2001）；就後者而言，網絡資源是大企業突破核心包袱（Leonard-Barton, 1992）與組織惰性（Tripsas and Gavetti, 2000）之重要策略選擇。另外，本研究亦認同並再次強調策略領域長久以來所注重之企業獨特性。雖然宏碁、神通與大眾之比較研究顯示出企業所可能追求之共通策略外，其亦顯示企業組織所採取的策略，深受經營者背景因素（Hambrick and Mason, 1984）、歷史軌跡（Nelson and Winter, 1982）、公司資源（Barney, 2001；Makadok, 1999）與策略意圖（Hamel and Prahalad, 1989, 1993）等因素影響。策略成長因此不只是行動的自由選擇，也會反應出不同的制度、結構與文化差異。

最後，在政策建議上，本章對於企業在不同發展階段，所傾向採取的不同成長策略分析，能夠提供政府在規劃產業政策上更具體的思

---

[11] 摘錄自蘇軾《定風波》。

維。例如，新創者比較會採用網絡式成長策略，政府對於新創事業的扶植，就應該把政策重點放在協助建立網絡關係的平台，以及提供更多跨業交流的機會與對話。也因為網絡式平台對於追求國際化是個重點，政府也應協助其建立跨國間計畫交流，或是協助開發更多的策略聯盟機會與合約夥伴關係。雖然如購併般的市場式成長策略，是企業成長的重要管道，但台灣企業似乎在這方面著墨不深，這也應是政府應該努力的地方，如健全相關的法令規章、提供更好的政策誘因，或是主動協助促成企業進行整併活動等。

# 第三章

# 硬碟的殞落：
# 撞見制度的阻力

　　在前一章裡，我們討論了理性行動者在一連串的策略選擇過程中，所創造出來的成長模式與軌跡，在這一章裡，我們轉而從巨觀的制度或結構觀點，探討環境對於科技發展所產生的制約效果。具體而言，我們會擷取制度理論、技術演化以及組織學習等文獻，分析為何台灣無法成功發展硬碟機工業。從 1980 年代晚期到 1990 年代初期，硬碟機曾在台灣曇花一現，也曾被認為是繼個人電腦之後，最有發展潛力的工業之一，但結果卻令人大失所望。值此，若能對硬碟機失敗原因能有深一層的認識，應可揭露覆蓋於台灣電腦王國之面紗，瞭解台灣在努力建造具有真正競爭優勢之創新系統過程中，所可能會面對的行動限制、社會阻力或制度劣勢。

## 第一節　為何台灣做不好硬碟機？

　　既有的產業發展與競爭力理論，普遍認為國家社會環境對創新活動擴散有重要影響（Dosi and Kogut, 1993；Edquist and McKelvey, 2000）。而相關的經驗或個案研究，也累積許多對於高績效產業，在其所處的制度環境中，成功發展過程之研究（Lundvall, 1992；

Nelson, 1993；Porter, 1990）。以巨視的制度觀或結構論（重視外在的社會與大環境）探討社會與技術的互動關係，也因之成為產業、策略甚或新興的科技管理領域上之一重要課題。然而，或者由於傳統組織典範較偏頗於社會穩定功能之認知（Burrell and Morgan, 1979），或者由於探討失敗產業易受限於資料蒐集上的困難，大部分與此議題有關之研究，皆建立於成功或高競爭力工業之研究。相對的，強調因制度與技術間的衝突或摩擦關係因素，阻礙產業的發展，甚或造成產業失敗之研究，並不多見（Anchordoguy, 2000；Langlois and Steinmueller, 2000）。

在此，本章探討造成台灣硬碟機工業失敗的制度與技術配合因素。同時，我們亦強調從歷史觀點，有系統地揭開曾經覆蓋於台灣資訊工業發展之結構性與制度性暗色面紗。眾所皆知，台灣的資訊工業歷經幾十年的努力，已成為國內發展最成功的產業之一，然而曾經被寄予厚望之硬碟機，當年卻無法於台灣發展起來。台灣在硬碟機工業上的發展，始於 1984 年 12 月第一家高智（Cogito）的投入，之後則陸續有美商普安（Priam）、台灣微科（Microscience）、永晉資訊（Magtron）、茂青科技（Greenery）與弘一科技（Zentek）等廠商加入硬碟機的生產，然而各廠商均因許多因素而相繼停產。雖然學界對於台灣資訊工業發展經驗的研究層出不窮，然而就如前述，大多著重於優勢原因的探討，助力因素包括政府的產業政策、工研院的技術移轉、台灣企業的彈性生產體系與眾多優質工程人力資源等（例如：吳思華、沈榮欽，1999；張俊彥、游伯龍，2002；鄭伯壎、蔡舒恆，2007；Ernst, 2000；Hou and Gee, 1993）。但事實上，假如這些可以被歸因於解釋台灣資訊業的成功，那為什麼相同的環境或制度因素，卻不能用於支持硬碟機工業的發展呢？

在本章裡，我們擷取制度理論（North, 1990；Scott, 1995）、技術演化（Aldrich and Ruef, 1999；Nelson and Winter, 1982）與組織學習（Argote, 1999；Crossan, Lane, and White, 1999；Lichtenthaler, 2009）等觀點，指出由於制度的僵化性、社會衝突的潛在性與組織技術學習

漸進的本質，國家環境或可能對某產業技術的擴散過程有牴觸作用，亦即產業失敗有可能歸因於制度環境的負面影響。在理論發展上，我們首先確認產業發展與創新的來源是組織在面對新市場機會時，對其技術能耐的有效掌握與運用。然而，組織能耐或是慣習通常是根植於其所屬國家或社會之制度結構中，並且是組織長久技術學習累積之下之產物，很難在短期內去改變（Cohen and Levinthal, 1990；Hannan and Freeman, 1984）。由於組織創新能力深受其所屬國家制度或系統的規範影響，因此若國家傳統制度環境與新興產業技術體制能相配合的話，組織學習較易得到效果，競爭優勢才能確保（Argote and Miron-Spektor, 2011；Clark and Mueller, 1996；Hill, 1995；Kitschelt, 1991）。相反的，若配合程度不大甚至有嚴重摩擦時，將拉長組織學習與適應新技術要求的時間，此結果將增加交易成本、助長投機主義與市場人員間之交換糾紛，而對廠商與整體產業競爭力提升形成重大的障礙，而此便是本章所提出來解釋台灣硬碟機失敗的環境因素。一言以蔽之，本章的核心論述即是：台灣的硬碟機工業之所以發展不起來，一個重要的原因就是：台灣的國家系統並不能有效演化硬碟機的技術體制。

## 第二節　技術體制遇上國家系統

　　文獻上對產業發展與競爭力的研究，或可區分為微觀的行動論與巨觀的制度論。前者重視廠商或創業者個人的行動或策略，後者則強調外在社會與大環境的重要。本章依循後者的研究軌跡，解讀台灣硬碟機工業發展所受制之環境壓力。而以巨觀的制度或結構觀點，闡釋產業發展與競爭力的研究領域內而言，學者們逐漸從以往著重產業結構層級的分析，轉變為強調以國家系統為分析單位。例如 Porter（1990）的「鑽石模型」（diamond model）系統、Lundvall（1992）與 Nelson（1993）的「國家創新系統」，以及 Furman, Porter and Stern（2002）的「國家創新能力」（national innovative capacity）

觀點皆認為，不同程度的技術擴散與產業競爭力，源出於不同的國家制度或系統。換言之，國家系統在產業扶植與發展上，扮演著一個重要的核心角色。

雖然各學者對於構成國家制度系統之面向有不同的定義與運用，但他們有一個共同的論點，即各國在歷史、文化、面積、語言上的差異，會形成對該國產業發展與創新有決定性影響的不同國家特性。這些特性可能包括資源面，例如對於自然資源豐富與國內市場龐大的國家而言，自然比其他國家擁有更多的創新與成長機會（Porter, 1990）。如美國因石油資源便宜與廣大土地面積，孕育出以大量生產為典範之汽車業。歸因於寒冷與荒涼之地理條件，北歐國家對無線通訊之需求，促成芬蘭的 Nokia 與瑞典的 Ericsson 在全球行動電話初始的發展上，穩居主導地位。而台灣趨勢科技之成功，受惠於台灣消費者因軟體複製盛行，感受到電腦病毒之流行與威脅，並進而產生對防毒軟體之大量需求。

各國之間的差異也可能是文化、歷史或結構面的，如政府對產業創新的支持度、社會習俗、教育制度與產業網絡等，這些因素匯集而成國家的集體意識，並形成具有進化、更新與再造功能的社會系統。就如 Marx and Engels（1974：46-47）所強調，「社會結構與國家是在確定的個人的生活歷程中持續進化的。……這些個人是處在真實的情境中，也就是說，是在他們作業的時候、在他們進行物質生產的時候，因此，也就是當他們在確定的物質限制下，在獨立於他們意志的預設與條件下。」[1] 在這強大的意識與作用影響下，只有當產業技術能與周邊的社會體制相結合，才能夠在國家既定的發展軌跡裡成長壯大（Clark and Mueller，1996）。在個案文獻上，從 Laursen（1996）

---

[1] 英文原文為："The social structure and the State are continually evolving out of the life process of definite individuals, but of individuals, not as they may appear in their own or other people's imagination, but as they really are; i.e., as they operate, produce materially, and hence as they work under definite material limits, presuppositions and conditions independent of their will."。

研究丹麥的製藥業、Furtado（1997）分析法國石油工業、Janszen and Degenaars（1998）調查荷蘭的生物科技產業、Kumaresan and Miyazaki（1999）探討日本的機器人工業、洪世章（1999）比較台灣與韓國的電腦產業、Mani（2009）比較印度的製藥業與通訊設備業，以及 Hu and Hung（2014）比較台灣與印度的製藥業的這許多研究中，也清楚顯示，由於不同國家在環境特性與技術經驗累積上的不同，自然會在某些產業的發展上，呈現出獨特的競爭優勢（見科技筆記：台灣個人電腦的制度優勢）。

## 科技筆記

# 台灣個人電腦的制度優勢

　　1980 年代的個人電腦組裝業，是台灣在世界電腦產業競爭中，發展最成功的產業。此產業具有典型的機動、創新、競爭激烈和快速學習等特性。這些基本上都根源於台灣國家創新系統的特徵，包括：產業彈性、技術擴散與合作網絡等制度因素，都能夠與強調開放、外購、網絡與組裝的個人電腦技術相配合。此外，台灣的政策環境提供一個擁有工程優越技術的教育系統，搭配推行出口導向的政策，以及由政府嚴格監管的財政系統以融通技術創新所需資金來源。因此，台灣能在個人電腦產業的發展上，享有持續性的競爭優勢。

　　針對此優勢原因的解釋，可以與韓國的發展經驗作一比較（Amsden 1989；Kim, 1997；Levifaur, 1998）。韓國在鋼鐵、汽車與半導體產業的發展都相當成功，然而它在個人電腦業的發展卻落後於台灣，一個重要的原因就是韓國財閥集團所專長的大規模生產策略，無法因應電腦產業技術變化快速的遊戲規則。舉一個具體的例子，1985 年，PC XT 相容產品是一個非常成熟的產業，而韓國廠商於此時領先台灣大舉進入量產階段，然而於

> 1986 年，環境快速變化，市場需求轉向技術層次較高的 AT 產品。此時，一向由大財團所壟斷的韓國電腦廠商，由於存貨太多，技術提升速度太慢，無法追上市場需求，導致出口大幅減少，不僅出現大幅虧損，財務亦發生困難。
>
> 　　相對韓國的財閥系統，台灣以中小企業為主導，在面對國際市場變化時反應迅速，且對新技術學習能力較強，適時的在 AT 機種上推出新的產品以配合突然增加的市場需求，是以外銷相對暢旺。此後，韓國的電腦工業在技術、新產品開發等方面，就以極大的差距落後於台灣廠商。

　　然而，或許由於傳統組織典範較偏頗於社會穩定與整合功能之認知（Burrell and Morgan, 1979），強調國家系統對產業與創新發展有重要影響之研究，大都是在報導成功的經驗故事。例如，不管是 Etzkowitz and Leydesdorff（2000）的「產官學三螺旋」（Triple Helix），或是林垂宙（2013）「產政學研四重奏」，強調的都是和諧的社會秩序、穩定的制度結構，以及功能的互補作用。另外，因為失敗產業的探討，容易受制於資料蒐集上的困難，包括次級資料的不全，以及受訪人員傾向避談失敗經驗等，也是造成這種報喜不報憂的原因之一。

　　然而，就理論貢獻上，若只觀察高競爭力或倖存者產業的發展經驗，則很容易使我們陷入 Harari（2011）所稱的「後見之明的謬誤」（hindsight fallacy），也就是後設理性（post hoc rationalization）的窠臼，來解釋國家制度如何對產業技術擴散發生作用。例如國家創新系統觀點，由於只專注於國家創新成功的構面，往往使我們太過於強調一般或普適化的國家創新因子作用，而無法一窺國家整體制度可能在不同產業間扮演不同的角色。就個人電腦產業而言，台灣也許是一個國家創新系統（Hou and Gee, 1993；Kraemer et al., 1996），但就硬碟機而言，台灣絕對不是。

　　同樣的，在過去文獻中，被廣泛引證之日本競爭力研究亦有同樣的問題（Freeman, 1987）。根據 Dyer（1996）的研究，日本在汽車、消費性電子、機器人、工具機及自動機械產業方面，普遍被公認為有國際競爭優勢，但在造紙、食品加工、製藥與石化工業上則明顯不是。Dyer（1996）認為，解釋此種「兩個日本」現象的根本原因在於，傾向於採用策略聯盟與關係合約為競爭策略的日本廠商，雖然可以在以複雜組裝為主的汽車業、消費性電子、機器人、工具機及自動機械取得競爭力，但卻無法在以簡單生產程序為主的產業獲取競爭優勢。因為產業結構與新興技術上的衝突，日本便無法發展出具有競爭力的造紙、食品加工、製藥與石化工業。同樣的，Anchordoguy（2000）也指出，政治制度、銀行體系、產業習慣、教育與員工制度等因素，或可解釋為日本在許多工業上成功之原因，但相對的，日本軟體工業的發展卻也是受限於這些環境與制度因素的影響，產業失敗因此可歸咎於制度問題。同樣強調失敗案例研究之 Langlois and Steinmueller（2000）也指出，日本在全球半導體產業之優勢逐漸消失，即可歸因於其傳統重視製造效率，而相對忽略產品創新之歷史工業軌跡因素所致。

　　我們從 Dyer（1996）、Anchordoguy（2000）到 Langlois and Steinmueller（2000）的研究中，可引申推論出，產業技術的獨立自主性，以及結構衝突的潛在性。亦即，一個特定產業可能在國際間獨立建構其發展軌跡路徑，並表現出與某特定國家之間所長久累積之社會習慣與技術經驗，有極大之差異。根據路徑依賴或演化經濟學的觀點，產業通常是依賴制度化的技術軌跡而發展（Dosi, 1984；Sahal, 1985；Suárez and Utterback, 1995）。此軌跡的發展是跨國間的，是廠商們在長久發展下所共同建構的技術路徑。技術的發展並非是隨機活動，也不會因為政策的介入而大幅轉向。這種路徑依賴的技術演化模式，或是由於規律性產生了內部經濟（Jacobides, Cennamo, and Gawer, 2018；Porter, 1990）與啟發學習（Bingham and Eisenhardt, 2011），或是因為外部的社會與經濟環境所支持（Saxenian, 1994,

2007），至少在短、中期還是可以持續的進行。相對於國家制度所具有之政治與文化自主性，技術本身亦具有自主的社會力量，規範廠商在追尋技術理性的指引下，建立創新藍圖與發展方向。

而在解釋產業發展與競爭力時，學者們通常將國家制度納入此亦具自主性的產業技術軌跡之中共同探討（Dosi and Kogut, 1993；Kogut, 1991）。特別是對於追趕中的經濟體如台灣而言，如何在其國家長期發展過程中，將社會建構的技術專長與路徑導入到其他新興產業技術，常常是其追求持續性國家競爭優勢的重要關鍵（Hobday, 1995）。根據 Senker（1996）的看法，如何將以國家制度為主體所建構之技術知識，應用到新的科技領域是一個社會或組織學習的重要課題。然而根據 Simon（1991）之研究，組織學習是漸進、演化的，不是一蹴可幾的。亦即組織的創新能耐或是吸收新技術的能力（Cohen and Levinthal, 1990；Fabrizio, 2009），抑或是如 Galunic and Rodan（1998）所強調主導廠商資源重組與吸收新資訊之心智模型，是依賴在其所屬國家制度為主體所建構之環境軌跡而發展。Niosi（2002）指出，造成創新系統不具效率及效能的主因為路徑依賴與鎖入效應，也就是說既有的制度可能會受制於過往的投資，而無法適應新的技術要求。在演化經濟學文獻所堅持之多樣－選擇－留存（variety-selection-retention）機制規範下（Aldrich and Ruef, 1999；Campbell, 1969），一國或可嘗試發展多樣的產業或技術，但國家制度與產業技術間的互動關係則扮演選擇機制，使易於與當地社會價值融合之產業技術擴散並因而留存下來，並同時淘汰具嚴重結構衝突之產業（Badosevic, 1998；Hu and Hung, 2014；Hung, 2000）。在此，適者生存，不適者淘汰之原則，同樣發生作用。

換言之，由於組織學習的制度依賴與漸進性質，若國家相關制度與新產業技術能有較高程度的配合，組織學習新技術能力較易得到即時效果，競爭優勢才能確保。此就如同 Cohen and Levinthal（1990：130）所言：「學生們若能學好代數，必有助於後來微積分的學習；同樣的，學過 Pascal 語言的學生較容易學好 LISP。」在 Mitchell

（1989）對醫學診斷影像產業的研究當中，那些已經擁有相關製造設備的企業便較具優勢。Klepper and Simons（2000）也指出，因為累積較多類似之製造技術經驗，美國收音機廠商因此能在後來出現之早期電視機工業扮演創新主導角色。換言之，身處追趕中經濟體之廠商在全球市場的競爭，面臨國家制度與產業技術兩股社會力量的洗禮，而此兩股力量的交互作用將加諸廠商行為相容（＋）和衝突（－）的力量（見圖 3-1）。在產業廠商的演化生存上，相容的結構力量可以簡化制度環境的複雜性，幫助廠商適應新的技術，增強廠商的學習效果，因而增加其生存的機會與競爭優勢。而根據 Dosi and Kogut（1993）的論點，共演的制度與技術甚至可衍生出漸增性報酬（Katz and Sharpiro, 1985），增加交易與創新價值。漸增報酬的來源很多，包括網路外部性（Katz and Shapiro, 1985；De Bijl and Goyal, 1995）、輔助性資產的出現（Teece, 1986）、公共建設的支援（Nelson, 1996）以及正面的使用學習效果（Rosenberg, 1982）等。

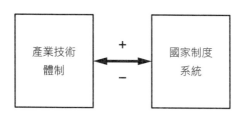

▶ 圖 3-1　產業技術與國家系統的共演關係

另一方面，由於社會發展與國際市場的不確定性，一國長遠深植的制度路徑可能會無法與某特定產業之技術軌跡特性相配合（至少在中短期內）（Stephan et al., 2017），因而無法追求技術的現代化。而由於結構面的摩擦，這股衝突力量將拉長組織學習與適應新技術要求的時間，而此將增加環境轉換所產生之交易成本、迫使並限制產業廠商從事合作的活動與增加專業化的能力和意願、助長投機主義與市場人員間之交換糾紛，而對廠商與整體產業競爭力提升形成重大的

障礙。產業與技術的變遷速度越快，這種制度上的限制會越嚴重，因為組織會更難去調整它們的慣習（Nadkarni and Barr, 2008）。Dyer（1996）、Anchordoguy（2000）與 Langlois and Steinmueller（2000）的研究，都已隱含這種制度阻力的論點，但三者卻都只是就歷史與制度面進行一般性之回顧探討，對於產業失敗的論述，並沒有具體區別並比較國家系統與產業技術之間的結構性摩擦來源。據此，我們將在以下篇幅裡面，以國家系統與產業技術之間的摩擦可能，闡述台灣發展硬碟機工業過程中，所受制之外在阻力。首先，下一節先介紹硬碟機的技術軌跡。

## 第三節　硬碟機產業與技術

### 一、起源

1956 年 IBM 推出全球第一台硬碟機之後，[2] 許多美國電腦廠商如 General Electric、Control Data、Burroughs、DEC 也都開始跟隨 IBM 的腳步。而在日本方面，主要的電腦公司如 NEC、Fujitsu、Hitachi、Toshiba 等，也都在 1960 年代中末期左右，投入硬碟機的研發與生產。同樣的，歐洲的 Siemens 及 Philips 也都約在同一時間投入這場技術競賽。當時幾乎所有的硬碟機發展，都是由大型電腦公司主導，而硬碟機市場就是這些大型電腦廠商的自用市場。到了 1970 年代，隨著迷你電腦興起，OEM 市場開始成長，主要的專業廠商包括 Control Data、Diablo Systems、Calcomp 及 Memorex 等也開始發展，但整體市場仍然不大。

IBM 在 1981 年決定投入個人電腦市場，為了縮短產品的開發時程以便跟 Apple 及其他廠商競爭，選擇開放架構策略，不但微處理器及作業系統採用外包的方式，連顯示器、軟碟機以及硬碟機都是

---

[2] 全世界第一台硬碟機有 5MB 容量，大小相當於兩個並排的冰箱。

採用外購政策。其時 IBM 選定 Seagate、Miniscribe 以及 IMI 作為其個人電腦事業部硬碟機的主要供應商，從此時開始，美國矽谷的硬碟機產業便有如雨後春筍般拔地而起。同時隨著個人電腦市場的蓬勃發展，硬碟機開始走向小型化的設計。這可追溯至 Seagate 於 1979 年開發第一台 5.25 吋的硬碟機。1983 年由 8 位蘇格蘭工程師所組成的 Rodime 公司，也推出全球第一台 3.5 吋硬碟機。1987 年 Prarietek 公司發明了 2.5 吋硬碟機，緊接著 1990 年，Integral 開發出全球第一台 1.8 吋硬碟機，隨著筆記型電腦的蓬勃發展，小型硬碟成為必爭之地。1992 年，HP 嘗試更進一步開發 1.3 吋硬碟機，但由於市場預估錯誤，於 1994 年放棄，進而更於 1996 年退出硬碟機產業。[3] 綜觀而言，硬碟機的外觀體積，由 1970 年代的 14 吋、5.25 吋，逐漸縮小到 1980 年代的 3.5 吋、2.5 吋以及 1990 年代的 1.8 吋。

　　1980 年代的美國硬碟機廠商約有 75% 的全球市場佔有率，1992 年提高為 80%，1995 年更高達 85%。雖然美國在 1980 年代後期的個人電腦產業中表現不佳，軟式磁碟機產業甚至完全消失，但是以美國為主的硬碟機廠商卻憑藉其特有的產品創新與國際化分工策略，主導了全球硬碟機產業的發展（Dedrick and Kraemer, 2015；McKendrick, 2001）。美國的硬碟機廠商能夠主導全球產業發展的另一個主要原因，歸功於美國仍是全球最大的個人電腦市場。美國的硬碟機廠商由於接近市場，且與電腦系統廠商擁有較好之市場交換關係，因之在世界市場普遍具有重要的影響力。

## 二、技術體制

　　在美國的主導影響之下，全球硬碟機產業逐步從「百家爭鳴」走向「四強分立」。1985 年時，全球的廠商數目曾達 75 家，但是 1997 年的硬碟機廠商卻僅有 22 家，且 80% 的市場集中在 Seagate、

---

[3] HP 的 1.3 吋硬碟原本鎖定的市場是 PDA（Personal Digital Assistant；個人數位助理），但因為 PDA 的相關技術，如手寫辨識軟體與晶片都未能配合，因此只好放棄原有產品專案。

Quantum、Western Digital、IBM 等四家大廠，產業內購併盛行，廠商之間既是彼此關注、也是相互依存與影響，「在 Hard D 這個領域裡，誰都認識誰。」[4]

造成此產業寡佔特性一個主要原因來自於，硬碟機屬資本密集產品（Chesbrough, 1999）。由於硬碟機主要是用於資料的儲存，故穩定的品質與提供快速的後勤服務一直是重要的競爭要素。除了持續研發是必須的高風險投資外，硬碟機大部份組裝甚或維修都需要在「一百級」（class 100）的無塵室中進行，[5]也因此一般經銷商根本無法提供維修服務。而在 1980 年代中、後時期，平均一座硬碟機組裝所需的無塵室廠房造價約 3 ～ 4 億元，欲推出任何一項硬碟機產品需要至少 2 億元資金（其中材料費用約佔 70% 以上的成本），再加上其他營運費用，一個硬碟機廠商至少需 10 億元以上的資本額。資本密集度高，加上產品淘汰速度快（即便容量每年都倍數增長，但售價卻近乎不變），以及研發成本不斷上升的過程中，對公司很容易造成資金壓力。若沒有雄厚的資金持續，可能在 1、2 種產品開發失敗後，便會面臨財務危機。例如 Conner 於 1992 年還是全世界最大的硬碟機公司，但由於產品策略失敗，1993 年創下單季虧損 3 億 8 千萬美元的紀錄，並因此埋下 1996 年被 Seagate 購併的種子。[6]

硬碟機技術屬於封閉式系統，產品設計是各公司的重要核心能耐。相較於個人電腦的開放設計，硬碟機廠商更為重視「可製造性設計」（design for manufacturing）：「非常重視生產面，必須在研發時就將所有的東西都考慮進來，生產時才不會有太大的問題。……良率這東西在 Hard D 裡面是非常麻煩且很難解決的。到時生產是不是能有

---

[4] 訪談紀錄，1999/05/10。

[5] 指的是每立方呎空間內的灰塵數量，必須低於 100 顆。

[6] Conner 在硬碟機的崛起一直是個傳奇。Conner 於 1986 年成立，只花了三年時間，就成為《財富 500 大》（*Fortune Global 500*）企業，締造華爾街的傳奇紀錄。硬碟機廠商的起起落落，一直吸引許多學者的興趣，創新大師 Clayton Christensen（克里斯汀生）就是因為這個緣故，所以才會選擇以硬碟機的產業發展，來當作他博士論文的研究對象（Christensen, 1997）。

很高的良率，基本上不是只有技術的問題，當初這產品在研發設計時，是不是就很好生產或者不好生產，事實上 70% ～ 80% 在當時命運就已經決定了。」[7]

研發活動通常於美國矽谷地區進行，並且由母公司直接掌控。綜觀過去以來，硬碟機產業發展幾乎是由美國廠商主導發展，日本無法突顯其影響地位的一個重要原因在於，硬碟機工業也是屬於勞力密集工業，製程無法全面自動化，特別是在磁頭的次組裝生產以及硬碟機的最終組裝與測試兩部分，廠商約需投入所有從業人員的 65% 人力。自 1980 年代中、後期以後，這兩個勞力密集階段陸續移往亞洲國家，包括新加坡、台灣、馬來西亞、菲律賓、泰國與中國大陸。也就是整個硬碟機的產業價值鏈，自此經由全球商品鏈（Gereffi, 1996）的建構方式，採取母國研發設計，勞力密集的階段移往亞洲地主國組裝的對外直接投資方式進行（Gourevitch, Bohn, and McKendrick, 2000）。

硬碟機最重要的關鍵零組件，包括磁頭（讀取磁片上的資料）、[8]硬碟片（儲存資料）、主軸馬達（轉動硬碟片）與半導體部分（控制硬碟機的運作與電腦指令的連結）（陳希孟、蕭亮星，1995）。這其中，「磁頭是最困難的部份，需要 IC 製程外，也需要控制很精準的機械特性，還有是否穩定飛行等……生產步驟是碟片的好幾倍……且其最困難部份為要如何設計其讀寫性的磁頭，非常困難。……音圈、馬達較不需一直創新。碟片和磁頭生命週期也和 Hard D 一樣較短。」[9]技術的複雜性，除了提高廠商掌握技術的門檻外，也降低對外移轉技術的可行性。「IC memory 要搞得很厲害一年大概就可以了，硬碟機需要四至五年，每天十幾個小時在實驗室……這一行的領導者本身技

---

[7] 訪談紀錄，1997/03/20。

[8] 硬碟機的磁頭或稱讀寫頭，固定在懸臂的末端，懸臂會掃過磁盤的表面，這與留聲機的唱針藉由懸臂接觸到唱片的原理是一樣的。

[9] 訪談紀錄，1997/03/14。

術都相當黑手。」[10] 產業的整合程度也很高。硬碟機向後垂直整合至少一種關鍵零組件的比例，由 1983 年的 75%，1991 年的 91%，成長到 1995 年的 94%。

由於硬碟機本身的精密、高複雜特性，相關產業聚集程度要求極高。除了具備精密工程之高複雜性外，產業的發展由於是一連串技術不連貫所構成，而所需投資研發時間很長，但回收時間很短，產品平均生命週期介於三個月至一年之間，因此亦具有高度不確定性的技術特性（Barnett and McKendrick, 2004）。以硬碟機的磁錄密度來看，1957 到 1990 年間，平均每年磁錄密度以 30% 的速度成長，而 1990 年後更以每年 60% 的速度快速發展；但在單位價格方面，卻以每年 40% 的速度下跌。在硬碟機的產品外觀上，體積由 1970 年代的 14 吋、5.25 吋快速演變到 1980 年代的 3.5 吋、2.5 吋以及 1990 年代的 1.8 吋。Christensen（1993, 1997）稱此為「破壞式技術變化」（disruptive technological change）。[11] 由於技術的不確定性，因此唯有持續投入研發出高容量、低價位的新產品，並且必須能夠做到即時上市（time to market）、即時量產（time to volume）、即時提高良率（time to high yields）以及即時達到損益平衡（time to break-even），才能在硬碟機產業中生存。而此硬碟機研發技術主要是集中光電、機械、電子、材料整合方面。

簡言之，硬碟機的發展是建構在資本密集（寡佔、品質至上、無塵室組裝與維修）；全球商品鏈（母國研發、地主國裝配）；高複雜性（精密工程、高相關產業聚集）；高度不確定性（破壞式技術變化、持續研發）；光、機、電、材整合等創新指標之演化軌跡之上。如前一節之理論所述，經由長久工業發展下所建構之台灣國家系統，

---

[10] 訪談紀錄，1999/05/10。

[11] 典型的破壞式技術案例，就是原本用於主流桌上型電腦的 5.25 吋硬碟，逐步的被用於可攜式電腦的 3.5 吋硬碟淘汰出局；就硬碟市場而言，前者的發展是維持式技術創新，後者則是從低端或利基市場冒出來的破壞式技術創新。

似乎並無法進入此技術體制或軌跡中發展並有效擴散。如我們將在以下的說明，此制度或結構衝突，即台灣硬碟機之產業劣勢根源（見圖3-2）。但首先，我們先介紹一下台灣硬碟機的主要廠商。

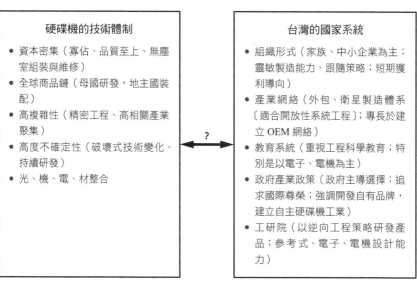

▶ **圖 3-2**　硬碟機技術體制與台灣國家系統的配合

## 第四節　台灣硬碟機

　　1990 年代中期，受惠於蓬勃的台灣個人電腦工業，台灣的硬碟機市場一年的規模超過 60 億元台幣，而自 1984 年底開始，前後也共有六家台灣廠商投入硬碟機的設計與生產，然而這個產業只存在約十年的光景。反觀同屬四小龍的新加坡，在 1982 年 Seagate 投資興建第一座硬碟機組裝廠後，便帶動了整體硬碟機產業的發展，進而成為全球硬碟機產業的重鎮，而新加坡在這場硬碟機產業的激烈競爭中，從 1986 年佔全球產值 6.36%，到 1995 年產值已達全球 34.56%（見表 3-1）。在討論台灣硬碟機失敗的結構因素之前，我們先按成立的

順序，來介紹一下台灣曾經出現過的六家硬碟機廠商，包括：高智、普安、微科、永晉、茂青、弘一（見表 3-2）。

▶ **表 3-1　台灣、新加坡與全球的硬碟機產值**　　　　　　　　（單位：百萬美元）

| 年份 | 台灣產值（佔全球比重） | 新加坡產值（佔全球比重） | 全球產值 |
|------|------------------|---------------------|---------|
| 1986 | 2.04（0.01%） | 938.92（6.36%） | 14,757.4 |
| 1987 | 31.37（0.17%） | 1,734.66（9.54%） | 18,185.8 |
| 1988 | 82.84（0.40%） | 2,385.56（11.42%） | 20,884.9 |
| 1989 | 91.14（0.38%） | 2,565.04（10.63%） | 24,141.1 |
| 1990 | 124.75（0.47%） | 3,843.86（14.38%） | 26,729.1 |
| 1991 | 26.78（0.11%） | 3,788.55（15.38%） | 24,632 |
| 1992 | 7.75（0.03%） | 4,741.93（19.75%） | 24,013 |
| 1993 | 3.96（0.02%） | 5,260.06（20.41%） | 25,767 |
| 1994 | 1.33（0.00%） | 7,420.55（27.27%） | 27,214 |
| 1995 | 0.07（0.00%） | 9,649.51（34.56%） | 27,924 |

▶ **表 3-2　台灣硬碟機廠商**

| 公司 | 營運時間 | 資本額（NT$ 億） | 主要產品 | 技術來源 | 主要股東 |
|------|---------|----------------|---------|---------|---------|
| 高智 | 1984/12～1987 | 2（1984） | 5.25 吋、10/20MB | Magnex | 慶豐集團 |
| 普安 | 1987/04～1989/12 | 1.5（1988） | 5.25 吋、300MB | Priam | Priam |
| 微科 | 1986/11～1992/02 | 0.8（1987）<br>4.87（1991） | 3.5 吋、120/200MB；<br>5.25 吋、60/160MB | Microscience、Siemens | Microscience |
| 永晉 | 1988/06～1992/12 | 1.95（1988） | 5.25 吋、115/145/170MB | Century Data、Orca | 正豐化學 |
| 茂青 | 1989/10～1993/10 | 1.5（1991） | 3.5 吋、55/60/100MB | 工研院光電所 | 中部 Toyota 汽車經銷商 |
| 弘一 | 1989/12～1995/02 | 1.5（1990）<br>5（1996） | 3.5 吋、100MB | Orca、工研院光電所、自行研發 | 龍相電子、環隆電器、交通銀行 |

## 一、高智

　　高智是台灣第一家從事硬碟機設計與生產的公司，起源是由黃世惠所領導的慶豐集團在購併由 Exxon（艾克森）石油集團所轉投資的 Magnex 之後，於 1984 年 12 月所投資成立。高智的初始資本額約 2 億元，員工 270 人，主要產品為 5.25 吋、20MB 硬碟機與介面控制卡，凱得電子（台南幫企業轉投資）是其硬碟片的主要供應商。

　　高智的成立，代表台灣正式跨入硬碟機產業，讓受制於外國關鍵零組件的台灣電腦工業興奮不已。慶豐集團當初所持的抱負也確實相當大，除了投資硬碟機的生產外，還有薄膜磁頭、繪圖晶片以及步進馬達的生產，而當時政府所規劃發展的策略性工業中也因為有高智的加入而把硬碟機納入。雖然工研院電子所於 1979 年已經開發出的第一個 5.25 吋、5MB 硬碟機，但直到高智成立後，才真正有商業與生產活動。

　　高智產品主要訴求為品質、價位與服務，除了提供原廠的維護設備外，更有一年的維護保證，使其產品在當時相當具有競爭力。雖然高智有慶豐集團支持，在資金方面不成問題，但由於硬碟機的產品生命週期太短，在當時大約只有一年三個月，在新產品無法即時推出，舊產品價格與成本又太高等原因下，於 1987 年就結束營業。高智是第一家從事設計生產硬碟機的台灣廠商，但是並沒有真正開始量產，結束營業後，人員多流向高智原有廠址所在的慶豐半導體。

## 二、普安

　　台灣普安成立於 1987 年 4 月，設立初期資本額為 1.5 億，是美國 Priam（普安）在台灣的分公司，無論是人員、技術與資金均由美國 Priam 負責，而台灣所生產的硬碟機也都回銷給美國總公司，主要產品是以 5.25 吋、380MB 之高容量硬碟機為主，台灣普安於 1989 年 12 月結束營業。

　　普安結合原來在工研院電子所從事硬碟機設計的工程人員，而將

母公司在矽谷的生產線移到台灣。主要經理人員包括總經理劉文蔚（交大電子工程系畢業，曾先後在美商台灣電子電腦、奎茂、HP 從事電腦相關產品的生產製造累積有 16 年經驗）以及副總經理王忠宗（政大企管所畢業，曾服務於華隆、神通等公司）。美國 Priam 成立於 1978 年，位於美國加州聖荷西市，為一專業高容量硬式磁碟機製造廠商，產品以 14 吋及 8 吋為主，1985 年與 Vertex 公司合併後，開始推出 5.25 吋之硬式磁碟機，為世界上第一家生產 5.25 吋、380MB 高容量之硬碟機製造商。1987 年 4 月，Priam 將 5.25 吋之 V-100 系列硬碟機移到台灣竹科生產。Priam 之所以捨棄新加坡、韓國所提優厚條件，而到台灣設廠的原因，主要考量為台灣的製造能力較強，工程師研究發展之潛力高；地緣上，台灣可說是東南亞、日、韓地區之幾何中心，接近協力廠商及亞洲客戶；以及政府對高科技工業之投資獎勵。

　　台灣普安的市場定位在高容量硬碟機，主要對象迷你電腦、工作站、大型網路以及 CAD/CAM 等客戶，並非一般個人電腦使用者。普安不斷開發出高容量之產品，尤其 5.25 吋、380MB 的硬碟機之推出，使普安領先其他廠商六個月以上，在良率方面，5.25 吋、100MB 的良率高達九成以上，後來 380MB 的良率則降為 50% ～ 60% 左右。台灣普安本身並無設計的能力，只是美國 Priam 的裝配廠。美國 Priam 為使台灣對硬碟機的生產組裝迅速進入軌道，做法上是由台灣方面陸續挑選出生產線上的小組（含工程師、領班和作業員）集體派往美國母廠受訓。由於缺乏研發設計能力，技術一直操縱於國外手中，再加上美國和台灣的財務沒有分開，因此台灣的盈餘必須補貼美國的虧損。台灣普安的產品是以高容量的全高式（full-height）為主，但是後來市場的趨勢卻是往小型化發展，而美國總公司推出新產品的時間太慢，台灣的盈餘又不足以彌補美國的研發支出，後來因美國母公司產品策略失敗，影響到台灣分公司。結束營業後，原普安人員大都流向茂青與弘一。

## 三、微科

　　1982 年，美國 Microscience 於美國加州山景城（Mountain View）成立，專事製造高品質、半高型的硬式磁碟機，用於供應個人電腦、電腦輔助設計、電腦輔助製造及工作站等產業。1985 年 Microscience 到新加坡設廠生產，1987 年 11 月也於台灣竹科斥資新台幣 1 億元成立台灣微科科技公司，生產磁碟機，1992 年 12 月結束營業，和工研院間沒有任何技術上的互動關係。台灣微科的產品除了回銷給美國母公司外，也有部分銷售給國內廠商如宏碁。由於美國 Microscience 創始人劉復建、湯浩華等，皆為海外華人科學家，基於情感上的理由，多多少少希望能將尖端科技的技術帶回台灣。台灣微科產品定位在 40 ～ 200MB 符合個人電腦使用的中間市場，以避開專業性的高端特定領域（因此與台灣普安走高容量路線不同），同樣也避開與 Seagate 等在低端市場的競爭。

　　台灣微科擁有佔地四萬五千平方尺的現代化工廠，其中包括一個寬達八千平方尺的無塵室，而原任 CDC 高級幹部長達 15 年之久的 Kevin Nagle，亦到台灣公司擔任市場行銷總裁，使得台灣微科在硬式磁碟機市場競爭上，更富潛力。1987 年 9 月微科月產量有一萬台左右，產品規格一半以上是 40MB，其中 25% 以上的硬碟機供應給國內市場。1988 ～ 1992 年間，台灣微科生產了六十萬台，營業額超過 4 億美元的磁碟機，以 5.25 吋寬，半高型的低容量產品為主。1989 年，台灣微科的產值名列竹科第十名，為成長最快速的公司之一。然而，這個佔有本地硬碟機產量 98% 以上的龍頭廠商，雖然在幾年間賺得一個營業額的毛利，但美國母公司的研發團隊卻未能跟進，更糟的是，總部向台灣子公司訂購了過多 5.25 吋產品，不料市場逆轉，新機種在台灣推廣很久，變成過時機種後，才順利以低價拋售，台灣微科因而蒙受了重大的損失。同時，為了趕上潮流，台灣微科還購買了德國 Siemens 的 5.25 吋技術。但是這種高容量、高技術的機型牽涉專業長期的維修與服務網路，因此陷入財務危機的台灣微

科非但沒有爭取到足夠的訂單，5.25 吋產品的庫存，反而為它增添了壓力。由於美國母公司發生財務危機，再加上產品無法順利轉型，1992 年 2 月，微科停工，但是它所擁有的生產設備、經驗和行銷管道仍是國內廠商所望塵莫及的。微科結束營業後，人員大都流向永晉及弘一。

## 四、永晉

永晉成立於 1988 年 6 月，結束於 1992 年 12 月，設立時資本額 1.95 億，主要產品以 5.25 吋、200MB，半高式居多，最大產能達到一萬五千台，總公司當時位於楊梅工業區附近，正豐化學為其主要的股東。研發人員大都接收自微科、普安以及工研院。

永晉以 25 萬美元向美國 Xerox 子公司 Century Data 購得技術並與 ORCA 公司技術合作，成為國內第一家技術本土化的硬碟機製造商，由於 Century Data 產品策略不當而出現財務危機，永晉透過管道向其取得廉價的技術後，致力於生產用於大型電腦的高容量硬碟機。永晉之所以會移轉 Century Data 的技術，主要是因為永晉曾加入其設計的行列，因而深知其技術的優缺點，而此項技術在移轉到永晉的生產線之前，僅設計就耗去了 Century Data 300 萬美元和四年的光陰，故永晉曾相當自信地認為，所有硬式磁碟機的技術均涵蓋於永晉的產品中。然而永晉所購買 Central Data 公司 5.25 吋半高型 170MB 硬碟機的產品設計，有無法彌補的技術缺陷，此成為永晉的致命傷，兩年內虧損 2 億多元新台幣。永晉後來仍陸續接收普安的技術與人員，專攻高容量的硬碟機生產，但是由於股東正豐化學中的市場派不願再投資，而迫使永晉於 1992 年底不得不走向結束的命運。永晉產品並未大量生產，結束營業後，人員多流向弘一。

## 五、茂青

茂青成立於 1989 年 10 月，而於 1993 年 10 月結束營業，總公司設於新竹科學園區內，佔地 600 坪，資本額在 1991 年時為 1.5 億，

成員約有三分之二是過去普安所培養的人才，主要產品為 3.5 吋的
55MB、60MB、100MB 的硬碟機，其技術來自於工研院光電所，為
中部 Toyota 汽車的經銷商轉投資設立。

　　茂青為台灣第一家國產自製薄膜式硬碟機大廠，成立初期正值國
內硬碟機產業欣欣向榮，除了原有的四家硬碟機廠商外，建東精密、
和喬、凱得、中華磁技、海恩金屬等廠商亦投入硬碟機周邊的關鍵零
組件生產。由於國內的個人電腦廠商如宏碁、大眾也正處於蓬勃發展
時期（當時國內的個人電腦年產量約兩百萬台），茂青初期的銷售策
略是以國內電腦 OEM 為主，其次才考慮進軍國際。茂青當時在價格
的競爭上，3.5 吋、60MB 的售價只有進口貨的五分之四，相當具有
優勢，而在技術方面又與工研院光電所簽立長期技術移轉，金額高達
1,800 萬元，因此在技術來源上也不需要依賴國外廠商，再加上廠址
就在科學園區內，售後服務與技術支援均相對有利。茂青投入硬碟機
的考量主要有三個。首先是當時資料顯示，硬碟機未來市場很大。其
次是硬碟機已經商品化，且日本業者投入不多，美國業者的滲透性又
不強，所以對台灣而言應該是一個利基市場。最後則是台灣已成為全
球個人電腦的重鎮，所以對本身市場業者而言，絕對具有相對優勢。
茂青設立初期以國內市場為主，希望以國內作為一個實驗地，若國內
的接受度高，則進攻國外市場也將得心應手，所以茂青的市場定位策
略採「老二主義」，希望未來營業額 20% 來自國內，80% 來自歐美。

　　然而，茂青在購買了光電所的技術後（3.5 吋寬、1 吋高、
60MB），未料光是修改及試產兩千台便耗費了 5,000 萬元新台幣，
但是銷售成績卻不理想，工研院與國科會於 1991 年 8 月起，開始積
極推動國內弘一、茂青、永晉、微科四家硬碟機廠商合併，到了 12
月，茂青關閉廠房的運作，並以留職停薪的方式將八十多位員工裁減
為十多人。1992 年 1 月，Integral 總裁訪問茂青，由於雙方的認知差
距過大，因此並未達成租賃或代工的協議，6 月，微科與茂青的合併
案生變。1992 年 9 月，茂青改組完成由金緯纖維公司與 Myrica（麥
瑞卡）集團繼續投資，改名為金億科技，但仍於 1993 年 10 月結束營

業，研發人員後來很多流向弘一。

## 六、弘一

弘一科技成立於 1989 年 12 月 28 日，而於 1994 年底停止硬碟機的生產，設立初期資本額為新台幣 5,000 萬元，主要的產品是 3.5吋、100MB 硬碟機與 CD-ROM 的設計、生產、行銷與維護，主要的技術來自於美國 Orca 公司、工研院光電所與自己的研發中心，並接收各家硬碟機廠商如普安、微科、永晉、茂青及工研院的人才，由龍相電子以及環隆電器共同出資成立，隨後交通銀行、中華開發亦成為主要股東，故在設立初期前景非常看好。

1993 年 3 月，弘一的實收資本額為新台幣 5 億元整，且達到月產五千台之規模，同年 11 月，購得新竹科學園區原美商微科公司，並將總公司研發與製造部門陸續遷入，以達集中整體運作之便並擴大生產規模。然而弘一卻因為學習時程過長，至 1993 年才突破設計瓶頸（費時三年），而 1994 年第一季才突破製造瓶頸（費時四年），等到適時產品 540、810MB 於 1994 年第四季開發完成時，卻又因資金不足而無法及時量產，「當初弘一要增資，政府方面開發基金，交通銀行很想幫忙，但其希望宏碁施振榮也可加入投資，找了施振榮兩次，但沒成功。」[12]1995 年 2 月，弘一正式關閉台灣最後一條硬碟機生產線。

## 第五節　台灣硬碟機的制度基礎

根據圖 3-1 所示，我們歸納出組織型態、產業網絡、教育系統、政府政策以及研發機構等五個制度變數，以此來說明台灣系統與技術體制間的衝突根源，及其對台灣硬碟機發展所帶來的負面衝擊。以下我們就依序討論制約台灣硬碟機發展的五個關鍵系統因素。

---

[12] 訪談紀錄，1997/03/14。

## 一、組織型態

首先，由於大部份的創新與研發活動都是由企業廠商所主導，並受到組織路徑的影響，廠商的組織型態（organizational form）（Lewin, Long, and Carroll, 1999；Rao and Singh, 2001）因此是構成國家創新系統的最重要制度結構。然而就台灣六家硬碟機廠商而言，其長遠依附的組織型態，特別是中小企業的規模，似乎無法配合追趕硬碟機技術的現代化過程。

如前面所述，硬碟機是屬於資本密集的產業，規模太小的廠商幾乎很難有生存的空間，然而 1990 年以前，台灣的六家廠商資本額均不超過 2 億元新台幣，相較於 Seagate、Quantum、Western Digital 等國際大廠，台灣的中小企業實在很難與其在產品開發上競爭。微科曾是台灣最成功之硬碟機廠商，但即使在其最顛峰之時，一個月都還不到 Seagate 一天的產出。規模的問題，反映的不只是台灣企業其時的發展常態，也是硬碟機的競爭特性：

> 「我想這些投入進來的人大概評估都做得不夠，當然大家都看到……Seagate 一家公司光做硬碟機，它的產值就相當於整個科學園區全部廠商產值的總和，加起來 3,000 多億元。但是實際上，我覺得他們都沒有考慮到要投下多少資源來做這件事情，你可以看弘一、茂青、永晉……，它們初期的資本額都不到 2 億元，然後再慢慢加、慢慢加，在規畫這個事業的初期，它們就沒有看清這是一個大投資、大手筆的行業，可能要 30 億、50 億，每一家公司都把它當作小東西在玩，所以你可以看到，當它們東西快出來的時候，錢都已經用完了，然後又要忙著增資，每天都為了籌錢在奔波，根本沒有時間靜下來好好做一些紮根的工作。」[13]

---

[13] 訪談紀錄，1998/03/31。

　　傳統台灣中小企業所具有的靈敏製造能力以及專長的跟隨策略，抑或技術上的搭便車，也許適合於具有開放性系統特徵的個人電腦工業發揮（Ernst, 2000；Levy and Kuo, 1991），但對重視長期基本研發能力與架構設計優勢的硬碟機工業而言，並不是重要的創新價值。因為就硬碟機而言，「研發技術較生產技術難。生產技術只可以將良率由 10% 拉至 40%，但是都沒有能力去研發一個好的 Hard D。」[14] 原工研院硬碟機計畫負責人之一即認為：「台灣歷年投入磁碟機的廠商都錯估形勢，（研發）投入太少。」[15] 或許由於硬碟機是高複雜與高度不確定性的產品，也或許由於硬碟機需要自行設計以及於無塵室進行裝配生產與維修服務，世界主要的硬碟機公司均大規模、長期地投資建立自己的研發團隊。不只台灣在無塵室的管理上經驗還不足，[16] 產業的主流價值也傾向依賴外來技術，而非建立內部研發實力。例如，就創立初期的技術來源，高智藉由併購格致資訊、永晉向 Central Data 購買、茂青移轉工研院與弘一購自 Orca，這四家台灣本土硬碟機製造商幾乎都是在取得一項技術來源後即成立公司。普安與微科雖然可依賴美國母廠的研發技術來源，兩家公司也有具體獲利表現，但兩者的母公司卻都無法適應破壞式技術變化的硬碟機特性，或是汲取台灣之產業優勢，而被市場淘汰。

　　事實上，台灣曾經出現過的六家硬碟機廠商，只有最後成立的弘一有自己的研發團隊（約三十人），但是規模仍小，無法因應硬碟機特有的破壞式技術變化而同時從事多項專案產品開發。台灣硬碟機廠商規模普遍太小的原因，與其設立時間點有部份關係。早期的高智、微科與普安設立的時間部份集中在 1985 ～ 1987 年，當時台灣證券

---

[14] 訪談紀錄，1997/02/27。

[15] 訪談紀錄，1998/03/31。

[16] 台灣的無塵室技術經驗，主要是從 1970 年代晚期開始發展半導體之後，才逐漸建立起來的。一個有趣的故事是，1977 年 10 月 29 日，工研院的積體電路示範工廠舉行落成典禮，並開放來賓參觀，雖然大家都沒有穿無塵衣，但也沒有人覺得有問題。事後卻花了兩個月的時間，才將工廠的灰塵清理乾淨（張如心、潘文淵文教基金會，2006：106）。

市場之資本化還未完全開展起來，創投資金也不普遍，因為資金募集不易，上市櫃並沒有很大之吸引力。例如：「永晉當時設定（資本額為）1 億 9,500 萬元（2 億元要公開發行），……但事實上，我們幾個同事當時都覺得說，這個東西沒有 10 億根本沒辦法玩。」[17] 另外，台灣企業普遍強調快速回收資本，當有虧損時常不願繼續投資，而此便無法融入重視長期投資與內部研發能耐培育的硬碟機技術軌跡。例如台灣硬碟機公司中最重視研發的弘一，由於受限於股東不願繼續投資，曾經半年以上時間沒有發給員工薪水。類似積欠員工薪水的情況也發生於永晉。

　　1989 年以後，台灣的工業主體藉由資本市場的興起，開始朝向中、大型集團的發展，但此時硬碟機發展的失敗經驗已牢牢印在工業界人士的心目中，此記憶發展並因此制度化形成共享之產業聚積知識，也影響到後來台灣嘗試嵌入硬碟機國際商品鏈分工體系的努力（包括 1.8 吋硬碟機開發者 Integral 的 1992 年來台設廠計畫、亞太投資公司 1994 年與裕隆集團 1997 年初投資硬碟機的意願），以及台灣最後一家硬碟機廠商弘一的增資計畫。

　　另外值得一提的是，1989 年經濟部曾大力促成台灣其時現存但搖搖欲墜之四家硬碟機廠商合併。雖然此產業政策抑或是扶植努力，大致是符合整個硬碟機產業發展的競爭規則，因為微科、永晉、茂青與弘一四家公司若能合併成為新公司，資本額將超過 12 億元，剛好超過設立一家硬碟機所需最少經濟規模之 10 億元。但此政策意圖除了受阻於合併過程所牽涉到國內外不同公司間之所有權歸屬問題外（台灣微科為美國微科之子公司，永晉、茂青、弘一則為本土公司），也不符合台灣傳統產業思維反對合併的態度。[18] 因此就台灣最後一個發展硬碟機契機（至少就 1990 年代初期而言）之合併個案觀之，雖

---

[17] 訪談紀錄，1998/04/11。

[18] 在 1990 年代初、中期左右，台灣高科技還未完全發展起來，而合併意謂一家公司會被消滅，這與華人家族企業講究的家族延續，是相衝突的。

然現今台灣的產業隨時可見以增資（包括發放股票股利）甚或合併方式，朝向國際級、大規模化發展，但是就 1980 年代後期當時之台灣主要企業思維與產業環境而言，藉由「合作式合併」甚或是「購併」手段，以達成具競爭力之國際級（硬碟機）大廠（例如 Seagate 合併 Conner、Hyundai 購併 Maxtor），確實不是廠商所願意追求之策略主流。據此，台灣硬碟機廠商或許曾努力的想透過資源重組的方式（最顯著的例子即為，弘一嘗試從國外引進資深人才建立新研發團隊），因應硬碟機市場之新挑戰，但就如 Galunic and Rodan（1998）之立論所隱含的，長久發展之堅實台灣企業廠商能耐，已形成巨石般的心智模式，（至少在 1980 年代後期至 1990 年代初期）阻礙了台灣國家制度能於技術差異性極大之硬碟機產業軌跡發生快速、正面的擴散效用。

## 二、產業網絡

台灣的產業組織一向以中小企業與合作網絡為兩大特色（陳介玄，1994；劉仁傑，1999；Mathews, 1997），就像是「一串葡萄」，每家企業都如一顆顆小葡萄，但彼此之間又是透過各種不同的關係緊密連結在一起。但不管是前面所提的中小企業，還是這裡所要探討的合作網絡，在台灣發展硬碟機的過程中，都沒能發揮正面的助益力量。

事實上，過往許多的研究都指出，合作網絡是台灣中小企業生存所需依附的鷹架，也是使台灣制度環境能夠發揮競爭力的重要機制（Choung, 1998；Hobday, 1995；Weiss and Mathew, 1994）。此網絡系統包括承包制度、衛星工廠制度、個人和家族關係，藉由這些網絡的連結，使得為數眾多的中小企業向後可以得到原料來源，向前可以連結顧客。多年來，台灣獨特的外包生產體系（謝國雄，1991）以及台灣北部長久建立的電子零組件工業，更是導引台灣迅速融入全球電腦產業發展的主要社會與制度力量（Kraemer et al., 1996）。然而在此，台灣傳統之衛星製造體系並沒能在硬碟機技術軌跡上發揮效果。

由於硬碟機的組裝必須在無塵室進行，也因為硬碟機的主流標準不明顯，廠商必須自行設計零組件，因此讓台灣的外包合作網絡無法走進硬碟機的製造系統。例如，硬碟機的碟片與磁頭的搭配是相當重要的因素，最好的磁頭加上最好的碟片有時並非是最好的組合。以弘一為例，其便無法利用和喬的硬碟片。弘一雖曾要求和喬配合修改，但因為和喬與 Western Digital 搭配良好，故反而認為弘一應該重新設計其磁頭。換言之，建構於封閉系統特性發展的硬碟機產業軌跡，使得台灣的彈性、機動性外包產業組織完全無法發揮功效。

另外，台灣或許在印刷電路板上具有堅強的產業基礎，也是新加坡硬碟機廠商的主要供應國，但對於最重要的三項關鍵元件（薄膜）磁頭、（音圈）馬達與（濺鍍）硬碟片則無法有效支持。在台灣硬碟機工業最興盛的 1990 年中時，雖曾有兩家華裔的美商公司計畫經由交銀貸款設立磁頭工廠，但並沒有成功；據此，「Hard D 中最重要的磁頭，從過去的 MR head 到 G-MR head，台灣根本就追不上別人 R&D 的速度。」[19] 就馬達供應商而言，弘一曾經測試過興建東的產品，但無法搭配使用，因此有人批評「馬達方面，興建東根本就沒有專心去做，而全球的 motor 也被日本壟斷。」[20] 硬碟片廠商如凱得與中華磁技，「因為材質的關係，只能生產 20MB、40MB，到現在100MB 以後，電腦磁碟片就不能用了，它密度無法達到這麼高，所以就被淘汰了。」[21] 技術無法突破，後續的投資機會也因環境不佳而停止。[22] 因此，Maxtor 台灣分公司的一位高階主管就指出：

---

[19] 訪談紀錄，1997/11/11。

[20] 訪談紀錄，1997/11/20。

[21] 訪談紀錄，1997/11/13。

[22] 1990 年中，台灣硬碟機產業曾經掀起投資濺鍍式薄膜硬碟片熱潮，包括凱得與中華磁技的增資擴廠，以及新加入者和喬科技、開發科技與國巨電子。但是剛好碰上 8 月 2 日伊拉克揮軍入侵科威特，全球陷入經濟危機。受到財經市場低迷，原本投入的這五家廠商，有的因為募款受挫而停止投資，有的則延緩設立。以中華磁技為例，原計畫增資 6 億 5,000萬元，卻只募集到 3,000 萬元股款，由於籌資不成，原延聘的五位美國華裔博士也因此歸返僑居地（經濟日報，80 年 3 月 18 日，第 6 版）。

「你生產線生產，每一季生產就是幾百萬台的硬碟機，這代表著你中衛體系的工業要非常龐大，（而）台灣沒有這方面的中衛體系，也就是你完全都要靠進口的關鍵零組件；馬達、磁頭要進口……我們對台灣的關鍵零組件的掌握還不夠，我覺得整個台灣的大環境、整個產業的中衛體系根本沒有辦法維持硬碟機工業。」[23]

另一方面，就使用者與生產者關係的角度分析，台灣的個人電腦工業於 1990 年時，約出口三百萬台個人電腦，80% 裝配有硬碟機，當時國產品僅佔市場的 5%，硬碟機進口值超過 140 億元。就此規模，只要有一半的出口個人電腦搭配國產硬碟機，台灣應該可以扶植 1 ～ 2 家高階硬碟機製造廠商。然而由於硬碟機的購買行為是建構在品質至上優於價格考量，以及台灣的個人電腦工業是以 OEM 為主，企業購買者有時會指定品牌，因此追求自有品牌策略的台灣硬碟機供應商很難以低成本策略切入此市場。另外對於國內握有國際通路之個人電腦自有品牌廠商，特別是有影響力的宏碁，雖然曾嘗試採用微科的硬碟機，結果反而使得消費者質疑宏碁的產品，自此以後，宏碁便再也沒有採用過國內的硬碟機。

再舉一個例子說明，在以往台灣筆記型電腦的營運史中，曾有廠商為搶奪市場先機，在良率只達 90% 時，先行出貨，而以「壞一台、換一台」的策略作為因應之道。但此種方式在重視資料儲存安全性的硬碟機而言，則顯得完全不可行。另外，硬碟機的便利組裝特性也是一大因素。「就國內電腦廠商不採用國內 Hard D 的原因，第一個主要是國內電腦大部份都是外銷，且在初期的話桌上型電腦較多，筆記型的較少。而桌上型的話其外銷，Hard D 不必在台灣裝機，例如它銷售到歐洲、美洲，到時從當地再進就好了，甚至於 Hard D 有可能因為顧客的需求，會要求不同的 Hard D，容量也可能不一樣，所

---

[23] 訪談紀錄，1998/03/18。

以他並不一定要先裝機再外銷，且有時候在當地進貨，會比先在台灣裝機再銷出去更方便。」[24]

除了品質與組配問題以外，技術落後亦為主因，因為如果不是市場主流，宏碁身為領導廠商，根本不會考慮採用。因此，台灣的市場需求拉力並無法在硬碟機的發展上發揮效果。反之，美國由於是全球最大的個人電腦市場，美國硬碟機廠商因此可培養出與電腦系統公司較親近且可靠的市場交換關係，而這些多國籍企業所長久累積的全球運籌管理能力，並且能夠快速的進行維修服務（通常須於無塵室中進行），更不是台灣傳統家族、中小企業為主所建構的產業網絡體系所專長的。

## 三、教育系統

教育機構是本章提出解釋，台灣硬碟機產業劣勢根源之第三個制度結構因素，而此主要是論及一國政府對於人才培育以及研究專長的投資情形。以往對於台灣工業發展的諸多研究便指出，台灣對於工程科學大量投資的教育體系，是促成台灣成功發展電子、電腦甚或半導體產業的部分重要原因（Lee, Liu, and Wang, 1994；Tallman and Wang, 1994）。然而對於台灣硬碟機工業而言，大學的工科教育過度集中於電子、電機，而忽略光、機、電、材整合人才的培育，卻是阻礙（或是未能產生社會助力）台灣的工業發展進入硬碟機技術領域的重要原因。

回顧台灣工業發展於 1950、1960 年代建構時期，整個社會文化大都深信，受過大學理工科訓練的學子，是未來出人頭地的最大保障。而政府也將其主要的高等教育預算，偏重於理工科系人才的培育，並因此培養出大量的資訊、電子方面的高級人才，以及採購、生管、物管、製造、品保、品管等方面的製造、工業工程師，而此智慧資本基礎也很順利的引導台灣，在 1980 年代進入並不困難且大部份

---

[24] 訪談紀錄，1997/03/24。

與電子零件有關的開放標準式個人電腦產業發展。即使如創新機會
豐富且技術層次差距極大之半導體工業而言，台灣之競爭力亦集中
於重視製造效率與電子技術之 DRAM 與晶圓代工部分；與硬碟機相
較，「半導體比較單純，所牽涉的是一些化學的 process、廠務設施的
maintenance 及設計的能力，因半導體的材料成本很低，即使用成本
售價賣，也許還可以撐得過去。」[25] 相對而言，國內的教育制度所培
育出電子、電機方面的人才也許很多且素質優良，然而硬碟機產業
所需要的光、機、電、材整合之研發人才卻十分缺乏。原工研院硬碟
機計畫負責人之一就指出：「台灣能做出來的東西幾乎都是純電子的
東西，有機構的部份台灣就比較弱，要把機構和電路整合在一起的人
才，台灣幾乎是沒有。」[26]

事實上，從過去三、四十年來以至目前，台灣各大學、工專與技
術學院，普遍缺乏光學、電子、機械整合精密工程方面的相關課程。
而立基於此機電整合知識基礎發展之相關工業，也因此一直是台灣
的致命傷，從鐘錶業、機器人到汽車、航太工業等，發展至今，都
還看不到成功例子。如今，在硬碟機產業上，台灣的發展也是類似的
結果。也或許由於台灣本身缺乏機電核心技術的研發人才，國內廠商
所生產的硬碟機，其良率均低於 70%，根本無法通過國內廠商如宏
碁的測試。而且由於達不到規模經濟，價格相對較高，品質也較不
穩定，因此國內的個人電腦廠商根本就不願意採用國內的硬碟機。
或言，台灣在硬碟機產業之發展，相較於其在個人電腦工業之擴散經
驗而言，也許只是需要更多之組織與技術學習時間，以克服相對較高
之制度轉換成本；另外認為台灣無法克服硬碟機技術困難之集體認知
（Laamanen and Wallin, 2009），亦有可能是在退出此市場後所做之事
後過度偏頗推論。然而在競爭激烈之國際市場中（新加坡其時亦大力
發展硬碟機），以及天然資源相對缺乏之台灣產業環境而言，「沒有助

---

[25] 訪談紀錄，1998/03/18。

[26] 訪談紀錄，1998/03/31。

力」或是「不相配合」卻往往已是結構衝突與成本之根源。據此，這些硬碟機人才迅速轉進當時正急劇擴張之半導體工業與同樣是儲存設備之光碟機產業發展。自弘一失敗之後，硬碟機就不是台灣為數眾多技術人才所願意投注與關心的領域。

## 四、政府政策

政府的產業政策，亦是解釋台灣硬碟機工業無法發展之重要制度因素之一。如同其他東亞國家，台灣的工業發展路徑一直是受到專注於建立統治正當性的大有為政府所引領前進（Hung, 1999；Levifaur, 1998），自由經濟學派所崇尚之市場功能，並不是被信任的有效機制，策略性產業政策是常態，以強調對國家資源的有效運用。而許多研究也將台灣以往的經濟奇蹟歸因於策略性產業政策的有效引導（Balaguer et al., 2008；Wade, 1990）。而就資訊與電腦技術領域而言，雖然產業政策在1980年代初期台灣發展個人電腦工業時，並不是如以往扮演先知般之主導角色，[27] 然而自1981年9月起，資訊科技就被政府明訂為策略性工業，以及政府之許多財政與稅制上之獎勵措施，使得許多個人電腦公司能持續穩定成長，並引導宏碁成為台灣第一家真正國際級公司，政府政策仍有其推波助瀾或因勢利導之功能。而在1980年代中晚期，台灣已經見證一個蓬勃發展之電腦產業。或是由於台灣之電腦產業仍以代工為主，或是由於政府政策無法在台灣電腦產業初期發展上被賦予褒揚之領導者角色，政府選擇在硬碟機產業積極介入（相對於個人電腦產業而言）。然而就如同台灣汽車業之發展經驗重現（Arnold, 1989），政府政策並不被認為在被列為重點工業發展之硬碟機上，扮演重要助因。

如前面所述，硬碟機在最終組裝與磁頭的次組裝階段需要大量人

---

[27] 其時台灣政府全面禁絕電動玩具，意外促成部份國內電動玩具廠商轉移他們的機器設備去生產技術原理相似的 Apple II 相容產品。由於 Apple II 相容電腦的風行，帶動台灣資訊產業後來的蓬勃發展。

力，無法自動化生產，因此當以美商為主的硬碟機大廠於 1980 年代初期，決定將勞力密集的階段移往東南亞國家發展的同時，雖然台灣有美商普安與微科在台設廠，然而這些廠商都不是產業主流。硬碟機大廠如 Seagate 與 Quantum 都沒有考慮來台投資，究其原因，政府產業政策在此有決定性因素。事實上，經濟部工業局於 1986 年起，便將 5.25 吋、中低容量的硬式磁碟機列為適合我國未來發展的資訊產品，並將其定義為高風險與高報酬的產品，而工研院更肩負實際輔導廠商的重任。然而由於政府對於硬碟機工業的發展朝向開發自有品牌的策略，因此希望台灣能夠自行研發硬碟機的系統架構以及各項關鍵零組件，而不是採取新加坡技術層次較低的 OEM 方式，這是因為在當時政府的認知裡，新加坡硬碟機的工業雖然貢獻其全國國民生產毛額（Gross National Product；GNP）之 12% ～ 15%，但本質上只是美、日公司的裝配加工廠，並沒有自行設計的技術基礎。因此政府在各項鼓勵來台投資政策上，並沒有積極爭取國外的硬碟機廠商來台設立硬碟機廠房，包括稅賦優惠、通關時間以及土地成本等。[28]

在追求國際尊榮的政策智慧指引下，台灣政府明顯無法（抑或不是非常主動）幫助國內企業很快的嵌入以美國硬碟機廠商為主所建構的全球商品鏈經營模式。甚且在廠商陸續遭遇營運困境後，政府從 1990 年起，在政策上便開始有「重積體電路、輕硬碟機」的傾向，許多政府融資機構如交通銀行、中華開發、行政院開發基金等，均不願貸款給當時岌岌可危的國內硬碟機廠商。1991 年底時，中央投資公司與行政院國科會評估，是否投資超過 5 億元資金以協助國內當時的四家硬碟機公司（微科、永晉、茂青與弘一）進行合併時，所秉持的一項重要原則即是：必須落實硬碟機中的關鍵技術生根。而此強調技術領導的產業政策，明顯的排斥台灣加入與美國領導廠商共同建構全球硬碟機商品鏈的發展。相對台灣政府（在策略上）以中小企

---

[28] 台灣對於硬碟機的發展政策，非常類似於過往在汽車產業上的作法，因為想做整個系統，結果反而不盡人意。

業配合公共研發機構建構國家創新網絡，（在目標上）追求硬碟機產品創新，新加坡則是（在策略上）藉由國外直接投資引進創新能力，（在目標上）追求製程創新，並發展成為國際大廠的 OEM 外包體系（Wong, 1995）。產業領導者 Seagate 於 1982 年於新加坡設立第一座硬碟機工廠後，1984 年 Maxtor 與 Miniscribe，1986 年 Micropolis 以及 1987 年 Conner 均陸續追隨 Seagate 而前往新加坡設廠，硬碟機產業便開始在新加坡蓬勃發展。並成為新加坡最重要的高科技產業，於 1990 年代中期，全球硬碟機約有 50% 的最終組裝在新加坡完成（Wong, 1997）。[29]

## 五、研發機構

　　最後就台灣制度系統與硬碟機技術體制配合的情況而言，政府所屬的研發機構 —— 特別是工研院，亦扮演一個非常重要的角色。事實上，國家與產業競爭力的許多文獻均指出，探討公、私立研發機構的表現，是觀察一國創新系統能否有效協助技術擴散的重要指引。然而，觀察台灣整體產業脈絡的發展，由於受限於中小企業為主體的有限資源，並沒有顯著的私人研發機構，而對於硬碟機而言，經濟部主導所成立的財團法人工研院，則是最主要的相關研發機構。雖然許多研究指出，台灣自 1980 年代所成功發展的電腦、半導體產業得力於工研院的許多技術協助（Amsden and Chu, 2003；Chang and Hsu, 1998），然而另一方面，工研院的主導並無法有效解決硬碟機對高複雜、高相關產業群聚的技術需要。

　　回顧 1980 年代中期，工研院認為硬碟機應該在台灣可以有一番

---

[29] 於 1980～1990 年代，韓國、台灣與新加坡剛好代表三種不同的當地國對待多國籍企業的方式。韓國注重發展國內自己的財閥集團，幾乎是拒多國籍企業於門外。台灣雖不拒絕多國籍企業，但在行政上卻有諸多限制（例如 1980 年代中期，外國企業到竹科投資約需要蓋三百個圖章），並且隨時希望取而代之。新加坡則是完全張開雙臂歡迎，並且接受成為多國籍企業的技術殖民。

大作為，[30] 在其專長的還原工程（reverse engineering）能耐下投入主導產品研發，以 20MB 硬碟機開始，並逐漸擴充到 80MB、100MB、120MB 以上。領導團隊以物理專長人才為主，電子專長人才為輔（這是考量硬碟中牽涉物理的部分較困難且複雜，而電子的部分則較為簡單）。做法上，雖然堅持要有國人自主技術基礎，但事實上所有的關鍵零組件包括磁頭、碟片、主軸馬達、音圈馬達都是從國外採購，工研院只做與電子、電機較有關的後段電路板設計與組裝的工作。而在許多資金與時間的投入後（共歷經電子所、光電中心、光電所三個單位六年多的研究時間），工研院雖然可藉由還原工程學習組裝出新的機型，然而卻仍缺少對精密工程與光、機、電整合技術能力的掌握，包括控制轉速的馬達、控制容量的碟片與控制飛行高度磁頭，工研院都沒有辦法自行研發。

或是由於硬碟機長久建構於封閉式系統且技術變遷快速，或是由於新產品開發需落實於研發機構對硬碟機相關零組件之高度技術承諾與內部資源投入，工研院在硬碟機產品開發所採取之速食式還原工程技術策略，事後的諸多例子都證明，無法追趕並進入快速移轉的硬碟機技術體制。「光碟機其壽命三個月我們都能生存，為什麼 Hard D 一年三個月我們卻發展不起來呢？……（因為）光碟機的結構簡單，而 Hard D 的機構很精密，相當於飛機層級，且設備投資又要無塵室。相當於半導體工業。而半導體的投資，雖然很大，但其壽命為四年。」[31] 參考台灣之半導體發展經驗，「台灣的 IC 是從基礎做起，不

---

[30] 工研院的硬碟機科技專案，主要來自於科技顧問 Bob Evans（美國國家工程院士，曾任 IBM 資深副總裁，1981～1985 年間，受邀擔任台灣科技顧問室的首席顧問）建議台灣發展硬碟機伊始。後來在工研院對台灣電腦儲存周邊設備相關產業發展規劃裡，硬碟機是由工研院負責，而磁碟片等較低層次的產品則交由企業（如中環）去推動。1990 年工研院並因此成立和喬投入硬碟片生產，並希望更進一步開發磁頭技術，以便建立台灣硬碟機工業。但後來張忠謀自美回台任工研院院長，認為硬碟機並不適合台灣，因此並不太支持，但由於科技專案通常有三至五年的期限，因此也沒有馬上停止，然而約自 1980 年以後，工研院在這方面幾乎就不再投入。

[31] 訪談紀錄，1997/03/27。

會有關鍵零組件的問題，只要設計完成後，依循自己的製程，達到量產規模，便會有市場競爭力；但是硬碟機不同，隨著產品不斷更新，各項關鍵零組件也不斷進步，如果無法有效掌握各項關鍵零組件，根本無法與別人競爭。」[32]

　　事實上，對於主要技術來自於移轉工研院光電所研究成果的茂青與弘一而言，自工研院實驗室中所研發出的雛形（prototype）（甚至包括可以置放兩個 CPU 之硬碟機產品），並無法有效的量產，甚至「回收率高達 70% ～ 80%」；[33]「（茂青）把工研院研發的產品決定量產，然而茂青為了生產，投資大量材料後才發現汰換率太高，產品不能用，不能為市場所接受，因此所投資就都浪費了。」「（後來茂青）大約也只撐了一年就淘汰了。」[34]

　　在組織上，工研院是國家級研究機構，除了本身沒有量產設備外，基於不與民爭利的考量下，也從來不考慮將研發出的新機型量產；「工研院做的是 reference design，只告訴廠商這個產品是可行的，但不保證 cost 最低或 yield rate 最高。」[35]也因此，使得「台灣的硬碟機公司永遠都在雛形機階段跳來跳去。」[36]

　　對於零件容易取得的電腦組裝業，以及藉由進口精緻、大規模生產設備以提升製程能力的半導體工業而言，工研院的產品雛形被認為是重要的創新指標，也因此被認為是台灣資訊工業能夠快速起飛的搖籃。然而對於硬碟機工業而言，將先進的技術迅速達到生產規模以降低成本，並且能夠隨時準備投入下一個更先進機型的開發，是非常重要的競爭因素。具有此技術認知的茂青與弘一因此覺得，工研院會隨著產品雛形的開發也移轉全套的製程技術，但卻不是如此；「（當）別人握有 1.5GB 的技術，而你只有 850MB 技術，怎麼和別人

---

[32] 訪談紀錄，1998/03/25。

[33] 訪談紀錄，1997/11/13。

[34] 訪談紀錄，1997/11/13。

[35] 訪談紀錄，1998/03/26。

[36] 訪談紀錄，1998/03/31。

去競爭？」[37] 換個說法，業界認為硬碟機要能成功，應該要有 Toyota 的量產技術，然而在它們眼中，工研院所專長並移轉給它們的，卻是 Rolls-Royce（勞斯萊斯）等級、曲高和寡的技術。就在這樣的產研認知落差下，結構面的摩擦拉長台灣硬碟機廠商學習使用與適應新技術要求的時間。相對國際間（新加坡）增加生產與交易成本，而使得產業發展受到阻止。簡言之，工研院長久發展下所制度化的組織路徑（以電子、電機能力為基礎之還原工程研發設計），由於只強調關鍵零組件的組合，而忽視硬碟機產業重視關鍵零組件基本研發技術的建立，工研院並無法有效驅動硬碟機在台灣的發展與擴散。1994 年，由工研院所主導的硬碟機開發科技專案正式落幕。[38]

# 第六節　結語

　　本章對台灣硬碟機發展的研究成果，基本上可歸納成以下五點：
　　第一，在理論發展上，本章指出產業發展與競爭力的來源是，組織在面對新市場機會時，對技術能耐的有效掌握與運用。然而，組織能耐通常是鑲嵌並根植於其所屬國家制度中，並且是組織長久技術學習累積之下之產物，很難在短期內去改變。而由於組織創新能力深受其所屬國家制度或系統的影響，因此若國家傳統制度環境與新興產業技術體制能相配合的話，組織學習較易得到效果，競爭優勢才能確保。反之，若配合程度不大甚或有嚴重摩擦時，將拉長組織學習與適應新技術要求的時間，此結果將增加交易成本、助長投機主義與市場人員間之交換糾紛，而對廠商與整體產業競爭力提升形成重大的障礙。而此結構或制度衝突力量便是本研究所觀察到，解釋台灣硬碟機失敗的負面環境因素。

---

[37] 訪談紀錄，1998/03/25。

[38] 工研院的最後一項努力，應是於八十會計年度所開始執行之經濟部三年期、經費 3,000 萬元的「高性能磁式存取與可靠性技術」特殊時效性計畫。

　　第二，在個案分析上，本章提出台灣硬碟機產業之失敗，導因於台灣制度環境無法順利進入並有效演化，全球硬碟機產業自1980年代中期以後所依存之技術體制與軌跡。在對案例進行解讀與分析的過程中，本章提出台灣的國家制度包括組織型態、產業網絡、教育系統、政府政策以及研發機構等因素，並不能有效演化與驅動注重資本密集（寡佔、品質至上、無塵室組裝與維修）、全球商品鏈（母國研發，地主國裝配）、高複雜性（精密工程、高相關產業聚集）、高度不確定性（破壞式技術變化、持續研發）與光、機、電、材整合的硬碟機技術軌跡。終歸一句話，台灣硬碟機的發展是「形勢比人強」，敗就敗在制度的衝突限制了科技的創新。

　　第三，在研究貢獻上，本章不同於以往類似之研究，以結構整合解讀產業優勢與延續的發生；反之，本章以結構衝突為因，產業劣勢為果，以彰顯外在環境對產業發展所可能有之負面影響。如此一來，此研究嘗試平衡長久以來學術研究成果大部份累積建立於優勢生存者故事。特別是在研究過程中，瞭解劣勢或失敗往往比瞭解優勢或成功困難，也更加具有挑戰性，也因此或能得到更好之學術成果。雖然本章的研究成果必然受限於單一個案研究的概化推論，但也因為如此，可以更深入的解析台灣硬碟機工業的發展歷史與經驗，而這也是本研究強調需經由對失敗產業的紮根探索，以瞭解國家制度對於產業技術與演化上所可能有之負面影響。

　　第四，在策略意涵上，本章從制度面解釋產業創新的發生，並不代表我們對策略選擇空間的全盤否定。企業家具有學習與反省的能力，擁有改造社會環境與產業結構的潛力。例如，瞭解所處國家制度的歷史優勢與特性後，身處其中的創業家可選擇從較有發揮空間的關鍵零組件開始投入，先以國外的硬碟機大廠為主要的顧客，待各關鍵零組件的技術發展成熟後，再與國內的個人電腦廠商相結合，創造一個可行的發展空間。就台灣廠商而言，對於如硬碟機這般的系統組件而言，OEM的策略明顯優於自有品牌，台積電的晶圓代工模式就是很好的啟示。當然，廠商也可藉由產品多角化或購併整合策略，以迴

避或對抗來自於外在的制度面壓力。硬碟機的典型破壞式創新特徵，也引導廠商重視避免陷入維持性創新的陷阱。與其一直追求主流市場，從低端或利基市場切入，也是突破產業壟斷現象的可行管道。

第五，在政策建議上，本章引導政府官員適時地從發展型國家的角度（Amsden and Chu, 2003；Wade, 1990），轉換至從制度性創新或創新系統的立場（Dosi and Kogut, 1993；Edquist and McKelvey, 2000；Edquist and Hommen, 2008），來構思產業與經濟發展的動能。發展型國家之所以能夠發展，依靠的是官僚菁英對於資源與市場的掌控、治理與指導。然而，當國家官僚不再自主而英明、公私部門不也必然都是上下一心的情況下，發展型國家就無法成為推動產業與經濟發展的主引擎。當政府不再是英雄，代之而起的是強調時勢或制度驅動的經濟發展型態。除了官僚體系外，組織型態、產業網絡、高教人才與研發制度的配合，都是引導後進國家能否成功追趕或是走入技術現代化道路的關鍵。[39]

在制度性創新的架構下，本章也強調在不同的風土民情影響下，即便是同樣的科技也會在各國之間走出不一樣的道路。從硬碟機的個案可以得知，瞭解所處國家社會環境之資源特性，以及所欲投入的技術或產業的歷史發展軌跡，是能否有效發揮創新系統功能與效果的重要因素。好的產業政策因此應是順水推舟，而非逆勢操作。Lehmann, Schenkenhofer, and Wirsching（2019）的研究就指出，自由放任的矽谷文化促成了獨角獸的發展，強調專業技藝訓練的德國則是培養隱形冠軍的搖籃。產業政策應該著重於思考如何讓科技發展與既有的產業結構與時空條件產生連結（Georgallis, Dowell, and Durand, 2019），而非只是寄望於「鎖定目標、投入大量資源，然後複製貼上」的直線思維模式，特別是過度強調創造獨角獸，反而損及了既有的台灣優勢

---

[39] 做個比喻，菁英官僚所創造的發展型國家，就像是交響樂團，一切都在指揮家的主導之下進行。相較而言，國家創新系統就像是「弦樂五重奏」（或是三重奏、四重奏），各個樂器都扮演同等重要角色。

與產業基礎。對於如台灣這般的小型國家而言，雖然沒有大國的資源與優勢，但卻具備彈性與應變能力。如果能夠選擇對跨國大企業不具吸引力的利基市場，作為發展的目標，隨著全球化的經濟發展，將可使競爭力更在本土落地生根。另外，主事者也應該要能從多元制度的夾縫之中找到可行的政策空間。對於像硬碟機這般需要融入全球商品鏈的產業而言，提供有利的跨國投資誘因，或是鼓勵企業整合以創造有競爭力的規模經濟，也應都是政策思考重點。

第四章

# 面板的相應：
# 發揮制度的優勢

在前一章，我們從巨觀的環境面，分析影響台灣硬碟機無法成功發展的制度因素。相較於硬碟機的曇花一現，隨之而起以薄膜電晶體液晶顯示器（thin-film transistor liquid crystal display，以下簡稱 TFT-LCD）技術所發展出的面板產業，可說具有一夕成名的特徵，不只成功躋身為全球最重要的生產基地，也是創造台灣最多就業人口的高科技工業之一；「中部科學工業園區」（簡稱中科）的發展，就是從友達的進駐而正式啟動與成形。如圖 4-1 所示的硬碟與面板的產值對照，隱含在同樣的時空背景與創新系統之下，會發展出不一樣的產業競爭力。據此，本章會探討影響台灣面板產業發展的關鍵因素，以求更廣泛的瞭解支撐台灣科技產業發展的制度性基礎。延續前一章的理論視角，我們強調，科技是從在地與全球的碰撞之中長出來的。

## 第一節　為何台灣可以快速長出面板產業？

技術的發展與擴散，是一個重要研究議題，也是困擾領導者與經理人長久的實務問題。傳統學術智慧告訴我們，技術之擴展部分來自於消費者之需求拉動（e.g., Robertson and Gatignon, 1986；Saviotti,

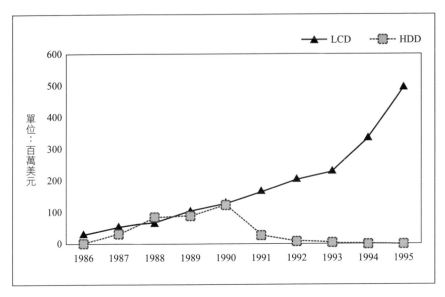

▶ 圖 4-1 台灣硬碟與面板的產值比較

2002；Swann, 2001），部分來自於創新者之技術推動（Coffinet and Nemec, 1992；Jain, Mahajan, and Muller, 1991；Langlois and Robertson, 1992）。演化經濟學家挑戰此種自由經濟市場之理性運作思維，提出技術發展並非隨機活動，而是依存所屬之歷史軌跡所形成內部邏輯循序推進，並在外部組織或制度支持下，逐漸擴散與發展（Jansen, 1994；Fransman, 2001；Nelson, 1998）。科技改變社會，但同時也受社會影響，科技與社會的關係不是單獨決定，而是互為影響。換言之，探討技術的發展與擴散，也就不可避免地必須分析技術與社會之共演現象，是一個「你泥中有我，我泥中有你」的問題。

根據 Durkheim（1984：38-39）的看法，社會是一個生命共同體的概念，是「社會成員所共有的信仰與情感，並形成一種擁有自己生命的特定系統。」[1] 對於創新創業者如何形成他們的生命共同體，

---

[1] 英文原文為："The totality of beliefs and sentiments common to the average members of a society forms a determinate system with a life of its own."。

特別是形塑科技發展的「創新系統」的分析範疇與單位，學者之間則有不同的解讀。國家創新系統學說認為，支持技術演化之社會系統主要根植於國家環境（Freeman, 1987, 2002；Lundvall, 1988；Nelson, 1993）。一國所長久建構之特殊技術專長軌跡，因此是決定其在某特定產業技術範疇內，能否有優秀表現之關鍵決定因素。例如 Veloso and Soto（2001：96-99）的研究，就將台灣汽車零件工業之發展軌跡，導因於台灣政府所賦予之誘因、基礎建設、制度等國內因素。然而另一方面，篤信世界系統觀點之學者卻認為，各國間之技術發展主要來自於比較優勢原則，端視其在「全球商品鏈」（global commodity chain）（Gereffi, 1996a, b；Gibbon, 2001；Kenney and Florida, 1994）、「全球價值鏈」（global value chain）（Dedrick, Kraemer, and Linden, 2010；Gereffi, Humphrey, and Sturgeon, 2005）或是「全球創新系統」（global innovation system）（Binz and Truffer, 2017；Spencer, 2003a）中所能扮演之角色而定。全球網絡或系統，因此才是主導技術在各國間能否有效擴散之經濟組織。換言之，技術在地化（techno-nationalism）或是技術國際化（techno-globalism），是分析技術與社會共演議題的一個熱門爭論焦點（Candice, 1990；Fuenfschilling and Binz, 2018；Ostry and Nelson, 1995）。就如同 Whitley（1996）所強調，探討以上兩種學說究竟是競爭性或互補性觀點，是一個有趣且值得探討之議題。Hage and Hollingsworth（2000）則建議，同時結合國家創新系統架構與全球技術網絡體系，是探討技術擴散與產業創新之重要思考方向。

　　據此，本章嘗試結合技術在地化與技術國際化兩種觀點，探討在台灣蓬勃發展的面板產業。我們將指出，在 1990 年代晚期，以日本為首所建立的全球技術網絡，採用技術授權的方式，讓台灣可以取得面板的關鍵技術，再加上台灣創新系統所發揮的技術擴散效用，是台灣可以快速建立起面板產業的重要關鍵。

# 第二節　技術在地化對上技術國際化

在現代資本主義之運作裡，追求利潤之廠商雖然是將新知識轉化成商品之主要經濟要角，並因而帶動整體經濟的成長，但廠商並不能單獨推動創新。事實上，研究知識與技術應用的流向，可以發現許多與新知識的產生、發展與擴散相關的因素，多半與廠商所在的經濟與社會環境有關，具有獨一無二的特性，且與經濟體系牢牢地結合在一起無法分割，國家創新系統概念的發展，就代表這樣的學派思潮（Godin, 2009；Niosi et al., 1993；OECD, 1997；Patel and Pavitt, 1994a）。

雖然國家創新系統的內涵有各種不同的闡釋，但取向的共同特色在於以巨視的觀點探討社會、文化及經濟環境對於創新的孵育，對於廠商創新的過程則視為黑箱並不去深入探討。分析的焦點在於組織與制度之間的交互關係與共同演化，以整體國家經濟的成長為績效指標，並強調由制度所支持的技術能耐是很難跨系統移動。制度通常包含兩種涵義，一為各種散播新知識的硬體機構，另外一種為制度理論中的制度概念。在學派先驅 Freeman（1988）的研究裡，這兩種觀念即同時並存於理論中。

根據 Freeman（1987, 1988）的論點，國家創新系統是對創新有影響力之因素的集合體，包括公領域及私領域機構與所連結的網絡，這些機構的活動與彼此間的互動能啟發、引導、修改和散播新科技。Freeman（1987）在研究日本戰後經濟發展過程中發現，政府政策、企業研發、教育及職業訓練體系和產業結構是影響產業創新的關鍵制度。Freeman and Perez（1988）進一步指出，新的社會制度模式約50 年出現一次，並伴隨著許多新技術的引進。有些關鍵性的新技術是長期經濟循環的推力，它們含有新的生產潛能，能重新定義技術與經濟效率，國家創新系統則能幫助一國調整這個循環。

延續 Freeman（1988）的觀點，Lundvall（1992）與 Nelson（1993）的研究約在同一時間都強調，在國界之內有一些基本要素及

相互關係，對於新的、具有經濟效益的知識有產生擴散的效果，而此就是國家創新系統的作用。Lundvall（1992）與 Nelson（1993）都認為，國家創新系統乃由制度和經濟結構所構成，它能影響社會中技術變遷的速度與方向，包括技術擴散體系、研發系統及對新技術的態度。即便如此，兩者還是有些差異。基本上，Lundvall（1992）重視理論內涵，其以創新的歷史觀為基礎，強調根據生產與制度因素，國家系統之間的歷史經驗、語言與文化各不相同，這些相異點對於影響創新績效而言，扮演重要的角色。Nelson（1993）偏向個案分析，其將十五個國家分成高中低所得三組做國家創新系統的比較：第一組為高所得、市場導向工業化國家，包括美國、日本、德國、法國、義大利及英國；第二組為四個小型高所得國家，包括丹麥、瑞典、加拿大及澳洲；第三組為五個低所得的新興工業化國家，包括韓國、台灣、阿根廷、巴西及愛爾蘭。透過比較分析得出，各國間獨特的社經環境與歷史淵源，造就出各國間不同的組織與制度角色。政府機構與文化對於產業誕生與成長有關鍵性的影響，對於技術創新貢獻度也不一致；而其中 R&D 活動及資金來源、大學所扮演的角色、政府政策對於創新系統是否運作得宜有絕對重要的影響。我們也可以持平的說，Freeman（1987）、Lundvall（1992）與 Nelson（1993）等三人幾乎奠定了國家創新系統早期的理論基礎與分析範疇。

　　接著，除了理論的持續精進、發展與擴充外（Castellacci and Natera, 2013；Etzkowitz and Leydesdorff, 2000；Furman, Porter and Stern, 2002；Mytelka, 2000；Lundvall et al., 2002；Watkins et al., 2015），直接援引國家創新系統之實證或個案研究也變得普遍。例如，Senker（1996）以生物科技產業在英國及美國的發展歷史，探討國家因素對於新興產業發展路徑的影響。Dahlman（1994）以亞洲開發中國家之經濟發展成果和技術策略，分析比較國家創新系統之差異，發現各國以不同之技術策略，配合當地固有環境，達到相似的經濟成果。Kumaresan and Miyazaki（1999）以專利、出版品、市場相關的資料搭配學術界、公司及政府研究單位關鍵人物的廣泛訪談，分

析日本機器人產業之發展。Liu and White（2001）以研究、執行、最終使用者、連結、教育等五項基礎活動，來分析中國大陸國家創新系統之系統結構與動態。Finon and Staropoli（2001）在研究法國的核能工業中指出，政府政策支持、國有電力獨佔經營、專注電子機械產業，以及健全的政府研究機構等四項制度因素，建構出一個可執行複雜且大型創新的國家系統，進而促成法國核能工業的成功發展。Edquist and Hommen（2008）所組建的跨國家研究團隊，更是從比較荷蘭、愛爾蘭、瑞典、挪威、丹麥、芬蘭、新加坡、台灣、韓國等國創新系統之差異，進而發展出衡量國家創新系統之具體研究架構與方法（見科技筆記：國家創新系統的跨國比較分析）。

📝 科技筆記

## 國家創新系統的跨國比較分析

　　國家創新系統的研究，雖然從 1990 年代開始，就受到廣泛的注意，但也有許多學者指出，國家創新系統並不能算是一個正式的理論，僅能算是一種分析的概念（Edquist, 1997；Mowery and Oxley, 1995）。為此，2000 年代初期，Charles Edquist 以及 Leif Hommen 兩位瑞典學者發起了跨國的比較，找了十個規模不會差距太大的國家，包含：台灣、新加坡、韓國、愛爾蘭、香港（以上被歸類為快速成長）、瑞典、挪威、荷蘭、芬蘭、丹麥（以上被歸類為緩慢成長），希望透過比較的方式，以期能建構出一個衡量國家創新系統的構面。這個研究團隊最後同意並歸納出四大類（細分成十種）國家創新系統的主要活動，分別是：知識的創造與投入（研發活動、教育訓練）、需求面的活動（新市場的出現、對新產品的要求）、系統的構成元素（組織、網絡、制度）、支援服務（育成、金融、顧問）等（Edquist and Hommen, 2008）。

研發活動包含政府官方的研究機構（像是台灣的工研院），以及民間企業的研發，可以創造新技術的知識，再透過教育系統（特別是高等教育）對於人才的培育，為國家創新系統提供穩定的勞動人口。當新技術被研發出來、進而商品化後，就會產生新的市場，市場意味著消費者的需求，隨著新產品逐漸在國家創新系統中擴散與成熟，消費者也會產生對新產品品質方面的需求；換句話說，產品就會越做越好。系統的內部主要有三個構成元素，這彼此之間有動態的緊密關係：組織、網絡、制度，組織就是投入生產活動與創新活動的廠商，這些廠商通常為了獲取新技術或是外溢知識等因素，會打破組織既有的疆界，形成介於組織與市場之間的治理模式，也就是網絡，像是產業園區與策略聯盟。另外，制度也是相當重要的一環，通常來自於政府，像是吸引投資的政策與保護智慧財產權的法案等。最後，育成中心、金融體系、顧問等，在國家創新系統中扮演支援的角色。

以上這十種主要活動，每一個國家或地區都有它的特殊性，彼此之間也各有其特殊的互動關係（Meuer, Rupietta, and Backes-Gellner, 2015）。例如，新加坡大量仰賴外國直接投資以及跨國企業，來進行技術的移轉與擴散，政府也給予一些獎勵投資的方案。韓國則透過政府的刻意扶持，集中資源讓大型企業（財閥；chaebol）來發展經濟，像是 Samsung，但這也導致韓國的國家創新系統，是由少數強大的企業與多數弱小的企業所組成，長久下來並不見得有利於整個國家的研發活動與社會發展。想必看過《寄生上流》這部電影的人，都會對韓國的貧富差距問題，印象深刻。香港過去作為英國的殖民地，倚靠自身的地理位置，成為西方國家進入中國的渠道，也藉此發展出相當健全的金融服務業與基礎工業，在 1997 年回歸中國後，則是在既有的基礎上，逐漸轉型為一個創新的中心，並且與中國大陸的珠江三角洲一帶企業做結合。愛爾蘭與其他歐洲國家不同的是，它有相當高程度的對內投資與技術移轉，政府也擬訂相關的政策與計畫，強化推動國內企業的研發與合作。其餘的北歐國家，像是瑞典、挪威、荷蘭、

芬蘭、丹麥，相較於傳統的歐洲工業大國（英國、法國、德國），資源較少，對於國家創新系統的作用需求也會比較大。

　　最後，台灣最特殊的地方是它對於政策引導的需求特別強，為一個典型的發展掛帥、政策引導國家，在產業轉型與升級的過程中，行動者、制度、知識、技術與市場，呈現出以政策為核心的共演（Balaguer et al., 2008），且與韓國不同的地方在於，推動台灣經濟成長的，通常是中小型企業。台灣過去所推動的一系列產業政策，包含 1953 至 1964 年推動進口替代（四年經濟建設計畫的前三期），1965 至 1975 年推動出口擴張（四年經濟建設計畫的後三期），1974 年起行政院推動十大建設，擴大內需，增加就業機會，也自此改變了台灣整體的經濟結構，順勢在 1970 年代中期發展高科技產業。1973 年成立的工研院，就是希望先從公部門著手來推動民間的研發，當工研院的技術有商品化的機會時，就會衍生出民間的公司，1990 年立法院通過《促進產業升級條例》，吸引更多科技人才及歸國學人。在台灣個人電腦、半導體產業、面板產業的發展，都可以看見政府政策的「有形」的力量與核心的角色，這就如同 Wade（1990）、Amsden and Chu（2003）等人所強調的，政府取代了市場調節資源分配的價格機制，克服了資金與技術上的差距，使產業得以發展成功，造就了東亞國家的經濟奇蹟。

　　關於制度創新的發生與發展，同樣發源於北歐的技術系統（technological system），也與國家創新系統分享類似的看法（Carlsson and Stankiewics, 1991）。技術系統涵蓋影響技術的產生、散播與利用的行為者網絡關係與制度結構。系統是分散與動態的，在每一個國家有很多技術系統，系統隨著時間的經過演化，亦即之間的行為者、制度與關係隨著時間的經過而不同。Malerba（2002, 2004）所發展的產業創新系統（sectoral innovation system），與技術系統在很多方面都是類似的概念。因為知識體制、市場結構以及技術變遷都

是依循產業層級而行，創新系統的分析因此更應聚焦在產業層級、而非國家面向。從 Carlsson and Stankiewics（1991）與 Malerba（2002, 2004）的研究引伸而出，即「技術在地化」抑或是「技術國際化」之間的典範論戰（Nelson, 1998；Shubbak, 2019）；前者是國家創新系統之基本假設，而後者則較符合技術系統或產業創新系統之立場。

　　另外，從世界系統、位置經濟與分工原則角度而發展出來的全球商品鏈架構（Gereffi, 1996a, b；Henderson, 1989；Hopkins and Wallerstein, 1986），也是同樣強調技術國際化的作用，但更為強調後進國家與先進國家的權力與治理關係。根據 Hopkins and Wallerstein（1986：159）的定義，全球商品鏈代表「一種勞動與生產的跨國網絡流程」。在此最後成果為商品之流程中，各國廠商依其比較優勢與位置經濟原則，在最適地點從事資源投入以執行一個價值創造活動，並據此獲得經濟租產出。在資本主義主導之國際經濟社會裡，商品鏈被認為是社會生產系統的經緯線，經由追蹤某特定商品鏈之網絡架構，我們可以探知勞動與技術流程的區分與整合。雖然在不同產業與技術軌跡裡，此流程會有不同之制度化形式，但一般而言，此生產流程是由核心國家（如美國與日本）開始，延伸至較有優勢的外圍與半外圍的國家所組合而成。如在運動鞋產業之全球商品鏈裡，擁有行銷技術與市場之美國為核心國家，台灣與南韓是主導設計之外圍國家，而東南亞各國與大陸則為負責製造之半外圍的國家（鄭陸霖，1999；Korzeniewicz, 1994；Rosenzweig, 1994）。以前一章所探討的硬碟機工業而言，美國、新加坡與馬來西亞、泰國則分別扮演核心、外圍與半外圍國家（McKendrick, 2001）。除了全球商品鏈架構外，類似的概念亦見於全球價值鏈（Gereffi, Humphrey, and Sturgeon, 2005）、全球創新系統（Spencer, 2003a）、全球知識擴散網絡（Spencer, 2003b）等架構。雖說不勝枚舉，但共同的焦點就是，全球網絡或組織是解釋在地科技發展的重要因素。

　　一般而言，在解釋技術擴散與產業發展現象時，學者通常視堅持技術在地化觀點之國家創新系統方法，與認可技術全球化觀點之全球

商品鏈架構為競爭典範，而僅遵循一種架構而行。例如，王振寰、高士欽（2000）的比較研究就指出，台中工具機業的發展基本上是屬於自發的在地性區域網絡，而新竹科學園區則是屬於連結全球的開放聚落。然而依循單一典範之分析套路，雖然在可行性上賦予研究者較安全或較無爭辯之空間，但也因此侷限研究探索之範圍，無法提升對觀察現象之解釋能力（鄭陸霖，2006）。事實上，傳統以來，組織與管理領域內一直有呼應學者從事交互或融合典範研究之聲音（e.g., Ashmos and Huber, 1987；Gioia and Pitre, 1990；Hassard, 1990；Weick, 1989；Willmott, 1990）。Spencer（2000）即同時以國家創新系統與全球創新系統兩種不同構面，分析美國與日本平面顯示器廠商之知識分享差異。Rugman and Verbeke（1993）以及 Rugman and D'Cruz（1993）探索 Porter（1990）之單一國家鑽石模式理論之可能缺陷，提出以「雙鑽石模式」（double diamond）解釋加拿大之工業與經貿發展經驗。Breznitz（2007）指出，以色列的軟體工業之所以發展得很成功，除了是因為受惠於既有的國內資訊基礎建設以外，也是因為與美國金融業有密切的跨國連結關係。吳介民（2019）同時結合全球價值鏈與地方治理的觀點，來解釋台商在中國的尋租過程，一方面中國的發展是順著全球價值鏈的階梯攀爬而上，這是全球化觀點的應用，另一方面，台商的在地網絡鑲嵌與治理則是在地化的具體實踐。

就技術在地化與技術國際化之融合議題上，Dosi and Kogut（1993）指出，產業技術的發展往往是跨越國家地域界線，然而只要國家系統能幫助技術系統的國際擴散，這兩個系統便能共同發展，進而創造出網絡外部性與技術的外溢效果。隨著時間的進展與國際競爭力的提升，國家和技術系統的共演與互相增強過程就能建構出 Nelson（1993）和 Lundvall（1992）所稱的國家創新系統。Mowery（2001）認同大部分高科技公司之研發能量，仍是根基於其所屬之母國環境，但是隨著新興技術與專業化創新活動的增加，各國創新系統所建構之高效率與低成本本土環境，也正透過網絡機制在跨國間連結與建構。創新系統因此是逐漸從在地化，走向多極化（multipolar）。

同樣採融合觀點、但更聚焦在世界系統的外圍國家，Park and Lee（2006）與 Jung and Lee（2010）的研究進一步指出，後進國家的國際追趕（catch-up）現象，只會發生在一些技術生命週期相對較短、技術知識比較明確、且更容易內嵌在進口設備的特定產業。Hu and Hung（2014）指出，台灣製藥產業欲振乏力的原因之一，在於國家產業政策長期關注在內生的技術能力，任何來自於公部門研究機構的研究成果，都被要求優先授權給本土的企業，讓知識在產業裡快速擴散，而忽略了全球的市場需求。對於如台灣這般的外圍或後進國家而言，在地化與國際化都同等重要，問題是如何在不同的經濟發展時間點，引入不同分析觀點，以及如何解釋兩者的互動、牽引關係。

　　延續此觀點，本章的研究目的就是要結合技術在地化與技術國際化、國家創新系統與全球創新系統兩種觀點，以探討台灣面板產業之發展。在以下篇幅裡，我們將指出，台灣之產業結構與資源特性（技術在地性），以及與日本廠商策略聯盟所形成之國際分工架構（技術國際化），皆是解釋台灣面板產業自 1990 年代中期以後能迅速蓬勃發展之重要原因。[2] 首先，在下一節裡，我們先回顧一下面板技術的起源與發展。

## 第三節　面板技術與產業

### 一、技術發展

　　面板技術的起源，最早可追溯自 1880 年澳大利亞人 Reinitzer 發現液晶，1968 年 RCA 研究人員首度將之應用於顯示器，自此，面板通常指的就是 LCD。LCD 技術來自於將液晶體合成物密封於兩片平板玻璃間，且於平板玻璃外表覆上偏光薄膜。接著將兩平板接上電

---

[2] 關於台灣面板的詳細發展歷史，可另參見：洪世章、呂巧玲（2001）、洪世章、黃欣怡（2003）、洪世章、馬玫生（2004）。

源，平板間的電場使得其中電隅特性的分子改變方向，液晶顯示效應因而發生。液晶本身不發光，而是藉著光的動態散射，造成反射或散射，而為肉眼所觀察。

LCD 依製程技術之不同可分為被動式矩陣 LCD（passive-matrix LCD；PM-LCD）和主動式矩陣 LCD（active-matrix LCD；AM-LCD）（O'Mara, 1993）。1970 年時，PM-LCD 已被用於手錶和可攜式計算機，但反應速度慢，因此不適合應用於電視影像。而 AM-LCD 則能夠驅動單一畫素，而不影響相鄰畫素，因此在色彩品質及反應速度方面表現都比較好，而可應用於筆記型電腦及平面電視市場（Link, 1998）。在 AM-LCD 之範疇下，技術發展則從最早的 TN（twisted nematic）至 STN（supertwisted nematic）再到後來的主流 TFT。TFT-LCD 以薄膜電晶體個別對畫素定址，置於顯示行列之交叉點作為啟閉畫素之內的開關，亦即其彩色濾光片是內藏在 TFT 每一畫素中，直接以電晶體驅動，控制其電壓，使其達到高對比，快速反應及較廣視角等特性。

TFT-LCD 的製作過程大致分為三個步驟：薄膜（array）製程、面板（cell）製程以及模組（module）製程等三部份（見圖 4-2）。最後所完成的 LCM（liquid crystal module）再出售給下游廠商，加工組裝成筆記型電腦、液晶顯示器及其他各種應用產品。複雜的製程也代表提升良率的挑戰。約佔 TFT-LCD 70% 之前段製程則類似於半導體製造（如薄膜電積法及蝕刻等），但處理的材料與重點則還是與半導體有相當差異。

通常半導體所使用的設備偏重於高度積體化，加工微細且較精密，而 TFT-LCD 使用的機器設備較重大畫面化，加工雖不如半導體精細，但不良率卻更敏感（玻璃基板約 30 吋，精密度約 2 微米），並且相較半導體更為笨重；例如，不同於 8 吋晶圓可以人工搬運，TFT-LCD 之半成品因重量關係必須以機器車（car set）方式運作，因此相對而言，TFT-LCD 的製程要求更高之自動化程度。TFT-LCD 的生產設備也比較缺乏彈性，不像半導體設備可以隨市場需要生產不同種

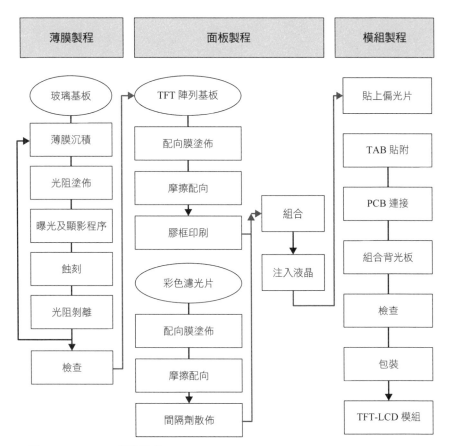

▶ 圖 4-2　TFT-LCD 製造流程

類用途的產品。「半導體產業重視 technology integration，……生產
設備相當程度限制其生產產品範圍……。TFT-LCD 產業重視 product
integration，……TFT-LCD 產品規格很多，但都是使用相同的設備，
因此各家可各自發揮其產品設計功能。」[3]

　　TFT-LCD 對潔淨室的等級要求也較高，需在 Class 1 ～ 10 之
間。以一個 10 吋級 TFT-LCD 為例，其解析度為 640 × 480，則面

[3] 訪談紀錄，2001/06/06。

板上共有 307,200 個畫素，通常若有 5 ～ 10 個畫素有缺點，則此片 LCD 即算不良品。「基本上 TFT-LCD 是眼睛的東西，眼睛的東西基本上有瑕疵要讓人家接受的機會不大。……所以你眼睛接受的東西，是很難騙人的。……品質不好，大概是沒辦法生存的。」[4] 尤其是越朝向大畫面、高解析度要求時，品質之提升也就越困難。然而，成本的降低、品質的提升，卻也是面板廠永遠的挑戰。這裡可以與半導體做個比較。半導體產業的製程驅動很明顯，因為製程技術進步很快，使得業者很難在短期內追求機台的最適化，而設備的不斷推陳出新，也讓尖端製程的製造價格一直居高不下。TFT-LCD 是產品驅動，因為應用面的侷限，加速推升業者的量產與自動化壓力，進而更趨向於成本競爭。換言之，半導體更趨向於尖端技術的追逐，而面板更會導向於成本與量產的競爭。

除了不斷面對製程精進要求外，技術創新也是廠商所需面對的重要挑戰。在 1990 年代時，面板產業不論是在上游材料、零組件或 TFT 製程和模組組裝技術方面，仍維持技術快速發展階段，領導廠商如 Sharp、Hitachi、Samsung、LG 等，都持續投入大量資金於產品研究開發上，以維持技術優勢。然而，雖然 TFT-LCD 技術處於高成長期，對於後進廠商而言，仍可透過市場公開管道取得設備、材料及產品設計原理；TFT-LCD 之生產設備約九成來自於日本，一成來自於歐美。除了技術密集外，面板也是資本密集之產品，建置一條 TFT-LCD 的面板生產線至少需要新台幣 150 億元～ 250 億元左右。由於 TFT-LCD 後段組裝需大量人工，因此面板亦可稱屬於勞力密集產業。一般而言，每線約需人力三千名，周邊並可帶起三倍的就業機會。[5]

綜上前述，面板技術可說橫跨化學、物理、電子、材料各個領域，產業發展建構在高度資本密集、高度勞力密集、高度技術與知識

---

[4] 訪談紀錄，2001/06/07。

[5] 另有一種說法是，每投資 1 億元 TFT-LCD 後段模組組裝廠，必須僱用 160 位勞工，而投資 TFT 前段 10 億元，僅需僱用 10 多位勞工。

密集之技術軌跡之上。市場潛力巨大，但相對之競爭情況亦很劇烈。特別的是，此產業之發展似乎在美國缺席下，自 1990 年起在東亞之日本、韓國與台灣之間快速擴散與發展。在下一節裡，我們就回顧日、韓、台等國在面板產業的發展。

## 二、全球競爭

1960 年代時，美國的 RCA 與 Westinghouse 開發出 AM-LCD 技術，但是因為考量回收期間太長、研發成本太高等因素，而沒有繼續商品化的過程。在沒有任何一家大型美國公司願意持續投入 AM-LCD 的研發工作情況下，日本接手而成為 AM-LCD 的主要發展基地，包括 Sharp、NEC 與 Toshiba 等，都投入大量研發資金。自此，日本便成為全球面板的主要甚至是唯一的研發與生產基地。

1985 年日本成功開發 TFT-LCD，接著在 1990 年投入製程量產，是為日本 TFT-LCD 量產元年，並於 1992 年，完成 10 吋大型液晶顯示器量產。沒多久，韓國廠商挾著半導體 DRAM 的成功經驗，並靠著日本「假日工程師」的技術指導，也進入 TFT-LCD 領域。涂敏芬、洪世章（2008）的研究指出，1991 年之前，面板產業是屬於相對穩定的時期，而從 1991 到 1994 年間，因為 TFT 技術的崛起，面板產業開始呈現混沌、動盪狀態。除了技術的變化，韓國廠商的進入，也是改變產業均衡的重要原因。但原則上，在 1995 年以前，日本還是主導整個產業的發展，佔有高達 80% 以上的市場。但到了 1999 年，韓國超越日本，成為面板的世界第一。在這個日韓的競逐過程中，日本雖然一直保持技術上的領先，但因為供需常常逆轉所造成的「液晶循環」（Hung and Hsu, 2011），讓產業充滿不確定性，進而讓韓國有機會藉由大規模投資、規模量產，再加上韓元貶值等作法，逐步的搶奪市場佔有率。

1990 年代之後的全球面板，除了日韓的強力主導外，台灣也成功崛起。實際上，台灣面板產業起源於 1976 年，敬業電子與美國

Hughes Aircraft（休斯飛機）[6]技術合作生產供手錶應用的 TN-LCD。自此，台灣延續 TN、STN、TFT 的技術發展，1987 年，工研院開始研發中小型 TFT-LCD，1993 至 1997 年實施「平面顯示器技術發展四年計畫」，開始進入大尺寸領域。1998 年起，民間廠商開始大舉投入，這年也可算是台灣大型面板量產元年，並於 2000 年開始全面大量出貨。總計從 1992 到 2000 年的短短八、九年間，加上從 CRT 技術成功轉型的中華映管，台灣總共發展出元太科技、聯友光電、達碁科技、奇美電子、瀚宇彩晶、廣輝電子、統寶光電等八家面板廠商，進而形成可與韓、日三強鼎立的局面（見科技筆記：日、韓、台面板的競爭力比較）。以下我們就來探討，形塑台灣面板廠商競爭力的主要的制度基礎。

---

📝 科技筆記

## 日、韓、台面板的競爭力比較：
## 顯示性比較優勢指標觀點

從 1990 年代開始，日本、韓國與台灣共同引領全球面板產業的發展，在各自的國家創新系統能量支持下，也發展出不同的比較優勢基礎。在此，我們以顯示性比較優勢（Revealed Technological Advantage，以下簡稱 RTA）指標，來探討與比較這三國在面板產業的競爭力。[7] RTA 指標除了能夠衡量系統內部能量的強弱消長動態外，也可藉由系統活動時間序列觀察系統的動態變化（Kumaresan and Miyazaki, 1999；Patel and Pavitt, 1994b）。RTA 的計算方式為：

---

[6] Hughes Aircraft 公司之所以會投入液晶技術研究，跟其一向從事國防武器開發有關。因為 F-16 戰鬥機從高空急速降落所產生的瞬間結冰，會使得機械儀表運作失靈，因此開發不受溫度變化影響的儀表就成為重點計畫。液晶被認為是，不用機械而能顯示文字、圖案的最適合材料。

[7] 更詳細的討論，請見：洪世章、馬玫生（2004）。

$$RTA = \frac{測量領域中，該公司／地區／國家所佔之百分比}{所有領域中，該公司／地區／國家所佔之百分比}$$

　　RTA 指標的數值越高，代表該公司／地區／國家在此技術領域具有比較優勢。在此，我們選擇學術出版品與專利權，來比較日、韓、台在發展面板產業上的不同制度優勢。選擇學術出版品與專利的理由為：面板產業是個知識密集的產業，在技術發展的初期，需要長期的基礎學術研究，學術出版品通常代表的是科學基礎研究活動的知識產出，因此，觀察特定系統內學術出版品的趨勢可以約略知道其科學優勢（Jaffe, 1989；Mansfield, 1991）。另外，對於高科技產業來說，專利是一個穩健的衡量指標，專利權代表廠商將創新化為實質產品的技術能力，即便存在一些制度上的缺點（例如並非所有的技術都會申請專利），但仍是目前衡量技術發展的所有指標中，普遍被認可與接受的觀察對象（Acs, Anselin, and Varga, 2002；Grupp, 1994）。

## 學術出版

　　我們以 Engineering Information（EI）的 Compendex 資料庫，為蒐集學術出版品的資料來源。首先，我們設定關鍵字為「TFT-LCD」，並依序將論文發表的國籍設定為台灣、韓國、日本，如此可以檢索三個國家發表面板相關的論文。接著，不設定任何關鍵字，但也依序將論文發表的國籍設定為台灣、韓國、日本，如此可以檢索三個國家不分領域的所有論文。最後檢索到的資料，根據 1990 ～ 1993 年、1994 ～ 1997 年、1998 ～ 2001年三個區間進行分類，整理成表 4-1。

▶ 表 4-1　日、韓、台三國論文發表數目之比較

（a）將 TFT-LCD 相關的學術發表根據國家進行分群

| 年份 | 日本 | 韓國 | 台灣 | 全球 |
|---|---|---|---|---|
| 1990 ～ 1993 年 | 26 | 0 | 1 | 59 |
| 1994 ～ 1997 年 | 29 | 3 | 3 | 90 |
| 1998 ～ 2001 年 | 35 | 16 | 4 | 81 |

（b）將所有學術發表根據國家進行分群

| 年份 | 日本 | 韓國 | 台灣 | 全球 |
|------|------|------|------|------|
| 1990 ～ 1993 年 | 41,626 | 2,840 | 7,372 | 556,401 |
| 1994 ～ 1997 年 | 65,679 | 9,059 | 16,919 | 756,327 |
| 1998 ～ 2001 年 | 72,548 | 17,034 | 18,415 | 666,997 |

　　由表 4-1 之數值可以整理出各國在技術方面的論文發表所佔之比率及 RTA 指標值（算式如式 1），列於表 4-2，並將結果繪於圖 4-3。

$$RTA = \frac{各國\ TFT\text{-}LCD\ 文獻所佔之百分比}{各國文獻所佔之百分比} \qquad （式 1）$$

▶ 表 4-2　日、韓、台三國論文發表所佔之比率及 RTA 指標值比較

| 年份 | 日本 | | 韓國 | | 台灣 | |
|------|------|------|------|------|------|------|
| | 比例 | RTA | 比例 | RTA | 比例 | RTA |
| 1990 ～ 1993 年 | 0.441 | 5.891 | 0 | 0 | 0.017 | 1.279 |
| 1994 ～ 1997 年 | 0.322 | 3.711 | 0.033 | 2.783 | 0.033 | 1.490 |
| 1998 ～ 2001 年 | 0.432 | 3.973 | 0.198 | 7.735 | 0.049 | 1.789 |

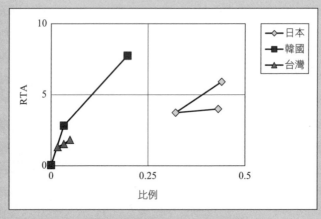

▶ 圖 4-3　日、韓、台三國在科學的 RTA 及百分比的變化

　　如前述，學術出版品反應基礎研究的成果，適合衡量科學上對於新技術研發的能量。基礎研究領先商業技術的發展，是創新的來源之一。圖4-3 中 X 軸表各國 TFT-LCD 領域中論文佔有率，Y 軸為 RTA 指標表各國中 TFT-LCD 領域分項技術優勢。將圖分成四個區域象限，當論文佔有率與 RTA 數值同時都很高時，可以説不但在 TFT-LCD 領域具有優勢，且國內於 TFT-LCD 領域相對於其他領域也具有分項優勢。相反的，若論文佔有率與 RTA 數值同時都很低時，可以説本國對此領域投入的資源少，且國內於 TFT-LCD 領域相對於其他領域也不具有分項優勢。

　　由圖 4-3 從 1990 到 2001 年間，日本在科學方面，雖然研發密度在 1990 年代中期後漸漸下降，但於 TFT-LCD 領域的研究依然保持領先的地位。另外，日本在科學研究方面從 1990 ～ 2001 年由高活動比重及高 RTA 移動到中活動比重中 RTA，再往高活動比重、高 RTA 移動。這可以看出，在 1990 年代初期日本對 TFT-LCD 的基礎研究相當多，約佔全球的 44.1%，到了 1990 年代中期因為他國漸漸地進入此研究領域而使日本的百分比下降，同時也因國內對此領域的投入的比重減少而使 RTA 略降，但到了 1990 年代末期又恢復到過去的水準約為 43%。這顯示 1990 年中期受到韓國大力投入此領域的影響，使得活動比重略為下降，但日本在此方面的研究依然是最活躍的國家。而 RTA 由 5.891 下降到 3.71，再略升到 3.97，顯示日本 1990 年代中期後在 TFT-LCD 領域基礎研究密度降低，可能是因為產業漸漸成熟，研究能量逐漸移到其他產業所致。

　　在韓國方面，從 1990 年代初期完全沒有任何文獻紀錄，逐漸提升到 3%，再到 1990 年代末期 19.7%。雖然韓國在此領域的活動比重並不相當高，但由 RTA 值來看，由 90 年代中期的 2.8 迅速地提升到 1990 年代末期的 7.7，顯示韓國相當重視 TFT-LCD 領域的研究活動，且投入相當多的資源使得佔有率與分項優勢同步提升，顯示 TFT-LCD 產業在韓國是相當受到重視的產業，在國際上技術優勢也逐漸提升。

　　台灣方面，由 1990 年代中期 3% 到 1990 年代末期 4.9%，RTA 也緩

慢地隨之提升，但或許是因為國內投入其他領域的資源更多，TFT-LCD 在台灣的基礎研究中並未具有比較優勢。此一現象或許也可反應出，TFT-LCD 技術主要是從國外引進，並非由國內自行發展。

## 專利權

在專利方面，我們以美國專利及商標資料庫（USPTO）為資料蒐集來源，專利摘要裡的關鍵字同樣為「TFT-LCD」，並把專利權國家先後設定為台灣、韓國、日本，如此可以檢索三個國家面板相關的專利。接著，我們不設定任何關鍵字，但也依序將專利權的國籍設定為台灣、韓國、日本，如此可以檢索三個國家不分領域的所有專利。最後檢索到的專利，根據 1990 ～ 1992 年、1993 ～ 1995 年、1996 ～ 2008 年、1999 ～ 2001 年四個區間進行分類，整理成表 4-3。

▶ 表 4-3　日、韓、台三國專利數目之比較

（a）將 TFT-LCD 相關的專利根據國家進行分群

| 年份 | 日本 | 韓國 | 台灣 | 全球 |
|---|---|---|---|---|
| 1990 ～ 1992 年 | 73 | 2 | 3 | 139 |
| 1993 ～ 1995 年 | 137 | 28 | 6 | 319 |
| 1996 ～ 1998 年 | 545 | 128 | 22 | 1,024 |
| 1999 ～ 2001 年 | 759 | 321 | 50 | 1,594 |

（b）將所有專利發表根據國家進行分群

| 年份 | 日本 | 韓國 | 台灣 | 全球 |
|---|---|---|---|---|
| 1990 ～ 1992 年 | 64,606 | 1,096 | 673 | 314,870 |
| 1993 ～ 1995 年 | 68,534 | 2,807 | 1,728 | 339,968 |
| 1996 ～ 1998 年 | 82,315 | 6,618 | 3,743 | 415,638 |
| 1999 ～ 2001 年 | 100,070 | 10,382 | 10,033 | 530,787 |

由表 4-3 之數值可以整理出各國在技術方面的專利發表所佔之比率及 RTA 之值（計算方法如式 2），列於表 4-4，並將結果繪於圖 4-4。

$$RTA = \frac{各國\ TFT\text{-}LCD\ 專利所佔之百分比}{各國專利所佔之百分比} \qquad （式2）$$

▶ **表 4-4**　日、韓、台三國專利所佔之比率及 RTA 之值的比較

| 年份 | 日本 | | 韓國 | | 台灣 | |
|---|---|---|---|---|---|---|
| | 比例 | RTA | 比例 | RTA | 比例 | RTA |
| 1990 ～ 1992 年 | 0.525 | 2.600 | 0.015 | 4.134 | 0.022 | 10.098 |
| 1993 ～ 1995 年 | 0.429 | 2.130 | 0.088 | 10.630 | 0.019 | 3.700 |
| 1996 ～ 1998 年 | 0.532 | 2.687 | 0.125 | 7.851 | 0.021 | 2.386 |
| 1999 ～ 2001 年 | 0.476 | 2.526 | 0.201 | 10.296 | 0.031 | 1.659 |

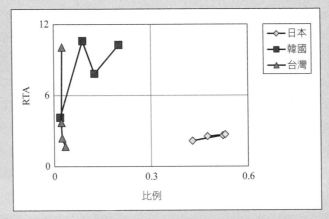

▶ **圖 4-4**　日、韓、台三國在技術的 RTA 及百分比的變化

　　如前所述，專利權代表廠商在技術研發活動的成果，適用於表示廠商在技術上的優越程度。圖 4-4 中 X 軸表各國 TFT-LCD 領域中專利文件佔有率，Y 軸為 RTA 指標表各國中 TFT-LCD 領域分項技術優勢。將圖分成四個區域象限，當專利佔有率與 RTA 數值同時都很高時，可以說不但在 TFT-LCD 領域具有優勢，且國內於 TFT-LCD 領域相對於其他領域也具有分項優勢。相反的，若專利佔有率與 RTA 數值同時都很低時，可以說本國

對此領域投入的資源少，且國內於 TFT-LCD 領域相對於其他領域也不具有分項優勢。

日本在技術優勢上變動不大，專利佔有率都一直維持在 43% 到 53% 之間，RTA 值也保持在 2.1 到 2.7 的區間，顯示日本廠商持續投入 TFT-LCD 領域的技術研發活動並保持技術領先的地位，但日本並不像韓國集中發展 TFT-LCD 產業。在韓國方面，專利佔有率的變化相當大，1990 年代初期還很低（僅 1.5%），在 1993～1995 年間大幅度地成長到 8.8%，而 RTA 值也由 4.134 成長到 10.630，顯示韓國企業在此期間大力發展 TFT-LCD 產業，由發展趨勢看來，韓國的產業發展非常集中於 TFT-LCD 並持續地投入資源。

再看台灣方面，在整個 1990 年代專利佔有的百分比始終維持在 2% 左右，但有趣的是 1990～1992 年間 RTA 曾高達 10.1，因為當時從事研發並提出專利的廠商並不多，使得 RTA 值顯得極高。雖然 RTA 的數值都大於 2，表示台灣在 TFT-LCD 技術上具有比較優勢，但密集度卻比不上日韓。

# 第四節　台灣面板的競爭力來源

在本節裡，我們指出日本廠商策略聯盟所形成之國際分工架構（技術國際化觀點），以及台灣之產業結構與資源特性（技術在地化觀點），等兩項制度因素的相互作用，是解釋台灣面板產業可以快速發展起來的主因。其中，日本的聯台抗韓戰略，更是扮演讓台灣創新系統得以在面板技術的擴散中，發揮關鍵的點火作用。

## 一、日本技術

台灣早期的 LCD 技術以勞力密集的 TN 及 STN 為主，直至 1991 年前後，陸續有廠商投入 TFT-LCD 生產。由於 TN、STN 與 TFT 之

技術軌跡差異太大，台灣在傳統 LCD 產業上的發展經驗，並無法移轉至 TFT-LCD 之生產。這可從台灣既有的 TN-LCD 及 STN-LCD 廠商，在 1990 年代之後，都已經轉移至大陸生產，以及既有的面板廠商都是新設企業（包括現有公司轉投資成立），兩個事實為例佐證。換言之，單從台灣創新系統所能發揮的路徑依賴功能，並無法單獨在 TFT-LCD 產業顯見。

由於所踏入之新興技術，與企業傳統賴以建構競爭力之國家創新系統有較多摩擦，台灣新興的面板製造商大多以從日本獲得技術移轉方式，追趕參與 TFT-LCD 技術的發展。日本之所以願意釋出被認為是國寶的 TFT-LCD 技術，基本上有兩個主要原因。第一，韓國的突然崛起，威脅日本的領導地位。1999 年，Samsung 與 LG.Philips LCD 就陸續超越日本 Sharp、Toshiba，躍居而為世界前兩大面板廠。第二，1997 年發生的亞洲金融風暴，[8] 造成日商的財務困難，更何況這些領導廠商幾乎都沒有從多年的 TFT-LCD 技術投資上，獲得太多的回報。就如同歷史上許多科技的進步，都是意外所促成，亞洲金融風暴所帶來的黑天鵝效應，不只扭轉了日韓的面板競爭態勢，也改變了台灣面板的創新策略。在我們另一個從數量方法探討面板產業的發展時也發現，在 1997 年底到 2000 年中這段時間，面板產業從原本的穩定進入失序、擾動、混沌的階段，亦即突發的事件，改變了原本產業均衡（涂敏芬、洪世章，2008）。

當日本面板走入了台灣產業，創新之路油然而生。就像大人用雙手把小孩抱起，可以看得更高也更遠。「1995、1996 年左右日本做 TFT-LCD 的人都虧錢，虧得非常兇，當時……日本做 TFT 的大廠也有意願……要來做技術移轉，當時……剛好遇到亞洲金融風暴，所以

---

[8] 亞洲金融風暴發生於 1997 年，先是 7 月時從泰國引爆，影響整個東南亞，其後更蔓延至東北亞的韓國、日本及台灣，造成各國貨幣劇貶，持續約一年左右。雖然韓國受傷很嚴重，但韓元大跌反而讓韓國廠商利用低價策略搶佔市場，使韓國在世界大尺寸面板市場佔有率由 1997 年 16.5%，上升到 1998 年 26.5%。

對他們來講這樣的一個技術移轉，可以獲得一些經濟上或是說實質上的收入，所以開始 push 他們……有這樣的一個意願。」「金融風暴也是一個因素，那另外一個其實最大的因素在於韓國，……就是日本跟台灣聯合來打韓國，這是他的策略。……日本不是一家公司這種想法，但是他們有一個液晶協會，這是整個協會策略性的一個行動，所以為什麼華映一技轉之後，其他廠商全部……也技轉，這個不是個別公司的意願，是他們集體策略的結果。」[9] 日本的技術移轉，加上面板的材料成本高達六成的技術特性，讓台灣可以緊緊的咬住韓國往上爬，「（韓國）技術領先造成的成本差異不像 DRAM 那麼大，良率95% 跟 96% 或者良率 81% 和 82%，差別只在於材料成本，設備成本也都差不多，所以整體而言並不會造成那麼大的差異，……所以三星無法逼退台灣廠商」（施振榮，2004：67）。面板的日台關係，不只是技術的，也是代工的。「許多廠商和日本簽約時，日本都會訂定台灣生產的 LCD 必須交其中之 20% 至 30% 給日本，這就類似代工。很多台灣廠商也認為這是初期加入 LCD 產業的一種好方法。」[10] 技術移轉在代工夥伴中得到具體落實，而代工關係的提升，讓技術移轉與共同開發得到更進一步的發展。

　　除了技術授權外，日本廠商在周邊零組件上，轉移至台灣的現象也很常見。直接來台設廠的廠商包括：在雲林設廠的玻璃基板廠旭硝子（Asahi Glass）；在台南設廠的日本板硝子（Nippon Sheet Glass），以及全球最大彩色濾光片凸版印刷（Toppan Printing）；在台中工業區設廠的世界最大偏光膜製造商日東電工（Nitto Denko）。其他如背光板廠商大億、台灣奈普、偏光膜廠商力特、彩色濾光片廠商展茂、劍度、和鑫，也都有日本廠商技轉的影子。

　　而從全球商品鏈的分工模式分析，TFT-LCD 後段模組的勞力成本較高，加上台灣在最前段之產品設計方面實力還有待提升，因此由

---

[9] 訪談紀錄，2001/03/15。

[10] 訪談紀錄，2000/03/06。

日本廠商提出設計藍圖，委託台灣廠商進行 TFT 前段 Array 與中段 Cell 製程代工的方式，不僅接續台灣之傳統技術軌跡演進方式，讓台灣廠商可以善用它們的技術能力（Hu, 2012），也是符合講究全球區域分工之產業可行發展策略。

　　日本與台灣的國際分工與合作關係，使面板產業能快速融入台灣資訊產業既有的供應鏈體系中。下游產業除了筆記型電腦外，過去對電腦零組件的訂單延續到新興起的液晶顯示器業，特別是面板商成功量產後突增的龐大產能，讓台灣既有的 OEM 與 ODM 供應關係，持續蓬勃、壯大。例如，達碁 1999 年與 IBM 簽訂 17 吋及 18 吋的代工訂單金額應高達 100 億元；奇美除了供應筆記型電腦面板給 Dell、Toshiba、IBM、Fujitsu、HP、NEC、Apple 以外，也單獨供應監視器面板給 Samsung、Dell、Fujitsu、Sony、ViewSonic 及 HP 等國際大廠。

　　雖然日本的技術授權讓台灣的面板一直受制於人，更不免常有專利訴訟的糾紛，但不可諱言的，以日本為主所發展的台日共構全球網絡模式，不止彌補了台灣本身發展面板所欠缺的技術能力，也因此發揮關鍵的點火作用，啟動了台灣創新系統對於面板技術的正面擴散作用，進而讓台灣可以快速的發展出具有競爭力的本土面板產業。套一句 Hamilton（1996：295）的說法就是：「全球化創造了在地化，讓經濟發展的路徑依賴軌跡得以持續的發展下去。」而就與面板技術發展最相關的台灣創新系統各面向而言，其中又以經濟要角、產業網絡、政府政策等三個面向最值得提出討論，以下我們就分別論述之。

## 二、經濟要角

　　截至 2002 年底，台灣共誕生八家面板廠商，後因達碁與聯友合併，而成為七家（見表 4-5）。按成立之時間順序，可以分成兩個階段。第一階段有元太和聯友，兩家都是成立於 1990 年。聯友是聯華電子轉投資，成立之初並未與外商合作，而是延攬美國技術團隊進行自行研發，並投資 1.8 吋到 5.6 吋的第一代生產線，於 1994 年開始量

產，但不具生產規模，本業連續長期處於虧損狀態。元太則於 1996 年中開始量產，技術來源包括工研院電子所技術轉移加上自行研發，產品以 5 到 8 吋的中小型面板為主。因採自行研發策略，從研發到量產經歷二到三年的時間，待產品推出後因產品與生產設備均落後主流發展，故也都是陷入虧損狀態。「元太主要是工研院出身的在做……整個量產經驗是比較欠缺，所以在大尺寸這方面的製作感覺比較困難。」[11] 而且因為元太的中小型面板主要應用於攜帶型電視、影像電話、導航系統等電子產品，並不符合台灣當時強烈需求的大尺寸資訊用產品。

▶ 表 4-5　台灣面板廠商（2000 年截止）

| 公司 | 成立日期 | 資本額<br>（新台幣） | 技術來源 | 主要股東 |
|---|---|---|---|---|
| 元太<br>科技 | 1992/06 | 48.5 億 | 工研院電子所 | 永豐餘（60.7%）、交銀（5.7%）、花旗（2.9%）、中華開發（1.4%）、高林、建弘創投 |
| 中華<br>映管 | 1971/05 | 377.2 億 | Mitsubishi | 大　同（36.5%）、　中　華　電　子（32.36%） |
| 友達<br>光電 | 合併：2001/09<br>達碁：1996/08<br>聯友：1990/11 | 240 億 | • IBM Japan（達碁）<br>• Panasonic（聯友） | • 達碁：明碁（50%）、宏碁、中華開發、交銀<br>• 聯友：聯電、東元、聲寶、中華開發 |
| 奇美<br>電子 | 1998/08 | 165 億 | Fujitsu<br>IBM Japan | 奇美實業（70% 以上） |
| 瀚宇<br>彩晶 | 1998/06 | 208 億 | Toshiba | 華邦（30%）、華新麗華（25%）、中華開發 |
| 廣輝<br>電子 | 1999/07 | 150 億 | Sharp | 廣達（33.33%）、Sharp（10%） |
| 統寶<br>光電 | 1999/12 | 336 億 | Sanyo | 統一（34%）、仁寶（38%）、東元（18%）、交銀（2.28%） |

---

[11] 訪談紀錄，2002/04/17。

　　第二階段投資熱潮始於 1997 年中華映管宣布與 Mitsubishi Electric（三菱電機）旗下 ADI（Advanced Display Inc.）合作投資三代廠。[12] 亞洲金融風暴的機緣，讓台灣廠商得以經由授權的管道，取得日商較成熟的量產技術以縮短學習曲線。而影響生產成本甚大的良率問題也因技轉契約的保證，得以快速提升至與韓日並駕齊驅。也因為台灣在金融風暴中受傷較輕，因此能在短時間就募集大量資金投入；產業內的一個共同語言就是「錢，我們是很敢花」，[13] 銀行對於面板廠的聯貸也都是趨之若鶩。據此，台灣面板業於 1999 年中至 2001 年間開始量產。華映、達碁、聯友、翰宇、奇美在一廠成功量產後，又立即複製經驗投入二廠的建置，使得產能大增打破日韓寡佔的局面。

　　然而，台灣的大尺寸面板開始量產就面臨供過於求、市場價格暴跌的窘境。為了因應價格過低所造成的經營壓力，台灣廠商除了開始嘗試使用本土廠商所生產的原材料以減輕成本，以及將人力需求高的後段模組廠外移外，甚至謀求合併。2001 年初聯友和達碁即合併為現今的友達，產量躍升為世界第二大，佔 12.5%，次於 Samsung 的 14.2%，領先於 LG.Philips 的 12%。在聯友光電與達碁科技宣布合併之記者會上，宏碁董事長施振榮與聯電董事長曹興誠都不約而同的指出：「這樣的合作案對於其他家族或是集團色彩濃厚的廠商來說，都不容易達成。」[14] 除了本土的合併，國際購併也開始發生。2001 年底奇美成功與日本 IBM 合資收購日本 IDT（International Display Technology）股權達 85%，合併後總產能躍升至全球 13.8%，馬上超越友達光電的 11.1%。從達碁的合併成立與奇美的國際購併案例裡，都標示主導台灣產業的組織形式，已經從講究經營自主、裙帶關係的

---

[12] ADI 一開始原本敲定的合作對象其實是台塑，但因為主其事的王文洋發生呂安妮的新聞事件，使得投資案戛然而止。

[13] 訪談紀錄，2002/06/14。

[14] 中國時報，90 年 3 月 14 日，第 1 版。

家族主義，轉往重視併購成長、管理領導的專業主義，而這樣的轉變在擁有高知識門檻的科技業更為明顯。也因為組織形式與規模的轉變，驅動台灣面板的這些經濟要角，也才變得比較行有餘力，可以在高資本支出的要求下，持續投資下一代的面板技術，以及應付國際上層出不窮的貿易紛爭與專利訴訟。

就經濟要角的層面觀之，除了廠商以外，產業公會或協會也存在，但也一如其他科技產業一樣，扮演的功能不大。國內關於面板產業的聯誼會或協會有很多，包括光電協進會（PIDA）的平面顯示器聯誼會、台灣 TFT-LCD 協會、SEMI Taiwan 的 FPD 小組、液晶學會等。雖然數目不少，但卻缺乏像日本產業協會在共同開發、資訊分享、產業秩序維持及對外談判所扮演的角色，或是像韓國 EDIRAK（Electronic Display Industries Research Association of Korea） 組成標準化委員會，針對 TFT-LCD 及 PDP 的量產制定技術規格，以有效整合資源，促進整個產業的競爭力。以「台灣薄膜電晶體協會」（Taiwan TFT-LCD Association，簡稱 TTLA）為例，成立於 2000 年 2 月，雖然以政府與廠商間橋梁的角色自居，但廠商普遍未積極運用 TTLA 功能，甚至也不瞭解協會功能，「那個會現在只是單純的聯誼會，實際上……效用不大，因為比較積極的做法應該是聯合所有業界的力量，去制定一套，譬如說，設備、一些材料，甚至……產品的規範，把大家的所有規範都能統一，聯合台灣的力量，怎麼樣去對抗韓國，再朝這個方向去努力。可是現在看起來都好像在一些看法上，只是在溝通而已，那種影響力還沒有顯現。」[15] 換言之，台灣的產業協會相較日韓，並無法發揮太大的功能，在國際競爭上，大都是依靠廠商自己的單打獨鬥，事實上這樣的作法，也是延續早期台灣以出口為主的傳統產業的一貫作風。

若就國內八家面板廠商的背景進行分析，可以發現，有些屬於相關產業的轉投資，有些為集團多角化投資。由廠商的資本結構也可發

---

[15] 訪談紀錄，2001/04/18。

現，母公司佔總資本相當大的比例。因為面板產業屬於高風險型的事業，廠商需隨時對產業環境及市場情勢做快速的反應，高持股比例對公司的控制權大，可使公司在面對國際競爭反應靈活，決策速度加快。而且這些面板廠的母公司集團大多為資訊科技相關產業，例如：友達之於宏碁集團、廣輝之於廣達電腦、中華映管之於大同、統寶之於金仁寶集團，這除了讓這些面板廠可以習慣於資訊產業的變動環境外，本身也可連結集團內之供應體系形成大量的面板需求。另一方面，由於 TFT-LCD 前段製程類似半導體製程，在技術方面有延伸的效果，故瀚宇之於華邦電子、聯友之於聯電、達碁之於德碁，為半導體廠商所轉投資。與母公司的連結，也讓面板廠取得更好的制度優勢。例如，中華映管原就為專業的顯示器製造廠，累積有長期上下游的合作關係，對於材料取得與成本上，佔有相對優勢。聯友光電因屬聯電集團轉投資產業，擁有集團資金支援，管理體系上亦可沿用集團內部之資訊技術，可降低製造成本。達碁科技因屬明碁系統，對於後段類似於組裝業的模組段，擁有更好的物料管理的經驗。

　　整體而言，因為台灣面板廠商的高資本結構，再加上具有富爸爸的制度連結身份，因此可以跨入具有高技術門檻的面板行業，進而驅動面板技術的發展。台灣面板業的發展，也代表有著專業性、知識性的大企業逐漸躍升到檯面上，連同傳統的家族、中小企業，成為代表台灣出口產業的兩大主力。

## 三、產業網絡

　　面板產業具有複雜的生產流程與網絡，連帶也涵蓋廣泛的生產網絡，因為核心技術與台灣創新系統既有專精的化工、電子、材料人才相融合，再加上與日本的跨國合作，因此能很快建立完整的供應鏈體系，並有利於知識的擴散與分享（Spencer, 2003）。也因為就電腦與顯示器而言，與其他零組件（如 DRAM）相異處，在於面板是無法讓使用者任意附加在其應用產品上的零組件，因此面板產業有其緊密的上下游結合關係，而產業網絡也一直是台灣創新系統的重要優勢來

源。另外，國內八家大廠除奇美電子外，其餘七家明顯群聚於桃園、新竹一帶。著眼於台灣南北距離不長，加上健全的基礎建設，如運輸系統、通訊系統等，奇美電子的偏南，無礙於產業群聚的優勢。而在產業群聚競爭激烈的結果，使各廠良率與品質迅速提升，廠商以各種方式如合併、垂直整合等新的商業型態，據以帶動創新、強化優勢。

在產業組織上，面板業包括上、中、下游三個部分。上游為生產設備以及構成液晶面板的各零組件、材料，中游為面板製造與組裝，下游為包含資訊、家電、通訊等系統業者。在設備方面，不只因為這一直是台灣的弱項，也由於面板業很重視其技術的成熟度與設備的穩定度，所以台灣廠商大都倚賴日本廠商如 AKT（Applied Komatsu Technology）、TEL（Tokyo Electron）與日本 ULVAC（真空技術）等的供應。[16] 相對設備而言，零組件可能更為關鍵，這是因為面板生產成本中，材料就佔了六成，且因為面板價格持續下滑，成本的控制更是重要。

因為台灣面板生產技術多半由日本引進，為確保產品品質，量產初期關鍵材料亦完全由日本進口，價格與運送成本均高。由於台灣面板的產量邊增，使得上游材料及零組件都發生缺貨狀況，再加上面板價格低迷的成本壓力，驅使廠商朝相關產業轉投資以確保原料來源，或對內採購，以降低成本及對外的依賴。國內廠商除透過集團關係企業轉投資的方式，掌握關鍵零組件的供給，並逐步試圖自製關鍵零組件，以取得穩定的供貨來源。因為面板技術屬封閉性的特質，各家產品皆有自己一套技術系統，面板廠與材料廠採取上、下游垂直分工，面板廠商並邀材料廠進駐廠區，形成集團內部（in house）型態之群聚。「每一個廠商都有自己獨特的製程技術，這是它要贏過別人的地

---

[16] 台灣對於日本設備商的依賴，其實也反應台灣與日本在面板跨國合作的一環，而這對於技術輸出的日方，從合作當中的獲利，並不見得就會少於自己投入面板生產。事實上，從台方的角度而言，真正從面板獲利的是日方，因為「設備都賣我們那麼貴，想到 AKT 就很恨，全世界都賠錢給他，設備投資比較高啦，risk 相對就比較大」。（訪談紀錄，2002/12/02）

方，所以它不可能把這些東西標準化……上游的廠商很辛苦，必須同時兼顧到各家公司所需要的規格的零組件。」[17]

在原材料本地化供應的努力上，2001 年是一個轉折點，面板商為因應降價所造成的成本緊迫，而試著採用本地生產的原材料與零件等。「LCD 的材料非常多，你隨便改一個材料規格的話，要作驗證都要花很長的時間。所以說 2000（年）之前幾乎都不敢用，2001 年價格往下滑，日本的廠商不肯降，所以說 2001（年）開始往本土的廠商試用做一些試驗，去年一整年價格 down 下來，材料都經過光電廠商試驗確認過，driver IC 跟 color filter 都可以過 50%，超玻璃基板比較少，26% 左右；Polarizer 大概佔 46% 左右，背光源大概佔 93%，今年（2002）整體來講，廠商使用本土的材料佔 50% 以上。」[18]

相對於其他競爭者著重在網絡合作，奇美電子以垂直整合上下游大規模投資，逐步建立市場領導地位。奇美所在的南科，即邀集了生產玻璃（康寧）、光罩（頂正）、後段設備（東捷半導體）、偏光板（協臻光電）、驅動 IC（奇景）、背光模組（中強光電）等廠商進駐。華映所進駐的龍潭光電園區，也邀集國際彩色濾光片（日本凸版）及玻璃基版（日本電氣子）等生產商共同投資，並提供廠房供背光模組廠（福樺）進駐。然而，我們也必須承認，這些上游廠商對於台灣面板產業的發展所能扮演的推力效果，並不是特別顯著，不只是因為許多關鍵技術都還是倚賴日本的技術來源，更是因為這些上游產業的發展大都是伴隨著台灣面板產業的茁壯。換言之，這些上游或周邊產業對於解釋台灣面板的發展，更應被看做是「果」，而非「因」。

在沒有特別的產業與技術優勢支持下，台灣筆記型電腦的龐大市場需求，是推動發展面板產業的重要拉力。事實上，筆記型電腦最重要的三個元件，分別是 CPU、液晶面板、硬碟機，分別佔總成本的30%、25% ～ 30%、20% ～ 25%，CPU 由 Intel 獨佔，硬碟又是個

---

[17] 訪談紀錄，2002/04/17。

[18] 訪談紀錄，2002/04/17。

扶不起的阿斗,面板就成為希望所在。這就如同 1980 年代中後期,個人電腦的快速發展,推動台灣發展 DRAM 產業一般。[19] 至 2000 年時,台灣已供應全球一半以上之筆記型電腦,然而筆記型電腦所需的液晶面板,卻長期仰賴日本供應。在台灣已逐漸向上整合筆記型電腦工業之成效下,液晶顯示器遂成為台灣在高科技近年快速發展下所創造之龐大游資所注意的投資標的。

在國內需求市場轉換為國際市場需求的助力下,面板業成為台灣電腦產業的一個供應鏈環節。例如,仁寶 2002 年所出貨之筆記型電腦中,約有 20%～30% 左右使用中華映管、聯友光電與瀚宇彩晶等台灣廠商的面板;華碩筆記型電腦使用的面板有 30%～35% 則由達碁與聯友光電提供;倫飛出貨的筆記型電腦超過 70% 使用達碁、聯友光電等四家台灣廠商的面板;大眾約有 50%～60% 筆記型電腦出貨使用台灣面板廠商的產品。而由友達之於明碁、華映之於大同、奇美之於光威、統寶之於仁寶所呈現之集團內供應體系關係,更是顯示台灣既有之電腦產業在促進面板技術擴散上,所能發揮之正面需求拉動效果。

## 四、政府角色

以往的研究文獻已指出,台灣創新系統的本質,就是一個政策驅動的國家創新系統(Balaguer et al., 2008),在面板產業的案例裡,政府政策也是一樣扮演重要之創新推手。事實上,對於新興科技而言,政府的角色可能更顯得重要。例如 Casper(2000)對於德國生物科技之研究就顯示,產業政策的制訂與施行,可以協助新興廠商突破傳統制度軌跡限制,開發市場與技術機會,進而創造新興技術與產業範

---

[19] 台灣進入面板生產,跟台灣發展 DRAM 的模式,可說非常類似。兩者靠的都是需求拉動,而非技術推動。於 Samsung 在 DRAM 享有絕對的成本優勢時,台灣之所以還要進入 DRAM 製造,原因就在於看好個人電腦產業的應用遠景。例如,施振榮於 1989 年成立德碁,原因就是「宏碁有需求。宏碁的 DRAM 需求足夠支援一個廠,風險應該可以控制」(張如心、潘文淵文教基金會,2006:260)。

疇。Beise and Stahl（1999）的研究同樣也確認，公部門研發投入對於德國產業創新的正面影響。因為政策對於國家與社會資源有絕對之引導權力，國家創新系統之建構因此可不被侷限於制度之牢籠中，而可以持續更迭與新建。

　　政府對於台灣面板的支持，不只是人才、技術的，也是財務、賦稅上的。特別是 1991 年所施行的《高科技第三類股上市上櫃辦法》，是對於面板業有最重要影響力的政策。根據此辦法，即使公司設立未滿三年，或仍處於虧損狀態，仍可以申請上市上櫃。這讓所有新設的面板廠可以從公開市場籌募大筆資金，降低營運成本（王淑珍，2003：267-268）。政府的其他獎勵辦法，如《鼓勵民間開發新產品辦法》、《關鍵零組件開發辦法》等，也是一大助力。以達碁為例，1999年的稅前虧損是 2 億多元。但靠著政府獎勵投資所享有的退稅利益，則還能有稅後 6 億多元的獲利（陳泳丞，2004：26-27）。在前五年免稅、[20] 進口機器設備免稅、投資研發享有遞延所得稅減免、銀行放款趨之若鶩、股市資金取得容易之條件下，面板的發展可說是得天獨厚、天之驕子。

　　於面板而言，政府的助力，也僅止於此，而無法複製半導體的經驗。1990 年 2 月，國科會曾提出結合民間企業，合作成立台灣第一家世界級面板廠，但最後卻沒下文。而為了避免與民爭利的指控，政府也很難做到如日韓政府常用的微觀統合主義（micro-corporatism）（Williamson, 1989；Zeigler, 1988）。特別是聯友光電的大力反對，致使立法院大幅刪減工研院發展面板的科專計畫。聯友反對的理由，是因為當時聯友已將聯華一廠的半導體生產線，改裝成為液晶面板生產線有關。另外，面板的發展，不能如半導體一樣，得到政府更多關愛的眼神，原因也跟此產業的歸國學人，並沒有如 RCA 的潘文淵、TI 的張忠謀或 AT&T 的盧志遠等人，對於政策能夠發揮影響力有關。

　　這裡，我們把工研院納入在政府角色裡探討，而這也或許是業界

---

[20] 若再加上面板廠的營運初期多數是虧損，所以很多在前八年都是沒有負擔任何租稅。

最容易感受到政府在面板產業的付出與貢獻。工研院對於面板技術的投入，最早可追溯至 1987 年開始的「微電子系統技術開發計畫」中，工研院電子所率先邁入中小尺寸的 TFT-LCD 的研究領域，開始執行薄膜電晶體製程、3 到 6 吋小型 TFT-LCD 技術和周邊零組件的開發。1990 年，工研院首先開發出 3 吋 TFT-LCD 樣品。1995 年，工研院電子所開發成功 LCD 晶粒玻璃接合術。1996 年又再緊接著開發出 10.4 吋彩色 TFT-LCD 模組系統技術，並移轉給華映、明碁、南亞等廠商。1998 年，電子所成功開發低溫多晶矽（LTPS）TFT-LCD技術，並在 2001 年時將製程技術移轉而協助設立統寶光電。另外，工研院光電所、化工所、材料所及機械所也皆對 LCD 之材料或面板技術，投入許多資源進行研究。工研院也扮演教育的功能，包括清華、交大、自強社等許多課程，都有很多工研院的研究人員參與授課。

回顧起來，工研院看似在面板的技術研發上一直有很顯著的進步，但實際的過程中，卻也不是這麼的順風稱心。1993 年時，由於TFT-LCD 科技專案被立法院大幅刪減，工研院遂轉移其研發計畫目標至發展 CCD、LED 等平面顯示技術，以求與業界有所區隔。另外相較於日本之技術移轉，產業界對於工研院在良率提升的努力上，也不是抱持正面、肯定的態度。但或許我們可以換個角度來說，工研院的投入，或許正是促成日本願意技轉台灣的催化劑。正所謂「自助人助」，工研院對於科技研發的分散投入，提高了台灣在科技發展過程中，因應黑天鵝所帶來的意外機會與正面效應的能力（Taleb, 2007）。[21]

除了技術研發，工研院也嘗試發展新創事業。1989 年底，工研

---

[21] 相較於台灣面板的「技術在地化」引發「技術國際化」，台灣的生醫製藥業雖然在公部門的研發成果非常可觀，但一來因為民間業者的創新能量不足，二來因為忽視國際的市場發展，使得在地化與國際化無法成為互補的力量，進而削弱台灣的產業競爭力（Hu and Hung, 2014）。

院旗下自設的創新公司廣邀國內廠商，包括聯電、聲寶、濟業、神通、光寶和倫飛等，擬募集新台幣 50 億元成立「寶晟光電」。計畫初期先鎖定在筆電所需的 14 吋 STN-LCD 顯示技術。日本廠商 Sharp 和 SEL（Semiconductor Energy Lab）後來也加入投資行列，並提出設廠建議。然而因為面板技術變化太快，在 STN-LCD 前景堪慮的景況下，聯盟廠商不久之後就決定喊停。另一個工研院參與的新創事業投資案是「華夏液晶顯示」。這是在 1993 年時，由元太、碧悠、勝華、中華映管、聯友光電等廠商所擬共同籌資 80 億元，成立一家由工研院衍生的 TFT-LCD 面板量產公司。然而華夏液晶顯示的發展並不順遂，原先欲向飛利浦尋求技術移轉，但因授權金太高而放棄。隨著一些創始者的逐漸退出，華夏的投資案也就無疾而終。[22]

　　雖然對於面板產業，工研院沒有衍生出如聯電或台積電這般的公司，但是許多企業的高階經營主管和技術人員，都是移轉自工研院的菁英（見表 4-6）。Intarakumnerd and Goto（2018）的研究指出，來自公共研究機構的人力移轉與流動，是促進國家創新系統發揮功能的重要動力來源。一來由於政府的政策使然，二來由於股票分紅的誘惑，工研院的面板計畫人員紛紛把握機會，投入到產業界。以最早的元太為例，工研院的專業團隊，可說為元太奠基了技術自主開發的基礎。在公司成立初期，工研院電子所液晶專案小組的人才就開始陸陸續續轉往元太，前後共有一、二十人，順利完成廠房的建置和自行試產、量產。達碁的成立則是在工研院孵育而成，除了派遣研發團隊進駐工研院開放實驗室進行技術移轉外，也大量地吸收了電子所的技術團隊。[23]

---

[22] 同時間工研院也有次微米計畫在進行，後來衍生成立世界先進。所以也或許是因為資金排擠的原因，以至於工研院只好放棄面板廠的衍生案。

[23] 關於工研院鼓勵人員擴散的作法，是否為國家資源分配的最有效設計，當然也是一件見仁見智的政策問題。例如前聯友光電總經理段行建就指出：「看看南韓、日本的例子，這些國家中政府投入研發經費最多的屬台灣，但是，一個計畫執行下來，電子所所有人都跑光了，連計畫主持人都跑了，這是政府應有的作為嗎？」（王淑珍，2003：280）。

▶ 表 4-6　工研院在面板的人員擴散

| 公司 | 擔任職位 | 姓名 | 原在工研院職位 |
|---|---|---|---|
| 元太科技 | 副總經理 | 蔡熊光 | 經理 |
| 中華映管 | 副總經理 | 薛英嘉 | 資深工程師 |
| 友達光電 | 副總經理 | 盧博彥 | 副組長 |
| | 協理 | 陳來助 | 經理 |
| 奇美電子 | 資深副總經理 | 吳炳昇 | 經理 |
| | 處長 | 郭振隆 | 資深工程師 |
| 瀚宇彩晶 | 總經理 | 吳大剛 | 經理 |
| | 廠長 | 郝嘉偉 | 經理 |
| 廣輝電子 | 副總經理 | 邢智田 | 所長 |
| | 協理 | 陳勁志 | 經理 |
| 統寶光電 | 執行副總 | 吳逸蔚 | 副所長 |
| | 協理 | 何玄政 | 副組長 |

　　工研院對面板的另一個貢獻是扮演「桶箍」的角色。在產業的不同發展階段，工研院成立了許多各式各樣的研發聯盟，協助產業提升技術、交流資訊，以及進行國際合作（Mathews, 2002b）。[24] 在聯盟的運作過程中，「利他」的精神充分顯示在工研院的身上。迥異於西方的科學家更為關心自己的研發成果是否得到世界或獎項的肯定（利己、對我有什麼好處），工研院的科研人員在敘述自己的角色、作為時總是說：「上面要我做什麼，我就做什麼」、「你（業界／公司）需要什麼」、「我可以為你（業界／公司）做什麼」。換言之，工研院

---

[24] 工研院所推動的第一個研發聯盟是於 1990 年，召集國內四十六家廠商所成立「筆記型電腦聯盟」，目標是開發筆記型電腦的共用雛形，「這就像加開了一部 747，讓落在後頭的旅客全部登機」（https://www.taiwan-panorama.com/Articles/Details?Guid=32ad1590-2387-45a5-b7de-c9028971324c&CatId=1。瀏覽時間：2019 年 4 月。）這應也是台灣產業界的第一個研發聯盟。

「想的都是別人，而不是自己」。[25] 也就是因為這樣的角色定位，更能走進台灣的產業結構與組織裡。對於推動面板技術在台的發展，工研院鐵定扮演一個不可或缺的角色。

## 第五節　結語

　　本章對台灣面板產業發展的研究成果，基本上可歸納成以下五點：

　　第一，在理論發展上，本章強調對於後進國家的產業創新分析，必須立基於技術在地化與技術國際化兩種力量的相互影響。技術在地化觀點認為，國家環境對技術擴散有重要之影響。唯此研究脈絡大部分擷取西方之產業發展經驗而提出，忽略了包括台灣在內之追趕中經濟體，在其工業化過程中所需依附之西方技術移轉與代工合作夥伴關係。相對的，技術國際化觀點強調，追趕中國家能在全球分工體系所能發揮之比較優勢利益，是其推動工業化之重要關鍵因素。在此，本章同時結合技術在地化與技術國際化兩種觀點，來探討台灣作為一個後進國家的產業發展與競爭力。

　　第二，在個案分析上，本章探索從 1990 年代起始，蓬勃發展之台灣面板產業。本章提出日本廠商策略聯盟所形成之國際分工架構（技術國際化觀點），以及台灣特有的產業結構與資源特性（技術在地化觀點）等兩項因素的相互作用，是解釋台灣能夠快速進入與擴散面板技術的原因。一來由於台灣在 1997 年的東亞金融風暴受傷較輕，二來也由於日本的聯台抗韓總體戰略所致，日本因此便願意技術授權台灣，以創造出「共存共榮」的跨國技術合作關係。日本的技術授權，點燃台灣創新系統進入面板產業的火花，包括台灣的既有資訊業廠商、產業網絡、政府政策，以及工研院等都發揮正面的效果，形成

---

[25] 此處關於外界眼中的工研院角色（利他、配合別人），引述自工研院產業學院前執行長羅達賢在一次餐會中的對話（2019/12/26）。

發展台灣面板產業的重要制度基礎。台灣面板，就是在技術與全球的相應與共構中，發展、成長與擴散。

　　第三，在研究貢獻上，本文對於台灣面板產業之案例分析，提供一個追趕中經濟體之最新經驗，以補相關研究文獻著重在已開發或技術先進國家之偏頗或不足。另外，在解釋技術擴散與產業發展之相關現象時，學者通常視技術在地化與技術國際化為競爭典範，而僅遵循一種架構而行。本章突破此種單一典範研究方式，同時結合兩種觀點來探討台灣面板的發展。不同的現象需要不同的理論解釋。對於台灣經驗與產業而言，技術在地化或國家創新系統當然很重要，但對於如面板這般技術深根於先進國家的產業而言，納入全球系統與分工的分析觀點，也是同等的重要。事實上，因為開發中或後進國家大都為技術的引進者。因此對這些國家而言，國家創新系統應將定義範圍擴大，納入外人投資政策、國外技術轉移、智慧財產權議題、資本財進口輸入等都是必要的。

　　第四，在策略意涵上，本章指出台灣面板產業擁有多項優勢支持此項產業的發展，然而對於生產設備與關鍵技術的掌握，仍是不足。中短期而言，雖然可透過技術移轉方式彌補這方面的不足，但長期而言，還是應培養研發能力，重視並投入技術研究開發，未來才有躍居產業龍頭的機會。也因為台灣面板更為強調製程創新而非產品創新，基礎研究比起技術或市場的開發活動也會更為重要（Barge-Gil and López, 2015）。雖然因為面板的技術成本特性（材料與設備所佔整體成本比重大），使得即便各家生產良率有些差距，但還是無法拉大彼此的距離，讓大家都可以生存，也降低尋求合併的動機，即便遇上景氣不好造成虧損時，也可以倚靠龐大的資本結構繼續折舊以維持營運。然而長久以往，只會造成「溫水煮青蛙」的效果，不只是人才會持續流失，也很難持續投資下一代技術，而這對於技術變化快速的面板產業，可是重要的關鍵成功要素。

　　另外本章所強調的國家系統與世界體系兩種制度影響，對於具有施為能力的廠商而言，也提供了一種「兩手策略」的可能。一方面，

台灣廠商要能夠善用台灣自己本身的優勢與資源，發揮自己的獨特性，一方面也應瞭解技術的發展脈絡，以及世界體系分工影響下，後進國家可以有的發揮空間。台灣的電腦產業，源起自日本的電動玩具，茁壯於本土電子零組件，大起於美國 Apple II 與 IBM PC 的產品創新。台灣的硬碟機，源起於廠商想要開發欣欣向榮的電腦工業，但卻無法與既有的本土產業結構相結合，也無法走入全球的技術分工體系。台灣面板的快速發展，則受惠於台灣的制度組織與日本的聯台抗韓戰略的內外相應。《孫子兵法》中言：「善戰者，不責於人，故能擇人而任勢。」科技創新的任勢策略，就是要能利用各種有利的社會條件與事物發展的趨勢，來打造絕對的競爭優勢。因為科技從來都是社會化與制度性的，既在制度的影響下萌芽、發展，也在制度的洗禮下應用、擴散。

第五，在政策建議上，從本章所強調的技術國際化與技術在地化融合觀點可以得知，政府在追求經濟成長的過程中，除了要認清自己本身的資源與優勢外，也應知道自己本身的產業基礎在國際競合中的地位（Hu and Hung, 2014；Lee and Malerba, 2017；Shubbak, 2019）。以本章所探討的面板產業而言，適時且即時的協助台灣廠商把握金融危機的機會，鑲入日本的全球面板供應鏈環節中，就是應該多加著墨的地方（Lazzarini, 2015；Spencer, 2000, 2003）。而在全球創新系統或商品鏈的運作與影響之下，政府的政策也應瞭解核心、外圍與半外圍國家間的關係，並技巧地引導國家外交政策能與產業政策相配合，正所謂政經不分離，對於台灣這樣的一個處於特殊國際地位的國家而言，更是重要。另外，就更直接介入產業的角度而言，如何適當定位與發揮公部門研發機構的角色則是另一個重點（Salter and Martin, 2001）。

Breznitz（2005）的研究指出，工研院對於台灣 IC 設計產業的貢獻，在於它能夠成功扮演「催化劑」的角色，也就是能夠促成產業之間的各種交流互動，進而加速技術與知識的流通；相反的，台灣的軟體業之所以一直發展不起來，跟政府補助設立的資策會直接跟業者在

市場客戶端的競爭有關。就面板產業而言，工研院所扮演的角色與其在 IC 設計業的部分類似，不同的是，加入了全球網絡的觀點，而使得工研院的角色變得較不關鍵，但工研院的角色同樣也發揮了催化劑的作用，加速了日本的技術移轉過程。從 IC 設計到面板、從硬碟到軟體的比較可以得知，台灣公部門的研發活動應該更聚焦在上游的技術擴散，以及協助台灣融入全球的創新系統，而非標準的建立以及投入終端消費市場的競爭。系統的創新觀點，也提醒這方面政策的運用更需注重「組合拳」的形式，運用分進合擊的策略，以達成特定的政策目標（Flanagan, Uyarra, and Laranja, 2011）。另外，就如亞洲金融風暴為台灣所帶來的面板機會所啟示，政府的科研經費分配也應注重黑天鵝所帶來的「意外之財」，也就是運用 Taleb（2007）所稱的「槓鈴策略」（barbell strategy）精神，一方面，主要經費可以投入策略性政策與主流產業領域，另一方面，保留少部分的分散式經費投入非主流的技術，以避免創新系統所可能造成的系統性偏差或崩潰問題。

# 第五章

# 前瞻工研院：
# 改造制度的行動

　　本章繼續行動與制度關係的探討，並專注在行動對於制度的影響。在理論上，我們會援引制度變革與制度策略觀點，探討行動者如何運用策略行動，將所欲實現的利益與目標轉化成為一種新的制度性安排或形式，進而改變其與制度環境之間的關係。在實徵上，本章探討工研院在 1987 到 2009 年間，推動創新前瞻制度，鬆綁傳統科專計畫場域的既存鑲嵌性，促成台灣科技專案體系轉型的歷程。首先，我們會比較傳統科專體系與創新前瞻機制的不同，其次說明工研院推動創新前瞻的動機。接著會詳述如何透過「拼湊 – 連介 – 傳播」（bricolage-brokerage-broadcast，簡稱 3B）的制度策略架構，來分析工研院發展創新前瞻的具體作法。

## 第一節　行動如何改造制度？

　　當制度遇上行動，穩定的力量再起波濤，改變、創業與策略成了探討的核心（Battilana, Leca, and Boxenbaum, 2009；Garud, Hardy, and Maguire, 2007）。一方面，制度變革可能肇因於外部的不確定因素，改變了場域內外的均衡狀態。例如：某個危機或衝擊事件

（Ahmadjian and Robinson, 2001；Hoffman, 1999；Kraatz and Zajac, 1996）、某個法規的調整或改變（Hillman and Hitt, 1999），或是某項技術的創新與不連續性（Anderson and Tushman, 1990；Munir, 2005）。這些外在事件的發生促成新成員進入原本的場域中，帶進新想法，甚至是主張支持新的替代性作法，進而提高制度變革的可能性（Thornton and Ocasio, 1999）。另一方面，制度變革更多可能是來自於內生的因素，所謂人定勝天，天下無難事，只怕有心人。在具有自省、能力、目標導向的場域內行動者眼中，變革的動機來自於確認既存制度形式或邏輯的不適切性，進而將自身所欲轉化成為另一種形式的制度安排。制度變革者，因此也是創造新組織、推動新制度發生的創業家。「制度創業表現的是行動者對於有興趣且亟欲改變的制度環境，具有從事行動的社會能動性，可以援引足夠的資源去創造新的制度或是改變既有的制度」（Maguire et al., 2004：657）。不管是「制度創業家」，或者稱之為「場域製造者」（field makers）、「規則制訂者」（rule makers）、「策略行動者」（strategic actors），或是「制度設計者」（institutional designer）等（Child et al., 2007；Hoffman, 1999；Scott, 1995），核心的重點都是探討個體的行動如何改造總體的制度。改造制度的行動亦可稱為制度策略（institutional strategy）（Lawrence, 1999），因為重點不只是改變原有制度的影響，也要能夠創造新的制度，讓意之所向、心之所往透過策略之手，成為既成的事實（Lawrence, Winn, and Jennings, 2001）。

　　本章的宗旨就是在於探討個體的行動者如何運用策略行動，改造其所處的總體制度環境。探討這個改造的過程，一般可以從兩個面向著手。一則是從所屬場域的制度化程度來觀察（Fligstein, 1997；Tolbert and Zucker, 1996），可區分為高制度化的成熟場域（Greenwood and Suddaby, 2006）與低制度化的萌芽場域（Maguire, Hardy, and Lawrence, 2004）；二則是從行動者位置來觀察（Dorado, 2005；Emirbay and Mische, 1998），可區分為核心行動者與邊陲行動

者。本章從一個成熟的制度場域出發，觀察核心行動者如何改變既有的強大制約力量，進而創造出符合其利益追求的新制度安排。

在實徵上，我們會分析 1987 到 2009 年間受制於傳統科專制度「台灣科技研究發展專案計畫」束縛的工研院，如何採取策略行動，推動一個新的制度實務「創新前瞻機制」成形。我們將指出，工研院身為核心內嵌的行動者，過往成功地藉由科專計畫帶動產業發展，如半導體產業的成就，卻也因此受到產業參與者回頭質疑工研院與民爭利的作為。感受此制度性壓力的工研院，在面臨組織存續的正當性危機下，因此開始著手於推動創新前瞻新作法，來合理化它的組織目的與創新實務。

為了解釋這樣的制度改造過程，我們發展出「拼湊－連介－傳播」策略分析架構。拼湊策略係指行動者藉由湊合與重組組織內部的既有資源，來尋求推動新制度當下所需的權宜之計，或初步的可能解決方案。連介策略係指行動者從自身所處的社會網絡結構，尋求可供取用的社會資本，以引薦、標竿與合作的方式，轉化成可用以鬆綁既存制度束縛的資源或動力來源。傳播策略則係指行動者以任何可能的話語或符號等溝通工具，來廣為散佈或宣揚改變的必要以及新制度所帶來的好處，以凝聚群體的共識，並合理化所作所為。我們會詳述工研院的高階管理階層與團隊，如何透過這三個「B」（bricolage, brokerage, broadcast）策略的綜合運用，成功推動創新前瞻新制度的發展與成形。

## 第二節　把變革放進制度裡：策略的角色

### 一、制度變革與策略

傳統制度理論強調穩定與同形的行為，卻也侷限了探索變化與施為的可能性。古希臘哲學家 Heraclitus（赫拉克利特）有句名言：

「一切都在流動，沒有什麼是靜止的。」[1] 對於企業而言，更是如此。即便制度具有箝制、資助與再生的能力，但因為組織所面對的環境，無論是政治面、法規面，甚或是技術面都有可能發生激烈改變，使得某個制度或習俗可能不再適合當下的情況（Farjoun, 2002），又或是相關的行為無法再被視為理所當然等，進而導致去制度化（deinstitutionalization）的情況發生（Ahmadjian and Robinson, 2001；Maguire and Hardy, 2009；Oliver, 1992）。也有可能是因為個別的行動者有了偏離的想法，不管是源自於對現狀的不滿，或是想要探索其他的可能，都有可能開始走上制度變革的道路（Holm, 1995；Carney, Gedajlovic, and Yang, 2009）。據此，制度理論的關心重點，也慢慢地從約束、同形與穩定，走向創業、創新與變革（Dacin, Goodstein, and Scott, 2002）。

就程序的觀點而言，制度變革就是「制度在型態上、本質上或狀態上隨時間發生差異」[2]（Hargrave and Van de Ven, 2006:866）的意思。《史記‧商君列傳》：「三代不同禮而王。」就可以理解成治國制度的改變與更迭。在台灣騎摩托車，從「戴安全帽多此一舉」到「不戴安全帽渾身不對勁」，就是交通安全文化的制度變革。在管理的文獻上，制度變革的研究可以區分為三種類型。第一，是去制度化，就是把既存習俗、邏輯或傳統治理架構給移除掉（Oliver, 1992），例如：拋棄 DDT[3] 的社會過程（Maguire and Hardy, 2009）。DDT 的制度化先是代表科技與社會的結合。1874 年，DDT 被合成出來，1939 年，被發現是個異常有效的滅蚊與殺蟲劑。從此，DDT 開始走進社會，成為我們生活中的一部份。在被認為是瘴癘之地的 1930、1940 年代台灣，DDT 對於消除瘧蚊，就扮演關鍵性的角色，台灣還曾因此得到過「世界衛生組織」（World Health Organization）頒發過的第一張撲

---

[1] 英文原文為："All is flux; Nothing stays still."。

[2] 英文原文為："as a difference in form, quality, or state over time in an institution"。

[3] 為 Dichloro-Diphenyl-Trichloroethane 的縮寫，學名是雙對氯苯基三氯乙烷。

滅瘧疾的證明書。[4] 但也因為 DDT 的盛行，對於生態環境造成嚴重的破壞，讓田間的蛙鳴蟲語不再，禁用 DDT 的去制度化過程，代表的既是要放棄不切時宜的舊科技，另一方面也是要建立符合時代意義的新作法。

其次是再制度化，代表的是成熟場域的更新、轉型，新的作法取代了往日風情。例如：加拿大會計商務領域的組織形式轉型（Greenwood et al., 2002）、法國美食廚藝的轉變（Rao, Monin, and Durand, 2005）等。再制度化的過程，除了牽涉到啟動去制度化的行動外，也必須在從既有制度所得到的好處，跟放棄既有制度的成本之間求取平衡。德國在建立非核家園的過程中，就必須認真思考既有的科技重工業競爭力可否繼續維持，以及未來可能面臨的電費上漲和發電量不足的問題。第三種類型則為制度創建，探討重點是個人或組織如何運用可得的資源，從無到有建構全新制度的形式（Holm, 1995），而這也是本章分析的重點。

分析制度創建的動機，一般可從行動者的場域位置著手。對於邊陲者而言，因為與場域成員的關係較弱，會較少意識到順從的壓力或別人的期待（Davis, 1991；Zucker, 1988），因此是變革代理人的當然候選（Garud, Jain, and Kumaraswamy, 2002；Rao, Morrill, and Zald, 2000）。然而，情況也不是一定如此。Rao, Monin, and Durand（2003）的研究發現，因為米其林主廚有資源、聲望與能力，因此才得以推動法國廚藝文化的革命，從原本講究食材頂級、盤式華麗、做工繁複的傳統法國菜，轉變為崇尚食材精選、口味輕盈的新派料理法（nouvelle cuisine）。Greenwood and Suddaby（2006）的研究也指出，將美國會計師事務所的業務範疇從原本專注於單一會計功能的組織型態，轉變為結合會計、法律、管理諮詢等眾多功能的複合式組織型態，主要的推動者就是產業核心的五大會計事務所。Currie et

---

[4] 陳建仁，2015，改變人類歷史的傳染病，https://www.youtube.com/watch?v=r5WOTrWsqbE。瀏覽時間：2020 年 1 月。

al.（2012）在研究英國健康照護體系的變革過程中發現，當政府想要強化照護與藥師的角色時，覺得權威受到威脅的主力專科醫師便站了出來，藉由擔當任務工作小組代表以及與其他科別醫師合作等方式，來回應環境的改變與挑戰。以上這些研究都顯示，核心分子既是場域內的既得利益者，也可以是制度變革代理人。

事實上，不管是處於邊陲或是核心的行動者，都是具有感知、技巧與反思的能動者，也是創造新財富、推動新運動的變革代理人（Beckert, 1999；DiMaggio, 1991）。當然並非所有的行動者都可被視為制度改革者，他們必須要能參與並推動這個變革的過程（Hirsch and Lounsbury, 1997），並且要能施展行動，或稱「制度策略」（Lawrence, 1999），以確實創造出有別於既存制度的其他作法。制度策略是讓行動可以形成制度的理性作為，是行動者在參與制度變革的過程中，所展現的創造性行動的特定模式，關注的是制度、場域的形成與轉型（Lawrence and Suddaby, 2006）。有別於競爭策略關注在相同的產業結構脈絡下，經由低成本、差異化或是聚焦來建立競爭優勢的經濟性行為（Porter, 1980），制度策略更為關注於進出制度的社會行動，藉由合理化與正當化新的所作所為，來除舊迎新，建立新的規範、標準與行為準則。就如同笛卡兒經由理性來探索未知的世界，阿基米德要以支點來舉起這個世界，行動者可以藉由制度策略的規劃、設計與運用，來改造社會、創造新的資源分配準則。

相較於學者對於競爭策略（Porter, 1980）或成長策略（見第二章）的研究較會採用一致性的分類架構，文獻上對於制度策略內容與範疇的討論可謂多彩多姿，也就是更為倚賴經驗證據。[5] 這樣的結果也呼應 DiMaggio and Powell（1983）的看法，也就是制度的分析或分類應更為倚賴實地證據的具體情況。例如，Aldrich and

---

[5] 相對於這些經驗研究，Oliver（1991）則是提出從被動到主動的一般性分類架構，說明不同程度的制度回應策略。

Fiol（1994）提到「維持故事的內部一致性」（maintaining internally consistent stories）、「動員合作行動」（mobilizing collaborative action）、「談判」（negotiating）、「妥協」（compromising）與「促成齊心協力」（organizing collective efforts）等作法。Fligstein（1997）特別強調社會技能的運用面向，提出「議題設定」（setting agendas）、「維持無私無我精神」（maintaining "goallessness" and selflessness）、「保持模糊」（continuing ambiguity）、「聚合利益」（aggregating interests），以及「外聯」（networking to outliers）等策略。Hargadon and Douglas（2001）強調「斡旋」（mediation）、Lounsbury and Glynn（2001）提出要懂得「說故事」（storytelling）、Déjean, Gond, and Leca（2004）討論「衡量工具」（measurement tools）、Zietsma and Lawrence（2010）強調「範疇工作」（boundary work）與「實踐工作」（practice work）的搭配使用、Canales（2016）指出有形的紀錄性工作（visible documented work）與無形的非紀錄性工作（invisible undocumented work）的交互運用、Lee and Hung（2014）則專注於賦名（framing）、整合（aggregating），以及橋接（bridging）的綜合使用。延續此一研究脈絡，我們根據對於工研院發展創新前瞻機制的經驗觀察，提出一個 3B（bricolage, brokerage, broadcast）架構，來解釋制度策略的另一個可能類型與分析方法。

## 二、拼湊、連介、傳播

表 5-1 整理 3B 策略架構的核心內涵，並在以下詳述。

▶ **表 5-1　拼湊、連介、傳播策略架構**

| 策略 | 拼湊 | 連介 | 傳播 |
|---|---|---|---|
| 基本資源 | 手邊資源、組織慣例 | 弱連結、社會資本 | 傳播媒介 |
| 社會技能 | 即興而作 | 移轉 | 修辭、論述 |
| 行動焦點 | 變巧、權宜之計 | 關係、網絡 | 教育、轉念 |

## 拼湊策略

拼湊，英文是 bricolage，強調的是行動者利用手邊的資源與組織日常慣例，經由即興而作之後，所施展出的變巧方法或是權宜之計（Baker, Miner, and Eesley, 2003；Baker and Nelson, 2005；Duymedjian and Rüling, 2010；Garud and Karnøe, 2003；Levi-Strauss, 1967）。資源是行動的基礎，因為可見的組織資源大都會與現有的規定、制度綁在一起，因此如果想要改變現況，通常只能想辦法重拾別人忽略的部分，或是將手邊任何可以自由運用的部分再加以重新組合，創造改變的能動性（Baker and Nelson, 2005）。行動者也要想辦法將這些資源放進組織的日常活動或慣例當中，藉由過去大家已經習以為常的作法、安排，讓新的嘗試可以在阻力較低的情況下順利施行，就像「木馬屠城記」一樣（Ciborra, 1996）。

要能在既有的平台推行或是偷渡新的作法，就須具備即興而作（improvisation）的創作技能（Barrett, 1998），要能夠根據當下的情況，隨機應變的將原本零散的資源拼湊在一起，組成有創意的組織元素，以便引導改變的力量往同一個方向前進。拼湊的過程是邊做邊看，隨時根據情況來做調整，行動者不能老是徘徊在尋求最佳解，而是要能秉持儘管去做（just do it）的精神，透過創造性與立即性的變巧（make do）或權宜之計，來一步一步解決遇到的問題與發掘可行機會，進而讓原本的疑慮、嘗試、挑戰，變成日後的習慣、文化與理所當然。

## 連介策略

連介，英文對應的是 brokerage，強調的是行動者透過弱連結的網絡關係，將可汲取的技術、知識、資本或其他各種的社會資本，移轉或內化為自身在變革過程中所用。行動者不必然是制度的俘虜，也可以是個「跨疆界者」（boundary spanners）（Tushman, 1977）或是「技術連介者」（technology brokers）（Hargadon and Sutton,

1997；Kirkels and Duysters, 2010），若能善用弱連結的網絡關係
（Granovetter, 1973；Lin, 2000），則可在各個平台或組織之間，串連
各種新穎的想法、訊息、引入新的知識與技能，引發起沛然莫之能禦
的變革動能（Burt, 1992）。魏晉南北朝時的西來譯經家，以及日本奈
良時代的遣唐使，都是成功的連介者。組織的業務範疇越複雜，網絡
的連結越多，那麼進行連介的機會就會更多（Ahuja, 2000；Boari and
Riboldazzi, 2014）。

　　連介要做得好、做得妙，行動者就必須懂得善用任何可能的關
係，並且具備移轉與內化外部資源的能力。《論語》有言：「君子使
物，不為物使。」應用於此，可引伸為身處多元網絡社會的行動者，
要能做到「萬物雖非我所屬，但皆可為我所用」。為此，行動者所認
識的就不能只是五指之內，而是要能延伸觸手到任何可能的網絡結
構之中，最好就如電影《阿凡達》（*Avatar*）裡的文化中心「伊娃」
（Eywa）一樣，與所有的個人、生命與組織都能連接在一起。台灣所
具有的龐大中小企業組織與產業網絡結構，更加彰顯出連介在變革與
創新上所可能扮演的角色（Kirkels and Duysters, 2010）。

## 傳播策略

　　傳播，英文對應的是 broadcast，也可稱為廣為散佈、宣揚、
溝通或教化，關注的是行動者如何透過各種形式的媒介，經由修辭
（rhetoric）或論述（discourse）來教育相關成員、轉念原有的認知
限制，並合理化與正當化新的制度化規範與作法（Krone, Jablin, and
Putnam, 1987；Lammers and Barbour, 2006）。媒介是傳播的先決要
件，其不僅是資訊的主要來源，同時也是傳達訊息的複雜資源形式
（Huber and Daft, 1987）。媒介的形式可以很多元，從定期的會議、走
動管理、目標設定、出版專書等，都可以是傳播與教化的媒介或載
具。

　　要能推陳布新、改變習以為常的作法，行動者不僅須是一個制度
設計師，也必須是個好的溝通者與傳播者。為了不至於「言者諄諄，

聽者藐藐」，行動者除了應具備敘事技能，藉由中肯且具說服力的技巧，讓支持者瞭解新制度的功能與作用外（Arndt and Bigelow, 2000；Harmon, Green and Goodnight, 2015；Phillips, Lawrence, and Hardy, 2004），也必須具備別生義理與舞文粉飾的修辭能力，運用各式的符號、口號或隱喻來爭取大家的認同（Carton, 2018）。不管是透過明說或是隱喻、說之以理或是動之以情，目的就是要能大家願意接受改變、擁抱創新。因為新的制度通常會是在社會所能接受框架或模式中被創造與被轉換（Clemens and Cook, 1999），行動者通常就不能太躁進，這時除了要在新舊之間創造足夠的折衝空間外，也要避免引起恐懼的氣氛與過激的反抗（Aldrich and Fiol, 1994；Zimmerman and Zeitz, 2002）。傳播或溝通一直都是消除疑慮、改善關係、吸引新夥伴的好方法。好的制度傳播者因此也需扮演教育家的角色，懂得利用語言與文字來好好說明改變的必要，以及新制度的意義、內涵與好處（Oakes, Townley, and Cooper, 1998；Suddaby and Greenwood, 2005）。

## 第三節　科專體系的轉變

　　以下我們會探討 1987 到 2009 年間，工研院如何推動創新前瞻制度。我們先介紹科專體系中新（創新前瞻）、舊（傳統科專）制度的比較，接續簡單回顧一下工研院的發展，並說明當初改變制度的動機。

### 一、從傳統科專到創新前瞻

　　台灣自 1979 年以來所推行之《科技研究發展專案計畫》（簡稱科技專案或科專），是政府推動產業科技發展之供給面政策工具。法定源頭是行政院在 1979 年所頒佈的《科學技術發展方案》，經濟部旋即開始編列預算，平均年成長率高達 30% 以上，並由技術處負責，委託所屬的眾多財團法人研究機構從事科技專案研究。

　　傳統上，科專只有「關鍵技術／產品類」這一類型的計畫，誠如

時任經濟部部長的施顏祥所言：

> 「本部對於科技專案之推動，在政策上要求必須在一定時間產出一定成果，其研發成果並且必須有具體產業效益。因此，在過去研究計畫中，計畫內容必須要配合預算程序，於開始實施一年以前即開始做中程規劃，並需經審查有明確之標的與產出方得執行，此舉確保科專計畫之投入方向與產出效益。」[6]

據此，傳統科專計畫著重於接近產業端之目標導向型計畫，並在研發內容上聚焦於開發關鍵技術與零組件，也因為屬於短中程目標，因此績效要求明確，在計畫執行過程中每一個查核點都必須清楚羅列績效指標。在成果產出方面，則以專利應用數與授權金、技術移轉件數與權利金、衍生工業服務數等為成果衡量指標，強調技術移轉及帶動產業投資等效益。在公共預算的思維之下，「要求繳庫數」是一大特色，經濟部要求的繳庫數是 18%，[7] 亦即 100 元的研發經費，硬性規定一定要有盈餘，而且一定要有 18 元的盈餘，而此衍生出的另一個特色就是不能失敗。科專計畫若被認定執行失敗，法人單位勢必遭到立法院質問，而且會有處罰動作，例如：被經濟部罰錢、扣除計畫公費之類的作法。

然而，公家計畫常常趕不上市場變化，研究人員在進行專案計畫的同時，當有一些突破的想法時，都會受限於既有經費、人力，或考量因風險太高而不敢輕易嘗試，讓創新構想胎死腹中。據此，2001

---

[6] 立法院公報，2005，「立法院第 6 屆第 1 會期科技及資訊、經濟及能源、預算及決算委員會三委員會第 1 次聯席會議紀錄」，第 94 卷第 23 期，頁 384。

[7] 經濟部要求之 18% 的繳庫數，是硬性規定研究單位執行該計畫一定要有盈餘。而此概念略不同於《科學技術基本法》中智財權下放後一半盈餘必須繳庫的概念，《科學技術基本法》中並無強制要求一定要有盈餘，只是規定若產生盈餘，一半必須繳庫，所以經濟部的規定是更加嚴格。

年起,科專開始有一些改變,在整體經費未增加的情況下,將創新前瞻研發項目獨自區隔開來,預留專屬經費——《獨立型創新前瞻研究計畫》,著重的是國內外尚未商業化之產品或技術,從先期研究開始,接續由技術可行性研究進行驗證,希望能夠及早佈局關鍵技術,搶佔智權先機。計畫的特徵是具有高風險,產業較不願投入,管理機制上需要具備嘗試錯誤的彈性空間,並以專利的申請與獲證、論文發表、案例說明作為衡量指標。表 5-2 比較傳統科專與創新前瞻計畫的差異。

▶ 表 5-2 傳統科專與創新前瞻的比較

| 制度 | 傳統科專 | 創新前瞻 |
|------|---------|---------|
| 定位 | 靠近產業端、短程技術應用標的與載具 | 探索還未商業化之技術 |
| 內容 | 深化關鍵技術、開發關鍵零組件 | 技術可行性研究、早期專利關鍵技術佈局 |
| 風險 | 短中程目標,績效要求明確 | 高風險,產業不願投入、需容許嘗試錯誤空間 |
| 成果 | 專利應用數與授權金、技術移轉件數與權利金、衍生工業服務數 | 專利、論文、列舉案例具國際水準 |

工研院,是讓創新前瞻得以從傳統科專體系中獨立出來的最大推手。2000 年左右,經濟部允許工研院發展一個獨立於原來科專體系的機制,來執行創新前瞻計畫。基本上,工研院的創新前瞻計畫,具有充分授權、計畫彈性化、強調簡化、經費集中調配等四大特性。

2001 年,工研院開始正式執行創新前瞻計畫,年度經費為 12.7 億元,在 2001 ~ 2008 年間,工研院執行創新前瞻的經費規模是一個緩步上升的趨勢,而院內的一般科專計畫則是持平甚至有略微下降的趨勢(見圖 5-1)。因為工研院推動創新前瞻的初步績效還不錯,經濟部也就開始要求其他法人試行,首先是 2002 年的資策會,2004 年有紡織中心、金工中心、食品所等三個法人單位加入,2005 年有生技中心加入,到了 2008 年則有船舶中心與車輛中心加入。另外,創新前瞻的思維也同步擴散於政府政策體系中,一方面納入學界的力量,

在 2001 年 3 月啟動學界科專，二方面將創新前瞻的思維與定義擴增至服務領域，在 2003 年推動服務業科專，三方面更是促成業界科專中新增「前瞻業科」類別，並從 2009 年 2 月開始正式執行。據此，工研院所推動之創新前瞻，從一開始的試行、成形與擴散，已經儼然成為政府研發體系運作的一環。當然，從傳統科專走向創新前瞻，這樣的改變並非理所當然、水到渠成，這其間牽涉到的不止是打破常規與無中生有的挑戰，也包括行動者的起心動念與想方設法，而這就必須以工研院為焦點談起。

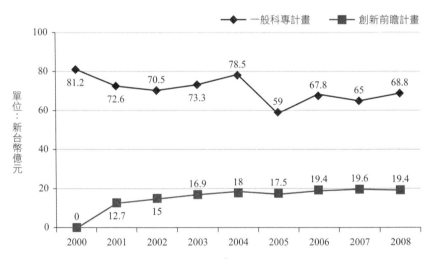

▶ 圖 5-1　工研院執行創新前瞻的經費變化 [8]

## 二、工研院的發展

　　工研院成立於 1973 年，初期的組織是從「三所一中心」開始發展（包括：金屬工業研究所、聯合工業研究所、聯合礦業研究所，以

---

[8] 整理自工研院歷年年報（工業技術研究院年報，2001、2002、2003、2004、2005/2006、2007/2008。新竹：工業技術研究院。）、科技專案執行年報（科技專案執行年報，2001、2002、2003、2004、2005、2006、2007、2008。台北：經濟部技術處。）

及電子工業研究發展中心），院內員工人數五百四十人，博士比例僅有 2.2%、碩士比例為 14%、學士比例為 32%。而後在一個研發單位對應一個產業別的原則下，依序成立多個研究單位。

這些新成立的單位剛開始都以專案計畫的形式成立，而在取得固定的經費來源支應之後，就可轉為明確執行常態任務的「中心」，若之後與對應的產業有更密切的連結關係，則再擴充而轉為常設性的「研究所」。在這樣的邏輯發展之下，並歷經多年來的成長與整併，到了 2009 年，工研院的組織架構共包括為六所八中心。在前四任院長（王兆振、方賢齊、張忠謀、林垂宙）任內，工研院各個研究所的自主性都很高，直到史欽泰擔任院長之後，面對產業之間的發展分際越來越模糊，「院部」開始逐漸取得主導權，並著手從事更多整合型的業務與研發。準此，本研究中所專注的變革代理人或行動者指的就是工研院的高階經營團隊，包括院長、副院長、協理、所長、主任等有實質決策職權的人員。

經費來源是瞭解工研院的另一個重要切入點。如圖 5-2 所示，這可分成科專計畫、純民營、其他契約服務以及業外收入四大項。[9] 早期工研院承接政府的主動性捐助（特別是以科技專案模式），是工研院重要的經費來源之一，也佔了經濟部全年編列科專經費的三分之二，在陳昭義於 1997 年就任技術處長後，則是降為二分之一左右。而後自 1990 年代起，工研院則以「1：1」政策作為強化對產業界服務之量化指標，因此純民營與其他契約服務的收入呈現穩定增加的趨勢。

---

[9] 科專計畫係指由經濟部技術處補助工研院執行研發計畫（當然技術處的科專經費不全然給工研院，也會給其他單位如資策會、中科院，但多數是給工研院）。純民營的主要經費來源是來自業界，源起於「1：1」政策，最早是由工研院第三任院長張忠謀所提出，但在其任內並未真正達到 1：1，在推動初期約莫是 2：1，直到林垂宙院長任內，才真正達到所謂的 1：1。其他契約服務主要是來自其他公部門的計畫，例如：工業局、能源局、環保署等。業務外收入係指包括育成中心或開放實驗室的租金、技術移轉的權利金與授權金等。

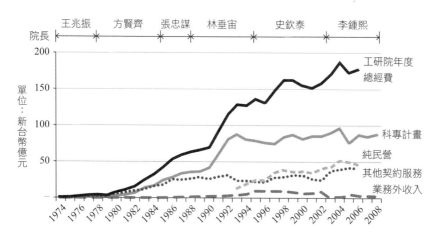

▶ 圖 5-2　工研院經費收入變化 [10]

　　「1：1」政策讓工研院慢慢地發展出財務的自主性以及組織獨立性。一方面，當經費來源不再完全仰賴科專計畫，工研院對公部門的談判能力提高，手中握有餘裕資源可以從事政府先期不願支持，但工研院本身覺得重要的事情。另一方面，財務來源的多樣化也改變工研院的對外印象，這除了傳達產業願意付錢使用工研院技術的訊息之外，也表示科專計畫的產出結果不再束之高閣而能為產業所需，進而有效回應公部門的監督與壓力。換言之，「1：1」的政策改變了工研院身份、地位，也改變了能動性的空間與範疇，進而在推動創新前瞻計畫上扮演了關鍵的因素（Durand and Jourdan, 2012）。

## 三、正當性危機

　　工研院最廣為人知的成就，是帶動台灣積體電路產業的發展，陸續衍生了聯電、台積電、世界先進等多家企業（洪世章、黃怡華，2003；洪懿妍，2003；鄭伯壎、蔡舒恆，2007）。過去的豐功偉業，意外地引發工研院與產業的衝突，進而導致工研院面臨組織存續的正

---

[10] 整理自工研院歷年年報。

當性危機。引爆點來自於工研院在 1990 年代初期所執行之「次微米製程技術計畫」,這是推動記憶體產業的一項大計畫,經濟部投入新台幣 55 億元,並決定以官民合資的模式衍生成立世界先進,目標不只是創造新的產業,也要能做到進口替代。

政府的介入,引起既有廠商的反彈,咸認為這會引起過度競爭,對產業的發展完全無益。這樣的情況幾乎完全呼應 Brahm(1995)所稱,政府的高科技政策,常會創造過度競爭,致使市場機能受到扭曲,讓既有廠商的競爭力受到傷害。主其事的工研院成了產業界的箭靶,被指責要與業者進行不公平的競爭。特別是聯電的曹興誠,不只對科專計畫的必要性提出質疑,也認為政府總是低估民間研發能力,應該要把干預市場的手拿開。聯電的不滿可說是新仇加上舊恨。因為原為工研院衍生企業的聯電,早年就對工研院實驗工廠繼續承接外界訂單有意見,所以對於工研院還要在新設半導體企業與其競爭,自然心裡不是滋味。即便是其他廠商,也認為科專計畫排擠了原本可以直接撥付給廠商的研發費用。宏碁創辦人施振榮當時就也有所微言,因為時值宏碁與 TI 合資成立德碁半導體,生產記憶晶片,因為資金需求龐大曾尋求政府資金奧援,卻沒有獲得支持,原因之一就是因為當時政府與工研院正如火如荼地策劃世界先進衍生案。不管是曹興誠或是施振榮這些產業領導者都認為,政府的角色應該是協助現有業者,而不是利用政府資源,去創造新的競爭者。

值此,工研院被冠上了與民爭利、科技沙皇、破壞市場秩序等負面字眼。在民間的推波助瀾之下,公部門對工研院的態度也開始改變。1993 年 4 月,立法院刪除 20 億元科專經費,以致經濟部撥給工研院的科技專案經費從原先的 88 億一口氣刪掉 15 億元預算,經濟部甚至還一度思索創造「第二個工研院」,來取代工研院的可能性。

事實上,工研院所面對的正當性危機,是其來有自的,這跟工研院同時面向政府客戶與技術市場所造成的矛盾有關。一方面,工研院接受政府科專補助,因此必須滿足經濟部的期望與要求;另一方面,科專計畫的成果要能落實,必須符合產業所需與所用。換句話說,工

研院昔日的成功帶動產業的進步，但壯大後的產業界卻又回過頭來質疑工研院存在的必要，而當工研院想要重新定位自己、調整業務方向時（不與產業競爭，進行比較前瞻的計畫），卻又受限於政府的制度法規，造成了適應上的問題。

工研院面臨的窘境，就是典型的「創新者兩難」（Christensen, 1997；Christensen and Bower, 1996）：在既有的科專資源分配機制底下，只能追求短期、即時的產業效益，而非具前瞻性或突破性價值的創新。面對這樣的困境，工研院被迫反思突破與解決之道，就如電影《侏羅紀公園》（*Jurassic Park*）裡的一句名言：「生命會找到自己的出路。」[11] 反思代表的不只是對過往的回顧與問題的思考，也是對未來可能的想像，進而開啟能動性的空間，藉由行動或策略的施展來回應制度的壓力（Emirbayer and Mische, 1998；Seo and Creed, 2002）。在以下的篇幅裡，我們就探討工研院如何運用拼湊、連介、傳播等策略，來改造科專制度，建構全新的創新前瞻機制。

# 第四節　拼湊、連介、傳播策略

表 5-3 先整理出我們對於工研院所採行的拼湊、連介、傳播等制度策略的具體分析，並在以下詳述。

▶ 表 5-3　工研院的制度策略

| 策略 | 拼湊 | 連介 | 傳播 |
|---|---|---|---|
| 活動 | • 運用手邊資源<br>• 活化組織<br>• 開放競爭<br>• 改變獎勵辦法<br>• 正式化技術領域<br>• 成立重量級團隊 | • 成立前指會<br>• 舉辦研討會<br>• 引入國外管理機制<br>• 汲取大學能量<br>• 促進研發聯盟的運作<br>• 國際化發展<br>• 引入開放式創新 | • 召開例行會議、建立走動式小組<br>• 設立大膽的目標<br>• 具像化<br>• 自我評估<br>• 創造未來帳<br>• 面向社會大眾 |

---

[11] 英文原話為："Life finds a way."。

## 一、拼湊

　　拼湊指的是，行動者要能行權宜之計，透過東拼西湊的方式，重新組合任何組織內可得的閒置資源，來挹注與推動新的嘗試，解決遇到的問題。這樣的策略對於工研院之所以可行，除了因為身為本土研究機構本來就具有東拼西湊、土法煉鋼的精神，另外一個很大的原因是工研院本身的資源也夠多，一來工研院是從科專預算中獲得最多補助的法人單位，二來「1：1」的政策，也大幅提升經費來源的多樣性。工研院的半官方組織與準官僚結構，也讓尋求資源運用極大化的機會，多了一些空間。

　　在實務上，工研院所使用的拼湊作法，首先是彈性運用手邊的閒置資源，特別是電子所使用示範工廠的盈餘，來挹注成立於 1987 年的「尖端技術中心」，推動創新前瞻研究。時間要先回溯自 1980 年代中期後，當時的工研院，特別是電子所，面臨了整批工程師外流的情況，雖然人才擴散是技術移轉民間的方式之一，但這卻影響到電子所的技術累積，因此當時的院長張忠謀認為，讓研發人員從事更具前瞻性、更尖端的研究，是一個解決的方式。

　　原本的想法是將台積電成立後，付給工研院的回饋金，不繳回國庫而是轉作為前瞻科技研發之用。但因為經濟部反對，無奈之下，工研院想出在內部以自籌經費的方式，運用電子所示範工廠的盈餘，先進行小規模的試驗研發。在這段摸索時期，工研院也曾嘗試建議政府，希望比照日本通產省工技院的作法，在科專經費中提撥 15% 作為種子研究經費，藉以免除一般預算編審的程序，但沒有成功。然而不管如何，創新前瞻總算踏出了第一步。

　　其次的作法是組織活化，以全資源經營的理念來推動創新前瞻研究。如果創新前瞻計畫只是小範圍的試行，還是不能發揮影響力。1990 年代末期左右，工研院就認為，如果創新前瞻、尖端科技是未來的營運方向，那麼整個組織與文化也都應該要配合調整，進而讓前瞻的想法能夠擴展到國際合作、人才延攬、產學研連結、研發規

劃、創意文化、策略導引等活動。這樣的想法也得到技術處的支持。然而，由於工研院最早是先有所、才有院，各自為政的情況非常普遍，「工研院各個研究所，好比一個小王國，所長擁有運作小王國的權力。……院是架在上面的，下面的單位不合作，就空了！」（王之杰、楊方儒、張育寧、蔡佳珊，2008：282）。

據此，1999 年時任院長的史欽泰在「組織變革、活力工研」的口號、「全資源經營」的理念之下，大力推動組織活化工程。有別於企業界以人員精簡為標的之組織再造，工研院的目標是希望活化院內既有資源，因此以「組織活化」來統稱這次的組織再造。具體作法是在核心研究單位無大幅改變之下，做了一些組織上的調整。一方面設立新設跨領域研究單位，包括 2000 年的晶片中心、2002 年的奈米中心；二方面是藉由資訊科技的技術與平台進行資源整合，將主業之外、所有零星且特定的功能業務串連起來，以達到專業成長與提升，新設單位包括技轉中心、經資中心、資訊中心等，用來連結院內既存之核心研究單位，以及擴展許多的衍生加值業務，讓資源能夠得到更充分的發揮。傳統上工研院的業務重心都以研發為主，因此對於資源的使用只著重在經費、人力部分。藉由組織活化與全資源經營的改變，讓工研院可以在經費沒有成長的情況下，還有餘力從事創新前瞻，以及降低政府的壓力、提升變革的正當性。

第三是創造出開放競爭的機制。1999 年 4、5 月間，也就是工研院開始著手規劃 2001 年度之創新前瞻計畫之整體運作機制與配套措施之時（2001 年也是經濟部正式核撥創新前瞻計畫經費的首年，首年經費 12.7 億元是含在原先科專經費 85.25 億元的總額之中，但經濟部同意讓工研院自行管理），院裡訂定一個新的資源分配遊戲規則，稱為「全院前瞻研究開放競爭基金」，院內習慣稱此作法為「開放競爭」（open bid）。

具體作法是，因為每個研究單位都有固定的科專計畫支應研發活動，只是當時每個研究單位每年所執行的科專計畫經費規模不一，但在開放競爭的作法下，院裡規定每個研究單位必須將 1999 年科專經

常支出的 20% 作為開放審查經費，而各研究單位可以提出相當於其
1999 年度科專經常門的 30% 經費的計畫與審查。審查由「前瞻研發
指導委員會」（簡稱「前指會」）負責，評審準則只在於計畫的創新性
與前瞻性、而非分配公平性。

　　開放競爭開始實行時引起一些反彈，因為不是每單位的專長都
在研發，例如有些的強項是工業服務，因此 1999 年的開放競爭僅供
2001 年分配創新前瞻計畫之用。2000 年時再調整為以五大技術領域
來進行審查（電子與資訊、機械與自動化、材料與化工、生物技術與
醫藥、永續發展），並且規定僅能以過去年度的計畫規模成長 10% 去
申請（以避免某些單位可能落得全盤皆輸的窘境），院部並保留部分
經費進行彈性運用，這樣的作法從 2002 年一直持續到 2007 年。2008
年之後，為了強化競爭力，工研院決定再度打破技術領域別，讓各單
位都可以無經費上綱地提出競爭計畫，2009 年之後才又改回每單位
所提的計畫規模最多只能較上一年度成長 120%。整體而言，開放競
爭的方式雖然一直有所修改（這也反應工研院作為制度的核心鑲嵌
者，所必然會感受到的制度壓力），但工研院藉由引入競爭、重組資
源的方式，來推動更前瞻、更有未來科技價值的精神卻從未改變。

　　第四個拼湊作法是改變人員的獎勵辦法。工研院在 2001 年正式
取得技術處所核撥的創新前瞻計畫經費之後，就開始改變一些相關的
獎勵辦法。「利之所趨，勢之所趨」，當獎勵都往創新前瞻靠攏，制度
也就慢慢地發生改變。

　　獎勵機制的改變包括五個主要的部分。第一、修訂院內的「人員
獎勵辦法」，新增「前瞻研究傑出獎」、「柳蔭獎」；前者是獎勵具原創
性、超越國際水準的研究人員，後者則是奠基於「無心插柳柳成蔭」
的精神，鼓勵沒有達成原訂目標、但卻具重大產業應用潛力之創見
者。第二、強化智權獎勵，修訂原本的「專利運用及衍生加值獎」，
一方面在專利研發與運用上以收入淨額之 25% 給獎，另一方面對於
專利運用有貢獻的技術與推廣團隊、支援有功人員等，亦以收入淨額
之 15% 為上限發給獎金。第三、增設「資深正研究員」職級，加重

創新前瞻在人員升遷績效評分上的權重。第四、推動「10% 自由創新計畫」，這個效果就有點類似 Google 的 70-20-10 法則，鼓勵同仁跳脫原本的主管管轄範疇，撥出 10% 的工作時間，實現自己的創新夢想。第五、推動「前瞻科技活動補助計畫」。以自有資金的方式提撥經費，進行跨單位之科技論壇、國際性大型研討會，以及未來科技創意競賽活動等的申請補助。以上這些看似分歧且多元的獎勵、補助辦法，共同的精神都是要做到「利出一孔」，也就是讓資源、人力都願意投入創新前瞻研究，形成「人心所向，大勢所趨」的景象（Murray et al., 2012）。

第五個拼湊作法是，讓創新前瞻的技術領域別，成為正式組織結構的一環。在推動創新前瞻的篳路藍縷過程中，李鍾熙院長在其任內再起組織重整，打破原本以產業別對照技術別方式所設立的研究單位，將原先在創新前瞻機制中以委員會形式存在的技術領域別，直接整併並納入正式的組織結構之中。2006 年 1 月，原本六大技術領域都轉換成為常設性研究單位，並以「基盤研究所」（core lab）統稱，包括：電子與光電研究所、資訊與通訊研究所、機械與系統研究所、材料與化工研究所、能源與環境研究所、生技與醫藥研究所。

除了基盤研究所外，為了迎合未來跨領域科技整合的需要，因而也同時成立「焦點中心」（focus center），包括：影像顯示科技中心（材化＋光電＋機械）、系統晶片科技中心（電子＋資訊＋通訊）、太陽光電科技中心（光電＋材化＋能源）、醫療器材科技中心（生醫＋電子＋材化）、無線辨識科技中心（感測＋資訊＋系統）等，2009 年 9 月則再成立雲端運算行動應用中心（資訊＋通訊＋電子）。以上這些組織的改變，代表的不只是資源的重新配置，也是藉由階層化的作法，進一步提升創新前瞻的正當性基礎。

最後，除了常設單位外，工研院也成立「重量級任務團隊」（Wheelwright and Clark, 1992），冀求加速實現創新前瞻的研發成果。創新前瞻的重點是建立世界級的領先技術，而這也往往代表的是前景未明、沒有立即商業化價值的技術。如果台灣廠商一直都沒有意

願承接創新前瞻的研發成果，長久下去，一定會加大產研之間的落差、引起社會矛盾，不利於工研院的形象與地位。據此，當創新前瞻計畫執行到約莫 2006 年之際，工研院就開始思考如何將技術做到讓業者更有信心，或者是說，就由工研院先主導成立新公司，作為開闢市場的先鋒部隊，等到有實質獲利，再促成示範與擴散效果。據此，工研院就成立一些「重量級任務團隊」，院內將之稱為「攻堅團隊」，目標很簡單，就是要能實現「率先產業化」。每個攻堅團隊約莫十到二十人，直接隸屬於院部，針對一些有潛力的前瞻技術，成立新創公司進行商品化。如果過程失敗，就解散回各研究單位。總的來說，這些任務團隊反應的既是新的資源分配準則，也同時扮演新技術發展過程所需的「互補性資產」角色（Rothaermel and Hill, 2005；Teece, 1986）。

## 二、連介

連介策略指的是，行動者從自身所處的網絡結構中，尋求可得、有用的社會資本或資源，透過引薦、標竿與合作的方式，將其轉化成為改造制度的動力與正當性來源。工研院在 1970 年代所執行的 RCA 技術移轉計畫，就曾引用連介作法，推動產業與制度的創新。這一次在工研院推動創新前瞻的過程中，連介策略之所以也顯得重要、突出並可行，不只是因為其本身的科研領導地位所帶來的公眾影響力（洪懿妍，2003；Intarakumnerd and Goto, 2018），也是因為過往的發展，讓其可以橫跨許多技術網絡，接觸許多的專業科研人士，這些都成為日後改革的重要資助來源。簡單的說，就是網絡的鑲嵌性帶來制度改造的能動性。

在實際的作法上，工研院所使用的連介策略，首先是聯合各方科技專家、英豪，於 1995 年成立「前瞻指導委員會」（前指會）。前指會不只是啟動創新前瞻的重要機制，也是工研院連結外部網絡、汲取各方資源的重要管道。前指會的委員來自全球，都是相當於院士級之國內外各領域傑出專家（包括：虞華年、孔祥重、高錕、施敏等

人），這些專家為工研院引入國際視野與全球趨勢，並就他們本身的專業素養，針對創新前瞻計畫的目標、技術研發方向提供建議，並協助工研院建立整套計畫的評審及管控機制。因為前指會的成員都具有豐沛的人脈資源，知道全球科技界有哪些人正在從事哪些重要的研究，這些也都為工研院延攬頂級人才，提供很好的諮詢管道。

　　前指會對於推動創新前瞻研究的貢獻，不只是人才、資源面的，也具有重要的象徵意義。在華人敬老尊賢的傳統文化之下，前指會代表的不只是專業的科研效率，也是道德上的政治正確。工研院在成立前指會時秉持有「三不原則」的精神，包括：不給酬勞、不佔用工作時間、不講公司機密，這個精神乃沿用早期潘文淵協助工研院籌組「技術顧問委員會」（Technical Advisory Committee，簡稱 TAC）顧問團的相同原則。中立無給職的立場，墊高了前指會的道德高度（Mayer, Davis, and Schoorman, 1995），進而給了工研院回應來自經濟部的壓力更多的彈性與潤滑的空間。在前指會的居間仲介、協調之下，一方面，經濟部慢慢地鬆綁對於計畫經費的管控（例如，一次撥付所有創新前瞻的預算經費、簡化評審與管考程序、計畫與經費可依進度與成敗隨時變更、放寬年年考評績效的規定），另一方面，經濟部也可以援引他強、借助外力，降低政策改變所可能帶來的政治風險與壓力。

　　其次，工研院也常舉辦不同形式的會議、工作坊或研討會，藉以引進外界的思維與資源，為創新的推動提供更多的思想精神食糧。這其中，最具規模的是 1998 年 8 月舉辦的「前瞻技術研發計畫管理研討會」，會中邀請國外多位專家，包括：美國國家自然科學基金會（National Science Foundation；NSF）的厲家杰與李天培、美國聯合技術研究中心（United Technologies Research Center；UTRC）的李傑、美國國防部高級研究規劃局（Defense Advanced Research Projects Agency；DARPA）的楊昌還等人，就前瞻研發相關之策略規劃、計畫管理、績效評估、人員獎勵、政府政策等構面，與政府官員包括當時的技術處處長黃重球、經濟部長尹啟銘等人，進行經驗分享

與意見交流。

　　會議、工作坊或研討會等活動，是讓組織將作業、日常的活動，轉換而為策略、常規化行為的重要決策轉換機制（Hendry and Seidl, 2003；Johnson, Prashantham, Floyd, and Bourque, 2010；Peck, Gulliver, and Towell, 2004）。對於工研院而言，舉行國際研討會來定義創新前瞻的內容，以及尋求創新前瞻的共識，不只有助於檢視試行階段的盲點、問題或挑戰，也提供執行單位一個合理化與正當化目前所作所為的機會。雖然研討會過後，不必然就會產出好的創新前瞻機制，但沒有經過會議的程序，創新前瞻肯定無法成為日後理所當然的官方研發制度。如同電影《普羅米修斯》（Prometheus）的機器人總是期待得到造物者的祝福一樣，在會議裡經過討論、肯定抑或是批評過後的創新前瞻，也就多了一份眾人的關心，進而讓其更有機會提升自身的地位。

　　第三個連介活動是，引入國外研發機構的計畫管理機制。除了找專家來台，工研院也會派員赴國外取經，旅途中也必會邀請技術處官員隨行，因為這必有助於減低雙方對於創新前瞻內容的歧異看法。這方面的連介成果之一是導入「創新漏斗」（innovation funnel）的概念（Stevens and Burley, 1997）。工研院將之進一步設計成「階段篩選機制」，用於創新前瞻的技術規劃與計畫研提，審查的大原則就是透過各階段的審查機制，篩選可進入下一階段之計畫，並加碼投資，做到計畫的前端是錢少數目多，計畫的後端則是錢多數目少（見圖 5-3）。具體的結果是，工研院自 2001 年正式推動創新前瞻計畫以來，從前端創意構想進入構想可行性計畫的通過率約莫 50% ～ 60%，而從構想可行性研究進入探索性研究，則約莫只有 30% 的通過率。「階段篩選機制」的設計，就像讓創新前瞻包裹上了一層出自國外設計師之手的金縷衣，而此不只有助於提升資源的管理效率，也有助於讓工研院在答覆來自經濟部的要求與詢問時，多了一些冠冕堂皇的理由。

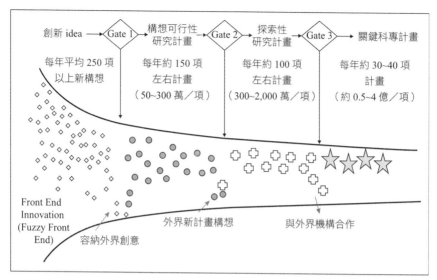

▶ 圖 5-3　漏斗型階段篩選機制 [12]


　　第四個連介作法是與大學合作，引入大師，或是合聘教授。為了推廣創新前瞻，工研院開創一種新的計畫類別 ——「自主性創新前瞻計畫」，藉由此引入院外的世界級學術大師，來構想真正具創新前瞻精神的探索性計畫。只要這些學術大師有意願，或許剛好正值休假進修期間，那麼他們可以選擇自己帶題目和學生來工研院做研究，如果沒有團隊一起跟著前來，工研院內部也有研發人員可以一起協助與配合。學術大師在工研院的研究會有絕對的自主性，院方僅審查計畫主持人的資格，而不會審查他的題目。換言之，工研院等於是要與國外的頂尖學術機構，如哈佛大學、史丹佛大學、麻省理工學院等，一起競爭學術金頭腦，探索學術的上游源頭。這些自主性計畫自 2001年開始到 2007 年停止以來，共有 54 件通過審查，促成孔祥重、張系國、朱國瑞等國內外知名的專家學者與工研院的合作，讓工研院的創

---

[12] 工研院企研處提供。

新前瞻可以在學術自由的旗幟帶領之下，更加無拘無束地探索可能的發展空間，當然這樣的資源引入，也會同時增加與政府單位談判協商的本錢。

除了引入學術大師，2002 年開始，工研院也走進學校，在通訊、光電、奈米材料、微機電等領域，與交通大學、清華大學、台灣大學和成功大學等校，逐步推動建立「主題式學研聯合研發中心」。工研院也於 2003 年修訂院內的人員進用作業準則，可以機動性的合聘或是借調的方式，讓大學教授到工研院服務，或是工研院的研究人員以兼課方式赴學校交流。

第五個顯見的連介作法是推動並促進研發聯盟的運作。經濟部在 1999 年 2 月發佈《促進企業開發產業技術辦法》（簡稱「業界科專」），擴大推動業者參與科技專案，鼓勵大家參與並組織研發聯盟，以共同開發計畫的方式，討論共同的研發需求。這樣的聯盟型式有可能因為各方的需求不同，而流於各說各話，因此就必須要有人扮演核心的整合角色，但又同時不能過於考量自身的利益所得，這種「有點黏又不太黏」的工作常常就落到工研院的身上。

工研院所逐漸累積的前瞻研究能量，讓它能夠在業界科專的研發聯盟與技術摸索過程中，扮演有經驗又是講究利他的居中協調及管理的工作。工研院所涉入的許多業界科專聯盟，與工研院本身的創新前瞻計畫，形成互相的正向回饋，這除了聚合成一個虛擬的多元技術合作網絡外，也會進而強化工研院執行創新前瞻的正當性與價值感。

第六個連介點則是放眼世界，透過國際化來引入創新與變革的能量。在創新前瞻的思維下，國際化的重點有二：第一、在世界各國都還未商業化的前瞻技術，藉由國際研發合作來掌握關鍵智財權；第二、是前瞻的商業化技術，藉由引進國外智財權與院內的智財權相結合，來開發技術並協助國內業者承接。據此，工研院在美國矽谷、柏林、莫斯科、東京等四個地區設置據點，自 2003 年起推動「機構對機構」的長期合作機制，以設置海外實驗室或簽訂長期合作研發計畫的方式來連結國外研究機構，包括：美國柏克萊大學、卡內基美隆大

學、麻省理工學院、史丹佛研究院、俄羅斯莫斯科大學等。

最後的連介作法是藉由多元的旁徵博引，促成開放式創新，提升創新前瞻的高度與廣度。為了突破以往對於創新的認知都習於侷限在製程層次，李鍾熙院長在其任內特別強調要鼓吹「大角度創新」，希望藉由連結概念性與開放式創新的方法，將前瞻研發活動拉高到產品層次與應用層次。因此，工研院於 2004 年成立「創意中心」，企圖將生活形態與科技進行連結，並以創意社群的方式與外界進行合作，藉以刺激創新前瞻機制中最前端所需求之創意的產生，例如：琉璃工房可以和威盛電子、三陽工業、奇菱光電等，一起坐下來探索可能的創新來源與市場應用。創意中心也與麻省理工學院的媒體實驗室（Media Lab）結成策略夥伴，於 2006 年共同成立「新世代創意聯盟」（Next Consortium），建構異業的創意激盪平台。此外，工研院也於 2006 年邀請工業設計界的大可意念進駐院內，透過整合外部創意想法與內部科研資源的方式下，讓創新前瞻可以汲取更多的開放式創新能量。開放的創意與資源引入，不止提升與擴大了創新前瞻的想像，也讓主其事者多了解釋制度的空間。

## 三、傳播

傳播所指的是，工研院高層要能藉由任何可能的溝通方式，透過言語、敘事、修辭或其他的符號性行動，改變大家的認知限制，進而擁抱並支持創新前瞻計畫的執行。傳播對於工研院之所以重要，不只是因為它是資源的整合者，也是訊息的傳遞者，在經濟部的官僚系統與院內科研人員的創意探索中，扮演聯絡、溝通、協調與教育的角色。傳播或宣導對於工研院之所以可行也可見，是因為歷年來的工研院董事長、院長或其他高階主管們，都不是單純的科學家或工程師，因為必須努力爭取經濟部的經費支持、贏取產業界的肯定，甚至是要能與立法委員有折衝應對的能力，他們也都必須是好的制度設計師與政策溝通者，如此才能領導百億級經費的半公營研發機構。

在實務作法上，工研院的傳播方式與管道可說非常多元，首先是

面對面的意見交換，包括召開例行會議以及建立走動式工作小組，來一致化大家對於創新前瞻的看法。這主要是因為在計畫的初始階段，大家對於「創新」與「前瞻」的定義並不是很清楚。對於工研院而言，如果做得太前瞻，就變成跟從事基礎研究的大學無異，但如果做的不夠前瞻，就又可能走回跟產業競爭的老路，因此對於「創新」與「前瞻」應該有個清楚的定義範疇。為此，面對面的溝通協調就很重要。在當時的院長史欽泰領導之下，工研院會定期召開例行會議，包括：每月召開一次的經營團隊會議，每兩個月召開院務會議，並將原來由企研處每年舉辦四次的公開季報，將其中二次改為只限正、副院長、各所正副所長等核心幹部參與的內部核心會議等，會議中以腦力激盪的方式討論各種可能的想法與解釋，每次的會後就會產生初步想法並逐步執行，來形成對於創新前瞻的共識。

除了高層的會議，也包括走入底層的「走動式工作小組」。例如，企研處中多位組長會帶著多個工作小組，巡迴接觸各單位，去跟計畫主持人與相關人員進行面對面的溝通、協調與討論，也曾特別指派時任光電所所長的林耕華帶領「推動前瞻研發工作小組」，持續地對創新前瞻技術的定義進行說明。

除了對內，對外的面對面溝通與宣導也很重要。當然工研院院長必須常常親自跟經濟部說明、解釋，一定是個免不了的任務。另外，包含科技政務委員、國科會主委、經濟部部長、工業局局長等成員的工研院董事會，也是一個很有用的傳播與溝通管道。在更為開放、多元的場合，激起創新、冒險、前進的動力，往往更為有效。事實上，創新前瞻計畫的源起，可以追溯自 1998 年 12 月的行政院第十九次科技顧問會議，會中十三位行政院科技顧問一致同意「台灣想要成為科技島，應該在科學和技術的研發上強調『創新』，設法開拓一條別人沒有走過的路」，[13] 因此會議獲致「科技專案之研究經費中，應提撥一部份（約 20%）專注於有前瞻性之研究與發展之工作」之結論，

---

[13] 聯合報，1998 年 12 月 11 日，第 6 版。

以及在 1999 年 1 月第五次科技會報會議中達成「政府在政策上應適時提高資助前瞻、創新性之研發經費，以提升產業科技之國際競爭力」的共識。

　　第二個做好傳播的方式是從設立大膽的目標做起。雖然工研院對於創新前瞻一直希望有個清楚的定義，但經過三、四年之久，卻一直停留在概念性的想法，也就是可以接受落實時間較長、創新幅度較大，但還是要能夠具有產業應用效益。這樣的想法還是有些模糊，很難形成行動的共識。據此，大家後來決定，就先根據現有的分類，做了再說。根據 1993 年版工研院經營政策中對於院內研究工作的分類 ——「A 類係指已建立之技術基礎服務於產業界的工作、B 類係指研發台灣少數廠商已有但大部分廠商尚未擁有之技術、C 類係指研發國外廠商已擁有而國內產業界尚未具有之技術、D 類係指國內外尚未付諸實施之技術」，工研院後來決定，D 類就是創新前瞻。

　　有了依據，就有了後續發揮的空間。慢慢地，在且戰且走的方式下，大家逐漸接受「前瞻」是一種對未來目標的設定，是在瞭解技術的發展現況與未來趨勢之後，所訂出來的技術遠景，並據以設定為技術開發的目標，而「創新」兩字，則是為了達到前瞻目標，所採取的新穎方法或手段。工研院進一步將此共識具體化為年度目標。在 1997 年的董事會上宣示，要在 2000 年度，將 20% 的科專經費用在前瞻技術開發上。後來的事實證明，創新前瞻計畫從 1999 年開始試行、2001 年正式推動到 2010 年之際，歷經十年才達到超過 20% 的科專經費用在前瞻技術開發的目標。但從 1997 年董事會的決定，更可以看出當初藉由設定大膽目標，來凝聚共識，強化行動能力的作為。有了清楚的目標，工研院也在 2000 年 12 月底訂定《獨立型創新前瞻計畫管理辦法》，一方面透過內部資源重分配來鼓勵創新的行動，另一方面，透過制度化的法規或辦法，來照亮與形塑工研院在主管機關眼中的新定位。

　　第三個傳播方式是透過圖像、符號或其他文本等具像化方式，來建立相關個人或群體與創新前瞻的關聯性與熟悉度，進而提高制度

變革的可信度與正當性。工研院先是用幼苗、小樹與大樹之間的關
係，來串連起創新前瞻計畫與既有科專制度之間的關係。如圖 5-4 所
示，創新前瞻為「幼苗」，是「小樹」（關鍵技術計畫）的前身，小樹
後來就會長成「大樹」（業界科專／主導性新產品），並且「開花結
果」（商業化）。換言之，創新前瞻不是要取代既有科專，反而是填補
既有研發機制環節中的不足之處。工研院也曾引用 S 曲線，來說明
創新前瞻的技術定位，以及與既有科專之間的關聯性（見圖 5-5）。
不管是這裡所舉的大樹的幼苗、S 曲線，或是前面提及的「漏斗型階
段篩選機制」，都在增進大眾對於創新前瞻的熟悉與認同。因為推動
創新前瞻期間，也碰上 Chesbrough（2003）提出知名的「開放性創
新」（open innovation）之時。工研院也就因時制宜地援引開放性創

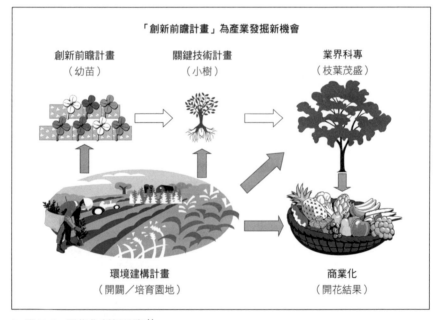

▶ **圖 5-4** 　**圖像化創新前瞻** [14]

---

[14] 資料來源：立法院公報，2005。「立法院第 6 屆第 1 會期科技及資訊委員會第 12 次全體
　委員會會議紀錄」，第 94 卷第 36 期，頁 312。

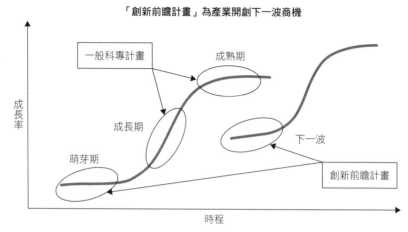

▶ 圖 5-5　創新前瞻在 S 曲線的定位 [15]

　　新概念，搭配上述之「階段篩選計畫管理機制」，來與政府官員與立法委員傳播新計畫的必要。這些跳脫傳統硬邦邦的政策傳播方式，不僅可以「理論化」（theorizing）（Greenwood et al., 2002）創新前瞻的內容，也是要以大家都熟悉的圖案、文字，來降低面對改變的不安與恐懼，甚至是建構起對於外來的美好想像。

　　第四項對外界的傳播是透過自我評估，將創新前瞻從試行計畫、示範事件，再走到績效標竿，來彰顯變革的成效與正確性（Suchman, 1995）。從創新前瞻執行開始到 2009 年為止，工研院共進行二次自我評估行動。[16] 自評重點可分為外與內兩部分。在對外部分，是關於創新前瞻之執行成果與效益。因為創新前瞻的理想面（5 至 10 年才會

[15] 資料來源：立法院公報，2005。「立法院第 6 屆第 1 會期科技及資訊委員會第 12 次全體委員會會議紀錄」，第 94 卷第 36 期，頁 312。

[16] 兩次的評估報告，分別為：工研院產業經濟與資訊服務中心，2004，《工研院創新前瞻技術研究計畫績效自評報告》，新竹縣：工研院產業經濟與資訊服務中心；工研院企劃與研發處，2008，《工研院創新前瞻技術研究計畫績效自評報告》。新竹縣：工研院企劃與研發處。

產生影響與效益）與現實面（根據執行要點要求試行滿三年必須進行績效評估）有時間上的落差，因此初期是以 3P，也就是 Patent（專利）、Paper（論文）、Prototype（產品雛形），來檢視績效。可以想見，成果是非常豐富的。創新前瞻的專利數與論文數都遠高於一般科專，而許多衍生的產品雛形也都獲得國際大獎的肯定。在對內的部分，是關於推動創新前瞻對於工研院從事科研活動的影響。從 1999 年的組織活化工程、開放競爭，到後來所的學研合作、獎勵變革，都得到院內同仁以及外部專家的肯定，咸認為改變後的組織氣候，更有助於研發人員從事探索性及高風險。雖說自我評估有時不免陷於自吹自擂的批評，但對於制度變革者而言，卻也是凝聚團隊共識、回應外界壓力所必須。

第四個有創意的傳播方法是創造未來帳觀念，有點類似會計科目的應收帳款。因為創新前瞻的成果都需要長時間才能呈現，而且若僅看收入或專利，更是有所侷限。因此李鍾熙院長從 2005 年開始，就提出要改變會計制度，倡導涵蓋未來收入的「未來帳」的概念，要用未來的價值呈現今年的績效，改變過往「前人種樹、後人乘涼」的可能偏差。[17] 未來帳的計算，是在已洽簽成功的技術移轉合約中，估算其市場價值的未來現金流量、折現率、折現年限，再轉換成為今日價值。未來帳的設計，不只可以成為考核同仁科研成果的衡量指標，也可以讓創新前瞻的價值更容易彰顯出來，增進制度改變的正當性。

最後的傳播重點則是公共關係與書籍出版，來擦亮與廣為散佈創新前瞻計畫。工研院的宣導對象不只是經濟部與立法院，也包括一般大眾。越是受到大眾的肯定，越可以在對抗政治的壓力上，取得道德的相對高度。為此，經營公共關係，對外打造好形象，吸引眾多媒體的關注與報導，也都是歷年來工研院的領導階層的關心所在。例如，工研院在 2004 年 5 月時就舉辦了一場盛大的「創新前瞻科技饗宴」成果發表，由工研院院長李鍾熙領銜，與副院長徐爵民、工研院特別

---

[17] 經濟日報，2005 年 8 月 20 日，D1 版／管理大師。

顧問史欽泰、前任前瞻指導委員會召集人虞華年，再加上經濟部技術處處長黃重球等人，穿上圍裙扮演科技大廚，端出科技大菜，公開告訴大眾，工研院轉型成功，且在執行創新前瞻計畫有具體績效，要跟產業界一起分享科技創新的果實。[18]

另外，工研院在 2006 年也將院內的展覽廳更名為「創新前瞻館」，展示超過 50 項具專利的可移轉技術與研發成果，包括被譽為新世代明星產業的 LED 技術、可攜式多功能冷光微血檢測儀、RFID 核心技術、車道偏移系統、微霧化器、軟性電子元件、LED 照明模組、太陽電池技術、基因晶片、抗禽流感藥物製程開發等技術，來公共化並普及化大眾對於創新前瞻的認可。工研院也在 2008 年出版《預見科技新未來》一書，記錄工研院從事創新前瞻研究的經驗與過程。這些直接訴求一般大眾的傳播與教育，不只是要突顯工研院的創新績效，也是要讓工研院成為可識別的文化符號，取得對抗制度壓力所需的正當性基礎。[19]

## 第五節　結語

在本章裡，我們探討工研院推動創新前瞻的制度變革過程，所得的研究成果基本上可歸納成以下五點：

首先，在理論發展上，本章探討處於成熟場域的核心行動者，如何技巧地運用策略行動，催生一個全新、有利於自己發展的制度形式。藉由援引制度變革與制度策略等相關文獻，再加上對於工研院推動創新前瞻的實地觀察，我們發展出拼湊、連介、傳播等三個「B」（bricolage, brokerage, broadcast）的制度策略架構。拼湊強調行動者

---

[18] 經濟日報，2004 年，5 月 26 日，第 31 版。

[19] 藉由著書立傳來歌功正名，也是自古以來的中國帝王都會採用的策略。例如，唐憲宗平定淮西藩鎮割據之亂後，就命韓愈撰文紀念，並刻石立碑，也就是後來著名的《平淮西碑》。工研院出版《預見科技新未來》，所要達到的目的跟所收到的功效，跟《平淮西碑》都是類似的。

可以湊合且重組手邊的既有資源，在透過即興而作的過程中，發揮新的變巧之計。連介則是引導行動者從社會網絡尋求社會資本，透過引薦、標竿與合作的方式，以發揮改變現有制度束縛的功效。傳播則是強調行動者應該透過話語與符號等媒介，來引導並激勵相關成員於變革的共識與支持。我們指出，處於成熟場域的核心行動者，若能積極地且有技巧地運用拼湊、連介、傳播等策略，則較有可能成功地啟動變革，創造新的制度。

第二，在個案分析上，我們探討工研院如何運用拼湊、連介、傳播等策略，在公共的科研場域裡，推動創新前瞻機制的發展、擴散與具體成形。工研院所採取的拼湊行動，包括：開發手邊資源、活化組織、開放競爭、改變獎勵辦法、正式化技術領域別，以及成立重量級任務團隊。工研院的連介作法，則包括：成立前瞻指導委員會、舉辦國際研討會、引入國外的計畫管理機制、與大學合作、促進研發聯盟的運作、引入國際化資源，以及發展開放式創新。工研院所採取的傳播行動，則包括：召開例行會議、組建走動式工作小組、設立大膽目標、具像化新計畫內容、自我評估、創造未來收入新觀念、重視公共關係，以及出版專書等。

第三，在研究貢獻上，本章分析工研院在推動創新前瞻的日常工作實務與具體執行細節，進而充實制度變革與制度策略的經驗性研究。我們所提出的拼湊、連介、傳播三種策略，不只擴充制度策略的分析面向，也更能有效闡釋行動者的能動性表現。多種策略的交互運用，對於如工研院這般處於成熟場域的核心行動者而言，應該更為重要。另外，本章對於工研院的分析，也提供國家創新系統、公共研發機構、科技政策和組織變革等領域新的參考素材。

第四，在策略意涵上，我們的研究指出，工研院之所以可以施展或發展制度策略，重要原因之一是根源於「1：1」政策所取得的資源網絡與變革能力。也就是藉由迎合產業市場邏輯，來因應政策的壓力與控制。這也是 Durand and Jourdan（2012）所稱，藉由迎合次要的制度環境，來應付主要制度環境的壓力，所採取的一種迂迴漸進的

「軟性控制策略」（soft control strategy），這與「聯合次要敵人、打擊主要敵人」的戰略作法，也頗為意旨相通。工研院的作法，可以提供同樣面對多重制度邏輯的變革組織所參考。另外，本章雖在理論上歸納出拼湊、連介與傳播等三種制度策略，但在實務的應用上，這三者都是相互影響也是互為所用。例如，拼湊展現的是路徑依賴特質，亦即行動者可以運用手邊資源或組織慣例，從事漸進式的改變。而若行動者能對外接觸到一些新的元素，那麼行動者也會較有機會帶來新的刺激與契機、啟動新的變革。另外，內部拼湊行動的執行，也可以轉化成為是對外宣告變革的傳播與教化行動，而且不管是透過拼湊或是連介策略所做的事，也都可以成為行動者在進行內外傳播活動時，可以講述的事實。據此，本章主張核心行動者為帶動制度變革而實施的制度策略，是一個多面向的行動集合，換言之，拼湊、連介與傳播這三種制度策略模式，在理論概念上可以是獨立分開的，但在實務的運用上卻又是息息相關。

第五，在政策建議上，本章所討論的創新前瞻計畫，雖然在工研院的努力下，本質上有從計畫層次擴展到機制層次，在科專政策體系中有從法人科專延展到業界科專、學界科專與服務業科專，但是似乎尚未提升到文化層面，亦即，可以普及化而成為總體科技政策運作的一環。這主要可歸因於公部門角色的兩難，一方面的確認知到創新前瞻對於台灣的重要性，也瞭解到創新前瞻需要時間的醞釀與培育，然而本身的監督角色卻又讓其不自覺地必須時時要求績效與效益。作為一個制度改革者，工研院對於創新前瞻的推動，或許起了帶頭與推波助瀾的效果，但若沒有取得其他政府要員或機關同僚的認可，也很難真正憑一己之力而行扭轉乾坤的效果。另外，政府也應賦予所屬財團法人更多組織變革的空間，以期能與國家創新系統一起共同進化，以因應外在環境的變化與挑戰（Intarakumnerd and Goto, 2018）。創新前瞻的成功推動，也更明確工研院的角色定位，應該是敢於嘗試失敗，勇於探索各種未來科技，而非汲汲營營於競逐現有的市場商機，進而導致產業的過度投資與超額競爭。

隨著台灣產業界的實力越來越壯大，政府也應督促民間投入前瞻性研發，而非只是依賴半官方的研發機構，才有機會主導世界潮流。雖說當更多的民間資本取代公共科研支出，或是更多的產學合作取代官學合作，也有可能導致知識擴散受到限制與阻礙，對於台灣的中小企業經濟結構帶來不利的影響（Czarnitzki, Grimpe, and Toole, 2015；Thursby, Thursby, and Gupta-Mukherjee, 2007）。然而隨著大者恆大的國際產業趨勢越來越明顯，鼓勵民間投入前瞻技術研發還是應該加強。另外，不管是對於財團法人或是民間企業，當研發的技術越來越前瞻，創新的來源就越開放，政策的支持也就應更為強調制度性的支持，而非只是減稅、補助等金錢上的獎勵（Aschhoff and Sofka, 2009；Cano-Kollmann, Hamilton, and Mudambi, 2017）。這是因為前瞻技術會更需要連結不同領域的知識，更為關心智財權的保護、人才的培養以及市場的建立，因此也就會更需要政府匯集不同領域的技術專家、完善科研法規制度、設置教育與培訓機構，以及建立有效的技術交易市場。

## 第六章

# 演繹新族群：
# 行動／制度的協奏

　　本章探討 1970 年代末至 2000 年代末這段期間，電腦、半導體、通訊以及光電等高科技公司，在台灣地區的興起過程與所形成的新族群型態。這些公司主要集中在新竹科學園區（換言之，這些新族群也是「新竹群」），是台灣經濟發展過程中，具有特殊、在地性，但又有國際競爭力的新興產業族群。在理論發展上，我們結合意志論的創業創新思維與命定論的路徑依賴觀點，提出一個強調動態、演化與互動的分析架構，以解釋新型態組織賴以發展的基礎。我們認為，台灣新興的科技業者們在創業、創新與成長的過程中，一方面要捕捉市場上的技術機會，動員社會制度所提供的資源，並將這些機會化為現實；另一方面也為後續行動形塑新的制度結構，進而影響其捕捉新一波技術機會的可能性。換句話說，社會制度既是創業家賴以行動的基礎，同時也是創業行動所要改變的對象。

## 第一節　新型態組織如何誕生與成長？

　　進入到 21 世紀的資本主義，開始經歷著翻天覆地的變革與變動（Whitley, 1999；Witt and Redding, 2013）。全球經濟的討論逐漸

地聚焦在新競爭、新聚落、新資本、新科技等議題。同時間，我們也看到世界的各個不同角落，都冒出來許多新的產業，從台灣的電腦及周邊設備（Dedrick and Kraemer, 1998），美國、日本、韓國及台灣的半導體（Langlois and Steinmueller, 2000），芬蘭的行動通訊（Sadowski, Dittrich, and Duysters, 2003），德國的生技製藥（Casper, 2000；Kaiser and Prange, 2004），以色列的軟體業（Breznitz, 2007），東亞的平面顯示器（Murtha, Lenway, and Hart, 2001），新加坡的硬碟機（McKendrick, Doner, and Haggard, 2000），到印度的軟體業（Chaminade and Vang, 2008）和大陸的山寨手機（Lee and Hung, 2014）等。

新的產業不只帶來新的成長與就業機會，也帶來新的遊戲規則，改變經濟組織各層面的運作方式，從技術社群（technological communities）（Tushman and Rosenkopf, 1992；Wade, 1990）、創新系統（Hu and Hung, 2014；Kaiser and Prange, 2004；Spencer, 2003），到全球價值鏈（Dedrick, Kraemer, and Linden, 2010）等的權力關係，都發生徹底的扭轉與變化。如果新型態組織是個重要的議題焦點，那麼我們不禁要問：他們是如何誕生與發展出來的？

所謂的新型態組織，指的是新的組織類型（organizational form）、物種（species）、種群（population）（Hannan and Freeman, 1977, 1989），是在目標、職權、技術與顧客市場等綜合面向表現上，都顯示出與以往不同的特徵（Rao, 1998）。就如同電影《侏羅紀世界》（*Jurassic World*）裡，由科學家所創造出來的「帝王暴龍」，是個全新的物種。然而如「帝王暴龍」這般的單一生物，並無法形成一個「種群」，亦即在定義上，新型態組織是複數、集合體，由在特定邊界內具有共同形態或特徵的全部組織所構成，例如台灣的家族企業、韓國的財閥、日本的經連會（keiretsu）等都是如此（Hamilton and Biggart, 1988；Whitley, 1992, 1999）。

在組織管理文獻上，對於產生新型態組織的原因或機制，可大致

區分為「策略創新」（Schumpeter, 1934；Shane, 2001；Tushman and Anderson, 1986）與「制度形塑」兩種不同的學說（Baum and Oliver, 1992；Baum and Singh, 1994；Meyer and Rowan, 1977；Ruef, 2000；Scott, 1995）；前者可歸類為主體為中心的意志論，後者則是客體主軸的命定論（Burrell and Morgan, 1979）。雖然這兩種學說各自提出許多獨特的見解，原則上，也承襲了社會科學的主軸思維，但終究是難窺全貌，特別是實務意涵與見解上，恐有以偏概全之憾。一方面，策略創新的分析總認為新創事業是英雄的功績，或是自由意志的延伸，因為忽略了環境與制度的角色，而常陷入過於樂觀的期待。另一方面，傳統的制度分析傾向主張創業創新是「落土八分命」、「命運使然」，都是「天上掉下來的禮物」，因為低估行動者或創業家在困苦環境中，扭轉乾坤的能量，而落入了宿命論的窠臼。在本章裡，我們結合以上這兩種觀點，提出一個動態、共演的架構，同時強調創業與制度、變革創新與路徑形塑兩種力量對於新型態組織發展的影響。

　　具體而言，我們的分析架構主要包括三個元素：技術機會、社會制度以及創業行動。「技術機會」指的不只是科技發明與突破所帶來的新產品與服務機會（Teece, Pisano, and Shuen, 1997：523），也包括社會、產業與市場關係的變化，所帶來的新機會（Shane, 2001；Tushman and Anderson, 1986)。例如，4G 的速度，讓 Netflix（網飛）取代 Blockbuster（百視達），成為影音媒體霸主。液晶面板的發明，讓韓國的半導體廠商，有機會可以進入原本由 CRT 廠商所獨佔的顯示器市場，而日本面板廠為了因應韓國的競爭，所籌組的跨國聯盟，則給了台灣廠商開發面板技術與市場的機會。「社會制度」指的是創業創新者的周圍環境與社會脈絡，特別是從政府機構與本土社群所發展出來的有形無形的框架、規則與價值體系，通過規範、專業、整合，將個人和團體行為模式化，具有產業活動的合法性、普遍性和強制性（Barley and Tolbert, 1997；DiMaggio and Powell, 1983；Scott, 1995）。「創業行動」指的則是企業家如何辨識與開發技

術機會，並且盡力去擷取制度資源以合理化與正當化這些活動。換言之，創業行動建立在技術機會與社會制度之上，強調的不只是機會的開發，也要能與制度共舞（Battilana, Leca, and Boxenbaum, 2009；Hung, 2004）。成功、持續、風起雲湧的創業行動，不只可以在經濟上創造新的財富，在社會與認知層次上，也會衍生出新的物種或族群，也就是在目標、職權、技術與顧客市場上，具有類似特徵的新型態組織，並且是形塑社會的一支重要力量。

在應用實徵上，本章研究的對象是 1970 年代末至 2000 年代末這段期間，在台灣的新創科技公司（new technology ventures），包括電腦及周邊設備、通訊、光電以及半導體等。我們將分析這些台灣新創公司如何開發技術機會、處理制度關係，以及追求創業創新活動的一系列過程。在過去的四十年裡，台灣誕生與發展出許多與台灣傳統家族、中小企業不同的資通訊科技公司，並創造出眾所周知、舉世聞名的科技奇蹟。台灣的資通訊產業曾被描述為「東方的矽谷」（Silicon Valley of the East）（Mathews, 1997）、「全球經濟的隱藏中心」（the hidden center of the global economy）（Business Week, 2005：18）、「IT 系統設計與製造的國際中心」（a global center of IT systems design and manufacturing）（Saxenian and Hsu, 2001：894）。隨著海外投資與研發比重的增加，國際影響力與重要性持續與日俱增。如策略創新學者所主張，台灣資通訊產業的成功發展，應是受惠於新一代的科技革命所帶來的新商機，然而這樣的看法並無法解釋，為何是台灣，而不是如香港、新加坡、大陸等其他國家，可以享有如此豐盛的科技果實？制度分析或許對於台灣的特殊發展提出了獨特的解釋，但過於強調制度優勢與先天條件，而忽略了機會開發，也無法全面解釋台灣的特殊之處。事實上，從台灣原有的制度條件，包括政治組織、產業結構、文化傳承等，都看不出台灣何以在世界科技競爭的舞台上，佔有一席之地。在本章裡，我們會強調，同時結合策略創新的自由意志與機會開發觀點，以及制度學派對於脈絡、環境的形塑角色，才能提供台灣新興的科技產業族群，一個比較全面的解釋。

# 第二節　結合策略創新與制度建構觀點

## 一、新型態組織的發展

　　新組織或企業的誕生與茁壯，是現代資本主義的特徵之一，也是促進就業、提升經濟的重要源頭活水。交易成本理論指出，廠商的存在是彌補競爭及價格調節機制不足的重要因素，也是促進市場行為與經濟成長的主要動力（Coase, 1937；Williamson, 1985）。在達爾文的演化理論下，新型態組織或新物種，代表的就是多樣化，沒有了多樣化，也就不會啟動「物競天擇，適者生存」的競爭選擇機制，社會沒有進化，經濟自然停滯（Hannan and Freeman, 1977）。新組織的發展，也是管理學者關心的重要研究議題，從強調意志論的策略創業方法、科技創新文獻，到強調命定論的制度理論、創新系統等，都提出許多精闢的見解。

　　在英雄主義式的創業創新研究領域裡，廠商的誕生來自於技術不連續改變產業均衡，進而提供新創事業的機會（Tushman and Anderson, 1986）。在 Schumpeter（1934）的經濟模型中，每一次的蕭條都代表著一次技術不連續與革新的可能；換言之，資本主義的破壞性與創造性是同源的。而能夠把握機會、抓住機會的企業家，就是能夠擺脫景氣循環、創造新財富的經濟要角。機會的辨識與開發是創業家的主要工作（Shane, 2001）。因為強調的是創造性破壞，創新學者通常會強調自由意志的延伸，而鮮少考慮制度的限制、產業的秩序與市場的均衡（Lounsbury and Glynn, 2001）。即使網絡關係也是創新學者們常會關心的焦點，但是通常只是擷取網絡資源以供創業創新者隨意取用，而不考慮網絡的結構或制度面的規範（e.g., Hargadon, 2003）。

　　另一方面，就制度學者而言，新創事業反應的是社會建構的過程。因為環境造就經濟（Baum and Oliver, 1992；Baum and Singh,

1994；Meyer and Rowan, 1977；Scott, 1995；Ruef, 2000），不同的國家、社會、文化就會發展出不同的產業集群與創新成果。雖然從環境異質性出發的制度觀點，可以解釋不同產業會集中或跨域發展的原因，但是制度同質性的假設，卻也讓其無法解釋在同質環境下，不同型態組織的誕生與發展（DiMaggio and Powell, 1983）。換言之，因為新型態組織代表的是全新的物種，所以制度的同質與單一觀點，無法充分解釋為何同樣的環境可以建構出不同的產業族群。「生命如何找到出路」，或是說自由意志如何突破外在環境的限制，實現自己的夢想與利益，也是在解釋新型態組織現象所應考慮的重要觀點（Baum and Oliver, 1996；Carney and Eric, 2002；Rao, Morrill, and Zald, 2000）。在探討新組織現象時，策略創業與社會建構、科技變革與制度塑造，就像是金庸小說裡的楊過與小龍女、《易經》裡的「乾卦」與「坤卦」，都是偉大動人的創業創新故事裡不可或缺的一環。

據此，在本章裡，我們同時結合策略創新與制度建構觀點，提出一個既考慮意志論，也強調命定論的新型態組織創造架構。下一節裡，我們就介紹這個觀念性架構，並藉以引導本文的個案分析。

## 二、技術機會、社會制度與創業行動

如圖 6-1 所示，本章提出一個由技術機會、社會制度與創業行動等三個構面，所共同演繹出的新型態組織發展過程。首先，就如同個人電腦的誕生造就了 Microsoft、Apple，網路革命成就 Google、Amazon，社群媒體成就了 Facebook、騰訊、抖音一樣，技術改變所帶來的新機會，讓創業創新變得更加可能（Langlois, 1990）。

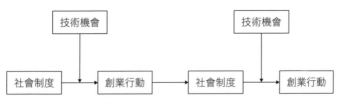

▶ **圖 6-1** 觀念性架構：新型態組織發展的機制

Schumpeter（1934）指出，技術的不連續性帶給了企業家創新的機會，也就是得以重新排列生產要素，從事提高效率、降低成本的經濟活動。自此，「Schumpeter」一詞便與「創業創新」劃上等號，後續的創業研究學者也繼續發揚光大這個論點，而且焦點都擺在機會這兩個字上面（Shane, 2001；Shane and Venkataraman, 2000）。簡言之，新型態組織的創造，就是緣起於創業家或創新者對於新興機會的辨識、開發與實現。

環境給的新創機會當然不只於技術本身，例如政權的更迭、法規的改變、人口的變化，甚或是自然環境所帶來的不確定性與不可預測性，都可能是機會的來源（York and Venkataraman, 2010）。但對於如台灣這般資源稀少、國際地位不行的小型經濟體而言，根源於技術機會的創新，才比較能夠真正達到競爭優勢與可持續性。事實上，科技的創新，不只會改變原有的產業均衡，也為新進入者開啟挑戰甚或是取代既有產業領導者的契機（Christensen, 1997；Henderson and Clark, 1990；Tushman and Anderson, 1986）。隨著經濟的發展越來越受到科技的主導，再加上科技無國界的特性，技術改變所帶來的機會，相較於其他外在環境而言，更顯得重要（Adner and Levinthal, 2002）。就如 Apple、Google、Facebook 與 Amazon 等科技巨擘所示，根源於技術機會的資本創新，也總是帶來更大的國家財富增長動力。

正所謂機會是留給有準備的人。準備與否，除了創業者自己本身的學經歷與知識外，就看是否有正當性資源的輔助，也就是得到所屬制度結構或社會網絡的認可與肯定（Aldrich and Fiol, 1994；Clough, Fang, Vissa, and Wu, 2019）。從輸入－輸出之系統觀點而言，機會與資源都是創業或創新所必須，Morris（1998）就認為，創業程式之輸入單元應包含機會、個體組織脈絡、獨特的商業觀念以及資源，而其產出則是持續經營的企業、價值創造、新商品或是服務、新技術以及企業成長等。因為新創者通常都會面對「小規模制約」（the liability of smallness）或「新設立制約」（the liability of newness）（Freeman,

Carroll, and Hannan, 1983；Henderson, 1999；Singh, Tucker, and House, 1986），所以更需要正當性的加持，才得以募集資金、招募員工、建立聯盟與吸引新的合作夥伴。在論及新型態組織發展過程中的牽涉因素時，如果技術機會談的是產品、功能、效率，那麼社會制度提醒我們的就是正當性、合理化（Baum and Oliver, 1992；Baum and Singh, 1994；Carney and Eric, 2002；Ruef, 2000；Scott, 1995；Thornton, 1999）。對於任何的新創事業而言，產品技術與正當性，都是同樣重要的東西。缺乏正當性的創業家，就如同航行於茫茫大海的一葉孤舟，或是「龍戰於野，其血玄黃」[1]的悲劇英雄。

　　新創公司的正當化過程，就是其目標、組織、治理、產品與日常運作事務等，都能反映國家社會的價值、規範與期望。政府組織與政策是正當化的重要來源（Dobbin and Dowd, 1997；Hillman, Zardkoohi, and Bierman, 1999；Spencer, Murtha, and Lenway, 2005），特別是對那些具有嚴格法規限制的行業，如醫療照顧（洪世章、林秀萍，2017；Ruef, 2000）、金融保險、國防武器等。在東亞地區，政府的角色也相對重要（Amsden, 1989；Amsden and Chu, 2003；Hamilton and Biggart, 1988；Murtha et al., 2001），因此如何處理政商關係，善用政府資源，總是重要的管理議題。Zhao and Ziedonis（in press）最近的實證研究就發現，政府的競爭型研發補助計畫，對於缺乏人脈資源、信用紀錄與地理集群優勢的的新創公司發展，具有顯著的正面影響效果。除了政府以外，文化、社群習俗、各國之間不同的風土民情也都是重要的制度因素（Baker, Gedajlovic, and Lubatkin, 2005）。雖說社會制度談的是「順勢者昌」，但獲取正當性的來源，不是只有一味的配合、順從，或是妥協、躲避，也包括策略性的對抗、操縱，甚至進而改變它（Oliver, 1991）。制度不是只有決定行動，也可為其所用（Fligstein, 1997；Giddens, 1984；Whittington, 1992）。正所謂天下大亂，形勢大好。Taalbi（2017）的研究證實，大多數的

---

[1] 出自《易經》坤卦的爻辭：「上六，龍戰于野，其血玄黃。」

創新都是來自於對於歷史上的意外事件或特定問題的回應。在科技不連續、機會風起雲湧的過程中，企業家總是能找到變革的空間，進而改變其所處的周圍環境與制度。就如晚唐詩人羅隱在《籌筆驛》七律詩中所言：「時來天地皆同力，運去英雄不自由」，時勢與機運、制度與機會，都是英雄之所以可以成為英雄的主導因素。

　　就社會制度對於創業行動與新型態組織發展的影響，可以分兩方面說明。首先，如果制度環境有利於新技術的發展，創業創新者就是處在順水推舟的有利位置，不只容易延續既有能力路徑與優勢，也比較容易取得資金、動員人力，以及獲取正當性（Romanelli, 1989）。其次，如果制度環境不利於新技術的發展（Hoffman and Ocasio, 2001），創業創新者就會處在比較不利的位置，因為要尋求更多對抗制度壓力的能量，變革策略或能動性發揮就很重要。或由於制度的多元性（Whittington, 1992），也或由於技術的跨國發展傾向（Garud, Jain, and Kumaraswamy, 2002；Garud and Karnøe, 2003；Hung, 2004），創新者在變革中總是能找到支撐其正當性或合理性的制度來源。

　　因為沒有完美的環境來支持科技創業，企業家多多少少都需要懂得洞察時勢，並好好規劃與執行創新策略，以對抗環境的壓力以及開發可能的市場機會（Garud, Gehman, and Giuliani, 2014）。而即便大勢有利，機會也不是就會留給耐心等待或幸運之人，而是留給做足充分準備的人。

　　據此，創業家或行動者首先都必須擁有察覺機會的知識力，不管是透過反思或是學習，更需懂得培養該能力使之成為一種優勢來源（Kogut and Zander, 1996），並且使之成為一種持續更新與擴充的動態能力（Ambrosini, Bowman, and Collier, 2009）。在此，創業家過去的學經歷、工作關係、自主人際關係、親屬關係與社群等，構成其自身的先驗知識，而此不只是誘發創業冒險的動力，也是構建機會辨識的基礎（Shane, 2003）。創業者最初會尋求生意上的連結、家庭與朋友，來取得資訊、實體資源、資本、銷售管道與社會性的支援，以將

概念轉變成實際的商業活動。首先，這些非正式的交情與家庭連結，是以情感或是社會性的關係出現，但在創業與追求財富的過程中，進而轉變而為制度連結的可能，並提供滋養創業家的理性思考與市場判斷的主要土壤（Davidsson and Honig, 2003；Larson, 1992；Starr and MacMillan, 1990）。例如一個在職專班課堂上的同學，雖然是以社會性的關係開始，但是也可能是提供市場資訊與賺錢機會的重要來源。機會的辨識既是在多元開放環境中的經濟行為與市場分析，也是社會建構過程中所形成的理性選擇與知識力（Fletcher, 2006）。

其次，創業者或行動者也必須知道有哪些工具或方法，可資用以回應與處理制度壓力。所謂「工欲善其事，必先利其器」，對行動者而言，策略方案就如同對抗制度與解決問題的「工具包」（toolkit）。在制度的對抗中，學者們在過往研究中提出了許多不同的制度策略類型可供運用，從賦名、談判、整合、橋接，到斡旋、操縱等（請見前一章的討論）。雖說很多的作法或多或少有些重複，但都是可以提供創業創新者有效發揮能動性的可用來源。創業行動就是既要考量技術機會的開發，也要採取有效的策略行動，處理制度關係，取得實現機會所需的資源與正當性。在產業或群體的層次，正當性的建立開始於個人的努力，加上跟隨者的投入，從而慢慢達到跨越門檻的起增點（Rutherford and Buller, 2007；Wijen and Ansari, 2007）。隨著產業關係的連結與集群的建立（Dobrev, 2001；Saxenian, 1994；Stuart and Sorenson, 2003），群體行為慢慢出現，並開始出現一些同質化的發展，新型態組織也於焉成形，並進而改變了所屬制度環境的價值與規範。技術社群與網絡的發展，加上 S 曲線擴散效果（Utterback, 1994；Vernon, 1979），都提供給了創業創新者更多的產品與服務機會，進而改變原有的產業生態與均衡（Klepper, 1996）。隨著技術的不斷變遷，不同類型機會的出現，行動也不斷的演變，而隨著選擇環境機制的發揮，失敗者的退出，成功者更加強化其行為，新型態組織的模式更加強化的建立在成功、有競爭力的企業身上。效率的提升，財富的創造，進而強化產業的正當性的水準，也連帶使得新型態組織

的社會認同或身份更加的色彩鮮明。而這個結構化過程（Barley and Tolbert, 1997；Giddens, 1984），也就是結構影響行動、行動改變結構的機制，在新型態組織發展現象的表現。

## 第三節　從家族企業到科技新貴

本章所分析的對象是資通訊領域的高科技廠商，其與台灣原有熟知的家族企業有著很多本質上的不同。一直以來，台灣經濟組織的核心就是家族企業（王振寰、溫肇東，2011；謝國興，1993；Hamilton and Kao, 1990；Whitley, 1992）。家族主義（familism）是中國幾千年的傳統，在現代的資本主義裡取得新的生命，而以家族企業的方式存在。當家族走入企業，父權成了職權，血緣、親緣取代了階級組織，成為統治、溝通與資源分配的基礎。中國家族企業的經營目標，是要保護與照顧家族的利益、維持獨立自主，不受外人干預，核心領導明確，股權結構因此相對集中，不願意「印股票換鈔票」。高階主管們通常是家族成員或朋友，升遷最後看的還是 DNA。1970 年代起始所推動的「家庭即工廠」，讓更多家族走入了產業，夫妻一起甘苦創業變得很常見，先生通常負責技術、業務，太太則把關財務，而在《票據法》的影響下，太太也都習慣於掛名公司負責人。職稱或層級不必然反映權力結構，專業經理人的決策空間也相對限縮。員工的承諾與投入，代表的是對於家族的忠誠，權力的基礎倚靠的是個人的關係與家族的連結。對股權的必須與絕對掌控，限縮了對外合作與規模成長的空間。因為小而美的企業更有利於家族的傳承，利潤的考量因此永遠優於市場佔有率，對於研發、品牌、通路等的經營也就相對保守。微利代工是典型的事業類型，策略上強調的就是成本競爭、利基市場與逐水草而居的機會式成長。快速模仿或複製是成長的重要管道，也不會費心在智財或專利上的經營與佈局。

相對於傳統的家族企業，從 1980 年代開始，台灣開始出現不同於家族企業、強調專業治理的公司，這在資訊科技業更為普遍（林玉

娟、葉匡時，2008）。這些新創事業，通常位於科技園區，產業群聚明顯，高學歷者多、科技含量高，研發優勢強是共同的特徵。或由於股票市場的蓬勃發展，或由於資本需求比較高，科技創業者更願意上市上櫃，分散股權結構，有些甚至會在脫手自己的草創公司後，以所獲得的資金再尋求另一次機會。舉個數字，1961～1985 年間，台灣約共只有 100 間上市公司，但自此以後，每年平均約有 30 間新的公開發行公司（Liu, Ahlstrom, and Yeh, 2006）。

在經營目標上，股東權益明顯優於家族利益。事實上，創辦人自己的家庭成員也很少會在公司任職，或是倚靠私人關係取得更大的職權。在公開發行之後，科技公司會更願意聘用專業經理人擔任執行長，以及更多獨立自主的專業人士擔任獨立董監事。專業或科技人士開始改變了台灣的產業結構。例如，技術或知識性的員工，佔總勞動人口的比率，從 1992 年的 11.2%，上升到 2007 年的 25.6%。台灣的MBA 畢業生，從 1998 年的 1,818 位，上升到 2006 年的 9,381 位。合資、聯盟、交互持股等各種不同形式的合作，開始變得稀鬆平常，而且也願意投入大筆資金，追求購併式成長。在策略上，這些科技公司不再滿足於模仿、老二哲學、低成本優勢，而是願意投入更多的研發經費，追求產品與製程上的創新。事實上，整個台灣研發經費佔GDP 的比率，從 1981 年的 0.91%，到了 2008 年，上升到相當於美國水準的 2.77%。產品創新、技術突破、顧客服務等傳統微笑曲線的兩端，慢慢變得跟製造、工程一樣重要，甚或是更加的受到產業內的重視。國際投資與交流越來越蓬勃，設計、品牌、市場經營漸漸成為公司經營的重點。舉個數字，1980 年代時，台灣的對外投資金額從 4千 2 百萬美金成長至 9 億 3 千萬美金，而在 1990～2007 年間，再從15 億美金成長至 64 億美金，成長幅度大於 1980 年代。蓬勃的產業發展，加上一度盛行的分紅配股制度，也為這些公司的創業者或經理人贏得「科技新貴」的稱號。

整體而言，台灣資訊產業的發展，不只受益於 1980 年代起始的資訊革命，與台灣的社會發展、國家體制也發生緊密的連結（Chang and Shih, 2004；Yeung, 2000）。[2] 1980 年代開始的民主化浪潮，讓台灣的企業更願意投入資金，建立國際連結，強化品牌之路。一方面政府對於科技的投入也與日俱增，包括工研院等法人的建置、科學園區的設立等，都提升了科技業在台灣的發展力道。但另一方面，台灣社會或國家系統的一些習俗、規範或文化，也還是繼續延續，進而影響很多創業創新活動的進行。在以下的篇幅裡，我們就要來討論，在台灣過去的三、四十年間，技術機會、社會制度與創業行動之間如何互動，進而催生出新一代的台灣科技族群。

## 第四節　科技族群的誕生與發展

### 一、萌芽期：1970 年代末期～ 1980 年代末期

#### 技術機會

1971 年，Intel 發明第一顆微處理器 4004，當時這顆晶片上的電晶體零件數目約為 2,000 多顆。1974 年，MITS 率先在這個基礎上，推出了全世界第一台個人電腦 —— Altair 8800。[3]《Radio Electronics》與《Popular Electronics》等電腦雜誌也開始流行，初期的訂戶都是電腦玩家，平時也組成業餘的俱樂部，互相切磋電腦技術。[4] 技術的提升加上知識的擴散帶動產業的發展，包括 Apple 及數家大型廠商都陸續加入，並且共同催生了電腦零售的新商業模式。Apple II 的大受

---

[2] 在洪世章、李傳楷（2011）一文裡，我們將台灣的科技發展劃分成二個階段，首先是第二次世界大戰之後到 1980 年代早期，由戰後經濟復甦所帶動；其次是從 1980 年代早期至今，由資訊革命所帶動的。本章所專注的就是第二階段的發展。

[3] MITS 的創辦人為 Ed Roberts，在 1968 年創立時，主要經營計算器的製造，然而 1973 年 TI 以削價策略進入市場，使 MITS 的業務大受影響，幾乎面臨宣告破產、倒閉的命運。Roberts 為了挽救公司，便以 Intel 8080 為基礎，自行開發出 Altair 8800，經由 1974 年 12 月《Popular Electronics》報導之後，獲得廣大迴響。

[4] 設立於 1975 年 3 月 5 日的 Homebrew Computer Club（家釀電腦俱樂部），算是最為知名的玩家俱樂部，早期的成員包括後來創辦 Apple 的 Steve Jobs 與 Steve Wozniak。

歡迎，讓 IBM 決定跨入個人電腦領域，而為了快速推出產品，決定採用以 Intel 的 CPU 與 Microsoft 作業系統為基礎所建立的開放式架構。IBM 亦打破行之多年的經銷原則，將個人電腦由一般電腦零售商銷售，藉以接觸廣大消費群。在 1981 至 1984 年間，IBM 的市場佔有率超過三分之一。開放式架構的設計，意外地吸引了一批追隨者加入相容產品的研發。譬如 Compaq 利用還原工程原理，拆解 IBM 個人電腦的 ROM-BIOS，在 1983 年開發出第一台與 IBM 相容的個人電腦。[5] 隨著追隨者或相容者逐漸增多，競爭加劇，個人電腦的價格也很快下降到足以打開大眾市場的地步。

IBM 相容電腦的成功，意外造就的霸主是 Intel 與 Microsoft，而不是原先的主導者 IBM。為了扭轉此一現象，1987 年，IBM 嘗試用 PS2 來取代以 Wintel 為基礎的 IBM 相容性個人電腦系統，但沒有成功。透過不斷推出新一代產品，Microsoft 及 Intel 打造了一個強調一致性與相容性的開放系統，電腦的生產不再是由大型企業的封閉式架構中，垂直整合專屬的零組件、周邊設備、軟體，而轉變成用許多共同標準的零組件、周邊設備及軟體供應商所組裝而成的個人電腦。由垂直整合到垂直分工之轉變，開放性架構降低了技術與資本的進入門檻。同時，由於產品標準化，成本成為重要競爭力因素，個人電腦製造商要不斷尋求成本更低的勞力及零組件，而形成產業分散化的結構，此為台灣創造了進入個人電腦產業的契機（Dedrick and Kraemer, 1998）。

在電腦產業結構轉變的同時，半導體產業的結構亦因為個人電腦所帶動的商機，加上半導體本身技術的進步，而產生變化。由於閘陣列（gate array）與標準元件（standard cell）技術的成熟，而有 ASIC（application specific integrated circuit）與 ASSP（application specific standard product）的出現。ASIC 是依特定用途而設計的特殊規格邏

---

[5] 同年在波士頓新創的 Phoenix Technologies 也以同樣方法發展自有的 ROM-BIOS，並且以每顆 25 美元的價格銷售 IBM 相容的 BIOS 晶片。

輯 IC，ASSP 則為適合多家系統廠商適用的 ASIC。由於標準元件資料庫的運用，系統工程師可以以 IC 公司所提供的邏輯閘元件庫設計 IC，也因此可以快速提升 IC 設計之生產力。此時出現了 Fabless IC 公司，將 ASSP 以標準產品方式銷售，亦可能幫助客戶設計 ASIC，製造則交由專業代工廠或 IC 廠代工。[6] ASIC 與 ASSP 的出現，使得原本由 IDM 大廠囊括設計、製造、封裝及測試的經營方式，開始分工為晶片設計、專業代工、專業封裝及專業測試四大類型廠商。也因為一些專注在設計的新創公司沒有生產設備，初期只能與同為競爭者的整合元件廠合作，以利用其多餘產能。兩者之間的矛盾後來便隨著利基市場逐漸擴大而被激化。台灣的半導體產業便是在此產業結構改變的時機裡乘勢而起。

## 社會制度

　　台灣作為一個典型的重商主義社會，一直把經濟發展放在首位。由於國際政治上的孤立與不確定性，執政者一向透過策略性的產業政策來刺激工業發展（例如，1981 年 9 月，政府就明訂資訊業為策略性工業之一），以強化統治的正當性，以及在軍事及經濟上的獨立。具體作為如政府會透過對於生產要素及資金市場的控制，來影響要素成本及匯率，以便有效地治理市場、發展產業（瞿宛文，2017；Wade, 1990）。台灣不只水電油等成本偏低，即便是高階人力也是如此。例如 1970、1980 年代，擁有大學學歷的台灣工程師，約每年賺得 15,000 美金，是美國同等人員的三分之一。換言之，在台灣經商或做生意，產業政策就有如西洋歌手 Bette Midler 所傳唱的《翼下之風》（*Wind Beneath My Wings*），總是讓資本家或創業者感覺到「跟他

---

[6] 半導體的設計與製造可以如同建築師與營造廠的關係，分開獨立進行的想法，最早應是在 1970 年代，由 Carver Mead 與 Lynn Conway 所提出。兩人所合寫的《*Introduction to VLSI Systems*》（超大型積體電路，1980 年出版）一書，內容就側重在設計，並提出通過程式語言來進行晶片設計的新構想。

們是同一國的」。雖說產業政策有利企業家，但政府也盡力避免民間形成像日韓一樣的大型財團，主要原因是防止地方經濟勢力對於中央集權合法性的挑戰。結果是家族經營的中小企業成為外銷導向的產業主體，而內需產業則由政府企業或是與政府關係良好的集團所掌控。台灣的中小企業就像散佈在東亞的華人家族企業一樣，都是以機會主義及彈性取勝，仰賴短期外包、協力網絡，以及良好訓練與紀律的廉價勞工，來追求低成本的製造優勢。

1970 年代台灣的工業結構主要為紡織、消費性電子、重化工業等勞力密集的工業。隨著台灣的經濟成長，勞動力成本提高，相對於亞、非與美洲等地的其他開發中國家的低廉勞力，台灣在勞力密集型產業上逐漸失去競爭力。再加上美元大幅升值、國際貿易保護主義抬頭、能源危機等因素，台灣政府感受到維持經濟成長的壓力，而採取改變產業結構，發展高附加價值的科技產業之策略。為達成產業升級的目標，台灣當局使用了許多政策工具，如 1980 年設立「新竹科學工業園區」（以下簡稱竹科），提供稅率的優惠及良好的基礎建設來扶植高科技產業；1984 年《獎勵投資條例》、解除外匯管制、開放民間銀行。1980 年代中期，政府嚴格控管的股票市場快速蓬勃發展，也有助於科技公司的資金籌措。

除了政府產業政策的鼓勵外，1960 年代，General Instrument（通用儀器）、TI、Sanyo（三洋）及 Panasonic（松下）在台灣投資設廠生產消費性電子產品與零件，將技術、品管和管理的知識帶進台灣。隨著投資及貿易逐漸成長，它們與本地制度的相互依賴也逐漸增加，連帶也培養了台灣具有大量製造能力與健全的零件工業體系（王振寰，2010）。工程技術導向也開始滲透到高等教育體系，與專業化的趨勢互相產生強化效果。值此所建立了電子工業基礎，為本地企業家後續進入電腦工業提供了良好的制度條件。例如台灣就因為有電視機產業的基礎，所以能夠順利且快速的跨入終端機、監視器工業。

另一個形塑台灣科技業發展的制度基礎則建立在國際連結，特別是來自於美國矽谷的人才回流。1978 年黨禁、報禁解除，1987 年解

嚴，台灣的政治逐漸走向開放，經濟方面亦更趨向市場經濟，吸引了
更多具事業企圖心的海外學人回國發展。例如，全友王渤渤、台揚謝
其嘉、東訊劉兆凱等，都是海外學人回國在竹科創業的早期例子。
台灣為技術追趕者的角色，透過海外人才建立引進技術，是最為快速
的方式，連帶著國際產業人脈，也幫助尋求技術移轉與合作的對象。
海外人才回流趨勢，一直延續到 1990 年代的後期，而隨著許多企業
因為規模與技術的成長，海外華人歸國已比早期只有自行創業的唯
一模式，多出更多的工作選擇與就業機會。原本以政府資金為主的園
區企業，隨著個人電腦、周邊與半導體的成功，吸引民間資金開始投
入高科技與竹科，更好的展望吸引更多的海外華人回台，也帶來更先
進的技術，與矽谷的連結也更加緊密，進而對於台灣科技業形成更好
的良性循環（Saxenian and Hsu, 2001）。就如同京杭大運河的建造串
聯起黃河流域與長江流域，帶動古代中國區域經濟與商品貿易的繁榮
發展，這些回流的國外專家連接了矽谷與竹科，促進科技業的國際合
作，讓台灣進一步鑲嵌入國際價值鏈的分工環節之中。

### 創業行動

　　台灣資訊業的最源頭，是由個人電腦所發動。1970 年代末期，
大同和聲寶等老牌家電廠商所領導的產業活動開始萌芽，但當時僅是
出口少量監視器。1980 年代開始，個人電腦的革命與衍生的商機，
為台灣帶來突破性的發展。在此技術機會的開發上，本地創業家一開
始是透過廉價仿冒的策略，切入以零售為主的 Apple II 商機，其中以
神通（1974 年～）及宏碁（1976 年～）最具代表性。神通以 Intel 業
務代表起家，是一家兼具家族及外商色彩的新創企業，因為負責人苗
豐強一方面是聯華實業創辦人苗育秀之子，另一方面則是從小在美國
受教育，曾在成立不久的 Intel 公司工作過，不僅與 Intel 創辦人之一
Andy Grove 結成好友，也與矽谷建立了緊密的商業關係。因此神通
建立正當性的方式，主要是透過與家族集團及跨國商業社群的連結，
一方面援引家族集團的力量來成長，另一方面從矽谷引進商業經營的

手法或最佳實務。

宏碁的成立雖然晚於神通，卻帶動了我國個人電腦業的早期創業潮。1976 年，面對崛起中的個人電腦機會，施振榮於工作數年之後與妻子及幾個朋友創立宏碁，先是在台北家中，後來在 1981 年移到竹科，從貿易跨入生產製造領域。受到宏碁成功的啟發，受到政府打壓的一批原來做電動賭博玩具的零組件業者，轉移他們的機器設備去生產技術原理相似的 Apple II 相容品（王百祿，1988）。因為當時政府及社會對於智慧財產權毫無概念，[7] 他們主要的技術策略就是仿冒，先是 Apple II，後來是 IBM 相容性個人電腦，並且依靠在地的產業網絡來建立他們的新創事業。雖然一些核心元件像晶片、硬碟、液晶顯示器和作業系統必須依賴進口，但是個人電腦的產品設計部分確實是本地廠商所掌握。這和台灣傳統的組裝產業如電視業在早期發展上，大都依賴日本的零組件供應和產品設計，有明顯的差異。

由 Intel 與 Microsoft 主導的 Wintel 系統為台灣廠商帶來了正面的外部性，帶動了個人電腦產業的快速成長。國內推動產業升級的政策優惠，也為個人電腦與周邊產業提供了一定的幫助；相對的，個人電腦產業的快速成長，也為種種政策工具提供了正當性。工研院對於個人電腦的發展，也應記上一筆，不只宏碁的第一條生產線是由工研院協助建立，台灣生產 IBM 相容性個人電腦的 BIOS（basic input/output system；基本輸入輸出系統）侵權問題，也是工研院協助解決。宏碁的營收在 1983 年成長了 50%，1984 至 1986 年 100%，達到 4 億元，但不同於其他大多數廠商的仿冒路線，宏碁除了代工以外，也嘗試開創自有品牌，並且透過購併兩家美國迷你電腦公司，開始走向海外市場。由於缺乏家族集團的支持，宏碁主要是以強調集體創業、分散股權、群龍無首、高峰會議等凝聚大家利益的方式，加上

---

[7] 台積電創辦人張忠謀在一次演講中透露，1968 年他陪同 TI 執行長 Mark Shepherd 拜訪當時的經濟部長李國鼎，尋求到台灣設廠，但希望台灣必須保護智慧財產權，李國鼎就認為：「智財權是帝國主義欺負落後國家的東西！」（聯合報，2019 年 6 月 6 日，第 A8 版）。

對於微笑曲線的宣揚與說故事的方式，來取得建立品牌及海外併購的正當性。施振榮創辦「台北市電腦商業同業公會」，擔任第一任主席，積極參與新聞公關活動，出版多本刊物來宣揚他的理念（例如：王百祿，1988；洪魁東，1988），並延攬擔任 IBM 副總裁的劉英武加入宏碁。這些行動大大拉近了宏碁與政府的距離，也讓宏碁被公認為國家的明日之星，進而獲取成長所需的資源（Hung and Tseng, 2017；Lubinski and Wadhwani, 2020）。換言之，即便宏碁的品牌行銷不被產業的主流價值或「主導邏輯」所接受，但它仍能在台灣的多元化社會運動過程中，取得其他次要制度邏輯如政府政策的支持，來因應正當性的挑戰（Durand and Jourdan, 2012；Pache and Santos, 2010）。而在宏碁、神通與台灣眾多電腦公司的推波助瀾之下，也更加奠定 IBM 相容電腦不可動搖的主流地位，進而帶來更多的海外代工機會。

　　隨著宏碁在 1988 年成功上市，個人電腦的創業就變成既自然又正當的選項。除了系統廠之外，周邊零組件廠也蔚為風潮，因為他們藉著外包或外購來管理產能擴充，一家成立之後通常會帶動好幾家的成立，加上 Wintel 開放系統設計又特別適合零組件廠的發展，因此在 1980 年代末期，零組件廠如雨後春筍般地冒出來，包括監視器、滑鼠、印刷電路板、附加卡、掃描器等。因為在個人電腦與周邊代工獲得成功，1980 年代後期開始許多企業嘗試學著宏碁一般推動自有品牌，如佳佳、詮腦、旭青等，但因為遇上激烈的價格競爭，再加上全球不景氣，未能在國際市場建立其配銷通路與品牌價值，皆鎩羽而歸。除了宏碁繼續堅持自有品牌的策略外，大部分存活下來的企業又都轉回代工生產。另一個創業的挫折則來自於硬碟機，主要的失敗原因是參與者無法掌握關鍵技術，也無法與矽谷建立聯繫（見第三章）。另外兩個台灣無法發展的領域是微處理器與軟體，前者掌握在 Intel 手中，與硬碟機同樣具有高技術門檻；後者則由 Microsoft 所主導，事實上，軟體設計也一直不是台灣工程師文化的偏好。例外的是，趨勢科技在防毒軟體上卻有很好的表現，這應與台灣的盜版軟體盛行有關。

　　相較於個人電腦主要依靠私人經濟、民間資本而成長，半導體則是計畫經濟、國家資本的完美產物。1973年政府成立工研院，1975年由工研院負責引進RCA的7微米CMOS（complementary metal-oxide-semiconductor；互補式金屬氧化物半導體）製程技術，[8] 1980年代從工研院衍生出聯電（1980）、大王電子（1981）、華邦（1987）、華隆（1987）等整合式設計暨製造廠。聯電是產業先鋒，初始投資原本包含聯華實業的5%，但卻在發起人會議當天臨時叫停，後由工研院再行補上（吳淑敏，2019：129-130）。聯電是既有設計又有製造的IDM公司，一開始主打技術層次較低的利基市場，生產諸如電子錶、計算機、電視機所用的各種IC與音樂IC。產品策略的成功，為聯電奠立了早期的市場地位。1990年代中期之後，由於微電腦市場的萌發，電腦用IC以及記憶體IC等工業用產品市場規模與需求逐漸成長，故聯電由生產消費性IC產品中累積技術能力後，開始朝工業用產品所需技術能力發展。1985年股票上市，讓聯電進一步成為台灣的科技標竿。聯電的IDM事業，讓台灣的半導體開始邁出大步，然而真正塑造出台灣半導體的國際創新面貌，則是直到1987年，台積電發展出新的晶圓代工模式之後。

　　台積電的創辦人張忠謀擁有美國麻省理工學院機械工程學士、碩士，以及美國史丹福電機工程博士學位，在工作上，則歷經美國TI半導體部門總經理、全球半導體集團總經理、總公司資深副總裁與General Instrument總裁等職位。因為其豐富的國際產業經驗，1985年時，應當時的行政院長孫運璿之邀，回到台灣擔任工研院院長。這段期間，他觀察到台灣就業市場具備高素質的人力資源，而察覺到台

---

[8] 當時半導體的製程技術有NMOS（n-channel metal-oxide-semiconductor；N型通道金屬氧化物半導體）、PMOS（p-channel metal-oxide-semiconductor；P型通道金屬氧化物半導體）、Bipolar（雙載子）、CMOS等，雖然TAC顧問看好CMOS，但這也非十足「事前諸葛亮」的先見之明。工研院前院長史欽泰回憶：「當時我們都認為CMOS有很多好處，但是又怕預測的不對，所以也向RCA要求移轉NMOS，當作是個『附贈』的技術。」（張如心、潘文淵文教基金會，2006：93）。

灣在工程製造方面的優勢。張忠謀就曾經在一次公開演講提到，早年他在美國工作時，因為日本的出差經驗，就已經瞭解到，亞洲人的纖細、靈巧雙手在半導體的製造上，會擁有提升良率的先天優勢。另外，因為半導體設計技術 ASIC 與 ASSP 的出現，使得晶圓專業製造的獨立成為可能，再加上張忠謀深入研究世界前二十大半導體公司財務報表後，發現大部分半導體公司並未具備足夠現金興建大型晶圓廠。值此，張忠謀建議發展不同於現有的整合式設計暨製造廠，建立只專注於生產的超大型積體電路製造產能，以提供美國半導體廠商及設計公司的晶圓代工服務。

然而，張忠謀的想法，一開始大家都不看好。李國鼎回憶：「記得當時他準備了資料跟行政院俞國華院長做簡報，簡報的情形看來不是這麼樂觀，成本和投資的比例計算下來，需要相當長的時間才能回本。」（楊艾俐，1998：VII）。但最後，政府還是拍版定案，要發展積體電路。在政府高官與張忠謀等人的努力奔走籌資下，台積電終於可以成立。在 79 億 1,000 萬元的總投資金額中，除了行政院開發基金的 48.3%、Philips 的 27.5% 外，其餘的 24.2%，即由政府出面協調台塑、華夏、裕隆等數家知名財團及黨營中央投資公司，分別出面認購。技術方面，初期主要移轉 Philips 及工研院電子所之技術，而其人力資源亦來自工研院電子所。一開始，張忠謀就定位台積電為國際公司，也成功網羅曾任 GE 半導體事業總裁的 James Dykes 擔任總經理。由於沒有任何家族集團入股，台積電也得以擺脫家族集團的裙帶與投機取向。但也或由於此，台灣傳統企業似乎並不看好台積電的未來，例如台塑就在台積電成立三年之後（1989 年），就出清所投資的所有 5% 股票；[9] 就如先前所提，由苗育秀所創辦的聯華實業，臨時

---

[9] 聯合報，1989 年 3 月 30 日，第 6 版。

退出對於聯電的 5% 初始投資，是一樣的道理。[10]

## 二、擴散期：1980 年代末期～ 1990 年代末期

### 技術機會

1980 年代末期之後，個人電腦的發展已完全脫離 IBM 的掌控，開放性系統成為牢不可破的主流標準，產業創新的重點也從產品設計移往製程與通路。因為各家廠商的產品同質性極高，訴求差異化策略的難度增高，價格競爭變得越形激烈。當時市佔率最高的 Compaq，面臨 Dell、Gateway 等採直銷方式的廠商節節進逼的威脅，為保衛其市場地位，引發了個人電腦的價格戰，使價格大跌 30% ～ 40%。國際大廠為了強化削價競爭的策略，專注於本身產品設計與行銷，對低成本、具彈性的代工夥伴的需求與依賴更形加重。個人電腦的價格戰壓縮了所有企業的利潤空間，尤以附加價值較低的代工生產為甚，成本控制能力對個人電腦製造廠變得至為重要，當然這也對台灣的代工產業提供了許多綿延不斷的市場機會。

另一方面，1990 年代之後，個人電腦人機介面與多媒體技術逐漸成熟，除了在應用層面上更為廣泛，也連帶促進在 CPU、RAM 和 LCD 等周邊技術上的投資，而這都給資訊革命添了新的柴火，讓電腦或資訊產業整體產值得以不斷成長。1995 年 Microsoft 推出 Windows 95，其圖形化的操作方式大幅提高人機介面的親和力，讓個人電腦更為普及，也帶動大量的 IC 及周邊硬體的需求，1994 年全球唯讀型光碟機市場就呈近二・五倍的高速成長。更好的作業系統，也讓消費者對硬體的需求提高，而這除了驅動個人電腦的成長外，所創造的大量 IC 需求，也使得全球半導體產業隨之高度成長。在多媒

---

[10] 傳統產業因為普遍錯過半導體產業的興盛發展時期，因此對於後來液晶面板都顯示出濃厚的興趣，瀚宇彩晶、奇美電子，就都由傳統產業投資成立。台塑雖然因為主其事的王文洋發生呂安妮事件，而放棄液晶面板計畫，但後來還是有轉投資成立南亞科技，進入半導體業。

體與網路技術興起的過程中，由於規格尚未確定，新技術、產品層出不窮，各大廠要不斷推出許多不同配備的個人電腦，以提供多媒體與網路功能給不同需求的客戶，因此使得產品生命週期縮短，技術與零組件價格的突然改變成為巨大的風險。生產者要能夠快速追趕極短的產品生命週期，具備經常更換產品的彈性生產能力，快速反應與生產能力成為個人電腦產業競爭的重要因素。

另外，網際網路（Internet）之興起，帶來個人電腦應用上之急遽式技術創新。自 1991 年美國 NSF（National Science Foundation；國家科學基金會）正式解除網際網路商用化禁止之限制後，商業性的網際網路服務業者（Internet Service Provider；ISP）逐漸成長，開始提供各類型的加值服務。網際網路上的應用則越來越廣，Wide Area Information Servers（WAIS）、Gopher、WWW（World Wide Web；全球資訊網）等，從原來教育、研究之使用開始轉變成商業化的應用。其中 WWW 在簡單易用的瀏覽器推出後，企業界和媒體開始大量使用與報導網際網路，而相關用戶呈爆炸性的成長。1994 年，Netscape（網景）瀏覽器的推出，讓網際網路用戶數一舉衝過 2,500 萬，儼然一個基於網際網路的新經濟於焉成形。

### 社會制度

1980 年代末期，經過十多年的發展，產業政策繼續往高科技傾斜，而且逐漸加重力道，政府持續介入市場，對於企業家也更為友善。由於一連串的政治變化，包括蔣經國逝世、選舉更普及，以及李登輝的「台灣化」或「去中國化」策略，產業政策也開始染上本土色彩。除了更強調務實及彈性之外，也開始致力於培養台灣產業明星，以強化本土政權的正當性。

在務實、彈性與重商的產業政策下，台灣的資本市場也起了劇烈變化，特別是股票市場。由於外匯存底及國民儲蓄的快速累積，1991 年 2 月，台灣證券交易的加權指數達到 12,495 點的最高點，平均每天成交將近十億股、成交值高達新台幣 1,330 億元。股票市場的持續

擴張，再加上大多數股民偏好股票股息、而非現金股息，吸引許多上市櫃公司發行股票以籌措資金。股市的發展，對於科技業更是一大助力。台灣的個人電腦與半導體經過 1980 年代的高度成長，民眾對科技產業獲利能力預期提高，使得廠商籌措長期資金更為容易，這對於資本密集的半導體產業更是重要。也由於科技業普遍實施員工分紅入股的制度，蓬勃發展的股市，除了讓在科技產業工作的員工更有機會快速累積財富，也讓科技廠商更容易吸引一流人才。除了股市，創業投資也於 1984 年引進台灣，到了 1994 年，已經有 29 家在台灣註冊，共投資 4,000 萬美元於將近四百家國內外新創公司，其中資訊科技公司就佔了五分之二。

在股市及創投的支持下，從個人電腦到半導體，從周邊、零組件到 IC 封裝、測試到 LCD、LED，台灣所建構的電腦王國與亞洲矽谷開始名聞中外（Mathews, 1997, 2002），產業的分工體系也漸趨完整。在個人電腦方面，IBM、Compaq 與 Dell 等大廠都來台下單生產桌上型電腦、筆記型電腦與其他周邊。在半導體方面，以台積電為首所建立的晶圓代工產業，以及連帶衍生的 IC 設計、封裝、測試也開始蓬勃發展。在地理上，這些科技業者主要集中在台灣北部，特別是竹科地區。地理上的廠商群聚，一方面有利於技術擴散，一方面因為上下游產業之連結，產生降低成本與提高彈性的效果。廠商的群聚也形成對資源的爭奪，尤其反映在人才的高流動性上。然而這樣的人才流動也成為技術擴散的重要管道之一，同時間，迴異於傳統家族企業的新一代的產業價值與規範，也慢慢的在台灣的各個經濟層面滲透與擴散。

## 創業行動

在個人電腦全球價格戰期間，台灣的領導廠商如神通、宏碁、大眾等，都開始以全球佈局、運籌優化與製程創新來因應成熟產業的挑戰。首先，他們將勞力密集的工作（如監視器、主機板、滑鼠、鍵盤、電源供應器）移到中國大陸與東南亞等人力、土地成本較低的地

區，而將組裝及銷售移往接近客戶的歐美地區（Yamakawa, Peng, and Deeds, 2008）。因為過去幾年為不同客戶代工所培養出的能力，也讓台灣的電腦廠商得以從 OEM 跨足到 ODM，建立起無可取代的代工夥伴關係（Williamson, 1997）。

在製程創新上，品牌公司宏碁的表現最是積極。例如，其開發出「晶片升級」（ChipUp）技術，讓消費者在不更換主機板的情況下，進行個人電腦的升級；引進速食式的商業模式，讓庫存周轉率增加一倍；並且在 1992 年進行企業重整，在主從式（client-server）的新架構下，將整個組織分成七個以利潤為導向的事業單位。雖然企業重整並非易事，也與傳統台灣家族或儒家文化的價值相牴觸，但作為台灣最有潛力的國際明星，宏碁的舉動並沒有受到國家、社會太多的苛責，而得以進行大規模的裁員，並且同時推動品牌創新與國際化之路。1994 年，宏碁經過連續三年的赤字之後，終於在來自於德碁半導體及代工事業大量收益的挹注下，轉虧為盈。此外，多年來在品牌事業上的堅持也開始開花結果。1995 年，宏碁的營業額已達 58 億美元，名列全球七大個人電腦品牌廠商之一。

除了在本業繼續精進外，電腦廠商也利用從台灣股市取得的資金，開始進行上下游整合，例如宏碁與德州儀器合資成立德碁半導體，神通則成立專業通路商 ── 聯強國際，他們也分別成立連碁與新達等新公司，來開發網際網路的商機。除了既有競爭者，產業也出現一些新的進入者（如掃描器業者），來因應因為多媒體電腦以及相關技術持續整合，所帶來的新市場機會。在宏碁的示範效果之下，一些大型掃描器廠（如力捷）甚至開始自創品牌，嘗試切入終端消費者市場。這些集體創業行動經過報章雜誌的廣泛報導之後，不僅提升品牌事業的正當性，也強化廠商引進技術及組織創新、建立長期交易關係，以及引入國外廠商最佳實務的意願。

另一個蓬勃發展的電腦周邊是光儲存產業，源頭可追溯到 1987 年 8 月，工研院成立光電與周邊技術發展中心開始談起，惟當時發展的主力在於硬碟機工業（黃欣怡、洪世章，2003）。1993 年時，發展

數年之後的台灣硬碟機產業欲振乏力，陷入衰退期，工研院光電所於是將全部的心力從硬碟機轉移至光碟機與其相關產品上。當時，光電所率先成立了「光電產業聯盟」，將光電技術移轉給超過二十家的廠商，並提供更多的廠商工程技術的諮詢服務。是故，台灣硬碟機失敗所累積的經驗，提供台灣光碟機發展源頭的重要能量。自 1994 年起，台灣廠商由 2X CD-ROM 開始投入光碟機生產行列，隨著電腦大廠提升 CD-ROM 光碟機的搭載率，加上充足的主題軟體刺激，在市場潛力吸引下，台灣廠商紛紛投入生產。至 1997 年，在低價電腦風潮帶動下，台灣廠商累積技術與生產基礎後，不僅帶動光碟機產品倍速的快速提升，也因生產規模的積極擴充，引爆價格競爭，迫使日本廠商在生產成本考量下，逐步退出 CD-ROM 光碟機市場的經營。

在個人電腦應用不斷推陳出新的同時，半導體產業則掀起了晶圓廠的投資熱潮，幾乎所有的領導廠商，包括晶圓代工的聯電、台積電及世大；DRAM 的華邦、茂矽、德碁及力晶；以及快閃記憶體的旺宏，都大舉投資 8 吋晶圓廠。發燒的台灣股市，為這股投資熱潮提供了主要的資金來源。雖然這波投資熱潮所造成的產能過度擴張，埋下日後半導體產業不景氣之因，但這些集體投資行動也確實有效的提升產業群聚的發展，加速了竹科內部的知識流動、產業競爭以及各種策略聯盟。

1990 年代，也是聯電與台積電激烈競逐的時代（Liu, Chu, Hung, and Wu, 2005；Wu, Hung, and Lin, 2006）。1987 年，台積電開創晶圓代工事業；1991 年，聯電也成立晶圓代工部門，但開始的時候並沒有計畫會成為日後的主力。事實上，聯電曾於 1994 年發表 80486 相容的 CPU，但因為 Intel 的侵權訴訟，最後只好放棄。1995 年，聯電決定專注生產，要從 IDM 轉型為專業晶圓代工，並且開始尋求合資機會建立晶圓廠，包括聯電與美、加十一家 IC 設計公司合資成立聯誠、聯瑞、聯嘉，以及透過購併方式取得合泰半導體。同時間，聯電也進行集團的垂直分工，將產品或事業群獨立出去，於 1996 年將電

腦、通訊產品事業部轉赴美國設立聯陽和聯傑 IC 設計公司，1997 年又將商用、記憶體、多媒體等產品事業部，個別成立聯詠、聯笙和聯發三家 IC 設計公司。也是因為這些分割或衍生事業所代表的「聯家軍」、「泛聯電家族」，所帶來的遍地開發與風險分散效益，成為日後曹興誠最驕傲的成就之一。2000 年，聯電透過五合一（整合聯電、聯誠、聯瑞、聯嘉、合泰等五家公司）的方式，轉身一變成為資本額 883 億元的半導體巨人，也是當時台灣最大的民營上市公司。也是在同一年，媒體開始使用「晶圓雙雄」一詞來代表聯電與台積電。[11]

在晶圓雙雄的專業代工就近支援下，台灣 IC 設計業亦同步獲得快速發展。這些 IC 設計公司多群聚在竹科，產品結構主要集中在資訊用領域，成長較快速產品類別的有晶片組（威盛、矽統）、網路晶片（瑞昱）、光碟機晶片（聯發）與消費性晶片（凌陽、義隆）。因為半導體製造業的帶動，上下游與支援性物料也跟著發展，如製造上游矽晶圓材料的中德電子、亞太投資公司，半導體測試設備的聯測科技、封裝測試公司矽豐等，設計、製造、封裝、測試與原物料供應商等上下游的完整產業結構逐漸成形（徐進鈺，2000；陳東升，2003）。雖說這些無晶圓的 IC 設計公司及供應商規模都不大，但技術專業化程度都很高，彼此競爭的焦點都放在技術與創新，而非台灣傳統產業所專長的成本與製造。因為既競爭又合作，所以彼此之間都有著非常綿密的社會網絡，能夠在集體層次上促成群落學習及團體利益，譬如說一起與晶圓廠協商，建立能夠引導未來技術發展的藍圖。隨著晶圓代工廠與 IC 設計公司的共生關係逐漸加深，國際上頻頻出現正面報導、重視，再加上張忠謀個人的領導魅力與國際產業連結，都大幅的提升了半導體產業的社會曝光度、認同感以及在地發展的正當性。

---

## 三、深根期：1990 年代末期～ 2000 年代末期

### 技術機會

1990 年代末期，全球個人電腦產業陷入停滯，進入微利時代。為了因應低價戰爭與網際網路帶來的新應用，許多廠商嘗試發展新的商業模式，譬如 Compaq 推出低價的 Presario 2100 桌上型電腦、Apple 電腦推出更具人性介面的 iMac 系列。在 BTO（build-to-order；先接單後生產）模式的客製化趨勢下，以生產彈性見長的台灣廠商優勢更見明顯。低價電腦的風潮強化了台灣個人電腦生產廠商重要性，反過來說，正因為有台灣作為個人電腦戰爭的軍火庫，以代工服務全球個人電腦大廠，才使個人電腦低價化得以如此順利。但低價風潮也更進一步地壓縮以 OEM/ODM 業務型態為主的電腦製造商利潤。

網際網路的普及，也使得原先涇渭分明的 3C 產業 —— 電腦、消費性電子、通訊，產生聚合或匯流的現象。因為透過數位化壓縮技術和寬頻傳輸技術，所有語音、數據以及娛樂服務都可以整合到同一個介面上，打破了原先 3C 的分界，也創造了許多新的機會，例如電子商務、互動技術、智慧型感應器、數位成像等。多媒體個人電腦的普及化，帶動了光儲存及遊戲軟體的發展，連帶也引發對於更具彈性、更輕巧的筆記型電腦的需求。

面板技術的進展，使筆記型電腦成為可能，筆記型電腦的成長又回過頭來加速面板的技術進展，讓面板很快地就進入技術創新的高峰期。在諸多平面顯示技術當中，TFT-LCD 最終成為市場的贏家（Lehmberg, Dhanaraj, and White, 2019）。1990 年代中期之前，此技術一直都由日本廠商主導。1995 年，包括 Samsung、LG 及 Hyundai 等韓國廠商，憑藉著在 DRAM 的技術積累，也開始進入平面顯示器產業，到了 2000 年，成功搶佔約 30% 的市佔率。然而，筆記型電腦的快速成長也讓台灣廠商躍躍欲試，除了著眼於個人電腦產業本身之外，面板電視的廣大市場潛力也是另一大誘因。

在半導體方面，因應薄型化、小型化的需求，產業發展則逐漸走

向系統晶片（system on a chip；SoC），也就是將電腦系統整合在一個晶片上（Linden and Somaya, 2003）。在設計越來越複雜、困難度越來越高的情況下，一些與 IC 設計過程相關的專業化服務開始應運而生，包括可以重複使用的矽智財、設計服務等。這些專業化服務推動了 IC 設計產業的專業分工，整個價值鏈因而分解為 IC 設計、矽智財供應商、設計伺服器，以及電子設計自動化（Wu, Hung, and Lin, 2006）。尤其是矽智財，它同時是 IC 設計的利器、也是挑戰，一方面因為它提供可以重複使用的設計區塊，可以大幅節省設計所需要的時間及精力；另一方面因為每個矽智財都有其獨特的設計準則及架構，要將不同的矽智財加以整合則考驗著設計者的功力。因此，一些小型的 IC 設計公司除了將生產製造外包給晶圓代工廠之外，也將矽智財資料庫及資訊的管理委託給晶圓代工廠，使兩者的共生關係更加緊密。

## 社會制度

1990 年代末期，台灣的產業政策面臨了政治局勢變化的挑戰。一方面，有感於資訊科技的革命性力量，政府持續透過策略性產業政策，或是如 Karo（2018）所稱的「使命導向的創新政策」（mission-oriented innovation policies），鼓勵高科技產業往規模、創新及研發等方向發展；另一方面，由於政黨競爭及政治局勢的不穩定，政府在產業政策的自主性及執行能力卻逐漸弱化。2000 年，台灣出現了戰後的第一次政黨輪替，伴隨著政黨輪替的權力移轉，利益團體及其遊說活動也隨之增加，使得新政府更加重視政策是否能夠取得共識，特別是關於對中國投資的政策，由於政治與經濟的矛盾，一直是陷入兩難之中。因為一方面在兩岸長期軍事對峙之下，「忽略中國」甚或是「對抗中國」的政策規範已經行之有年；另一方面在中國改革開放的吸引下，又有台商前仆後繼的西進中國，如此又加深了兩岸的競爭及緊張關係。

值此，中國問題成為了影響個人電腦與周邊產業行為的重要制度

因素之一。因為全球低價電腦風潮，資訊產品價格下跌，台灣以代工為主的營運模式利潤被嚴重擠壓，降低成本為企業生存的必要條件。同文同種的中國大陸在工資、土地、電力供應各方面，均遠比台灣低廉，兼之大陸產業政策漸趨開放，投資環境日益改善，又具有推出各種優惠政策積極招商，對台灣的電腦及資訊工業產生強大的吸引力。在市場方面，中國大陸為一成長中的經濟體，且具有廣大的內需市場。在 IBM、HP、Dell 等美系大廠以及 Toshiba、NEC 等日系廠商等國際大廠致力於開拓中國大陸市場，台灣資訊產業的代工客戶要求台灣廠商到大陸佈局，就地出貨以幫助開拓市場的情況下，便形成台灣代工廠不得不西進的壓力。許多年間，多家的台灣個人電腦與周邊廠商就在中國與台灣、成本與制度、市場發展與政治正確之間拿捏，思考到底要不要到大陸設廠投資（Tan, Hung, and Liu, 2007）。

同時間，經過多年的發展，台灣科技業已經發展的很健全。如前所述，台灣科技業的起源，乃從台灣個人電腦產業由下游裝配業開始，朝上游、周邊發展，逐漸發展出產業垂直分工體系。由於大量個人電腦關鍵零組件的需求，為改善過度依賴外國進口半導體的困境，首先從半導體製造、晶圓專業代工開始，帶動上游的 IC 設計公司、下游的封裝測試與相關的支援物料矽晶圓、光罩、化學物品供應商的成長。

發展至此一時期，已建立一個垂直分工的完整通訊供應鏈，晶圓代工、IC 設計公司、測試封裝廠、IC 產品應用的系統廠群聚，更加強國際競爭力，也讓國際客戶更願意在台灣下單，以享快速交貨和一次購足的好處。技術的連結加上地理的群聚，促成健康的生態體系發展（Jacobides, Cennamo, and Gawer, 2018；Sarma and Sun, 2017），而此對於台灣競爭力的提升更成了一個良性的循環。2005 年 5 月 6 日，美國的《Business Week》就曾以「為何台灣重要？」（Why Taiwan Matters?）作為封面故事，廣泛的報導台灣的科技奇蹟與成就，從個人電腦到液晶顯示器、從半導體到網路設備，無不在世界佔有舉足輕重的地位。伴隨著產業結構的變化，台灣的經濟組織開始出

現家族企業與科技新貴分庭抗禮的情況。儘管家族集團仍然具有非常大的影響力，但隨著竹科產值不斷創新高，新的科技產品不斷的推陳出新，新一代的技術創業家在社會上的能見度也隨之升高，不斷向社會傳遞其重視成長、規模、研發與國際化的核心價值。

## 創業行動

面對 1990 年代末期開始的微利競爭，台灣個人電腦及周邊產業主要是兵分二路，來回應市場飽和及成本競爭的挑戰。其中一路是將生產外移中國，以維持成本及價格優勢，這雖然不是台灣政府所願，但鑒於全球個人電腦產業已陷入停滯、台灣個人電腦及周邊產業的主要客戶如 Dell 及 HP 也都外移到中國，政府到後來便採取較忽視的態度。在外移中國的廠商當中，最具代表性的應屬於 1993 年就外移到中國的鴻海。鴻海可說是兼具技術創業家與華人企業的特質，它在成本領導上的追求，呼應了資訊科技從標準化設計、系統整合到技術聚合一貫以來的技術軌跡；另一方面，它在連結器技術上的不斷多角化，從連結器擴展到個人電腦的主機板及準系統、消費性電子產品及通訊產品，也與傳統華人家族集團追求多角化的策略不謀而合（Chung, 2001, 2006），差異只在於投機的程度或有所別。

另外一路則是由宏碁領軍的品牌之路，大膽地嘗試從個人電腦跨足到零組件及通訊等市場，並且進行組織再造以推動全球的行銷活動。除了宏碁之外，從宏碁獨立出來的明基，也嘗試進入正在崛起當中的多媒體消費性電子及通訊市場（雍惟畣、洪世章，2006）。另外，一些原先幫國際品牌代工的台灣主要廠商，例如華碩、宏達電等，也紛紛加入品牌的行列。儘管不被傳統產業社群所接受，這些品牌廠商的策略還是得到政府的大力支持，因為創新及品牌均有助於提升台灣的國際地位。另外，透過良好的公共關係及媒體造勢，品牌廠商也嘗試加深一般社會大眾對於品牌的認可。譬如施振榮在 2004 年退休，由義大利籍的 Gianfranco Lanci 接班，便使得宏碁的國際化、品牌形象與專業治理更深植人心。

　　隨著個人電腦成長停滯，網路、通訊類的重要性則與日俱增。位於竹科的訊康、友訊、智邦、光寶在網路設備相關產品如集線器、交換器、數據機，成長都很快速。各電腦與周邊大廠也往成長性及毛利較高的通訊產業發展，宏碁、廣達、英業達、致福、華宇、仁寶生產手機，神達、宏碁、華碩生產 PDA。在多媒體電腦的快速發展下，光儲存產業也拔地而起，領導廠商聯發科甚至在 2004 年被美國《Business Week》選為全球前一百名資訊科技公司當中，最會賺錢的企業（見科技筆記：科技百強，1998 ～ 2010 年）。

📝 科技筆記

## 科技百強，1998 ～ 2010 年

　　美國《Business Week》從 1998 年開始，每年均發佈世界「資訊科技百強」（The Information Technology 100）報告，2009 年末，彭博新聞社收購《Business Week》，將週刊更名為《Bloomberg Businessweek》，而這項調查也在 2010 年更名為「科技百強」（The Tech 100），並發佈最後一期的報告。「科技百強調查報告」以「Standard & Poor's Compustat」企業財務分析資料庫中的企業為調查對象，根據公司的營業收入、營收成長率、股東整體回報率、股東投資報酬率及利潤等財務指標，衡量進榜科技企業的表現並依序排名。從這十三年的調查報告中，我們可以觀察到全世界科技產業的變化與各國科技實力的消長情況。

　　雖然「科技百強報告」以美國企業佔據多數（見圖 6-2），平均每年約五十三家企業上榜，但從調查報告中，我們也可以觀察到台灣科技產業所展現的世界級影響力。台灣入榜科技百強的歷年廠商家數，由 1998 年的四家成長到 2008 年的十八家企業，相較於日本平均每年七家企業上榜（由 1998 年的四家成長到 2010 年的十一家），與韓國平均每年約兩家企業

上榜（由 1998 年的零家成長到 2009 年的六家），台灣平均每年約有十家企業上榜，且上榜企業的排名大多領先日本的企業，由此可見台灣科技產業相較於日本（Yahoo Japan、NTT DOCOMO、SoftBank、Nintendo）與韓國（Samsung、LG）為少數企業獨佔鰲頭，台灣科技產業呈現顯著的百花齊放景象。

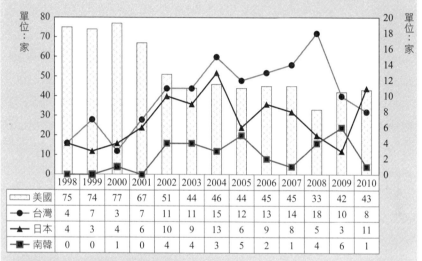

| | 1998 | 1999 | 2000 | 2001 | 2002 | 2003 | 2004 | 2005 | 2006 | 2007 | 2008 | 2009 | 2010 |
|---|---|---|---|---|---|---|---|---|---|---|---|---|---|
| 美國 | 75 | 74 | 77 | 67 | 51 | 44 | 46 | 44 | 45 | 45 | 33 | 42 | 43 |
| 台灣 | 4 | 7 | 3 | 7 | 11 | 11 | 15 | 12 | 13 | 14 | 18 | 10 | 8 |
| 日本 | 4 | 3 | 4 | 6 | 10 | 9 | 13 | 6 | 9 | 8 | 5 | 3 | 11 |
| 南韓 | 0 | 0 | 1 | 0 | 4 | 4 | 3 | 5 | 2 | 1 | 4 | 6 | 1 |

▶ 圖 6-2　世界科技百強的變化

　　若再從調查報告中的產業類別項目，我們可以觀察到台灣進榜的企業產業別大多為電腦周邊廠商與半導體廠商，以排名來看，半導體廠商的排名大多領先電腦周邊廠商，然而若以數量來看，其中又以電腦周邊廠商佔據大多數。台灣半導體廠商入榜的數目只有在 2001 年超越過電腦周邊廠商，2001 年入榜的企業數有七家，其中四家為半導體廠商，三家為電腦周邊廠商，當年入榜的企業依照排名分別為：聯電（8）、鴻海（16）、台積電（24）、華碩（42）、仁寶（47）、威盛（69）、旺宏電子（99）。而在歷年來入榜次數最多的前六家台灣企業裡，只有台積電為半導體廠商，其

餘皆為電腦周邊廠商,其中鴻海每年都進入排行榜,是台灣企業當中進入科技百強次數最多的企業,其次是華碩的十二次,仁寶十一次,台積電九次、廣達八次、宏碁七次。綜上,我們或可以說在繁華豐富的台灣科技業的表面底下,半導體更顯得巍然突出,而電腦周邊則更為繽紛多彩。

另一個受惠於新技術發展的是面板產業。雖然不如光儲存產業創新,但以其巨額投資及龐大生產規模,卻對社會造成比較大的衝擊。台灣廠商切入面板產業的時間是在 1990 年代末期,當時由於技術快速進展以及亞洲金融風暴,提供了後進者很好的切入點。台灣廠商從 1999 年開始進入,到 2004 年已搶佔了全球 35% 的市場佔有率,這除了依靠政府的支持之外,來自日本廠商的助力也不容忽視。日本廠商一方面提供技術來源,協助台灣廠商挑戰韓國的壟斷地位;另一方面則提供社會認可及正當性的來源,使得面板產業得以擺脫台灣傳統產業強調家族經營、中小規模為基礎的慣例(詳見第四章)。由於技術軌跡近似,光電產業可視為半導體產業的延伸,因此台灣光電產業的崛起,同時也代表了台灣半導體產業的競爭優勢得到了進一步的強化。

在這同時,跟個人電腦與周邊一樣,半導體產業也開始將眼光投射到崛起中的中國市場,聯電算是其中最為積極的,但卻也因此蒙受「先進者劣勢」(first-mover disadvantage)的打擊(Lieberman and Montgomery, 1988, 1998)。2001 年,在聯電的協助下,位於蘇州的和艦科技成立。雖然政策不允許半導體赴大陸投資,但一開始政府採取的是「睜一隻眼,閉一隻眼」的立場。然而就在 2004 年,民進黨陳水扁政府順利連任之後沒多久,備受業界注目的「和艦案」爆發,聯電的曹興誠和宣明智雙雙被起訴,繼而分別辭去聯電正、副董事長職務。聯電與台積電的差距也開始越拉越大(見圖 6-3)。「和艦案」一直到 2010 年時才無罪定讞。但經此一役,憤而改籍新加坡並淡出

聯電的曹興誠，興趣似乎從半導體轉往古董藝術，日後甚至曾被蘇富比推出的《*Great Collectors of Our Time*》一書，評選為自二次大戰後迄今，全球百位重量級收藏家之一，也是台灣唯一入選的收藏家。

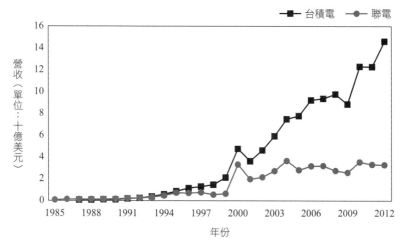

▶ 圖 **6-3**　台積電與聯電的營收變化

　　相較於聯電的改變，台積電的領導團隊、管理方針、業務範疇從成立一開始，就幾乎未曾改變。創辦人張忠謀總是全心全意地為台積電的晶圓事業，運籌帷幄，勾劃藍圖，帶領台積電日後成為台灣最具有國際競爭力的企業。晶圓代工模式的成功，對全球半導體產業產生巨大影響，除原有的整合元件大廠可生產 IC 產品外，使得半導體的垂直分工鏈產生變化，促使更多 IC 業者成立，更由於 IC 設計業者興起，加速全球代工業務量之成長，形成了設計與製造的雙向正面循環。因為 IC 設計以多媒體個人電腦應用為主，隨著周邊產品很快的推陳出新，在廠商核心能力無法快速轉換之下，很容易就會成為「一代拳王」（蔡明介、林宏文、李書齊，2002）。但也因為 IC 設計門檻不高，領導者的更換，也意謂有更多創業的機會，而這也正好適合台灣的產業結構。隨著半導體產業的成功發展與眾多衍生公司所帶來的

集群效應（Buenstorf and Klepper, 2009），再加上資訊科技的持續擴散，科技社群在政商關係、社會大眾，乃至於商業社群的影響力都日益增高，而由此所發展的新一代商業作為與關係，都逐漸的制度化而成新的價值與規範，進而正當化科技創業家或科技新貴們在台灣的社會認同與地位。從此，科技走進台灣，不只影響社會資源的分配，也與我們的日常生活成為息息相關、密不可分的一部份。[12]

## 第五節　結語

本章對台灣資通訊產業發展過程的研究成果，可大致歸納成以下五點：

首先，在理論發展上，本章結合意志論的創業創新思維與命定論的路徑依賴觀點，提出一個強調動態、互演，由技術機會、社會制度與創業行動三個元素組成的分析架構，以解釋新型態組織發展的過程。我們提出，市場新進入者在創業創新與成長的過程中，一方面要辨識新興的技術機會，善用制度關係與環境所提供的有形無形資源，並將這些機會化為現實；另一方面也為後續行動奠定了新的社會制度，進而影響其捕捉新一波技術機會的可能作為。換句話說，社會制度既是創業家賴以行動的基礎，同時也是創業行動所會改變的對象。新型態組織的發展，就是在一連串、持續的創業行動中，制度化而成的一個具有高度社會認同的新興族群。

其次，在個案分析上，本章探討 1970 年代末至 2000 年代末這段期間，電腦、半導體、通訊以及光電等高科技公司，在台灣地區的興起與發展過程。這些公司主要集中在竹科，是台灣經濟發展過程中，

---

[12] 科技與台灣的連結，可以從很多社會現象中看出。例如，進入科技業成為許多莘莘學子的心之所向，股市中科技類股的權重逐年攀升，很多公司或大學的名字都要冠上科技兩字，科技領袖（如張忠謀、施振榮）成為社會的意見領袖，設立科學園區成為各地政府的重要施政目標，即便是傳統家族企業也開始投資科技業（如南亞塑膠投資成立南亞科技、奇美實業成立奇美電子）。

具有特殊、在地性，但又有國際競爭力的新興產業族群。不管是在經營目標、管理方式、策略制訂與市場行銷上，這些科技公司都呈現與台灣傳統產業或家族企業迥然不同的行為或表現模式。他們強調專業治理、分紅配股，而非家族治理、私人關係。他們的管理模式是按部就班、正式的，而非隨性所致、直覺的。在策略上，他們追求創新、大規模投資、長期的成長，而非只是代工、模仿與投機式獲利。在行銷上，重視公司聲譽、主流產品，而非只是成本優勢、利基市場。這些作為或特徵，經過三、四十年的發展變成制度化的烙印，成為台灣社會與產業運作邏輯的重要一環，也因此形塑台灣發展出「一國兩制」的企業發展模式。一方面，家族主義仍然是牢不可破的影響台灣的公司治理與經營策略（李宗榮，2009）；另一方面，專業主義的興起，則帶給台灣在科技創新與風險投資上一個重要的制度基礎。

　　第三，在研究貢獻上，本章結合策略創新與制度建構的視角，對於台灣經濟發展過程，提出一個比較動態、平衡的解釋。以往關於台灣產業發展的研究，都比較著重在探討國家社會環境對於技術追趕的影響，不論是從發展掛帥國家，或是國家創新系統的角度，都比較強調社會制度在技術學習或擴散所扮演的角色。要跳脫國家本位的制度思考方式，就需要導入其他的面向，以便釐清國家整體制度如何在不同產業扮演不同的角色，以及如何在不同時期有不同的面貌。其中一個重要的面向就是創業行動。創業創新者的行動本質是改變現況，創造未來，而這種路徑創造能動性的發揮是根植於機會的開發，資源的運用。單一行動者可以打造一家新企業，一群行動者的集體行為則往往能開拓一個新產業，甚至改變原有的制度結構。行動者或創業家的這種路徑創造能力，越是在技術變遷越快速、制度結構越不穩定的環境，越能發揮作用。據此，我們的分析，不只重制度也重行動，對於台灣經濟發展的過程，也突破既有偏重於後進追趕的制度本位思維（Amsden and Chu, 2003；Wade, 1990），而納入了行動者與能動面的分析。

　　第四，在策略意涵上，本章指出，在科技事業的探索上，創業創

新者所需的不只是技術力，也需要正當性。技術力是對於新興技術機會的瞭解、掌握，而正當性是懂得利用所處社會環境的資源，來實現他們的目標。所謂機會是留給有準備的人，指的是兩方面的準備。首先，個人的學經歷、素養、見解，都有助於見人所未見，在技術不連續當中，找到創業創新的先機。相較於技術機會，處理制度，重組資源，更常是隱而未明的任務。台積電的成功，靠得不只是在資訊革命的過程中，找到一個新的商業模式，也是因為創辦人張忠謀能夠懂得利用台灣的優勢、產業的連結，以及個人的專業關係，重組有形無形資源，讓晶圓代工模式可以發展、擴散而在地生根。不管是順水推舟的創新創業，或是逆勢操作的突圍變革，都需要領導者瞭解技術機會，處理制度關係，而這些都是在行動的過程中落實而成。

第五，在政策建議上，本章所發展的架構，提供政府官員更加清楚瞭解催生新產業發展的原因。新產業或新型態組織的誕生，是經濟發展的動力，也是促進就業、提高薪資的良方妙藥。在政策或戰略上，這不應只是科技、工程或產業合作的問題，而是科技社會、社會工程與制度建構的議題。雖然機會是無所不在，科技所帶來的機會更是風起雲湧、一波接一波，但在制度與系統創新的觀點下，有些機會更適合台灣，有些只會過門不入。例如，資訊革命所帶來的商機無限，但若考量制度的因素，尖端製造是台灣能發揮之處，社群媒體肯定不是。缺乏市場腹地，沒有使用行為的大數據分析，台灣很難發展消費導向的終端產品。即使面對「軟體即服務」下的獨角獸追逐風潮，台灣還是應有所取捨，因為科技從來都脫離不了社會與文化。如台灣這般的發展型或追趕型國家，常是科技、工程掛帥，但缺乏對制度、文化的理解，創業火花總是曇花一現，科技創新也總難成為主流標準。當科技碰上社會，全球化遇到在地化，所牽涉的不只是社會關懷、永續發展的議題，也是創業創新、產業革新發展所在。

另外，因為科技族群也是創造就業、強化國家競爭力的推手，各國政府也常思考如何延伸這些新興族群的活動範疇，或是在其他地方複製類似的科技與產業族群，例如開發新的科學園區。然而必須切記

的是，本章所提出的科技族群概念，不只強調地理上的聚集，也重視價值的分享、經驗的傳承，以及產業發展的共識等比較屬於軟性的一面。因此在新地區的產業群聚開發，就必須要能與既有成功的科技族群或集群產生連結，讓社會遺產與成就能夠在新的地區發揮影響力，而此也能降低新「飛地」（enclave）的負面影響。不管是組織路徑或遺產的文獻（Buenstorf and Klepper, 2009；Nelson and Winter, 1982），或是產業群聚與擴散的相關研究（Agarwal et al., 2004；Franco and Filson, 2006；Lee and Saxenian, 2008），都告訴我們，新產業或新公司誕生前的記憶、經驗與連結，極大地影響了它後來成功發展的可能性（Cheyre, Kowalski, and Veloso, 2015）。不管是從失敗中學習到新的方法，或是從一個成功帶出另一個成功，科技與產業的創新總會在學習、移轉與擴散的過程中發生。

# 第七章

# 照映台積電：
# 進出制度的行動

本章繼續行動與制度的互動分析，並著重於探討行動如何走進制度，追求同質性；又是如何能走出制度，創造異質性。實徵上，我們的研究對象放在台積電與摩爾定律之間的互動關係，特別是台積電在摩爾定律的制度化影響下，如何成功開創晶圓代工的新事業，甚至在這之後成為引領半導體產業發展的制度創業家。我們的研究分析將指出，台積電之於摩爾定律的因應關係可以分成三個階段：1987至2000年、2001至2010年、2011至2019年，在這之間台積電分別採取了不同的策略行動，來回應摩爾定律的制度壓力，開發產業內外的資源，最後並得以跳脫出原有的制度約束，創造新的遊戲規則。整個來說，就是一種從「摩爾為王」，到「深度摩爾」（More-Moore），再到「超越摩爾」（More-than-Moore）的制度進出過程。

## 第一節　台積電如何應對摩爾定律？

於 1987 年成立於新竹科學園區的台積電，是全世界第一家晶圓代工廠，沒有自己的品牌，專門接 IC 設計廠商或是傳統 IDM 產能不足時需外包的訂單。回顧剛成立時，獨創的商業模式不被看好，技

術遠遠落後美、日兩國，但經過三十多年的發展，已經在全球資通訊產業扮演關鍵的角色，創新的製程技術更是當前電子產品進步的背後力量。回顧過往，台積電不僅接連擊敗聯電、Toshiba、IBM，甚至在 2017 年 3 月市值超過 Intel。從技術能力觀之，聯電與 Global Foundries（格羅方德）在 2018 年宣布不再研發先進製程。截至 2019 年中為止，全世界只有台積電和 Samsung，能提供 7 奈米製程技術（Moore, 2019）。台積電從一個技術落後者，最終成為技術領導者的過程，提供我們一個瞭解行動與制度關係的絕佳案例，原因不只是因為台積電總是不斷的克服挑戰、創造行動上的驚奇，也在於半導體產業是一個受到摩爾定律長期主宰的制度場域（Bassett, 2002；Ceruzzi, 2005）。

　　摩爾定律指出，積體電路上的電晶體數量，在成本不變的情況下，每十二至二十四個月會增加一倍（Moore, 1965）。這是半導體產業裡一個著名、行之有年、甚至被視為理所當然的技術藍圖與發展規律。因為半導體技術極為複雜，摩爾定律的存在給予大家一個清晰的方向，扮演著主旋律的制度角色，命定性地主宰半導體的技術發展，所有廠商與相關研究人員，都把它視為金科玉律在遵守（Brock, 2006；Ceruzzi, 2005；Halfhill, 2006；Mody, 2016；Schaller, 1997）。為了實踐摩爾定律，半導體元件的微縮（miniaturization）成為這個產業的最大特色（Braun and MacDonald, 1982；Epicoco, 2013），當元件越做越小，積體電路上可以承載的電晶體數量就能夠不斷增加，電子產品的性能就能夠持續提升。為了持續微縮的挑戰，半導體製造重視動態能力的發展（Macher and Mowery, 2009），也需要專業的技術經營團隊，因為一個小小的錯誤，損失都會動輒數億，因此半導體公司也很注重員工的高度紀律與服從。[1]

　　另外，產業也會偏好垂直整合的 IDM，也就是從 IC 的設計、製

---

[1] 例如 2018 年 8 月 3 日，台積電因為一次新機台安裝人員的小疏忽，就造成台灣史上最大規模的資安事故。根據當年事後所公告的第 3 季財報顯示，造成營收損失高達 26 億元。

造、封裝、測試等過程，都在同一組織內完成，以減少任何可能的市場交易成本，追求完美的生產效率與良率（李雅明，2012）。自從摩爾定律的概念被提出後，所有的半導體廠商都以它作為技術發展與策略行動的依據。在摩爾定律的影響下，台積電如何克服新之不利與後進者的劣勢，讓晶圓代工的模式被產業所接受，可說是嚴峻且重要的策略挑戰（Aldrich and Fiol, 1994），而這也提供我們一窺行動者如何走進制度、善用制度與改變制度的研究機會。

更甚者，現今的全球半導體產業已經是一個高度成熟的場域，作為製程創新的領頭羊，台積電受到摩爾定律的束縛程度也會比較高，同樣的，圍繞在摩爾定律進行制度變革甚或是獲取超額績效的困難度也會相對的提高（Battilana, Leca, and Boxenbaum, 2009；Greenwood and Suddaby, 2006），但這也是我們觀察到台積電的特別之處，也是其他的後進者，如 Chartered（特許半導體）、Global Foundries、轉型後的聯電，以及中國大陸的中芯國際等，都無法超越或是複製的成功模式。換言之，台積電可看作是半導體產業以及摩爾定律下的一個異質性的存在，在探討行動與制度關係的議題上，台積電因此既是個關鍵的個案，也是個特殊的台灣科技經驗（Yin, 1984）。

# 第二節　制度遇見行動

## 一、制度理論與變革

制度是一種被視為理所當然的結構，展現出由上到下的支配力量，它帶有一套被清楚定義的遊戲規則，使相關成員對它有路徑依賴的行為，社會運作因此井然有序，不容易改變（Berger and Luckmann, 1966）。根深柢固的風俗文化與習慣，產業內的行規，抑或是政治上的潛規則，都具有作為制度的特性。制度理論便是在研究制度是如何約束底下成員的思想與行動，屬於順勢而為、命中注定的觀點，思想來源包含結構主義與功能主義。在組織分析的文獻中，有

舊制度主義以及新制度主義的區別。

舊制度主義認為組織就是一種制度，因為為了追求更好的合理化，組織會仰賴特定的慣例，並因此失去彈性並抗拒變革（Selznick, 1957），合理化迷思因此也就形成了制度化的迷思。Weber（1952）的鐵籠（iron cage）、官僚（bureaucracy）以及繁文縟節（red tape）等觀念，都是舊制度主義的精髓。新制度主義則把組織放在制度的對立面，主張制度化的來源發生在組織外，組織被迫向外在的制度妥協，包括：法規、專業、風土民情（DiMaggio and Powell, 1983）、宗教（Weber, 1952）、醫療（Conrad, 1992；Zola, 1972）等，都是可能的制度規範所在。在開放式系統的運作之下，組織從環境獲取資源，但也會受到環境的控制（Pfeffer and Salancik, 1978；Scott, 2007）。從此，制度分析便開始把組織與制度分開，探討組織如何在開放的場域環境中，獲得制度所賦予的正當性（DiMaggio and Powell, 1983；Meyer and Rowan, 1977），如果缺乏正當性，組織連生存都有困難，更遑論創造持續性的競爭優勢。也就是說，組織要先取得所屬相關制度或體制的認可後，才會專注在提升效率。簡而言之，舊制度主義的制度化來自效率的追求，新制度主義的制度化來自合法性或正當性的賦予。

雖說提供正當性來源的社會制度具有穩定性與延續性，但這不表示其就不可撼動，在許多現實社會的情境中，可以發現制度動態的本質，因此，制度學者逐漸關注制度變革，而這也是新制度主義有別於舊制度主義的最大特點（Lawrence, Winn, and Jennings, 2001；Scott et al., 2000）。近年來，探討制度變革的研究散見各種產業、社會或社群等場域之中。例如，Garud, Jain, and Kumaraswamy（2002）的研究探討 Sun Microsystems（昇陽電腦）如何建立以 Java 開放技術為核心的新產業標準；Hiatt, Sine, and Tolbert（2009）探討社會運動組織是如何改變美國的飲酒文化；Munir and Phillips（2005）探討 Kodak 如何運用類比的行銷策略，創造出嶄新的「Kodak girl」（柯達女孩），進而成功改變以男性使用者為核心的攝影產業文化；Maguire and Hardy（2009）分析使用殺蟲劑的既定成俗，如何在「問題化」（problematization）的策略構框宣達中被改變與摒棄；Rao, Monin, and Durand（2003）研究在新一代巧師名廚的反思變革下，傳統重口味的法國的高級料理（haute cuisine），如何慢慢變成清淡的新潮料理（nouvelle cuisine）。以上這些案例都顯示，制度不是不變，只是時候未到，或是欠缺行動者的積極介入。

## 二、制度創業與能動性根源

　　為了探討制度變革的議題，當然要思考為何行動可以進出結構的束縛之中。基本上，文獻對於這個議題的探討大致可以分成兩個方向，包括：巨觀（macro）的外在整體環境，以及微觀（micro）的組織或個人層次（洪世章、林秀萍，2017）。首先，在巨觀的視角上，外在環境的改變，像是法規的改變、危機、新技術發明、需求的變化等，都會帶來新的創業或變革機會，以及對既有制度的合法性帶來挑戰，迫使制度發生改變或是適應環境的變化（Durand and McGuire, 2005；Lee and Malerba, 2017；Phillips, Lawrence, and Hardy, 2000）。俗語有云：「天下大亂，形勢大好」，就頗能呼應此一觀點。歐盟貿易法規的重大改革，就帶來歐洲單一市場的形成，以及重組各國之間的產業競合關係（Fligstein and Mara-Drita, 1996）。Battard, Donnelly, and Mangematin（2017）的研究探討科學家與研究者如何回應奈米科技所帶來的工作新挑戰。Sine and David（2003）發現原本美國習以為常的電力配送、發電系統、獨佔性產業結構，在 1970 年代石油危機後，陸續受到質疑與挑戰。Alakent and Lee（2010）的研究也發現到，1997 年的亞洲金融風暴，迫使韓國製造業放棄傳統的終身雇用制度。另外，新興的市場由於鬆散的角色分工與權力結構，也比較讓參與者可以有變革的空間。例如，Lawrence and Phillips（2004）探討在加拿大原本不存在的賞鯨產業，是如何順著上層文化的變化而逐步的孕育出來。制度化成熟的程度也會影響變革與創業的機會。一派的說法是，高度成熟的制度化場域代表的是更少的創業機會，以及

更少的變革誘因。但也有一說是,高度制度化代表的是更少的不確定性、更少的擾動可能,因此在其中從事變革遭遇的阻力有可能反而較少(Battilana and D'Aunno, 2009；Dorado, 2005)。

　　另一個從巨觀層次探討制度變遷的研究,則強調制度多元性(institutional pluralism)(Kraatz and Block, 2008)或制度複雜性(institutional complexity)(Greenwood et al., 2011)的關鍵角色。基本上,制度複雜性會受到以下三種情況的影響,分別是:多重制度之間不相容的程度、是否有制度化影響的優先順序、不同制度之間的重疊程度(Raynard and Greenwood, 2014)。由於組織可能同時隸屬於不同的制度場域,因此讓組織免於受單一制度邏輯的束縛,而且制度邏輯之間的競爭性越高,組織所面對的環境也就越不穩定,也就越能在其中找到能動性的空間(Pache and Santos, 2010)。例如,Durand and Jourdan(2012)分析,在公眾藝術的主導邏輯壓力之下,法國的電影公司如何藉由援引次要的市場利潤邏輯,以取得變革所需的能動性。Dalpiaz, Rindova, and Ravasi(2016)探討家具製造商,如何結合工業製造與文化生產兩種邏輯,來追求新的市場機會。Perkmann, McKelvey, and Phillips(2019)分析產學研究單位如何在同一組織裡,兼顧主導邏輯與次要邏輯,並做出符合自身利益的選擇。其他類似的研究還包括:高等教育的出版業(Thornton and Ocasio, 1999)、醫學院教育(Dunn and Jones, 2010)、高科技產業(Gawer and Phillips, 2013)、社區銀行(Almandoz, 2014)、公司治理方法(Geng, Yoshikawa, and Colpan, 2016)、能源工業(Patala, Korpivaara, Jalkala, Kuitunen, and Soppe, 2019)等。

　　除了上述三點屬於宏觀層級的解釋,也有來自微觀層級的看法,主張行動者本身具有改變制度的能動性,而這主要指的是行動者能夠對外界或內部的刺激或變化做出反思的能力,以及在變革過程中能夠有目的的發揮社會技能以動員支持者,運用各種可得的資源的來從事創造、維持、破壞制度的工作(Emirbayer and Mische, 1998；Lawrence and Suddaby, 2006)。有學者認為能動性來自行動者的個人

特質，例如受過良好的教育與專業的訓練，具有其他人所沒有的洞察力，熟悉既有制度的遊戲規則，也因此，對於制度的弱點瞭若指掌。因此如菁英份子（elite）或是專業人士（professional）等位於制度場域的核心份子就常被認為具有改革的優勢（Muzio, Brock, and Suddaby, 2013；Rao et al., 2003；Scott, 2008）。但是，也有學者認為能動性來自於制度的邊陲地帶，因為所受到的約束力量較低，動員支持者與利用資源有較大的自由度，比較有可能起身對抗制度或引進新制度（Maguire, Hardy, and Lawrence, 2004；Martí and Mair, 2009）。引領日本中產階級家庭「寧靜革命」（quiet revolution）的行動者，就是屬於位於邊陲的家庭主婦（Leung, Zietsma, and Peredo, 2014）。洪世章、林秀萍（2017）對於台灣精神醫療院所的研究卻發現，有時是處於場域內的「中間份子」或是所謂的「中產階級」，比較能夠成為引領變革的制度創業家，這是因為他們可能同時具有變革的能力以及被邊緣化危機意識，所以有較高的動機與能力形成社群，成為帶動改變的中間力量。

　　這些在微觀層級中展現能動性的行動者，被稱為是「制度創業家」（institutional entrepreneurs）（Eisenstadt, 1980；Hardy and Maguire, 2008）。根據 DiMaggio（1988）的定義，制度創業家是一個或是一群行動者，可以是人或是組織，看見場域中的機會，進而去實踐他們認為有價值的目的與利益。Fligstein（1997）也提到，引導制度變革的行動觀乎於制度創業家如何善用所擁有的社會技能，將所追求的利益與目標轉化為一種制度性安排，進而產生新的組織場域的一種過程。許多制度變革的研究都曾確認制度創業家的重要性與所扮演的關鍵角色（e.g., Aldrich, 2011；Child, Lu, and Tsai, 2007；Déjean, Gond, and Leca, 2004；DiVito, 2012；Dorado, 2005；Garud et al., 2002；Greenwood and Suddaby, 2006；Levy and Scully, 2007；Maguire et al., 2004）。舉個我們生活中例子，起源於古印度的佛教，後來之所以會在魏晉南北朝時期制度化而成為具在地特色的中國佛教，就是在佛圖澄（藉由統治階級的崇信，將佛教上升為國教）、道安（提倡焚香定

坐、登壇講法，以及統一規範僧人姓「釋」）、慧遠（創建口念「阿彌陀佛」的簡便易行方法來修行），以及鳩摩羅什（翻譯佛經）等既是大師高僧也是制度創業家的努力下，所造就而成。

因為制度視角的分析通常在於關注穩定、延續，或是意義是如何成為一個理所當然的事實，因此，探討微觀層級的制度創業家，有助於延伸制度理論在處理社會或產業變遷中的應用價值。根據 Emirbayer and Mische（1998）的論述，制度創業家精神所強調的能動性，涉及到行動者對於相關聯制度脈絡的過去、未來與現在的理解與詮釋。行動者除了會根據自身的習慣與人生經驗來理解制度，也會對於制度產生未來的想像，包含可能的機會與威脅，最重要的是，在當下行動者會連結過去與未來，透過自我反思的過程後，根據現有的情境發展務實的行為（Battilana and D'Aunno, 2009；Hardy and Maguire, 2010；Tang, 2010）。Emirbayer and Mische（1998）的分析比較著重在能動性的功能面，另一個分析制度創業家的作為則強調策略的型態。例如 Oliver（1991）就列舉出五種面對制度壓力時，行動者可以採取的反應策略，包括：默認（acquiescence）、妥協（compromise）、規避（avoidance）、挑戰（defiance）、操控（manipulation）。無疑的，這些制度策略是連續的概念，從第一項的默認到第五項的操控，意味著行動者的角色從被動轉為主動。Fligstein（1997）將歐盟執委會主席 Jacques Delors（雅克·德洛爾）視為推動歐洲單一市場與歐元區的制度創業家，列出他採取的策略，例如：直接的權威（direct authority）、議題設定（agenda setting）、接受系統所提供的一切（taking what the system gives）、玩弄手段（wheeling and annealing）　等（cf. Fligstein and Mara-Drita, 1996）。在我們過去的研究中，也已發展出一套解釋制度創業家策略的架構：「F. A. N.」，分別是：賦名（framing）、整合（aggregating）以及網路（networking）（洪世章，2016；Hung and Whittington, 2011）。

對於行動者而言，這些策略架構並非一體適用，而是會根據自身的實際情況，找到一個屬於自己的最適組合。如前所述，因為行

動者在面對與回應制度時，會與他過去的經驗、當前的處境與未來的想像產生連結（Emirbayer and Mische, 1998；Kisfalvi and Maguire, 2011），這是一系列自我反思與知識力運用的過程（Mutch, 2007），所以不同的行動者在面對同一制度時，會產生不同的因應措施，策略因此具有某種獨特性，而這也是鑲嵌於制度環境中所能發揮的能動性的重點所在。就如我們以下所要探討的台積電個案，張忠謀的個人特殊經歷，加上台積電在不同發展階段所佔據的市場地位，都是解釋台積電在因應半導體競爭與摩爾定律的長期挑戰過程中，所採用不同策略行動的重要因素所在。

## 第三節　半導體技術與摩爾定律

### 一、實驗室的技術推動

半導體是一種導電能力介於導體（例如金屬）與非導體（例如陶瓷）之間的材料，早期常見的材料是鍺（Ge），後來改用矽（Si），如果加入適量的雜質，可以改變其導電能力。因此，人類可以透過外力的方式，像是改變電壓，使半導體成為一個動態的開關，達到控制電子訊號傳遞的目的。早在 1883 年，英國物理學家 Michael Faraday 就發現硫化銀的電阻會隨著溫度的上升而降低（一般金屬的電阻是隨著溫度上升而上升）。而現代的半導體技術與產業的發展，則是從二次大戰才開始。

因應二戰時的對德空戰所需，英國結合美國一起投入半導體技術，用來開發最先進的雷達偵測，美國當時最重要研究基地之一「貝爾實驗室」，戰後就順理成章成為半導體的研發重鎮。1947年 12 月，貝爾實驗室中的 William Shockley（威廉・肖克利）、John Bardeen（約翰・巴丁）、Walter Brattain（沃爾特・布拉頓）等人發明全世界第一顆電晶體。1952 年，貝爾實驗室決定向外尋求技術授權，吸引 TI、Motorola、RCA 等公司加入，形成第一批半導體產業

的成員。

　　與此同時，William Shockley 離開貝爾實驗室，在今日矽谷附近的 Santa Clara（聖塔克拉拉）成立「肖克利半導體實驗室」，吸引許多優秀的年輕人才加入。1957 年，包括後來成立 Intel 的 Robert Noyce（羅伯特‧諾伊斯）以及 Gordon Moore（戈登‧摩爾）等八位工程師從肖克利半導體實驗室離職，另外成立全球第一家純半導體製造商 Fairchild（快捷半導體，亦有譯為「仙童半導體」）。總得來說，在這個 1940、1950 年代期間，半導體產業幾乎還不算存在，只有一些零星的實驗室內的製程技術創新活動。例如：貝爾實驗室先後發明鍺單晶製造法（1948 年）、氧化光罩（1954 年）、光刻技術（1955 年）。另一方面，在 1958 年，TI 的 Jack Kilby（基爾比）和 Fairchild 的 Robert Noyce，幾乎同時研發出積體電路，再加上 1959 年研發出的平面製程，讓積體電路得以快速、大量的製造出來。

　　1950 年代的製程創新，進一步推動了 1960 年代的產品創新。1963 年 Fairchild 半導體推出互補式金屬氧化半導體（CMOS）。1965 年 IBM 推出 16 位元 BJT 的記憶體晶片，在隔年 IBM 又發明出動態隨機存取記憶體（DRAM）。1967 年，貝爾實驗室的韓籍研究員姜大元與台籍研究員施敏，成功發明出非揮發性記憶體，為快閃記憶體（flash memory）與唯讀記憶體（ROM）的開端。1968 年，RCA 成功研發出第一個 CMOS 的積體電路，從此以後 CMOS 取代 BJT 的主導地位；CMOS 的結構，使得電晶體可以越做越小，積體電路可以放更多的電晶體，也就能如日後摩爾定律所預言的，電晶體或製程技術可以不斷地微縮（Bassett, 2002）。另外值得一提的是，早期半導體產業的主要產品是記憶體，1968 年成立的 Intel，就把自己定位為記憶體公司，而不是後來的微處理器公司（Burgelman, 1994），並在 1970 年，領先業界率先推出 CMOS 的 1K 記憶體。

　　雖然記憶體剛開始是半導體的主力產品，但微處理器也有其需求，特別是民生用的電器產品。Intel 在 1971 年獲得日本計算機廠商 Busicom 的訂單，生產全世界第一顆微處理器 4004，內部約有 2,300

個電晶體，電晶體線寬為 10 微米。到了 1970 年代，半導體開始被廣泛應用在各式各樣的產品中，像是計算機、收音機、電話等。此時，一些電子產品公司也有半導體元件的需求，但通常會選擇自己投資成立晶圓廠，像是 IBM、Motorola、Toshiba，以及與台灣有深厚淵源的 Philips。這些大型的廠商生產標準化的積體電路，在 1970 年代把勞力密集的封裝與測試，放在亞洲地區，例如：日本、韓國、台灣、香港、新加坡、馬來西亞等，而這也埋下日後亞洲半導體產業崛起的種子。以日本為例，日本政府在 1960 年代就鎖定半導體作為未來的重點產業，配合自己本身就有的電子產業，瞄準 DRAM 市場，以物美價廉的優勢，挑戰美國的領導地位（Botelho, 1995）。另外，台灣在 1971 年退出聯合國時，為了在國際上發揮影響力，開始加大經濟發展的力度，在蔣經國內閣的帶領下，先後成立工研院（1973年）、與 RCA 簽訂半導體技術移轉（1976 年）、成立竹科園區（1977年），並在 1970 年代末拍板決定從工研院「電子工業研究發展計畫」中，衍生出第一間本土的半導體公司，也就是後來的聯電。

## 二、個人電腦的市場拉動

1980 年代蓬勃發展的個人電腦，讓半導體的發展，進入另一個時代。1981 年 8 月，採用 Intel 微處理器與 Microsoft 作業系統的 IBM 個人電腦問世，並在日後促成 Wintel 成為產業標準（Hagedoorn, Carayannis, and Alexander, 2001；Hill, 1997）。因為 Intel 在微處理器上的大為斬獲，再加上日本逐漸侵蝕了美國的 DRAM 市場，在 Andrew Grove（安迪‧葛洛夫）的帶領下，Intel 從 1980 年代初期就策略性減少記憶體的產能，增加微處理器的業務，試圖從記憶體公司轉型成微處理器公司（Burgelman, 1994；Grove, 1996）。美國政府此時，也不斷設法阻擋日本的競爭，像是在 1984 年美國國會通過《半導體晶片法》，開始對半導體的光罩技術和積體電路布圖規劃提供智慧財產權的保護；1987 年，在政府的號召下，十四家廠商成立「SEMATECH」策略聯盟，起初只允許美國企業加入，當初日

商 Hitachi 也想加入，但是被拒於門外（Browning, Beyer, and Shetler, 1995；Gover, 1993）。韓國與台灣的半導體也在此時蓬勃發展，韓國以 Samsung 為主力部隊，而台灣有聯電、台積電、旺宏等。

1993 年，Intel 推出奔騰（Pentium）微處理器後，在 Wintel 的架構與「Intel Inside」的口號宣傳下，成為微處理器的代名詞，Intel 也順勢取代日本的 NEC，成為世界第一大半導體公司。在個人電腦的商機帶動下，再加上半導體技術的進步，促成了 ASIC 的出現，也使得許多沒有晶圓廠的 IC 設計業者爭先成立。例如：早在 1985 年成立的 Qualcomm（高通）、Broadcom（博通）（1991 年）、Nvidia（輝達）（1993 年），以及 Marvell（美滿電子）（1995 年）。

## 三、智慧型手機的驅動

到了 21 世紀，雖然個人電腦的成長不再，但隨著其他的產品應用發展，例如：筆記型電腦、手機、網際網路的應用，讓半導體產業的發展仍備受看好。特別是 2010 年之後，4G 智慧型手機的流行，徹底的改變了半導體產業的態勢（Bass and Christensen, 2002）。傳統的個人電腦、筆記型電腦、傳統手機的微處理器，都是採用複雜指令集（complex instruction set computing；CISC）來編寫，但是 2007 年 Apple 推出第一代 iPhone 時，改用 ARM 架構的微處理器。ARM 架構是基於精簡指令集（reduced instruction set computing；RISC）來編寫，這種指令集的指令長度固定，簡化解碼器的設計，所需要的電晶體較少，如此可以提升微處理器的運作時脈，耗電量更低，因此更適用於移動裝置。自此之後，隨著 iPhone 的大獲成功，幾乎所有的智慧型手機與移動裝置，都採用 ARM 架構。隨著手機的蓬勃發展，半導體的應用變得更加廣泛，在產業規模持續擴大的情況下，也成為世界各國爭相逐鹿的科技舞台。

## 四、摩爾定律

在過去半個世紀裡，半導體的發展從實驗室的技術推動，走向大

宗商品的市場拉動，從一開始的美國主導，擴散而至日本、韓國、台灣以及中國大陸的崛起，雖然過程充滿動態、變遷與多元性，但正所謂「萬變不離其宗」，我們可以看到「摩爾定律」一直主宰著半導體產業的發展（Brock, 2006；Ceruzzi, 2005；Halfhill, 2006；Mody, 2016），彷彿一種「理性神話」（rational myth）（Meyer and Rowan, 1977：360），讓鑲嵌其中的成員會不假思索地談論它、遵守它，進而讓技術與產品的創新總是能夠有秩序地持續推陳出新。近年來，摩爾定律的影響力甚至是逐漸外延到半導體以外的其他產業（Farmer and Lafond, 2016）。

1965 年，時任 Fairchild 半導體研發部門主任的 Gordon Moore，受《*Electronics*》雜誌的邀請撰寫一篇文章，針對未來十年內積體電路的發展予以預測，他根據實驗室內部的五筆歷史數據（1959 年、1962 年、1963 年、1964 年、1965 年），進行線性的分析後得出一條斜率，推估在 1975 年單一積體電路的電晶體數量將達到 6 萬 5,000個。據此，他認為單一積體電路的電晶體數量，約每年增加一倍（Moore, 1965）。這段技術預測背後的道理是：如果積體電路可以放的電晶體越多，則可以處理越複雜的訊息，但前提是電晶體要能夠持續微縮。雖然這個道理很簡單，但 Gordon Moore 的獨特之處，在於他加入一條時間軸，宣告每隔一年半導體技術就要進入新的世代。然而這篇文章當時並沒有受到太多關注，主要原因是半導體還是一個很新的技術，沒有多少人知道，而 Gordon Moore 也還只是個無足輕重的工程師。

1975 年，當時已經離開快捷並與 Robert Noyce 以及 Andrew Grove 共同創立 Intel 的 Gordon Moore，於美國華盛頓舉行的「IEEE 國際電子元件研討會」發表演說時，先是引用 1965 年的文章，接著他加入新的資料，修改當初的預測，推估單一積體電路的電晶體數量，應該是每兩年增加一倍。Gordon Moore 的看法一開始並沒有受到產業界太大的重視，而 Intel 也似乎在初期發展階段，未能順利趕上或證實他的技術預測。然而隨著 Intel 逐漸在半導體業站穩腳步，

往來的廠商越來越多，再加上快速發展的半導體技術代表更多的未來不確定性，而這也帶來找尋指引與彼此模仿的需求（DiMaggio and Powell, 1983），「摩爾預測」也就慢慢被大家所熟知、接受，也因為如此，半導體廠商的資源分配與技術開發，也都變成依此假設而行，並快速地擴展至其他新興領域。而伴隨著 Intel 的快速成長，與相關產業成員投入更多時間、精神與資源去追尋摩爾的預測，摩爾預測不斷地被產業界所推動實現，「摩爾預測」也就慢慢的制度化而成「摩爾定律」。在摩爾定律的規範與洗禮之下，電子元件的持續微縮，也就成為了半導體業最鮮明的技術特徵（Braun and MacDonald, 1982；Epicoco, 2013）。

摩爾定律作為一種制度力量，初期可說侷限於美國的半導體業，而形塑的基礎主要建置在產業之間經由共同理解、共同信念與共享的行動所形成的趨同性。然而到了 1980 年代之後，隨著美日之間的半導體爭戰越來越激烈，以及美國政府的積極介入，摩爾定律進一步得到國家與法規的加持，而能發揮強制同形的力量。具體而言，從 1970 年代末開始，美國半導體就開始受到日本的強力挑戰（Langlois and Steinmueller, 2000）。當時日本所採取的發展策略，建立在由中央政府主導的貸款模式上；商業銀行幾乎把所有的存款都借貸給半導體廠商，再由日本銀行統一控制所有的銀根，半導體公司的獲利只需償還利息即可，如此在景氣不好時，日本企業仍可在虧損的情況下生存（李雅明，2012；Wade, 1990）。這種由中央政府支持的特定產業發展模式，讓美國人傷透腦筋（Browning et al., 1995）。為了回擊日本，美國開始模仿日本的產業政策。首先，美國半導體協會（Semiconductor Industry Association；SIA）先是在 1977 年成立，之後在 1987 年，由美國政府主導成立 SEMATECH，結合大家的力量來對抗日本。然而，只有這樣還是不夠的，美國還決定要制訂一個讓所有成員統一步伐的技術戰略藍圖。

1992 年，美國半導體協會成立了一個技術委員會，並由剛帶領

Intel 成為第一大半導體公司的董事長 Gordon Moore 擔任主席，這個委員會被賦予最主要的任務，就是制訂一個所有美國半導體廠商都能參考的技術藍圖，時間涵蓋未來 15 年（1992 至 2007 年）。由於當時 Intel 的製程技術領先其他廠商，是美國半導體產業對抗日本的先鋒部隊，再加上 Intel 生產的 x86 微處理器，搭配 Microsoft 的 Windows 作業系統，是當時個人電腦的主流設計，該委員會便參考 Intel 的技術發展軌跡，也因為發現 Intel 的過往非常符合摩爾定律的預測發展，因此便以摩爾定律 1975 年的版本來當作技術藍圖的主要依據（Kostoff and Schaller, 2001），這就是後來所知的「國家半導體技術藍圖」（National Technology Roadmap for Semiconductors；NTRS）。

　　為了符合摩爾定律的預測，NTRS 擬訂約每兩年至三年，製程技術就要進入新的世代，稱為一個節點（node），不同節點之間標誌著製程技術微縮 0.7 倍；換句話說，就是積體電路內電子訊號通過的閘極要縮小 0.7 倍。如此，當積體電路的長與寬同時微縮 0.7 倍，整體面積就可以微縮 0.49 倍（約等於 0.5）（Epicoco, 2013）。自此之後，Gordon Moore 當年的預測，從產業定律進一步昇華為「國家標準」，以更強的約束力量主宰著半導體產業的前進。

　　NTRS 相當成功，不止美國，甚至是日本的半導體業者，都根據此藍圖來按表操課，規劃研發活動。此時，隨著奔騰微處理器的推出，Intel 與日增強的領導地位更加強化大家對於摩爾定律的信仰。因為 Intel 的技術總是符合、甚至超越 NTRS 的要求，因此，遵守 NTRS 同時也意味著追趕 Intel。隨著產業與競爭的變化，美國半導體協會在 1994 年與 1997 年進一步更新此技術藍圖，據此更加強化它的指引地位。作為 NTRS 的技術核心依據，摩爾定律成為一個更為家喻戶曉的產業名詞，學術界也開始有人討論摩爾定律。在 NTRS 的包裝、行銷與號令之下，摩爾定律以及它所預測的製程微縮走勢，將半導體的發展，穩穩的投向原本應該是個不可知的未來。

　　隨著資訊革命的全球化擴散，摩爾定律也從深植於美日核心，往

外擴展而為更多國家的科技產業所擁抱，特別是韓國與台灣。以台灣為例，當大多數的個人電腦都轉由台灣代工時，也連帶帶動台灣的半導體產業開始發展。同時間，許多美國傳統的 IDM，會思考把自身產能無法吸收的訂單，轉交給亞洲地區代工，甚至是和亞洲的企業合作，一起投資成立晶圓廠。最具代表性的就是 TI 與宏碁，在 1988年出資 141 億元新台幣，成立德碁半導體（TI-Acer），是台灣第一家DRAM 廠，負責提供宏碁代工電腦所需的記憶體。1987 年成立的台積電，甚至開創晶圓代工的模式，進而催生 IC 設計業的可能發展。

對於在 1990 年代重返世界第一的美國半導體而言，建立以美國技術為首的國際產業競合關係與體系，似乎是強化與延續其領導地位的重要樞紐。據此，1998 年 4 月，美國半導體協會在世界半導體理事會（World Semiconductor Council；WSC）中，邀請歐洲、日本、韓國、台灣的半導體協會，以及各自的產業代表與專家學者，共同制訂一份技術藍圖，並以已經在美國廣為接受的 NTRS 與摩爾定律作為基礎。

有趣的是，來自世界各地的產業代表和專家學者，重新檢視 NTRS 的報告時，發現有將近 50% 的表格需要修改。最終，歷經兩次的會議，於大家討論出來的版本就是於 1999 年首次出版的「國際半導體技術藍圖」（International Technology Roadmap for Semiconductors；ITRS）。ITRS 比起 NTRS 更具有參考性質，因為參與其中的制訂者來自世界五大半導體國家，它的核心精神很簡單，即是：需要發展哪些技術能力，以持續維持摩爾定律。同時，它制訂在每一年的製程技術所應該要發展到的世代，像是在 2001 年時是 130奈米，下一個世代是 130 奈米乘以 0.7，即 91 奈米，但為了讓大家方便記憶，會盡量以 0 或 5 作為尾數，因此會標記成 90 奈米。ITRS 也特別以紅色標記下在這個趨勢發展底下最需克服的技術門檻，也就是所謂的「紅磚牆」（red brick wall）。在大家的共識之下，ITRS 形塑了強而有力的半導體遊戲規則，如果無法追上，就是技術落後；反之，若能率先推倒紅磚牆，即是技術實力的驕傲展現。

　　總結而言，摩爾定律從原本的技術預測，慢慢轉化為半導產業的共同信仰、習俗、規範與守則。正如同 Gordon Moore 本人曾說，「MOS 是一種宗教，也是一種技術」（MOS was a religion as well as a technology），[2] 隱含著旁人無法理解的儀式（Warner and Grung, 1983: 61）。摩爾定律作為一種制度結構，既是理所當然的技術藍圖，也代表開啟市場資源寶庫的不二法門。

## 第四節　台積電：進出摩爾定律

　　對於每一家半導體業者而言，創新既是建立在推進半導體技術的摩爾定律，也來自於回應、掌握與突破摩爾定律的挑戰，對於位處追趕經濟體、開創晶圓代工模式的台積電更是如此。在以下的篇幅裡，我們會指出，台積電對於摩爾定律的回應過程可以分成三個階段：1987 至 2000 年、2001 至 2010 年、2011 至 2019 年，在每一階段中，行動的重心所在可分別稱之為「摩爾為王」、「深度摩爾」、「超越摩爾」。

### 一、摩爾為王，1987 ～ 2000 年

　　在新創時期，台積電的策略行動重心是要能夠走進由摩爾定律所建構的產業組織裡，讓晶圓代工模式與摩爾定律融合在一起，進而讓半導體的發展從垂直整合漸漸走向垂直分工，也讓大家願意跟台積電有生意上的往來。換個比喻，台積電的行動可理解成一種「尊王攘夷」的策略，也就是在認知「摩爾為王」的價值體系之下，藉由尊勤摩爾定律的過程，取得攘斥對手、建立市場所需的資源與正當性。

　　1985 年，張忠謀回到台灣擔任工研院院長，不久之後，就根

---

[2] MOS 為金屬氧化半導體（metal-oxide-semiconductor），是一種電晶體的設計結構，也是電晶體之所以能夠達到不斷微縮的原因（Bassett, 2002）。

據他過往在美國工作經驗所知向政府提出設立台積電，[3] 雖然政府同意，但同時也希望能夠分散風險，就如政務委員李國鼎當時所言：「台積電不能成為一家國營事業，失去活力，行政院開發基金只能投資48%，剩下的52% 股份必須找民間廠商。」[4] 但對於這剩下的52% 股份，在大家都不看好晶圓代工模式下，除了幾家台灣的民間企業勉強同意（包括台塑、華新麗華、裕隆、台聚等），很難找到其他廠商願意投資。張忠謀運用在美國做事的經驗與關係，找上 Intel、Motorola、TI、AMD（Advanced Micro Devices；超微）等大廠，都表示沒有意願，特別是當張忠謀向 Intel 的執行長 Andrew Grove 與 AMD 的執行長 Jerry Sanders（傑瑞桑德斯）請益，也都獲得負面的評價。其他如 IBM 與日本的廠商也都不認為晶圓代工會成功。事實上，當時業界普遍流傳著 Jerry Sanders 的名言：「真男人要有自己的晶圓廠（Real men own fabs）」。最後，政府透過台灣 Philips 的總裁羅益強，說服荷蘭總公司，剛好那時 Philips 也有半導體元件的需求，因此就由 Philips 出資27.5%，成為台積電最大的民間法人股東。成立之後，大家還是都不看好。「在新竹科學園區裡，管理局批准台積電租的土地，比起同業狹小，前面的道路也窄。」原因就是認為台積電終究會被飛利浦收購，所以不願意批給它好的地點（楊艾俐，1998：143）。

不只社會不認可，技術也是一大問題。初創時期，台積電只有3.0 與 2.5 微米的製程技術，落後國際大廠兩個世代，從摩爾定律來

---

[3] 1984 年，張忠謀在 General Instrument 擔任總裁時，有位朋友想募資 5,000 萬美元設廠生產晶片。張忠謀先是表達興趣，但在等待具體的提案過程中，卻遲無進一步消息。張忠謀打電話探詢之後得知，原來對方已找到日本公司可以代工，不需要自己蓋廠，所需資金只需原來的十分之一，所以就沒再聯絡。張忠謀後來進一步研究後發現，對日本廠商而言，代工雖然不是有吸引力的行業，但它要求產品銷售權，以便可以用自己的品牌在市場銷售，但這也造成了與無晶圓 IC 設計客戶之間的利益衝突。而這一連串的事件，也就讓張忠謀隱約看到了專業晶圓代工的獲利模式。當然台灣也給了張忠謀實現理想的機會，而此就如王安石在《浪淘沙令》所言：「若使當時身不遇，老了英雄。」

[4] 經濟日報，1997 年 7 月 20 日，第 9 版。

推估，也就是四年的技術門檻。相比之下，同時期台灣半導體技術最領先的就是聯電，作為一間傳統的 IDM，在日後還開發出第一顆本土製造、與 Intel x86 相容的微處理器。技術的落後，加上新之不利所帶來的不確定性，讓台積電在爭取訂單上困難重重。

1988 年 Intel 的執行長 Andrew Grove 來台灣訪問，因為 Intel 也正在尋找國外代工機會，就在張忠謀與總經理 James Dykes 的引介下，來台積電的晶圓廠參觀。Grove 當下對台積電 3.0 微米製程的高良率印象深刻，但也提出兩百多個刁鑽的問題當作功課。Grove 回美國後，台積電就盡全力把這兩百多個問題都給解決了，Grove 便答應給台積電代工微控制器和晶片組的訂單。在經過長達一年的認證程序，1989 年台積電得到 Intel 的認證。自此之後，美國的一些 IC 設計公司（例如 Altera），也才願意大大方方跟台積電合作。就如杜甫《前出塞九首·其六》所言：「挽弓當挽強，用箭當用長。射人先射馬，擒賊先擒王。」在製程微縮的競賽中，Intel 的認證，讓原本連取得比賽資格都有問題的台積電，得以跨過了正當性問題的第一道門檻，而得以跟其他半導體業者，平起平坐的一起同場競技，追趕摩爾定律。台積電的客戶數量從 1987 年的十五個，到了 2000 年，客戶數超過了三百個。客戶不僅有 IC 設計業者，還有傳統的 IDM，美國前五大半導體廠商 —— 包括：Intel、Motorola、TI、National Semiconductor（國家半導體）、AMD，除了 TI，其餘四家都是台積電的客戶。

在技術發展上，站穩腳步後的台積電，開始緊緊的跟著 Intel 與摩爾定律。這時對台積電而言，摩爾定律也有點像是電影《哈利波特：神秘的魔法石》（Harry Potter and the Philosopher's Stone）的「飛天掃帚」（broomsticks），讓台積電可以穩穩地騎上它，去打一場半導體的魁地奇大賽，奪取大家都夢寐以求的金探子 —— 也就是無窮的應用市場。從 1987 年的 3.0 與 2.5 微米，直到 2000 年主力製程為 0.18 與 0.15 微米，並開始著手研發 0.13 微米的技術，台積電始終確保沒有落後 Intel 太多。此時期，台積電除了能夠代工

客制化的邏輯 IC，像是場式可程式閘陣列（field programmable gate array；FPGA）等特殊應用積體電路（ASIC），還能夠生產高階處理器與 Nvidia 的繪圖晶片（GPU），甚至有能力把製程技術移轉給傳統的 IDM，像是於 2000 年，把自己的快閃記憶體製程技術，移轉給 Motorola 和 National Semiconductor，是第一次晶圓代工廠技轉給 IDM 的案例。

　　台積電的成功，讓晶圓代工這種新的商業模式，快速融入全球電子生產的體系裡，加速半導體的專業化（Kapoor, 2013），同時也刺激更多的晶圓代工成立，像是以色列的 TowerJazz（高塔）成立於 1993 年；新加坡的 Chartered，在 1995 年進軍晶圓代工；聯電也在 1995 年從 IDM 轉型為晶圓代工廠，與台積電並稱「晶圓雙雄」。2000 年中國大陸的中芯國際在上海成立，不僅把台積電當成假想敵，也大舉挖角台積電的人馬。

　　對於台積電而言，之所以可以走入由摩爾定律所建構的產業組織裡，跟張忠謀個人的產業經歷與社會連結有很大的關係。張忠謀 18 歲以後就在美國求學與工作，任職過 Sylvania（希凡尼亞）、TI、GI，國籍上早已是美國人了，這樣的身份與認同，一定有助於降低客戶的戒心，讓對方認為是自己人。過去的人生經歷讓張忠謀從一個中國大陸出生的華人，在文化與思想上，散發出濃濃的美國氣息，其純美式作風也直接影響台積電的組織文化（張忠謀，1998）。這個「洋味」對於面對制度的台積電而言，是個有用的工具，無論是摩爾定律、NTRS、ITRS，根本上都是美國人主導的遊戲規則，而在 1980 與 1990 年代，美國不僅是全世界最重要的技術創新來源，也是最大的半導體市場，若想要在全球半導體產業生存與壯大，學會和美國人打交道、做生意，就得讓美國客戶認為你是他值得信任的夥伴，特別是面對日本的崛起，更會讓美國人對亞洲新興國家有所戒心。這個「洋味」在當時的台灣是很少見的，像是聯電第一任董事長方賢齊，是典型的中國技術官僚，技術做得很好，但未必能和美國人打交道；聯電後來的董事長曹興誠，出生在台灣的軍人家庭，也不太具備這個

技能。因為領導人的背景差異，台積電與聯電走上不同的道路，由一位美籍華人擔任董事長，加上台積電的前二任總經理－ James Dykes（1987/02 ～ 1988/07）、Donald Brooks（1991/02 ～ 1997/04），以及北美業務總經理 Stephen Pletcher，都是土生土長的白種美國人，能夠讓台積電比較容易和美國客戶打交道，並跟著美國的產業走，或是說比較容易在摩爾定律上不脫隊。[5]

再舉個例子，台積電所有的晶圓廠裡，十二廠在竹科，也是台積電的總部所在，十四廠則在南科，中間直接跳過十三廠，這是因為在西方世界裡，「13」是個不吉利的數字，美國客戶不會喜歡自己的產品是在十三廠製造的，Intel 本身也沒有十三廠，這個道理就像華人不喜歡「4」這個數字，但台積電過去其實有過四廠（後來合併到三廠，主要生產 DRAM）。[6]

可以得知，形塑台積電獨特風格的正是美式文化。另外，台積電也是台灣第一家在美國上市的企業（1997 年），這除了是因為主要客戶都在美國，也是讓它看起來更像是國際級（或是更具有美國味道）的公司。台積電也是全台灣第一家引進外部董事的企業，2002 年，聘請麻省理工學院的 Lester Thurow、哈佛大學的 Michael Porter（麥可‧波特）、前英國電信執行長 Peter Bonfield，擔任外部董事，這種作法跟傳統的台灣家族企業非常不一樣，也讓它更容易得到國際社會與半導體產業的認可。

簡而言之，張忠謀的個人特殊身份與制度連結，一方面讓他可以站在台灣的產業系統外圍找到創新之機會點，而在相信「遠來的和尚

---

[5] 這也可以理解成一種「擇人任勢」的作法，也就是選擇適合的、有用的人才，以把握並運用當時的情勢所在。就像棒球上的對決，當比賽很接近時，若對手輪到左打的強棒上場，另一方有時就會換上左投以為因應。

[6] 2016 年中，個人有個機會參加張忠謀董事長的一次餐會，就親自聽他談到，他都會在餐會前看一下出席的人數，因為多年在美國工作習慣之故，他會避免出現 13 這個數字，因為當天原本剛好就是 13 人，所以他就臨時增加 1 人，變成是 14 人與會。從這個小細節可以看出，張忠謀與美國文化的連結應該是更甚於華人社會與文化。

會念經」的政府部分裡，又可以發揮影響力、建立所需的資源。另一方面，他的美國經歷又讓他可以「上高樓，望盡天涯路」，[7] 看到晶圓代工的機會，以及融入國際半導體產業，站在相對核心的位置，獲得主流廠商的認同。[8] 就在這樣的左右逢源過程中，即便是面對新之不利的台積電，也得以克服難關，讓晶圓代工成為可以獲利的商業模式。半導體技術的競爭，也進入了「Intel 領跑、台積電加速、聯電與中芯國際追趕」的時代。

## 二、深度摩爾，2001～2010 年

在這個時期，為了能夠找到增長的突破點，台積電從單純的迎合與趕上定律，轉而需要更深一層或是擴大摩爾定律所指引的創新機會所在。在概念化台積電與摩爾定律的互動關係上面，如果前一個階段（1987～2000 年）台積電的重心是融合摩爾定律，那麼這一個階段就要逐漸的轉而採用「解耦」（decoupling）的策略（Battard, Donnelly, and Mangematin, 2017；Pache and Santos, 2013；Westphal and Zajac, 2001），也就是表面上仍然服從摩爾定律對於製程微縮的要求，但實際上透過強調產能領導的重要性，逐漸把營運的重心從摩爾定律脫離出來，以求不再為既有大家所服膺的藍圖軌跡所限。這種從原本服膺「摩爾為王」的作法，轉而強調「深度摩爾」的「若即若離」關係（Deephouse, 1999），讓台積電一方面可以繼續依附在摩爾定律下發展，取得業界認可的廣泛正當性，而從這裡汲取的資源，在另一方面，又可以資助台積電探索更多的可能性，突破摩爾定律的限制，成為引領未來產業發展的先鋒。如果依附摩爾是「剛性」的要求、是技術利用（exploitation），那麼挑戰未來的另種可能就是強調

---

[7] 摘錄自宋代晏殊的《蝶戀花・檻菊愁煙蘭泣露》。

[8] 雖然對於是誰最先想到晶圓代工的模式，各界一直有不同的看法，但張忠謀的國際連結，確實是讓晶圓代工得以實現的關鍵所在。如同工研院前院長史欽泰所言：「……原始的代工概念，在張忠謀返台擔任院長之前就開始討論，Morris 則是帶入國際觀點，讓它成為一個真正能營運、發展的公司。」（張淑敏，2019：152）。

「柔道」的力量、是技術探索（exploration），所以台積電在這時期的策略也可以理解成一種「剛柔並進」與「剛柔並濟」的方式，以因應產業競爭與永續成長的挑戰（Andriopoulos and Lewis, 2009；Gibson and Birkinshaw, 2004；Greve, 2007；March, 1991；Lavie, Stettner, and Tushman, 2010；O'Reilly III and Tushman, 2008）。

　　台積電之所以會有這樣的策略轉變，最主要的源起就是因為從 2001 年開始，學界與業界已經開始對於摩爾定律未來是否繼續有效性，有一些廣泛的討論（Forbes and Foster, 2003；Lundstrom, 2003；Meindl, 2003）。深嵌其中的台積電，因為實力尚不足以挑戰 Intel 或其他國際大廠的領導地位，也就是還不能與摩爾定律這個母體「斷奶」，因此還是必須依附在摩爾定律底下匍匐前進，甚至是必須盡力維繫與捍衛摩爾定律的有效性，以避免讓晶圓代工的模式遭遇正當性的危機。據此，努力追求製程微縮，讓技術的發展繼續沿著摩爾定律的藍圖而前進，就是重要的任務。台積電與聯電在 0.13 微米的競賽，就是關鍵的一役。

　　2000 年左右，半導體技術進入新的紀元，從 0.13 微米開始，為了讓摩爾定律繼續走下去，必須採用新的元件材料。在 0.15 微米以前，半導體主要以鋁作為導線材料，但是按照原有的作法，0.13 微米是做不出來的，在 1997 年 IBM 就發表以銅取代鋁的方案，銅的電阻是鋁的三分之一。自此之後，所有半導體廠商都在研發 0.13 微米的銅製程技術（Lim, 2009）。台積電和聯電在銅製程的研發上，卻做出完全不同的選擇，台積電選擇自行研發，但剛完成與十餘家 IC 設計公司結盟的聯電則選擇和 IBM 合作，並停掉台灣開發團隊，轉進到紐約。[9]

---

[9] 台積電的技術自主策略直接就體現在它的產品設計上面。用個比喻來說，如果 Intel 的晶片就像是製作精美的美軍炸彈，那麼台積電的產品就是土法煉鋼的土製炸彈。雖然式樣有異、信賴度有差，但威力相差無幾。也是因為這個緣故，讓台積電成為後來比特幣挖礦機晶片重要供應商之一，「比特幣它不管 yield，你這個 chip 死掉……它馬上拔掉換一個新的插上去就好了，它出貨不測 yield 的。」（訪談記錄，2019/09/12）

2000 年，台積電領先聯電研發出 0.13 微米的銅製程技術，很快就量產，並且在其他公司受到網路泡沫影響而業績滑落之際，大幅提升市佔率。自此以後，台積電就超越聯電，成為台灣第一大半導體公司。

台積電在追趕摩爾定律的路上，浸潤式微影技術的開發也是一個重要的轉捩點。2001 年之後，乾式曝光機（mask aligner）的發展遇到技術瓶頸。原本半導體製造廠透過這種特殊的設備，可以把 IC 設計業者事先設計好的路線圖，根據光的原理蝕刻在晶圓上面。當時主流的設備商，像是 Nikon（尼康）與 Canon（佳能），都在 193 奈米波長下設法維持摩爾定律，卻一直沒有實質進展。2002 年，台積電的林本堅改以水為介質，提出以浸潤式微影取代乾式微影，使得 193 奈米波長的曝光機可以達到 157 奈米的效果，讓台積電成功引領產業技術走向。在半導體設備中原本不算主流的 ASML，因為配合台積電的浸潤式微影開發新一代曝光機，也成為半導體設備中的主流。從此以後，台積電一直保持落後 Intel 一年以內的差距，穩穩的成為半導體先鋒部隊一員。浸潤式微影的技術，不止讓台積電可以繼續在摩爾定律所規劃的藍圖上繼續前進，穩定的汲取半導體與相關產業的市場資源，也讓台積電的製程技術擠身成為真正的國際一哥。

除了技術的突破以外，台積電也繼續宣導並強化「虛擬晶圓廠」（virtual fab）的概念，來擴大解釋摩爾定律的內涵。雖然虛擬晶圓廠的概念早在 1997 年就已經提出，但真正能夠深入人心，成為業界普遍的制度化信仰，則是要到 2001 年之後。其時，12 吋晶圓開始逐漸取代 8 吋晶圓，但因為要蓋一間全新的 12 吋晶圓廠，成本至少就要 30 億美元，因此，台積電藉由虛擬晶圓廠的概念，一方面強化自己晶圓代工的重要性，另一方面說服 IDM 逐漸放棄投資設廠，把訂單轉交給台積電來代工，讓它們彷彿擁有一間專屬的晶圓廠。透過虛擬晶圓廠或虛擬整合的市場定位，除了將台積電與產業的主流與領導廠商更加牢牢的綁在一起外，也不會與強調垂直整合與 IDM 模式的摩爾定律有太嚴重的衝突空間。在這之後，台積電的客戶數量急遽攀

升，尤其是 IDM 的比重越來越高，也加速了美國半導體產業從製造移往設計。

同時間，為了讓虛擬晶圓廠的概念更加的深入人心，台積電除了不斷的強調顧客關係的重要性外，也提出「產能領導需求」訴求，也就是要在產能上保持絕對的領先，讓客戶能夠絕對放心；例如，在 2000 年，台積電併購德碁半導體和世大積體電路，就是為了擴充產能。半導體產品，特別是 DRAM，有一種類似期貨選擇權的市場不確定性，供給與需求時常是在不均衡的狀態，半導體產業的資本支出又非常龐大，如果供過於求（產能過剩），廠商很容易虧損（日本的 DRAM 廠就是靠政府補貼才能夠壯大）。因此，隨著 12 吋晶圓世代的到來，很多 IDM 為了避免產能過剩所帶來的虧損，對晶圓廠的投資會比較保守。台積電的產能領導需求主張，讓晶圓代工從原本的被動分單轉變為主動出擊的生意模式，也就是說讓半導體的產業關係從原本的「產品為先、製程為後」，轉變為產品與製程的並行牽引關係。亦即在滿足摩爾定律對技術的要求時，產能也是非常重要的。張忠謀認為，半導體每五年會有一次不景氣，這「不妨稱之為『張氏定律』」，[10] 但即便產能有過剩的疑慮，台積電也要不斷地擴充，確保客戶有足夠的產能可以利用。這種產能為先的看法，也反應在張忠謀決定在 2009 ～ 2010 年金融風暴後加大資本支出的做法上（從原訂的 27 億美元，大增至 59 億美元）。「張氏定律」除了繼續強化虛擬晶圓廠與摩爾定律的觀念外，也想辦法開了一扇窗，期許在摩爾定律的框架之外，由張忠謀領軍的台積電也能開創新的遊戲規則，找到專屬於自己的成長道路。

換言之，台積電所做的就是一邊深化摩爾定律，一邊逐漸脫離它。如果說技術的推動是讓台積電能夠緊緊的捉住摩爾定律而穩定前行的動力根源，那麼市場的拉動與應用則是讓台積電能夠找到突破原有產業限制的活水泉源所在。張忠謀就曾說：「摩爾定律……還

---

[10] 經濟日報，2001 年 9 月 5 號，第 D3 版。

可維持十至十二年,在那之後,應用方面的發展會趕上技術。」[11] 具體而言,2000 年中期以前,原本半導體的市場應用都是以個人電腦為主,在 Intel 的唯一領銜之下,市場的應用與發展空間其實不大。2007 年,Apple 發表第一代 iPhone,揭開了智慧型手機市場的序幕,同時也讓半導體的應用能夠有更多的可能與發展空間,而讓台積電打開這個機會大門的最重要一役,就是 28 奈米的研發。

　　2007 年,當半導體產業處在 45 奈米世代時,根據摩爾定律的微縮指示,下一世代應該就是 32 奈米(45 的 0.7 倍是 31.5,約略是 32)。而正當聯電、Samsung、甚至是 Intel 等廠商們都專注在此時,台積電卻直接推出不在摩爾定律的技術藍圖中 28 奈米,讓對手措手不及。28 奈米讓台積電搶先贏得 Qualcomm、Nvidia 等 4G 智慧型手機晶片的大單,成為台積電有史以來最賺錢的技術,幫助它提升到與 Samsung、Intel 直接競爭的國際水平。台積電之所以能夠跳脫出產業既有的邏輯,推出大家都沒想到的 28 奈米,最主要的原因就是來自於市場端的回饋。強調「寧使天下人負我,不使我負天下人」的台積電,長久以來已經發展出與客戶之間的密切關係,因為代工業務之故,客戶之組成有相較其他 IDM 廠商更為多元,隨著市場的殺手級應用從電腦轉往手機,台積電的產品也從先前的少樣多量,轉變為多樣少量。值的注意的是,需求面的驅動創新,一直是半導體發展的主要動力(Adams, Fontana, and Malerba, 2013)。多元客戶的無私分享,再加上多元化市場產品應用的回饋,讓台積電得以意識到 28 奈米的應用潛力,進而突破原有的技術認知障礙,找到新的藍色商機。另外,28 奈米這一節點的創新,也證明了半導體產業並非只能服從摩爾定律,當跳脫出原本的遊戲規則,推出 28 奈米來搶佔新興應用與潛在功能的機會時,反而讓原本技術落後的台積電有機會威脅到 Intel 與 Samsung。

　　相對來說,這時台積電最重要的競爭對手 Samsung,之所以

---

[11] 經濟日報,2000 年 3 月 21 號,第 31 版。

一直恪遵摩爾定律，就是受限於它作為 IDM 廠商的本質。另外，Samsung 一直以來以生產 DRAM 或其他標準產品為主，產品的特色是少樣多量，即便也有代工部門，但在財閥集團內用需求的主力引導下（Mathews and Cho, 2000），客戶的組成就會比較單調、連結度也不會太高（至少相較於台積電而言）。在市場訊息的回饋有限，而技術的推動又是如火如荼的展開之際，Samsung 自然而然會是專注於在 32 奈米的追趕比賽中，而忽略了 28 奈米的可能機會。同樣的，Intel 之所以忽略 28 奈米，最主要的原因之一就是因為它一直都是摩爾定律的捍衛者，技術的發展都是根據設計規則（design rule）而行，自然也無法跳脫出既有的產業框架。

　　總結而言，台積電的制度解耦策略，讓它可以一方面依附在摩爾定律之下，取得成長所需的資源，包括浸潤式微影技術的突破，以及虛擬晶圓廠概念的提出，都在強化這方面的作為。這種穩紮穩打、善用現有的制度連結機會，對於像台積電這般從後進國家出發的創新者而言，似乎特別重要（Hung and Tseng, 2017；Mathews, 2006）。另一方面，台積電也想方設法要突破產業的限制，否則它只能算是一個賺取一般利潤水準的普通產業玩家，手機應用的崛起，提供了它這樣的機會。手機所提供的多元應用，再加上產能的持續與客戶的多元發展，讓台積電可以找到 28 奈米的突破點，而在日後成為真正引領半導體製程創新的領頭羊。

## 三、超越摩爾，2011 ～ 2019 年

　　28 奈米之後，台積電進入了另一個發展時期。在這之前，台積電以及他的主要晶圓代工對手，如聯電、Global Foundries、中芯國際等，都在由摩爾定律所制訂的藍圖上，努力追趕以拉近與國際大廠的距離。在此之後，台積電遠遠的拋開他的過往對手，成為與 Samsung、Intel 等半導體大廠一起加入最先進製程的競逐賽中。在這過程中，台積電的策略行動重心就是在「超越摩爾」，除了強調要逐漸脫離甚至超越由 Intel 所發展與捍衛的摩爾定律之外，也要能透過

對於自身技術能力與市場回饋的操控，發展出更能符合其自身利益的產業競合關係與未來發展藍圖。[12]

　　相較於摩爾定律內涵強調的是技術的不斷更新，台積電所要推廣的超越摩爾，則更加強調新興應用與潛在功能的開發（Sydow and Müller-Seitz, in press）。如果我們把前述第一階段台積電的發展，當作是技術推動的時期，第二階段則正處在技術推動與市場拉動的交替過程，第三階段則是標誌著市場拉動的時期，這就已經和我們原本熟悉的摩爾定律有顯著的差異。

　　當然，即便許多人開始認為摩爾定律已經慢慢的逼近其物理極限（Huang, 2015），依附它而發展起來的台積電也不可能一夕之間就能自由自在的另謀他就，只是要設法讓它繼續走下去的難度越來越高。過去台積電還可以跟在 Intel 背後，但是自從 28 奈米以後，Intel 似乎也越來越跟不上摩爾定律的腳步，尤其到了 10 奈米之後，台積電只能在和 Samsung 的競爭過程中探索未來的方向。競合關係的轉變，也讓台積電的策略慢慢的從被動跟隨轉變而為主動出擊。例如台積電在 20 奈米採用雙重曝刻（double patterning），或是 3D 結構的鰭式場效應電晶體（FinFET）。[13] 另外如台積電所推出 3D 的封裝技術，可以整合多顆晶片的整合型扇形封裝（integrated fan out；InFO），並搭配

---

[12] 用個故事比喻來對照說明，就如東漢末年的曹操，當實力尚不足以擊潰對手時，就先以「挾天子以令諸侯」的方式，來取得爭伐四方的正當性與資源，等到時機成熟、實力真正穩固之時，也就是在曹丕繼承父業之後，就可篡漢自立為帝。這個改制的過程，也就類似於台積電從「摩爾為王」，走到「超越摩爾」的道路。

[13] 一個標準的 CMOS 電晶體，電子會從源極（source）通過閘極（gate），最後射向汲極（drain），摩爾定律要能夠實現，就是通過閘極的微縮來達成。但是如果閘極太小，就很容易產生漏電的情況，特別是在 25 奈米以下，傳統結構的 CMOS 根本做不出來。如果在科技上無法突破這個瓶頸，就意味著摩爾定律走到了極限。為了解決這個問題，半導體廠商想盡各種辦法來延續電晶體的微縮。最具代表性的就是鰭式場效電晶體（fin field-effect transistor; FinFET）的發明，閘極被設計成類似魚鰭的三維結構，使得電子可以通過的空間保持不變，這種設計在 Intel 的 22 奈米、台積電的 16 奈米、Samsung 的 14 奈米開始使用。

自行開發的 CoWoS（chip-on-wafer-on-substrate）製程技術，都是延續台積電的過往能力軌跡再推展摩爾定律的重要事件。

然而，面對摩爾定律即將走到盡頭，或是說已經快要成為一把有點遲緩的「飛天掃帚」，台積電也必須找到能夠繼續驅動前進的力量，從純晶圓製造擴展到下游的封裝，就是一個嘗試。但更重要的則是因為客戶關係所建立的市場回饋力量，讓台積電能夠在摩爾定律之外，找到新興的發展軌跡。詳言之，台積電從以前的虛擬晶圓廠，逐漸演變成一個高度垂直與水平整合的虛擬 IDM，並與材料供應商、IC 設計業者、封測廠、設備廠之間保持著非常緊密的關係，甚至成為產業創新的核心，就如同 Nvidia 的執行長黃仁勳所說：「沒有 Plan B，全部壓在台積電上。」[14] 2012 年台積電所提出的「台積大同盟」，就是凝聚夥伴、開發市場力量的具體做法。良性的客戶關係，帶來更有價值的市場回饋與開放創新來源，進而讓台積電得以跳脫原本的產業束縛，找到其他的技術可能（Jacobides, Cennamo, and Gawer, 2018；Kapoor and McGrath, 2014；Lifshitz-Assaf, 2018）。

就客戶的種類而言，與系統廠商日趨密切的關係更是關鍵點，特別是因為 Apple 對於微處理器的選擇不同，因此讓由後來智慧型手機所驅動的半導體以及台積電成長，也能夠據此慢慢的發展出不同於原有摩爾定律所建構的產業韻律（Lee and Malerba, 2017）。微處理器根據指令集的編寫方式，有複雜指令集（CISC）以及精簡指令集（RISC）兩種，前者通常用於個人電腦的微處理器，最具代表性的是 Intel 的 x86 晶片，後者則通常用於移動裝置，最具代表性的則是 ARM 架構。當初 iPhone 在選擇要用哪一種指令集編寫微處理器時，為了達到省電的目的（而這也是手機最需要的功能之一），選擇了 RISC，之後大部分的智慧型手機也都是採用 RISC，這個市場的變化對於原本專注在個人電腦與 CISC 技術上的半導體廠商，帶來很大

---

[14] 王之杰，2017 年 10 月，「後張忠謀時代：台積電下個十年」，商業周刊，第 1560 期，第 88 頁。

的挑戰（Courtland, 2012）。在個人電腦有絕對優勢的 Intel，因為仍堅持 CISC，不斷試圖在智慧型手機市場中推銷 x86 晶片，但始終無法迎合這個新興的市場（Ennas, Marras, and Di Guardo, 2016）。

相對地，已經走在技術前端的台積電，卻能立刻就建立起 RISC 處理器的產線。剛開始台積電取得 Qualcomm 手機晶片的訂單，而早期 iPhone 的晶片則是都由 Samsung 代工，但是自從 2014 年的 A8 晶片開始，台積電藉由先前 28 奈米順利切入智慧型手機市場，因此得以打入 Apple 的供應鏈。自此之後，台積電在高階的 ARM 架構手機晶片中擁有超過一半的市佔率，2019 年時，華為首款的 5G 晶片麒麟 990、Qualcomm 的 Snapdragon（驍龍）855 晶片、Apple 的 A13 晶片等，都是由台積電生產，幾乎是 ARM 架構的陣營中最大的製造商。

延續既有的技術軌跡（Herriott, Levinthal, and March, 1985；Sydow, Schreyögg, and Koch, 2009）與發展製程上的「轉換能力」（transformative capacity）（Garud and Nayyar, 1994），台積電在此階段深度開發 28 奈米，推出像是低耗電版本（low-power）以及高效能版本（high-performance），來滿足各種不同的客戶需求，低耗電主要鎖定低階智慧型手機，高效能則是鎖定高階智慧型手機以及 GPU，28 奈米就像是座大山，不僅改變半導體產業的遊戲規則，也打亂了產業中推出新技術的節奏，趁機擴大差距，間接導致在 10 奈米以下完全甩開 Intel。也因為更先進的技術能力，帶來更多的客戶加入（包括主流產品智慧手機和平板電腦半導體元件供應商等），而更多的客戶組成，讓位居電子產業供應鏈的最上端的台積電可以看到資訊產業發展軌跡以及更多的市場可能（至少相較競爭對手 Samsung 而言），進而更大膽的推進製程技術的創新，達成「換道超車」的效果（Helfat and Raubitschek, 2000；Holmqvist, 2004）。更好的製程引領客戶開發更多的產品創新，而這就這樣形成一個良性循環，進而讓台積電可以慢慢離開原有摩爾定律的束縛，而發展出更符合其利益與良

性客戶關係的嶄新產業制度與遊戲規則。這樣的技術超越過程，一方面讓產業不會因為摩爾定律逐漸失效而呈現停滯，另一方面也讓台積電能夠更有機會以製程創新者的角色，來引導產業的走向與產品的創新。

綜合以上的分析，我們可以看到，台積電面對摩爾定律的規範，從最一開始的被動服從，到後來的維持、強化、擴大，直到最後的積極挑戰、超越，也代表著一系列的制度維持、破壞、創造的行動過程。

## 四、台積電、聯電與中芯國際的比較分析

為了突顯出以上我們對於台積電與摩爾定律的互動過程分析，我們將台積電與聯電、中芯國際的發展做個對照，因為這三家廠商都是屬於晶圓代工、開始的規模也不會差距太大，在資料蒐集與分析上都會比較單純。[15]

圖 7-1 顯示台積電、聯電與中芯國際三家晶圓代工廠商，在不同的時間點下，量產技術節點（奈米）的歷史進展，並與當時的技術藍圖（摩爾定律）做對照。在比較三家廠商的製程技術時，為了便於以線性的方式進行分析對照，我們取技術節點（node）以 10 為基數的對數，像是技術節點 180 奈米就會計算成 $\log_{10}180 = 2.2552725$。

圖 7-1 中帶有箭頭的灰色路徑，就是半導體產業的技術藍圖，也就是三家廠商都要面對的制度。剛開始是最原始的摩爾定律，我們根據 Gordon Moore 在 1965 年與 1975 年的預測，再參考 Intel 實際的製程技術發展所繪製。1992 年之後，則由 NTRS 技術藍圖接棒（預測

---

[15] 我們沒有將另一家晶圓代工業務的廠商 Global Foundries 放入比較，主要是因為它原本是從 AMD 獨立出來的公司，又於 2010 年收購了新加坡的 Chartered。因此，Global Foundries 在 2010 年前後的技術發展會有顯著的不同，若要全部視為 Global Foundries 的技術發展而拿來跟其他公司比較，會有偏差。

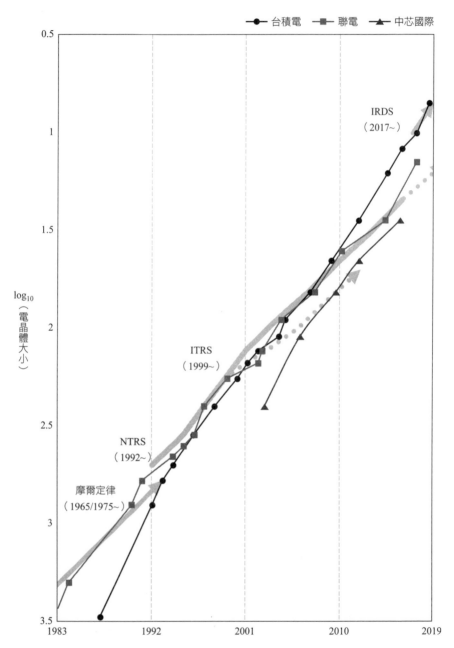

▶ 圖 7-1　摩爾定律下的製程技術競賽

的範圍從 1992 到 2012 年）。1999 年，再被 ITRS 所取代（預測的範圍從 1999 到 2020 年），也因此在這之後，我們就將 NTRS 以虛線來表示。總得來說，雖然在不同的時間點會有不同的技術藍圖，但它們的理論基礎都是建立在摩爾定律之上（Kostoff and Schaller, 2001；Sydow and Müller-Seitz, in press；Walsh, Boylan, McDermott, and Paulson, 2005）。

從圖 7-1 可以發現到，在 2001 年以前，台積電和聯電都在追趕摩爾定律，無論是最原始的摩爾定律，或是 1992 年以後的 NTRS，台積電和聯電都落後於國際的前研技術水準。到了 2001 年以後，台積電和聯電已經追趕上 NTRS（超越虛線），兩者的技術能力可說伯仲之間（事實上，晶圓雙雄這個名詞就是在 2000 年底左右被提出），但此時的 NTRS 被象徵技術藍圖國際化的 ITRS 所取代，所以兩者在 2001 年以後還是算處於追趕摩爾定律（ITRS）的情況。

2002 年台積電在 130 微米銅製程的成功開發之後，技術發展就開始超越聯電。若就 2001 至 2010 年這個區間做整體的視察，我們也可以看到台積電不僅以些微的差距走在聯電以前，還逐漸超越了 ITRS 的技術藍圖。到了 2011 年以後，台積電的技術發展已經完全脫離 ITRS，聯電則大致上還和 ITRS 保持在差不多的進度。2017 年之後，台積電的技術進展開始走入 IRDS，但因為 IRDS 不僅考慮技術，還考慮到應用，而且是在台積電突破 ITRS 之後才擬定的藍圖，核心概念與原本依據摩爾定律與製程技術所發展的 NTRS 與 ITRS 已經有很大的不同。也就是說，IRDS 既是一個事後才擬訂的藍圖，代表的意義也就是台積電（也包括 Samsung 與 Intel）的行動突破了原有的制度規範，進而催生了新的規範與制度。至於中芯國際，從 2002 年底正式量產加入國際的技術競逐賽之後，就一直在追趕摩爾定律，即便到現在，中芯國際都還無法到達原先 ITRS 的目標。經由與聯電與中芯國際的對照分析，我們更可以清楚看出，台積電如何從追趕摩爾定律，到逐漸的脫離與超越摩爾定律的制度侷限之中。

# 第五節　進出制度的行動：台積電的啟示

　　以上我們討論了台積電進出摩爾定律的歷史脈絡，這樣的脈絡可以在討論行動如何回應制度的問題之下，做更進一步的理論化思考，圖 7-2 顯示我們的研究分析，並在以下詳述。

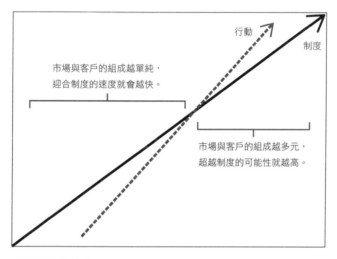

▶ **圖 7-2** 進出制度的行動

　　從 1987 至 2000 年間，台積電所面臨的最重要挑戰是迎合摩爾定律的遊戲規則，讓產業界能夠接受晶圓代工的新模式，並願意與這家新創的台灣半導體企業有生意上的往來。台積電如此，對於其他的新進入者也是如此。張忠謀的個人制度連結，加上與美式文化的強連結，讓台積電願意勇敢的「甘願花幾年時間苦等 Intel 的訂單，閒置大部份產能，也不設計自己產品」，[16] 最後終於獲得 Intel 的認證，進而取得傳統 IDM 與 IC 設計業者的認可，以及進入半導體競賽的「合法

---

[16] 陳良榕，2005 年 5 月，「台積電：專注成世界級格局」，天下雜誌，第 322 期，第 101 頁。

通行證」。

　　從台積電與聯電的比較中，我們可以進一步瞭解台積電在追趕摩爾定律的過程中，所運用的策略有何特殊之處，而這必須從當時的半導體主流市場 —— 個人電腦談起。在 Wintel 的產業標準影響下，半導體的市場應用不會有太大的變異發展，廠商只需要專心在製程微縮的研發上即可。此時聯電是台積電最大的競爭對手，它在 1995 年正式轉型成為一間晶圓代工廠，一度與台積電並稱為晶圓雙雄，但是在 0.13 微米銅製程的研發上，因為聯電過去 IDM 的商業模式以及長期發展的市場關係，在客戶組成較複雜、多樣的情況下，聯電沒有選擇自己開發技術，而是選擇加入 IBM 研發聯盟。

　　相比之下，台積電本來就是純粹的代工廠，因為一開始的市場力量不夠大，所以客戶組成也比較單純，主要集中在幾家新興、規模不大的客戶，例如繪圖晶片廠商 Nvidia。單純或專注也反應在台積電的組織結構。相較於台積電多廠中央集權式的管理，聯電是一個廠、一個總經理的分散式經營模式。另外，相較於競爭對手聯電較為分散的市場關係，台積電專心致志於發展自己的技術，努力趕上摩爾定律的節奏。最後台積電比聯電更早成功採用銅製程技術，台積電也從 0.13 微米之後大幅甩開聯電的競爭。從台積電與聯電的比較當中，我們可以發現，如果廠商或經濟要角的目標明顯是要取得外在且明確的制度性認可，越是專心一致、對外的產業與市場連結越是單一，「唯快不破」的策略（Kessler and Chakrabarti, 1996）就越能奏效，也就越有可能超越對手，得到場域內成員的肯定與所需的正當性資源。

　　2002 年起，半導體正式進入奈米時代，開始出現技術發展的瓶頸，摩爾定律的有效性受到挑戰，一直追求製程的微縮或許在未來的發展空間有限。為了維持這個制度場域，許多技術在此階段被開發出來，支撐摩爾定律的推進，像是台積電提出的浸潤式微影。此時期，台積電還在沿著摩爾定律的藍圖，努力的要趕上 Intel。但也就在這段期間，個人電腦市場開始逐漸式微，Wintel 的標準對於半導體產業的影響力也開始降低，取而代之的是智慧型手機，成為尖端半導體元

件的新興應用。智慧型手機所採用的處理器是 ARM 的架構，不像過去 Intel 所主導的 x86 封閉架構，在百家爭鳴的情況下，台積電的客戶組成越來越開放與多元。

藉由開放式創新的平台，置身於網絡結構（如台積大同盟）的核心，讓它的能耐與技術發展不再侷限於製程的微縮，更多是來自於市場的應用以及夥伴關係的回饋，進而催生新的制度「超越摩爾」的崛起與成形（Brusoni, Prencipe, and Pavitt, 2001；Dhanaraj and Parkhe, 2006；Helfat and Peteraf, 2003）。也因為客戶的組成相對多元，讓台積電從市場取得變革所需的能動性，當大家在研發 32 奈米之時，開發出不存在於摩爾定律藍圖中的 28 奈米，打破長期被視為理所當然的遊戲規則。

相比之下，於 2007 年跨入晶圓代工的 Samsung，在過往 IDM 整合製造模式的延續下，客戶組成較為單純，而且因為集團主要的業務重心仍是在強調經濟規模與少樣多量的 DRAM，因此在從智慧型手機的市場端，吸收客戶的資訊回饋部分，至少相較於台積電（重視少量多樣的彈性，且因此可以培養出同時掌握與整合不同的製程技術能力）而言，Samsung 明顯比較缺乏彈性。藉由 28 奈米，台積電一舉成為和 Samsung 與 Intel 平起平坐的晶圓代工廠，並持續透過開放的市場與技術組合，尋找更多元的應用，像是物聯網、比特幣、人工智慧、大數據等。至此，我們可以說：近期的台積電之所以可以走出甚或是脫離摩爾定律的資源限制，就在於更為開放與多元市場與技術組合，而這讓它可以發展與創造出符合其個人利益的制度形式。

一言以蔽之，封閉的策略是走進制度的好策略，而開放的策略，則是走出制度的較佳選擇。

# 第六節　結語

在本章裡，我們探討台積電進出摩爾定律、取得產業正當性與創造持續性競爭優勢的過程，所得的研究成果基本上可歸納成以下五

點：

　　首先，在理論發展上，我們藉由分析台積電與摩爾定律之間的關係，提出摩爾為王、深度摩爾、超越摩爾等三種策略過程與內涵，來探討行動與制度之間的長久可能互動關係。行動與制度兩者的關係，並非一成不變，既非只是時勢造英雄的命定因果，也非英雄造時勢的意志產物。從單純的因果關係看來，制度既是行動的目標（摩爾定律所形塑的規則、價值與信仰，是半導體業者的行為準則），也是行動的依據（遵守摩爾定律的規則，就能取得行動與改變所需的資源）。而如果把行動與制度的關係放在一個長遠的時間尺度來看，行動者並非只能接受制度性安排，也並非能夠一直影響制度的非此即彼方式，而是隨著時空與條件的變化，行動者先是會走進制度，而在取得正當性與其他資源之後，並得以有機會影響與改變制度，創造出有利於自己的組織形式與制度安排。

　　第二，在個案分析上，我們指出，根據摩爾定律而行，是半導體發展的主旋律。摩爾定律既是尋寶地圖，也是束縛業者的緊箍咒。台積電在與摩爾定律的互動過程中，前後經歷過三個階段：台積電先是追求制度化來進入摩爾定律的制度場域（1987～2000年），接著逐漸脫離摩爾定律（2001～2010年），最後藉由創造新的制度（超越摩爾）來挑戰舊制度（2011～2019年）。如果說在第一個階段的「摩爾為王」時期，台積電是以「尊王」的方式，靠著摩爾定律的「推力」而成長茁壯，那麼第二個階段就是「推力」與「實力」並重、利用與探索（exploitation and exploration）並行方式，來因應技術與市場的挑戰。到了第三個階段，在晶圓代工領域幾乎無人可挑戰的台積電，就得以靠著強大的「實力」，逐漸脫離摩爾定律，而獨尊霸業。我們也深入分析在不同的階段裡，張忠謀或是台積電如何引用不同的制度關係與連結，來產生策略施為的能動性，以維持或改變所處的制度環境。我們的研究除了對於摩爾定律所代表的技術認知概念，進一步提升到制度層次的思考，也對於成就台積電的成功原因，在既有強調國家的產業政策、技術官僚的先知（Balaguer et al.,

2008），或是創辦人的深謀遠慮之外，提供另外一個可能、但也是更為動態、豐富的解釋。

第三，在研究貢獻上，本章進一步釐清行動與制度之間的可能互動與因果關係。我們所提出的「摩爾為王」、「深度摩爾」、「超越摩爾」三個分析過程，提供我們思考行動與制度關係的一個可能理論支點。Oliver（1991）曾梳理出默認、和解、規避、挑戰、操控等五種方式，來解釋組織如何回應制度的壓力。這五種作法其實是個連續帶的概念，從完全的被動角色（制度化），進步到完全的主動角色（改變制度）。從時間變化的角度觀之，我們在「摩爾為王」階段的分析，先是強調了 Oliver（1991）所談的「默認」、「和解」；接著在「深度摩爾」的部分，指出很多「和解」與「規避」的作法；繼之，在「超越摩爾」的階段，則主要討論了「挑戰」與「操控」的行動。換言之，我們的研究將 Oliver（1991）的制度策略分類，加上了時間的軸度（Hannah and Eisenhardt, 2018）。另外，我們的研究也指出，台積電在奉行「摩爾為王」上面之所以可行，是因為台積電的單純客戶關係，讓它可以專心致志追求「唯快不破」。而相較於這樣的封閉策略作法，台積電之所以可以進一步從「深度摩爾」走到「超越摩爾」，則在於豐富多元的市場關係與客戶組成，讓台積電可以更有機會採行開放創新，來突破既有的認知限制。據此，我們的研究給了開放創新（Chesbrough, 2003）與開放策略（Hautz, Seidl, and Whittington, 2017）等理論觀點，更多可以思考的素材。

第四，在策略意涵上，本章提供行動者更多可以有效處理制度壓力與環境限制的思維空間與策略工具。以本章所探討的半導體產業為例，這是一個由摩爾定律所建構起來的框架或鐵籠，身在其中的成員，在思想與行為上，都受到摩爾定律的約束，特別是在技術上要參與製程微縮的競賽，在組織結構上重視垂直整合（也就是 IDM），以提高生產的效率。台積電在 1987 年成立之初，面對新之不利，要設法走進制度，台積電透過 Intel 的認證、美式文化的連結，以及虛擬晶圓廠的定位，並在「終日乾乾」的過程中，獲得產業界的普遍認

可。接著，透過「若即若離」的方式，讓它可以一方面服膺既定發展規律，汲取產業界的資源以求更深化它的商業模式與技術。另一方面，則是在新興的手機市場機會之下，藉由豐富與多元的客戶組合與關係，探索另一個發展的可能空間。在邊走邊看、利用與探索的平衡搭配之下，台積電終於可以改變原本由外在所制約的發展節奏，而開創真正屬於自己的舞台。台積電的故事，給了其他的後進地區企業家與創新者改變現狀、後來居上的參考架構或典範。為了能夠成功追趕甚或定義技術藍圖，持續的基礎研發投入也是策略重點所在，因為這不只有助於找到新的製造工藝方法（例如浸潤式微影技術），也是探索未來技術可能發展方向的重要依據（Iansiti and West, 1999）。

　　第五，在政策建議上，本章指引政府官員能夠從制度迎合與改變的角度，思考技術先進者與後進者的關係。回顧過去台灣半導體的發展，1976 年獲得美國 RCA 的 CMOS 技術移轉，迄今發展超過四十年，台灣以追趕式經濟之姿取得的成就，換來亞洲矽谷之美名，特別是台積電所創造的代工奇蹟，更是令國人驚豔。2017 年光是台積電一家公司就創造了台灣半導體總產值近 40%，GDP 貢獻更是超過 4%；我們甚至可以說，在科技業聚集的新竹，台積電儼然就是信仰，而張忠謀就是神。我們的研究指出，這樣的成就並非一蹴可幾，從台積電的發展看起來，這是經過迎合主流、挑戰主流到另創主流的過程，對於台積電而言，摩爾定律就像是半導體的技術典範，雖然規範了半導體應該怎麼做研發，但也同時提供了創新所需的資源。據此，引導技術的後進者或新興企業瞭解國際主流所需，就應該要是政府的產業政策重點所在。而對於已經快要可以躋身國際大廠的企業而言，政府的協助角色就應該要放在提供其更多的機會，讓它可以連結更多元的客戶，探索更多可能的技術與市場空間。換言之，對於新創者而言，重點應是放在技術的深入與提升，而對於已經初具規模者而言，政策的重點就應會促成更開放與多元的市場連結。

　　另外，當台積電從技術追趕走向技術探索，對於基礎研究的需求就會變得更加重要。這不只因為技術拓荒的工作必然會與更多面向的

科學知識產生關聯，也是因為技術領導者更需要向外界展示前瞻影響力，以提高生態系統成員的向心力以及技術商品化成功的機率。特別是當技術變得更為先進，進入與學習的門檻就會提高，企業也就越不需要擔心研發技術的外洩或外溢效果。有鑑於此，政府對於推廣產官學合作的重心就應從應用開發與成本效益的提升，轉往基礎研究與新的知識領域的開拓。

# 第八章

# 卻顧所來徑：
# 調和行動與制度

　　行動與制度、主體與客體的兩個面向，不只是社會分析的基本概念，也是探討科技與創新發展過程的基本單位。本書對於台灣科技業的回顧與分析，也是建構在行動與制度的對話之上。在科技管理的文獻上，行動面的分析，是一個源遠流長的議題，從企業家精神、成長策略、變革領導到動態能力與破壞式創新，都持續吸引大家的注意。另一方面，制度面的分析也是關注議題，從主流設計、技術典範、技術軌跡，到創新系統、混沌變化等，都是學者持續關心的現象與問題。相對而言，在單一的觀念性架構之下，同時考慮行動與制度對於科技創新的影響，甚至是可以調和其間的對立或矛盾，則是個較少被觸及的研究議題。在本章裡，我們提出一個嶄新的「創新路徑」架構，從時間與互動的軸度來調和行動與制度之間的對立關係，也以此來解釋科技產業中廠商的競合關係以及創新活動的開展過程，作為本書的總結。

## 第一節　行動與制度的交會

　　從科技到創新、發明到市場，都不是一蹴可幾，而是需要一個

啟動、發展、擴散的過程。對於這個創新過程的研究，學者們通常會從兩個不同的角度切入。首先是意志論的立場，強調行動者或企業家的風險承擔能力，以及面對改變時的創造力、破壞力與執行力（例如：Christensen and Raynor, 2013；Santos and Eisenhardt, 2009；Schumpeter, 1942）。創新的過程，就如同蘇軾《定風波》的一句名言：「莫聽穿林打葉聲，何妨吟嘯且徐行。」其次是命定論的觀點，強調源頭、指標、脈絡與路徑的形成，進而成為引導與規範科技創新的發展方向（例如：Dosi, 1982；Garud and Rappa, 1994；Pinch and Bijker, 1987）。創新的過程，也就如李白在《將進酒》裡所描述的，「黃河之水天上來，奔流到海不復回」。

儘管行動與制度的選邊站方式，提供了重要的分析套路，但它並沒有道出在長期之下，創新過程中所涵蓋的連續、動態與主客不斷移位的變化本質。就像我們常說，天下大事，合久必分，分久必合。從大歷史的角度切入，科技會改變社會，社會也會改變科技；行動改革制度，但制度也會反過來宰制行動。Gordon Moore 所創制的摩爾定律，改變半導體業的經濟模式，進而也改變技術的發展步調。漢朝以後的獨尊儒術主張，降低了學術研究百花齊放的機會，進而也限縮國家社會走上科技強國的道路。因為創新總是在行動與制度、科技與社會、主體與客體之間來回擺動，一個比較全面的創新發展模型，自然應納入意志論與命定論的主張，在過程中同時強調技術的變化與演化、能力的破壞與延伸，以及路徑的突破與依賴（Slappendel, 1996；Tushman and O'Reilly III, 1996；Tushman and Rosenkopf, 1992；Van de Ven and Rogers, 1988）。事實上，在現實的社會裡，這種行動與制度、變革與結構力量交互影響的複現模式隨處可見，從傳統的水泥、紡織、鋼鐵、建築、汽車，到高科技產業如電腦、面板、通訊、半導體、製藥業等，都是如此。

本章的宗旨就是要擷取產業創新既有研究，結合文獻上關於「行動－制度」關係的豐富討論（e.g., Cardinale, 2018；Emirbayer and Mische, 1998；Giddens, 1984；Jones and Karsten, 2008；Sewell,

1992），來發展一個整合行動意志論與制度命定論的動態、隨時間而推移的創新發展與改變架構。我們稱此架構或模型為「創新路徑」（innovation path），是由行動與制度（包含規則及資源）之間的交會與串連而形成的動態化過程。在以下的篇幅裡，我們會先從行動意志論與制度命定論的對話中，來回顧科技與創新管理的相關文獻，並據此說明，如何（與為何需要）發展一個跳脫意志與命定的對立，或是行動與制度二擇一的新架構。接著，我們就會介紹由規則、資源、行動等三個主要元素所構成的創新路徑，並依序說明它們的定義與內涵。

## 第二節　創新路徑

創新，特別是科技創新，是影響企業生存與競爭力的重要活水泉源（Christensen and Raynor, 2013；Tushman and O'Reilly III, 2002）。Drucker（1985）一句常被引用的名言就是，「Innovate or die」（不創新，就等死）。創新也影響到國家總體經濟、就業與產業發展（Archibugi, 2017；Edquist and Hommen, 2008；Hou et al., 2019；Howells, 2005）。諾貝爾經濟學得主 Solow（1957）用經濟方程式證明，科技創新會提升資本與勞動的生產力，進而帶動經濟增長，是重要的生產要素。近年來所掀起的第四波工業革命，更加深了創新對於企業與國家競爭力的推升力道。更甚者，當把國家社會的問題，放入科技創新的框架，政策的施行往往就能更為順利與理所當然（Perren and Sapsed, 2013；Pfotenhauer, Juhl, and Aarden, 2019）。創新可說是當代政治、社會與管理的重要研究議題。

創新包括產品創新與服務創新（如 iPhone、iPad、Kindle、Apple Pay、金融市場的指數型基金）、技術或管理上的創新（例如：浸潤式微影技術的研發、六個標準差的導入），或是市場上的新作法（例如：Starbucks 的儲值卡、讓消費者參與產品研發、微信發紅包）（Rogers, 1983）等；換言之，整個企業或產業價值鏈的各個環節，都是創新影響與擴散的範圍。創新活動的範疇，從發想、產品到有具體

的市場成果,通常都需耗費一段很長的時間,創新的過程因此是個延展、擴散、依循時間而發展的動態過程(Dosi, 1988)。創新可以發生在國際、國家、產業、組織、團隊、專案,甚或個人的層次,而本章所探討的創新過程或程式著重的是產業的層次。

在科技創新的領域裡,學者們發展與累積了許多相關的文獻,也提出了許多的概念或名詞,來描述創新的發展過程,包括:創造性破壞(Schumpeter, 1942)、主流設計(Abernathy and Utterback, 1975;Tegarden, Hatfield, and Echols, 1999)、技 術 政 制(technological regime)(Malerba and Orsenigo, 1997;Nelson and Winter, 1977;Van den Ende and Kemp, 1999)、技 術 路 標(technological guide-post)(Sahal, 1981)、技 術 軌 跡(technological trajectory)(Dosi, 1982;Jenkins and Floyd, 2001)、技術典範(Dosi, 1982)、創新林道(innovation avenue)(Sahal, 1985)、技術領域(technological field)(Friedman, 1994)、技術社群(technological community)(Debackere and Rappa, 1994;Rosenkopf and Tushman, 1994;Tushman and Rosenkopf, 1992;Wade, 1996)、技 術 框 架(technological frame)(Kaplan and Tripsas, M. 2008;Orlikowski and Gash, 1994)、創新社群(innovation community)(Lynn, Reddy, and Aram, 1996)及技術傳統(technological tradition)(Nightingale, 1998;Peneder, 2010)等等,可說不勝枚舉、令人眼花撩亂。

儘管以上這些概念都各有其內涵的獨特性,但在更為抽象的理論層次上,則都強調個人與環境、行動與結構、失序與秩序、路徑變革與路徑依賴等兩種對立力量的相互影響或牽引。例如,創造性破壞是企業家的創新突破,一方面不斷地破壞舊有的秩序和結構,另一方面不斷地重建新的產業結構與市場均衡。從破壞到均衡,代表的就是行動與制度的相互作用與影響。在歷史的洪流中,破壞不是常態,而更常見的是短暫、無常的(Gersick, 1991;Gould, 1989)。在文化的形塑、社會的洗禮之下,技術的發展不會只是隨機活動下的產物,而是建立在制度化或路徑依賴的歷程當中,有內部的邏輯與規則;例如,

主流設計、技術典範、技術路標、技術框架等，都是引導科技創新的基因。「龍生龍，鳳生鳳，老鼠生的兒子會打洞」。義大利許多道路都極為狹窄擁擠，因此會發展出許多小型車的國際品牌。在韓國財閥體系的運作下，韓國車廠就會普遍實施高層次的垂直整合。歐洲嚴格的環保法規使得歐洲車普遍重視環保性能，美國人的消費作風則讓美國車在石油危機時吃盡苦頭。科技與社會總是互為表裡、互相照應。

　　行動與制度、英雄與時勢，總是在創新活動中進進出出，相互爭道。一方面，企業的生存或敗亡，取決於是否能從技術不連續的變化中突圍；另一方面，企業的生存，也常必須倚靠著能否依循環境的秩序、均衡力量而穩定前行。這兩者間的關係就好像一階狀態改變（first-order change）的簡單運動與二階狀態改變（second-order change）的加速度運動（Watzlawick, Weakland, and Fisch, 1974）。若從根基於時間構面下的技術變遷演化過程來看，行動與制度這兩股力量的呈現不再是獨立且矛盾的現象，而是一體兩面相互連結的關係。一方面受到個人或組織一連串的創新行動所驅使，表現出改變均衡的特質；另一方面則受到通例與規範等結構模式所制約，表現出秩序的結構特質，並在整體性上表現為技術週期的模式（Anderson and Tushman, 1990）。雖然行動與制度同時規範與影響產業行為，研究上卻很少同時處理兩種力量的互動關係（cf. Van den Ende and Kemp, 1999），也因此對於創新活動與過程的解釋總不免留於片面之言，而這也就是我們在此所要處理的問題。

## 第三節　創新路徑的構成

　　我們參酌文獻上關於行動／制度的二元化討論，再加上對於台灣科技業發展的實際觀察，發展一個新的觀念性架構 —— 創新路徑，用以整合創新過程中「主觀性（行動）」及「客觀性（結構）」之間的互動關係。如圖 8-1 所示，創新路徑呈現的是創新發展的動態化過程，既強調創新者的行動變革力，也納入制度的社會建構力量。

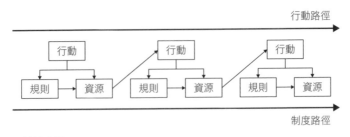

▶ **圖 8-1** 創新路徑

　　創新路徑由代表變革、改制的行動力量,以及代表秩序與穩定的制度力量所組成。在分析這兩個面向的交互影響時,因果關係可以隨意的交替進行,例如先將行動放在 $t_0$,然後制度放在 $t_1$,再接著將行動置於 $t_2$,以此類推(Barley and Tolbert, 1997;Langley, 1999)。這樣的歷程演繹觀點,在根本上就是對應「科技改變社會,社會又再改變科技」的動態因果連結。這可以一個古代的科技史故事為呼應。在中國農業發展道路上,唐朝的農民發明的「曲轅犁」(將轅由直改曲,由長改短的輕便耕犁工具)與「筒車」(一種以水流作為動力、取水灌溉的工具)新生產技術,大幅提高水稻產量,加速社會的繁榮發展。在大唐盛世之照映之下,人民豐衣足食,就會有吃不完的糧食被拿來釀酒,也就因此促成釀酒技術的進一步發展(杜甫《憶昔》:「憶昔開元全盛日,小邑猶藏萬家室。稻米流脂粟米白,公私倉廩俱豐實。」描述的就是這個釀酒景象)。而釀酒業的欣欣向榮,也會進一步提高對於農作物的需求,進而再提升農民改良生產技術的動機。科技先是改變社會,但社會接著又再改變科技,如此相輔相成,相互轉化。

　　由行動與制度的互動共構而成的創新路徑,主要的內涵可以分以下四點做說明。首先,制度或結構包括規則和資源。規則是創新的規範、制約、桎梏,資源則是創新的激勵、誘因、獎賞,這兩者的關係就如同「棍子與胡蘿蔔」(stick and carrot)、「雷霆與雨露」之間的對應。在影響創新活動的作用中,規則和資源可說是互為主體,或可

稱為「同一枚硬幣（制度）的兩面」。沒有資源與市場的產業，技術就沒有發展的誘因，規則也無法發揮作用。正所謂「將欲奪之，必固與之」,[1] 越是強調外部資源的重要性，越讓組織或個人發展出對於環境的依賴性與服從關係，規則也就成為了理所當然的日常規範、行為準則（Pfeffer and Salancik, 1978）。相對的，沒有秩序與規則可循的技術或產業，既代表沒有資源分配的共同標準，也代表欠缺資助成長的引擎與動力。如果把國家創新系統視為特定的創新路徑，那麼政府與產業政策就是規則的指導方針，而政府所提供的安全保護、財務融資、投資抵免、研發補助與基礎設施就是資源（Edquist and Hommen, 2008；Lundvall, 1992；Nelson, 1993）。

其次，廠商之所以會願意遵行規則，是為了獲取資源，並據此得到參與下一次創造性破壞行動的機會與基礎。有了資源，制度以規則的形式表現時，創新者才會與制度產生連結，而行動與制度才會產生互動、共演的連結。例如，Wintel 開放系統是個人電腦的產業標準，遵守此遊戲規則或是說生產 IBM 相容電腦的廠商，就可以獲取標準化的技術架構，容易取得的技術知識、產品特殊差異化程度低、開放式零組件選購與產品相容性等產業外部資源。隨著產業規模的擴大，廠商也隨之越形茁壯，進而累積下一次參與創造性破壞行動的機會。同理，國內企業多是遵行台灣產業的主流價值，以代工與成本領導策略為主，這既能符合社會與利害關係人的正面評價，也會比較容易得到訂單、商業貸款與供應鏈的支持，進而獲得進一步擴張與創新的機會。再舉一例，Fudickar, Hottenrott, and Lawson（2018）的研究指出，學者投入校外諮詢的工作越多，越有可能降低論文發表的成效；當產業與學校的報酬差距很大時（例如在工程與管理領域），這個現象越是明顯。換言之，資源的落差，是學者會棄研投產的主要原因。而大學所能提供的資源與薪資水平，就是落實大學科學研究價值之關鍵所在。

---

[1] 出自老子《道德經》第三十六章。

　　第三，行動就是創造性破壞，是看到新機會的行動者，利用所有可得的資源，引入新產品、新技術，以及開啟改變際遇的自主性與能動力展現過程。創新路徑下所浮現的自主行動，既不是真空環境中的自由自在行為，也不只是盲目的回應技術與產業標準的被動表現，而是懂得借力使力，利用自己的制度優勢，找到新的成長與改變的機會，而從制度中走出來的創新作為。行動不只會改變原有的技術軌跡，建構新的遊戲規則，也帶入了新的資源，據以規範、引導與資助後續的產業創新活動。換言之，就是今日的行動，建立了明日的制度。例如，2017 年，當 ITRS（國際半導體技術藍圖）被 IRDS（國際元件與系統技術藍圖）所取代的時候，代表的意義就是由台積電、Samsung 等領導業者在突破既有的技術制度（ITRS）之後，原有的創新行動也就催生了新的制度（IRDS）。施振榮所推廣的品牌行銷，讓後來的掃描器業者群起效尤，工研院所發展的創新前瞻機制，成為其他研發機構參考的指標，也都是創新行動轉化為社會制度的表現。行動走入制度，就如金喬覺在九華山修行而從人變成神的傳奇，是一種從大師到宗教、熱情變成信仰的蛻變過程。[2]

　　第四，行動與制度的關係是動態的交互影響（Barley and Tolbert, 1997；Feldman and Orlikowski, 2011；Orlikowski, 2000）。當組織或其他利害關係人走入制度化的路徑之後，就會在規則的引導之下，發展出同形行為，但也因為在資源的挹注之下，引發自主的行動，懂得去開發新興的機會，進而得以吹皺一池春水，甚至帶起下一波的技術革命，形成新的產業競爭規則與資源分配準則。在不斷前進的時間洪流帶動下，行動與制度的關係也就形成一個失序與秩序、混亂與均衡交織互動的複現模式（Anderson and Tushman, 1990），並且在所體現

---

[2] 金喬覺（法號地藏）原為朝鮮人，唐朝時跨海來到九華山修行，涅槃之後留有全身舍利，被認為是地藏菩薩化身。這個從人變成神的歷史小故事，就是一種行動變成制度的轉換過程。金喬覺拋棄富貴、出家修道、渡海來華、卓錫九華，這些都是行動。因為金喬覺的開創與行動，九華山進而成為知名的地藏菩薩道場、中國四大佛教聖地，這是制度，是一種規範人們宗教活動與行為的社會化模式。

的長期路徑裡，帶起正、負反饋循環兩種力量。一方面，負反饋循環維繫著一連串嚴密的有限循環，而正反饋循環則是對外部環境保持開放，在負、正反饋兩股力量的交互作用下，創新路徑表現的就是不斷更新、充滿活力的動態變化軌跡（涂敏芬、洪世章，2008；Stacey,1995）。

## 一、階段更迭的時間性

　　時間是創新路徑得以體現的重要條件，不只是因為科技的出現必有時間性，也是因為要瞭解制度與行動的交會是如何開展，必然需要建立在歷史觀的縱軸面上。雖說時間是社會分析裡無所不在的議題，但卻不是大家都會去特別提及與處理的問題（Mosakowski and Earley,2000）。根據 Arendt（1958）的看法，時間的概念與範疇可以從人類所從事的勞動（labor）、工作（work）與行動（action）等三種活動來對應說明。勞動是為了維持生命，故勞動的時間是周而復始、變化不大的。工作的目的是建立我們的實體世界，工作的成果是一勞永逸，而工作的時間則是一次性的。行動的目的是創造故事的人物與事蹟，行動的過程展現人們的獨特性，而行動的時間也就因此因人而異、具有持續性、開放性、延展性與政治性。無疑的，創新路徑所呈現的是行動的時間，既強調某個特定科技的獨特性，也重視某個科技所創造出的產業價值與社會影響。

　　在行動者的共同參與、實踐與建造之中，創新路徑的時間性在階段的更迭中逐步開展。或由於新產業或新技術常是依存在既有產業中逐步發展而成，也或由於新科技一開始都不好用所以沒人注意，所以創新路徑的起步或起點常是隱晦難辨、混沌不明的，行動的模式或制度的軌跡也常常都是要花很長時間的投入才能慢慢成形。隨著集體行動的加入與擴大，外溢效果的發生，技術活動慢慢發展成可辨識的創新路徑。地理上的集群、文化的一致性，都有助於技術在國家社會的範疇裡，形成獨特的社群與路徑（Baptista and Swann, 1998；Porter, 1990），例如，美國波士頓 128 公路、加州矽谷，以及台灣竹

科的發展，都是受惠於區域經濟與產業群聚而發展出的獨特創新路徑（Saxenian, 1994）。隨著國際化的風起雲湧、網際網路的影響，超越地理限制、跨國發展的創新路徑，似乎也變得越來越普遍（Ostry and Nelson, 1995）。以 Uber 與 Airbnb 所代表的分享經濟，就慢慢地在世界各地建構出無國界的獨特、但一致性的消費模式與社群。

或是因為得到外圍機構、組織、制度或系統的支持（Adner and Kapoor, 2016；Antonelli, 1993），或是因為內部的回饋機制產生經濟規模與漸增報酬（Arthur, 1989, 1994），創新路徑進一步表現出不停地延伸、進化、可持續發展模式。例如，受惠於政府的低價能源政策，再加上越來越發達的國內公路網所帶來的正面回饋，讓大批量生產系統可以在美國的汽車工業大行其道。相對而言，信用卡與自動提款機的不普及，再加上人口數眾多所帶來的規模經濟，讓大陸的行動支付發展成為世界上最具有競爭力的產業。Uber 之所以在台灣走得跌跌撞撞的原因之一，就是因為政治環境與制度不配合使然。在民主萬歲的台灣，多數選民由中老年者組成，而這些也恰好是構成計程車業者的主流力量。選民的壓力，再加上台灣對於分享經濟的需求尚不足以發揮足夠抗衡制度壓力的市場力量時，政府對於 Uber 所表現出的抗拒心態，就是一個很自然的反應（Paik, Kang, and Seamans, 2019）。

隨著時間的推移，創新路徑在不同的時期裡，表現出「江山代有才人出」、「一代新人換舊人」的科技更迭與創新變化模式（Garud, Kumaraswamy, and Karnøe, 2010）。例如，Jenkins and Floyd（2001）的研究，將 1967 到 1982 年間的一級方程式賽車競賽，分成三個由不同技術所推動與建構的路徑軌跡，分別是：福特的 DFV 引擎（1967～1973 年）、法拉利的 Fiat-12 引擎（1974～1977 年）及蓮花的地面效應（ground effect）設計（1978～1982 年）。在我們對於 1865 到 2001 年之間生物科技發展的研究中，就將這段創新的過程分成三個階段，分別是：基因、染色體、核酸與 DNA 結構的發現（1865～1972 年）、遺傳工程與基因科技時代（1973～1995 年），

以及人類基因組計畫與生物晶片時代（1996～2001年）（洪世章、盧素涵，2004）。以電腦科技而言，就約略是十五年構成一個世代、階段，1950年開始大型電腦（mainframe）時代、1965年是迷你電腦（minicomputer）、1980年是個人電腦、1995年是網際網路、2010年則是社交媒體。在人工智慧的發展上，則可區分成三個階段：首先是1950～1960年間，科技的進展主要依靠領域專家寫下的決策邏輯，屬於把人類的思考邏輯放進電腦的「符號邏輯」時代；其次是1980～1990年間，靠的是由領域專家寫下經驗規則來推進創新，也就是把人類所擁有的特有知識放進電腦的「專家系統」時代；第三則是2010年之後，依靠的是由領域專家提供歷史資料，讓電腦自己歸納智慧規則，是一種把人類所有能看見、可得資料全部放進電腦裡的「機器學習」時代（陳昇瑋、溫怡玲，2019）。

科技的發展就是在「你方唱罷我登場」的不變規律下，往前不斷發展，而且是不可逆的，就像電腦科技不會再回到大型主機時代，而人工智慧的進展也不會再度著重專家系統的技術。企業的興衰、產業的起伏、朝代的更替，乃至於生活的變化亦然。又如法國的傳統女性服裝，原本講究繁文縟節、雕梁畫棟式的裝扮，香奈兒女士（Gabrielle Bonheur Chanel）拋開束腹、拿掉馬甲，捨棄花俏的蓬蓬裙，為女性設計出以男裝為靈感、適合居家穿著的寬鬆上衣與褲裝。接著，聖羅蘭大師（Yves Saint Laurent）將這個概念放大，擷取男裝晚禮服輪廓，推介女性穿西褲，設計出女性也能穿去正式場合的套裝，革新職業婦女的生活。從鑲飾繁複到簡潔大方，法國女裝的創新之路，就這樣往前開展，不再回頭。

## 二、制度路徑與行動路徑

如德國哲學家 Hegel（黑格爾）所稱，凡事都處在變動之中，創新活動亦然。而路徑則是我們在此變動中所看到的產業活動或廠商行為模式，也就是創新之「道」。創新路徑既是一種時間變動的特定型態，也是產業從無到有所展現出的一種動力性與持續性過程。再更進

一步細究，如果創新路徑是個持續變動的時間軌跡，那麼「制度路徑」與「行動路徑」就是我們在此變動中可觀察到的兩種規律，同時也是代表兩個平行發展的創新路徑建構力量（見圖 8-1）。制度的路徑展現時勢與制度的形塑效果，行動的路徑則突顯出英雄與行動的變革力量。

制度路徑強調在科技與產業發展的不同階段，會有不同的遊戲規則、不同的競爭者以及不同的獲利模式。「識時務者為俊傑」是制度路徑為核心精神，英雄雖有，但唯有懂得因時制宜，與世共浮沉者，才有機會可以成為真正的贏家。也是因此，制度路徑就很強調制度的形成、擴散與再生，觀察的重點就在產業規範、遊戲規則、技術標準等關鍵成功因素（Narayanan and Chen, 2012；Suarez, 2004）。例如，在 IBM 相容個人電腦時代，技術就是跟著 Wintel 標準走，但是等到產業進化到平板、社交媒體、雲端時代，就要用不同的思維、採用不同產品的創新，才能夠創造另外一個藍海市場。1990 年代之後，台灣的 IC 設計業者，幾乎都發展得不錯，原因除了是晶圓代工廠的配合外，還有就是因為能跟上個人電腦產業蓬勃發展的順風車，每每在 Intel 新平台與 Microsoft 新作業系統推出之際，就可以跟上最新的規格，並且推出最省電且最有價格競爭優勢的新產品。但隨著 2010年 Apple 創新平板產品 iPad 的推出，個人電腦市場受到強大挑戰與衝擊，再加上智慧型手機爆發性的流行，長久以來靠著電腦周邊 IC而蓬勃發展的 IC 設計公司開始面臨挑戰。智慧型手機與平板並非如個人電腦一般，由 Intel 處理器跟 Microsoft 視窗作業系統所壟斷，各家晶片廠商皆可向 ARM 授權晶片技術進行處理器的設計，加上Android 作業系統的完美搭配，智慧型手機跟各式各樣的平板電腦百花齊放。為了跟上新潮流的轉變，IC 設計公司就必須根據新的產業趨勢，研發新的技術、發展新的產品，甚至發展新的產業關係。一言以蔽之，在制度的路徑中，創新的理性即是根源於對制度與路徑的依賴。

如果制度路徑是 Weber（1946：128）所謂的「冰凍冷酷的冬

夜」（a polar night of icy darkness and hardness），那麼行動路徑就是「花叢錦簇的夏日」（summer's bloom）。相對於制度路徑的依賴、規範與均衡主義，行動路徑著重於創造性破壞與變革的過程，亦即就一個特定的時間階段觀察，創新路徑可看作是產業與科技的發展是如何從制度到行動、從傳承走向創新。我們也可以進一步把這個改變的過程分成三個部分，分別是「制度內的行為」、「走出制度的動力」，以及「從事創新的行動」。這三部分也可以與日本劍道、茶道所常講的「守、破、離」三個革新過程做個互相對應。「守」是守成，強調遵守規範並學習最佳實務；「破」是要打破以往的教條，找到新的方向；「離」是脫離過往，創造出自己獨特的風格。同樣類似的還有Govindarajan and Trimble（2011）所提出「管理當下」、「忘記過去」與「創造未來」。「管理當下」是守護固有成就，這既是要符合習以為常的產業慣例，也要持續深耕昨日以來所累積的成就。「忘記過去」是今日的革新功課，這既要選擇性地忘記過去，也要勇敢地準備面對未來的挑戰。「創造未來」是要能夠做到明天會更好，這除了需有清晰的願景，也要採取些行動，好讓整個組織一起行動，創造共同希望的未來。

　　不管是「制度內的行為、走出制度的動力，以及從事創新的行動」，抑或是「管理當下、忘記過去、創造未來」，還是日本人常談「守、破、離」（見科技筆記：守、破、離），我們都可以將它與德國哲學家Nietzsche（尼采）的「精神三變」做個對應與連結。尼采從自身的經驗，以三種生物：駱駝、獅子、嬰兒，來比喻人類得以突破困境、成為超人的三階段變化情況。駱駝代表的是忍辱負重、刻苦耐勞、合群順從；獅子則是勇於挑戰、突破權威、自由精神的代表；嬰兒是純真的新生，代表的是全新的未來與展望（Nietzsche, 1896）。換個說法，駱駝就是「管理現在」，是「守」；獅子是「忘記過去」，是「破」；嬰兒是「創造未來」，是「離」。根據尼采的說法，精神會由駱駝變成獅子，再由獅子變成嬰兒。而這與「管理當下、忘記過去、創造未來」或是「守、破、離」所強調的三階段性變化，可說

是「曲調雖異，工妙則同」。不管是「管理當下、忘記過去、創造未來」、「守、破、離」，抑或是「駱駝、獅子、嬰兒」，主要的意旨都是展現從「制度內的行為」發展出「走出制度的動力」，進而去「從事創新的行動」。這樣的階段性變化分析，不僅是適用於科技創新，也適用於如茶道、武術與設計等藝術或文化上的創新。

### 📝 科技筆記

## 守、破、離

「守、破、離」是日本人常常用來作為代表自我革新的三種形式與階段。開創茶禪合一、和敬清寂茶道的千利休，日本人稱茶聖，他的茶道創新過程，就可理解成「守、破、離」三個階段。

出生於日本戰國時代的千利休，早年拜入武野紹鷗門下，學習空寂茶道。這一時期的千利休就是提高他的審美素養，學習將美的意識及思維與茶世界的表現方式結合為一，專心體會茶禪一味的境界，這是「守」的階段。武野紹鷗去世後，已經小有知名度的千利休，先後成為織田信長、豐臣秀吉兩位梟雄的「茶頭」（負責沏茶、獻茶的專業茶道師傅）。與權力的結合，讓千利休有更多的資源，也更有自信，可以不斷提升他的茶道境界，這就進入了「破」的境界。接著，千利休慢慢在茶道之中，融入自己的想法，也嘗試將寂茶的意境發展更為完備，例如：用朝鮮半島漁民吃飯用的粗碗來喝茶，打造出當時最小的草庵茶室 —— 待庵，砍截竹子做花器，插上清晨採摘的帶著露珠的牽牛花等。終於，千利休的草庵式茶道，以簡樸、素雅、狹小和貧困建立了空寂茶的審美觀，成為世人認可與追捧的主流境界。當千利休講出「美，就是我說了算」，[3] 他就達到了「離」的境

---

[3] 這是電影《一代茶聖千利休》裡的一句台詞，應該也是忠實反映歷史真實的說法。

界，也就是已經脫離了所有的禮俗、限制、框架，創造出自己獨特的古拙質樸茶道風格。

「守、破、離」三個字既呈現出自我革新的過程，也彰顯出階段性的不同競爭重點，就如 Govindarajan and Trimble（2011）所說明的跳高技術創新過程。最早期的奧運跳高金牌得主，跳高是用剪式，就跟跑跨欄障礙賽是一樣，但這時選手的重心一定要比竿子還高，所以能夠跳得多高是有限制的。不久之後，國際上就出現滾竿式的創新跳法，選手用同一腳起跳跟落下，背對著橫竿。後來又有人發明俯臥式，選手用不同的腳起跳，右腳起跳就左腳落下，並面向橫竿。直到 1986 年的奧運會中，Dick Fosbury（迪克・佛斯貝利）將身體旋轉 180 度，越過橫竿，然後頭部先落下，創造出全新的背越式。由此可見，跳高的每一個階段都有一個主流作法。在各個不同的主流階段，不管是剪式、滾竿式、俯臥式或是背越式，跳高選手的技能培養一定先從「守」開始，也就是學習最佳實務，這就是一種管理當下的功夫。接者，就要進到「破」的階段，也就是必須懂得破繭而出，才能從一個主流跳到另外一個主流，創造出革命性的方法與高度，進而達到「離」的境界。

就也像是電影《魔球》（Money Ball）所演出的，棒球的傳統生態都是靠球探挖掘明星，好好利用球探 —— 也就是「管理現在」 —— 就是某個階段的成功之道；但是當靠球探沒辦法勝出時，領導人就必須要選擇「忘記過去」，然後才能夠「創造未來」（以數據尋找球員）。從「管理現在」、「忘記過去」，再到「創造未來」，是從數據取代球探的逐步往前推進，這既是一種階段式的創新路徑發展，也是從「守」，到「破」，再進到「離」的境界。另外一個有趣的例子，成龍在他的成名電影《蛇形刁手》裡，飾演蛇形門的最後入門弟子，首先，他必須好好跟著師父學習蛇形拳，要遵守門規，時時照章演練，這是「守」的階段。但他如果一直限於原有的拳法套路，終究無法將本門功夫發揚光大，因為鷹爪門的功夫是專剋蛇形拳的，也就是必須進到「離」的階段，才有可能成為真正的高手。終究，因

為一次無意中看到貓蛇的爭鬥，讓他能悟出蛇形刁手的功夫，進而成功的克敵致勝，這就是達到「離」的境界，成為真正的一代宗師。

前一章所探討的台積電創新過程，也可以「守、破、離」的概念闡釋。首先，1987 至 2000 年間，台積電最重要的策略工作就是要能在摩爾定律的規範底下，兢兢業業並成為業界認可的國際級半導體業者，進而讓它的晶圓代工事業得到大家的認可，並追趕上摩爾定律的節奏，這是「守」的階段。其次，在 2001 至 2010 年間，於 0.13 微米甩開聯電之後的台積電，策略的焦點慢慢地轉往突破摩爾定律的限制，追求更多創新的可能，隨著 Wintel 標準逐漸式微，以及 28 奈米的成功，台積電蓄積了迎向智慧型手機市場所需的條件與能力，這是「破」的境界。最後，於 2011 年之後，台積電已經脫離原本苦苦追趕摩爾定律的時代，而成為可以與三星、英特爾等一起競逐最先進的半導體製程。而隨著台積電成為 ARM 架構手機晶片的最大供應商，以及領先業界量產先進製程技術時，它也就推升到了「離」的境界。

## 第四節　規則、資源與行動

在本節裡，我們對於構成創新路徑的三要素：規則、資源與行動，做個更詳細的介紹與說明。

### 一、規則

規則是創新路徑所建構的制度化行為模式或框架，是產業內技術知識與智慧的累積，形成產業總體文化（Abrahamson and Fombrun, 1992, 1994），使得廠商知道如何用有意義的方法從事生產與創新（Barley and Tolbert, 1997；Pinch and Bijker, 1987）。不同的技術建構不同的規則，進而發展成不同的創新路徑。在受限理性與社會建

構的影響下，領導者與經理人都很難在短時間內，跳脫規則的影響（Gilbert, 2006；Tripsas and Gavetti, 2000），正所謂「破山中賊易，破心中賊難」，包括工作的專精化（Cohen and Levinthal, 1989）、聯盟合作（Phillips, Lawrence, and Hardy, 2000）、資訊系統設計（Orlikowski and Gash, 1994）等活動，都會依賴既有的認知框架與習俗來判斷是與非、對與錯。規則不只是限制，事實上，也為產業帶來穩定的力量，降低市場交易成本與環境不確定性的衝擊（Hill, 1995；North, 1990）。

在規則的制約影響下，創新者的行為就不是只求利潤極大化，而是會忠實地反應過去的歷史經驗、外界的期望以及產業的共通習俗。從 Abernathy and Utterback（1975）的主流設計、Nelson and Winter（1977）的技術體制、Sahal（1981）的技術指標與創新林道、Dosi（1984）的技術典範與技術軌跡，以至 Orlikowski and Gash（1994）的技術框架，都在強調規則的影響與重要性。機構設計、精密工程及封閉系統，是硬碟機的產業遊戲規則，而 Wintel 設計、電子組裝、開放系統，則是規範個人電腦競爭與創新的遊戲規則。

技術規則就是一種在產業內的持續活動與互動中，經社會化過程所建構而成的制度化模式、創新規範與產業秩序，是讓成員的生產與創新活動可以得到依託、參考的力量。英國啟蒙思想家 Thomas Hobbes（霍布斯）有句名言：「不帶劍的契約不過是一紙空文，它毫無力量去保障任何人的安全。」[4] 規則的形成，就是讓創新的路徑可以成為「一紙帶劍的契約」，既能賦予成員分配資源的權力，也能保護、維繫既有的產業關係與行為準則。在管理秩序與資源的過程中，規則也就變成隔開產業內外的一座無形高牆，就如電影《刺激1995》（*The Shawshank Redemption*）裡的一句對白：「這些高牆很有趣。一開始你恨它，接著你習慣它，直到足夠的時間過去了，你變

---

[4] 原文是："Covenants, without the sword, are but words, and of no strength to secure a man at all."。

得不能沒有它。這就是制度化。」[5] 在高牆的籠罩之下，產業內的活動與技術的發展出現同形的現象。同形是個過程也是個結果，指的是在相同的環境狀況下，限制並強迫在同一群體中的某一單位個體去相似於其他個體的社會化現象（洪世章、陳忠賢，2000；Deephouse, 1996）。同形不必然是制度環境下獨有的產物。傳統的經濟學主張，廠商間差異現象或許存在，但這主要是因為這些廠商所面對的市場環境不盡相同所致，而使得彼此之間產生差異化。換言之，面對相同市場的廠商，就會表現同樣的型態。Pellens and Della Malva（2018）在比較晶圓製造業者與晶片設計業者的科研活動中發現，因為面對的市場環境不同，使得前者更為重視專利佈局，而後者更為重視論文發表。除了市場的拉力，技術的推力也會產生同形。Woodward（1965）的經典研究指出，組織結構因技術而變化。Lawrence and Lorsch（1967）也指出，組織結構的有效與否視外部環境而定。換言之，面對相同的市場、採行相同製造程式的廠商，它們也必然會有同形的現象。就如同大藥廠會普遍強調基礎研究，以及整合新興科學知識的吸納能力，半導體廠商則更為重視應用研究，以及降低製造成本的實用方法（Lim, 2004）。

相對於經濟方法，制度路徑所形塑的規則主要強調社會建構下的同形現象。Hannan and Freeman（1977）認為同形可能是因為組織彼此妥協所產生，或者因為決策者在學習過程中得到的正向回饋所演化出來的產物。DiMaggio and Powell（1983）則從社會程式與結構的觀點，進一步區分出三種同形的機制或力量：強制同形（coercive isomorphism）、模仿同形（mimetic isomorphism）與規範同形（normative isomorphism）。

強制同形力量導因為正式化和非正式化的雙重壓力，在組織中個體常憑藉他們本身的強大力量去影響其他個體，或是透過社會文化的

---

[5] 原文是：「"These walls are funny. First you hate them, then you get used to them. Enough time passes, you get so you depend on them. That's institutionalized."」。

期許壓力，迫使組織改變其原有功能。簡要地說，即個體運用直接的權威關係，迫使組織必須服從遵守協定或規定（Meyer and Rowan, 1977）。對於創新路徑而言，強制同形表現的是產業內特定廠商所可能加諸其他廠商的行為。代工廠與原廠或委託廠之間的關係，就有可能發生強制同形。例如對於同樣代工 IBM 相容個人電腦的 OEM 廠商，它們的營運規劃、組織設計、薪資結構與工安規定就都會表現出類似的型態。模仿同形力量源自於組織對未來環境的不確定性，而產生彼此模仿的規避行為結果。由於受到環境的不確定性影響，在不能確定什麼是最適當的策略時，組織的建構行為可能將以在其他個體上的既有模式作為參考依據（March and Olsen, 1976）。台灣的資訊業之所以會普遍的從事代工業務，就是一種標準的模仿同形。最後，規範同形力量的主要來源乃因為專業化。專業化可以解釋為一同聚集生活的人們為其所工作的型態、方法和環境所給予的定義，以方便控制生產者的產出，並為他們的專長建立一個認識的基礎和合法性。藉由這種專業化的觀念與過濾、修正動作的機制，使得這些人受到適當保障。亦即，此力量源自於專業化的規範及專業本身之凝聚力與共識，以及專業人員團體對組織所帶來的壓力，而讓周遭個體自然同質、同形。台灣科技業所普遍強調的專業治理、股票分紅、智財保護、購併成長，就是一種規範同形。

　　以上不管是哪一種同形，結果都是為產業內的所有份子帶來共用的假設、信念、規範與價值觀，就如《荀子・正名》所云：「約定俗成謂之宜；異於約則謂之不宜。」在制度化的影響下，創新逐步遠離了開放式、全面式的「遠路搜索」（distant search），而只滿足於「局部探索」（local search），進而產生了「技術鎖定」（lock-in）的效應（Arthur, 1989；David, 1985）。就像在父系傳承與血親文化的影響下，台灣早年的助孕科技的發展，就只能侷限於女性身體上的探索與實驗（吳嘉苓，2002）。華人家族企業的文化，也限制了台灣廠商做大做強的野心。

　　雖說規則帶來穩定，但若同質性過高，就會停滯淤塞，必不利

於技術的發展與擴散（Bergek and Onufrey, 2013）。因此創新路徑所建構的規則都會保有某種程度的異質、多元，甚或是有競爭與矛盾關係的。多元的規則組合，不只是賦予創新者行為自由的一大關鍵（Greenwood, Raynard, Kodeih, Micelotta, and Lounsbury, 2011；Hung and Whittington, 1997），也是創新路徑可以持續發展的主因（Klevorick, Levin, Nelson, and Winter, 1995；Kogut, 2000）。因為路徑內的回饋循環會受到內部矛盾或外部不確定性的影響，因此即便技術已經形成路徑依賴，漸進式的改變仍然是可預期的。以汽車業為例，產業與技術的發展，同時受到精實生產及大量生產兩種不同典範價值的影響（Womack, Jones, and Roos, 1990）。核能技術的發展路徑，建構在輕水型、重水及氣冷反應爐等三種不同軌跡上（Cowan, 1990）。在 DRAM 技術的發展上，日本公司選擇 CMOS，而美國企業則選擇繼續強化 MOS 技術（Langlois and Steinmueller, 2000）。台灣的創新系統同時受到華人家族主義與科技專業主義的形塑（見第六章），這樣的「雙龍取水」結構，就是讓台灣的產業發展不至於失去彈性，而能永保活力的重要關鍵。就如一個健康的社會，一定不能只有一種聲音，一個健康的創新系統或路徑，也一定不能只有一套規則或制度。

即便在強大的規則統一性之下，也不必然就會形成「別黑白而定一尊」的獨斷效果，讓人完全失去自由活動的空間。或因為外在環境的不斷變化，或因為社會化的程度不同，行動者往往保有對規則所代表意義的重新詮釋力，進而找到可以喘息與發展的空間（Dunn and Jones, 2010；Miller and Chen, 1996）。例如，智慧財產權是現今科技業普遍接受的規則、規範。1980 年代初期台灣個人電腦外銷美國受阻，便是導因於侵犯智慧財產權而受制裁，但是後來 Phoenix Technologies 以還原工程原理研發出「基本輸出入系統」，給了台灣發展相容性產品的機會。就像我們常聽過的一句話：「當上帝為你關起一扇門，同時也會為你開啟另一扇窗。」

在一個特定的創新路徑裡，隨著創新者在遵行遊戲規則過程中所

取得的正當性與資源的增加，規則的重組受到行動擾動的可能性也隨之增加。在下一節裡，我們就會介紹這個賦予行動者變革力量來源的制度基礎 —— 資源。

## 二、資源

　　資源一詞對於管理學者而言，首先聯想到的是「資源基礎理論」（Barney, 1991；Penrose, 1959；Wernerfelt, 1984）。Barney（1991）指出，在同一產業或策略群中，個別公司所掌握的策略性資源是相異的，這些相異的資源會使得公司之間產生差異。而此相異性使得策略性資源不易被其他公司模仿而得以保留下來。資源基礎理論強調由內而外，重視組織內部資源之確認、取用與開發。相對於資源基礎理論，Pfeffer and Salancik（1978）的「資源依賴學說」提出另一種形式的資源：外部社會與環境。因為組織從來都無法自給自足，因此需要透過獲取環境中的資源來維持生存，也因此組織如何與周圍環境相互依存，改進對於外部資源的依賴程度，成為組織存活的最重要目標。在此，本章所談論的資源，與資源依賴學說較類似。事實上，不管是對於台灣普遍存在的中小企業而言，或是說對於正在起步的新創科技而言，資源依賴學說的適切性與應用性，都遠遠大於資源基礎理論。

　　雖說資源依賴的情況產生了特定組織受到其他組織或機構的外部控制現象，但外部資源的存在與聚集，也是特定廠商或行動者願意投入開發科技與擴展產業往前推動之重要誘因力量。資源因此使規則與行動結合，當順應規則時，便會引導廠商獲得資源，而這也是規則之所以可以成為產業共識的原因（Oliver, 1997；Whittington, 1992）。只有規則、沒有資源，也就是欠缺內部經濟性的支持，強制、模仿與規範等制度力量就無法發揮作用，也就是會形成一種曲高和寡的現象。這就如同有著良好價值觀與組織文化支援的企業，若無法提供好的薪資福利制度，也必會功虧一簣。擁有好的獲利商品、好的薪資水準，但卻欠缺優良的價值觀引導以及明確的資源分配準則，也不會是

可持續發展的企業。規則與資源，是成就有競爭力組織的關鍵要素，也是建構可持續發展的創新路徑的兩大基石。

如同規則的建置，創新路徑所聚集的資源應具有豐富性、多元性。資源也有開放的特性，環境的不確定性越高，社會變遷越快，聚集新資源的可能性也就越高，連帶的，環境對於外來者的包容性也會提高（Tushman and Anderson, 1986）。據此，新創公司就得以在變革（Hamel, 2000）、混沌（Pascale, 1999）或破壞（Christensen, 1997）的年代中，參與競爭與追求成長。台灣資訊業的誕生，就是在 1980 年代初、混沌不明的個人電腦標準競爭中，趁勢而起。

創新路徑中，最關鍵也最基本的資源，就是正當性（legitimacy）（Deephouse, Bundy, Tost, and Suchman, 2017；Deephouse and Suchman, 2008）。正當性是指個體的行為要能符合社會的期望與要求，能夠得到他人的背書。正當性的有無，就如「投資等級公司債」與「非投資等級債券」之間的差別，前者具備高信用評等，比較容易取得投資人青睞；後者則不容易得到市場背書，因為違約風險較高，所以也被稱為垃圾債券。籌設與初設時期的台積電，就像是垃圾債券，沒人看好。直到 1989 年得到 Intel 的認證之後，才讓台積電躋身成為 BBB 投資等級債，2000 年以後，經 0.13 微米一役甩開競爭對手聯電後，又更進一步提升而為 A 級公司債。

更白話來說，正當性就是可以被認為是個「咖」（英文稱為「serious player」，即「認真的玩家」或「真正的玩家」的意思）。沒有正當性，代表的是得不到他人的認同，也就無法吸引其他人一起參與技術的發展或創業創新的活動（Garud and Rappa, 1994；Markard, Wirth, and Truffer, 2016；Sine, Haveman, and Tolbert, 2005）。有了正當性，創業創新者就可加入社群，形成網絡，進而取得更多變革所需的資源（Baum and Oliver, 1992；Elsbach and Sutton, 1992；Gulati and Gargiulo, 1999）。即便是橫空出世的前沿科技，如果沒有正當性的加持，就像是被取消殺人執照的 007，必定感受到有志難伸，英雄無用武之地。Day, Schoemaker, and Gunther（2000）指出，在新興科

技商業化的過程中，公司通常都只把焦點放在科技的挑戰上，但是與外在條件的配合，往往比掌握好科技原理要來得重要的多。Tripsas（2000）也指出，新興科技為了要達到成功，必須做許多除了技術能力以外的改變，例如掌握互補性資產、管理好外部關係以及瞭解顧客的價值偏好。不管是得到科學家的讚賞，或是得到大多數利害關係人的認可，對於科技的創新、推廣與擴散，都是重要的因素。

　　正當性是個多面向的概念。Suchman（1995）歸納出三種正當性類型：實用正當性（pragmatic legitimacy）、道德正當性（moral legitimacy）以及認知正當性（cognitive legitimacy）。實用正當性是基於自身利益的計算，例如一個組織的存在是否能為自身帶來實質利益或好處（Pfeffer and Salancik, 1978）。道德正當性奠基於對於組織規範性的評價，強調組織是否符合社會建構出的價值和規範（Parsons, 1960）。認知正當性指的則是組織是否能被清楚理解（comprehensibility），並且被視為理所當然（taken-for-granted）（Aldrich and Fiol, 1994）。另外，Aldrich and Fiol（1994）則特別針對新創企業的生存與發展，強調社會政治正當性（sociopolitical legitimacy）和認知正當性（cognitive legitimacy）的重要性。延續此一分析，Scott（1995）進一步將社會政治正當性拆分為：管制正當性（regulative legitimacy）和規範正當性（normative legitimacy），以區分來自政府正式法規的管制力量，以及來自社會價值觀與專業社群的非正式道德約束與行業規則力量。張淑珍、李傳楷、洪世章（2020）採用 Scott（1995）的類型，在分析宜信（一家新創的中國小額信貸公司）如何取得正當性的過程中發現：第一步是先是取得中國小額信貸相關人士與組織的認可與支持，獲取規範正當性；接著是獲得政府相關單位的認可，取得管制正當性；最後，則是取得中國社會以及國外機構的認可，獲取認知正當性。正當性的建立，讓新創企業如宜信可以克服社會的疑慮、建立產業關係以及獲取成長所需的資源。

　　正當性是打開通往創新路徑上其他資源的大門。規則帶來資

源,規則的複雜性與多元性,也就代表正當性資源可以開通的不同關係連結,例如提供生產和庫存控制技術創新的專業協會(Swan and Newell, 1995),Toyota 的汽車供應商協會(Dyer and Nobeoka, 2000)、生物技術的各種不同研發聯盟(Baum, Calabrese, and Silverman, 2000;Hagedoorn and Boijakkers, 2002;Pisano, 1991),或是各種科學專業實驗室(Conti and Liu, 2015)等。得到 AACSB 的認證,代表可以跟世界上其他所有 AACSB 認證的商學院,平起平坐地洽談合作計畫。在沒有 ISO 認證的情況下,Intel 的訂單,讓台積電的晶圓代工看起來不會顯得過於異類,繼而可以加入追逐摩爾定律的行列。

資源也涵蓋分享共同規則的成員所發展的社會資本(Burt, 1992;Coleman, 1990)與網絡結構(Begley and Tan, 2001;Gulati, Nohria, and Zaheer, 2000),這既能降低大家生產與交易成本,也能提升彼此的能力與信用,促進人力、財務與技術知識的擴散(Liebeskind, Oliver, Zucker, and Brewer, 1996;Nightingale, 1998)。von Hippel (1988)指出,多元化的網絡,能夠讓廠商接觸更多的領先用戶,進而突破技術創新的依賴發展盲點。擁抱相同主流標準所形成的生態系統,也是一種具有排他性的制度性資源(Adner and Kapoor, 2016;Jacobides, Cennamo, and Gawer, 2018)。iOS 與 Android 既是代表兩個不同的生態系統,也是代表兩套制度與網絡的競爭。

Oliver(1997)所提的制度性資本(institutional capital),也是一種網路化的公共資源,例如:銀行的自動櫃員機系統(Automatic Teller Machines)、航空公司的 SABRE 訂位系統、資訊業的資源規劃系統(Enterprise Resource Planning)等。其他類似的例子,還包括:二維行動條碼(QR Code)、Google 地圖(Google Maps)、Linux 作業系統、維基百科(Wikipedia)等。這些資訊設備或平台不僅促進了知識的分享與流動,也能提高廠商運用策略性資產與資訊的能力,增進一致性的管理與協調效率(Powell and Dent-Micallef, 1997)。歐盟於 2016 年起所推動的「數位創新中心」(Digital Innovation Hub),

也是一種公共的網絡平台，因為這種由中小企業、大型企業、新創公司、研究人員、加速器和投資者所組成的生態系統，既可以協助歐盟中小企業的數位化過程，也可創造合作模式和解決共同問題。就如東漢末年太平道的大小方，或是明末清初天地會的各埠分堂，分散式的網絡平台，是整合資源、分享諮詢、建立信任與協調行動的革命基地。

　　正當性與網路關係，也是開啟行動者獲取土地、勞工與資本等生產要素的重要管道，這些要素資源不只是有形的、經濟性的，也是無形的、制度化的。具體而言，土地、勞工與資本是傳統上經濟學所談的「生產三要素」，土地代表存於自然界可供開發利用的物質條件，勞工指的是可投入的體力和智力等人力資源，資本則泛指用於生產其他產品所需的工具，如機器、廠房、設備等。這三要素都是生產時必要的投入，而在經濟過程中它們也各自得到回報，分別為租金（rent）、工資（wage）與利息（interest）。相對應這些經濟資源，科技發展與產業活動在制度化的過程中也會形成「制度性資源」。制度性資源的存在，除了是讓產業遊戲規則可以形成並產生功能性約束的作用外，也是讓企業家願意從事新創或風險活動的外部基礎。不同的產業或科技，建構不同的資源連結，例如 1980 年代所開啟的資訊革命，就廣泛地建構與形塑了以下一些特殊的制度性資源。

　　首先，相對於古典經濟的土地資源，資訊革命所推動之網際網路構築「網路空間」（cyberspace）制度資源（Miles, 1997；Thomas and Wyatt, 1999）。網路空間的興起，可追溯至 1980 年代中旬，個人電腦於中小企業工作場所連線使用所產生之 Intranet 領域。1990 年代，WWW 興起，網路空間從 Intranet 擴充至 Internet，使得廠商不只可以利用網路空間提高企業內之生產與溝通效率，並可因此藉由網際網路的技術，創造企業外共用資源之組織領域。電視、電影、電腦、通信等原來相互獨立的領域，經由網際網路整合成數位高速公路，快速且廉價地執行大量資訊交換。由於網路經濟的價值由使用者、廠商與競爭者共同產生，利潤也一起分享。由於盛行數位化、標準化

的特性，網路空間提供廠商不同於天然資源使用的有限效用，且能賦予不同領域廠商極大的商機，如 Amazon 的電子商務、台積電之虛擬晶圓廠（洪世章、余孝倫、劉子歆，2002）、Apple 的 App Store（應用程式發行平台）、Uber 的共享交通、Zoom 的視訊會議，都是著名的例子。近年來，社群媒體（Chua and Banerjee, 2013；Wang et al., 2012）、區塊鏈技術（Li et al., 2017）與行動支付（mobile money）（Lashitew, van Tulder, and Liasse, 2019；Suri, 2017）的發展，更擴大了網路空間制度資源的應用範圍。

其次，相對於工業革命所重視的勞工生產要素，資訊時代帶來豐富的「智慧資本」（intellectual capital）（Nahapiet and Ghoshal, 1998；Roos, 1998；Subramaniam and Youndt, 2005），提供高科技公司成長所需之金頭腦創新價值，而非生產者剩餘價值。Microsoft 在世界各地紛紛成立的「Microsoft Research」（微軟研究院）就是為了吸引人才，持續突破與推動電腦科技的發展。在電腦產業技術快速變化與產業規模不斷擴充發展的情況下，越來越多的高級知識份子或年輕天才願意投入。由於強調創業精神與高流動性特質，這些智慧資本不斷地轉移創造新的公司，加上分紅入股制度與股票選擇權的普遍應用，為資訊產業的發展持續注入源源不斷的新血、活力。Fairchild 半導體公司，就被視為高科技人才的搖籃（李雅明，2012）。工研院對於台灣半導體的發展也是扮演重要的推手（Mathews, 1997）。對廠商而言，進入擁有眾多高級人才的科技領域，代表的不只是可以獲得最新的技術，提升企業的競爭力，也代表可以藉此提升自己的身分地位，強化分配社會資源的能力。源源不絕的人才爭相加入高科技產業，提升產業的整體競爭力，而更好的產業展望，則持續吸引更多的人才加入，進而形成一個資源擴充的正向循環。

最後，相對於工業革命強調的資本要素，資訊革命吸引並聚集許多的「創業資本」（venture capital）（Gorman and Sahlman, 1989；Lerner and Tåg, 2013；Sapienza, 1992）。沒有綿延不絕的創業（風險性）資本，就沒有風起雲湧的創新創業。Arqué-Castells（2012）的

實證研究指出，公司的專利與創新活動在創投的加入之後，會有明顯的增加。創投公司除了提供新創公司所需的種子基金與第二波擴展業務所需資金外，也可以豐沛的人脈關係，為廠商引介人才、建立策略聯盟關係，並且發揮專業監督效果，減少代理成本（Sapienza, 1992）。Apple 成立時的第一位主要創投者 Mike Markkula，就曾出任 CEO 一職，為 Apple 的早期發展奠立良好的基礎。宏碁得以從貿易跨足製造、從國內走向國際，也是得力於台灣第一家創投公司宏大投資的支持。[6]

除了私人創投、私募基金與天使投資人外，國家級創投基金（包括美國的聯邦經費、歐盟基金、新加坡主權基金等）（Bertoni and Tykvová, 2015）或是政府所提供的競爭型研發補助計畫（Zhao and Ziedonis, in press），也越來越多。Google 的搜尋引擎原型，就是從美國國家科學基金會（National Science Foundation；NSF）的一筆 450 萬美元經費的數位圖書館計畫開始。Cisco、Genetech、Sun Microsystem 等，也都是源自於美國聯邦資助大學研究經費所產生。國家資本的投資，不只具備大資本、低成本的優點，也是一種「國家信用保障基金」，例如，台積電的原始股東、也是第一大法人股東的「國家發展基金」，就具備這樣的功能。

## 三、行動

行動代表的是個人意志的延伸，積極作為的成果，在創新路徑當中，行動就是創業家或領導人有目的且有意識地去開發新機會，實現自己利益的革命活動與進步過程。行動要能可行、可見，需要反思力（reflexivity）與未來力（projectivity）兩種能力的綜合運用（Bourdieu, 1990；Emirbayer and Mische, 1998；Giddens, 1984）。一方面，行動者會反思自己的關係網絡與社會定位，透過遵守規則，依循例行慣習，取得內心的平安，並將取得的資源轉換而為未來變革

---

[6] 由宏碁創辦人施振榮引進大陸工程董事長殷之浩的資金而成立（見第二章）。

的媒介與工具（Bourdieu, 1990；Giddens, 1984）。另一方面，行動者會透過對於機會與未來的設想，找到新的可能性，再將這些可能性與既有的慣習或路徑連結起來，再用資源去想像如何解決可能的問題，進而實現自己的夢想、利益，創造出新的互動形式（Emirbayer and Mische, 1998）。前者主要是反思力的運用，是能知；後者主要是未來力的發揮，是能想。反思力讓行動者得以在規範規則與路徑維度之中，找到能動性的空間，未來力則是讓行動者得以面向未來，將資源轉換為新的產業關係與結構。反思力與未來力的關係，有點類似利用與探索（exploitation/exploration）在產品創新所扮演的搭配角色（Greve, 2007；Holmqvist, 2004），或是如《易經》中的坤卦與乾卦的對應關係。

如果由規則與資源所形塑的產業活動重視的是制度建構、路徑依賴，是「向後看」（look backward）；那麼強調行動與革命就是對比於制度化生活的干擾，是一直在動來動去、忙東忙西，永不停歇的「向前看」（look forward）狀態（Gavetti and Levinthal, 2000）。對比於制度路徑的隨聲附和，創業家或行動者在這裡走的是一條人跡稀少的道路，代表的景象不是炎涼、問題，反而是機會之所在。行動代表的意義，是要能走出 Plato（柏拉圖）的洞穴，敢於想像並勇於去探索未知的世界。[7] 所以行動也是一種啟蒙運動，要將組織或個人的意識從洞穴或鐵籠中解放出來，進而踏上開放、改革的道路，讓自己的存在與價值，可以清楚地呈現在科技舞台或創新路徑之上。

行動也是 Schumpeter（1942）所稱之創造性破壞，不管是採用一種新產品、採用一種新生產方法、開闢一個新市場、取得原料或半

---

[7] 古希臘哲學家 Plato 在其著作《理想國》（*The Republic*）講過一個著名的洞穴寓言。大意是說：一個地下洞穴關押著幾個囚犯。他們被牢牢地綁著，以至於只能直直的盯著眼前的牆壁，不能回頭張望，也因此不知道後方其實就有個通往地面的出口。如果有一天，一個囚犯逃脫了，知道了外面廣闊的天地、感受到真實的陽光，之後回來告訴其他囚犯，他們會願意跟著他離開洞穴，勇於去探索外面五光十色的世界嗎？還是說，他們會覺得他是「非我族類，其心必異」，而繼續留在原來的地下住所裡？

製成品的新來源，或是實現任何一種工業的新組織等，都是推動產業創新之主要經濟力量。行動者既是破壞者，也是創新者，是創造就業機會、改變經濟均衡與分配的創業家與企業家。傳統的政治與經濟學者普遍相信，大型企業創造了大部分的工作機會，然而 Birch（1979, 1987）的研究卻指出，在 1981 至 1985 年間，美國的大型企業（員工人數在 5,000 人以上者）只創造了 5% 新的工作機會。換言之，大部分的工作機會是新創事業以及中小企業所創造。而 OECD（經濟合作暨發展組織）在 1995 年的報告中亦指出，當年度 35% 的新工作來自於只有一到四個人的組織（Arzeni, 1998）。Coad, Segarra, and Teruel（2016）的研究發現，越年輕的公司，會更願意進行冒險性的投資，也能創造更多的工作機會。在行動的道路上，新進廠商不只是改變路徑的破壞者，而且也是創造就業成長的主要來源。

行動的創造性破壞是一種質變、翻頁的過程，是經濟體結構不斷地從內部發生徹底的變革，破壞舊有體制，並且不斷地創造新的結構。創造性破壞的意義並非消極地破壞，而是更積極、具建設性的創造層面。創造性破壞碰上鼓勵創業創新的資本主義，可說如魚得水、情投意合，因此我們可以看見在資本主義發達的國家，也都會特別鼓勵創新創業。Weber（1952）認為，新教倫理（Protestant ethics）是資本主義發展的催化劑，因此西方社會裡的創業創新，既是個人美德的具體實踐，也是為了回應上帝的召喚。在華人社會裡，家庭是社會的基本單位，家庭的擴充、分家與繼承，自然衍生出各自獨立的家族企業。創業創新，特別是家族創業，在中國人的社會裡，天生就具有道德的正當性與合法性（Redding, 1990）。西方富豪講究裸捐奉獻，華人富商重視分家規劃，各自都有理可據，也都對得起自己的良心。

作為創新路徑上的分析主體，從跨國企業、大型企業、新設子公司到個體戶、個人工作室或育成團隊，都可以是行動者的化身（Brown, Davidson, and Wiklund, 2001；Neffke, Hartog, Boschma, and Henning, 2018；Venkataraman, 1997）。行動者的多元性，也表現在特定產業的利害關係人之中。從供應商（如：個人電腦的 Intel 和

Microsoft、山寨機的聯發科）、製造商（如：Toyota 在汽車業所導入的精益生產系統、Tesla 啟動電動車革命）、經銷商（如：Barnes & Noble 所開創的零售連鎖書店、Amazon 所帶動的電子商務革命）到消費者（如：智慧型手機的「果粉」與「米粉」），都可以是創新路徑的行動家或破壞者。以聯發科為例，2000 年代初期的大陸山寨產業，因為欠缺核心技術的支援，也因非法身份無法取得歐美晶片，因此總是發展的跌跌撞撞、步履艱難。後來，聯發科發展出統包解決方案（turnkey solution），將原本生產手機最困難的三大部分 —— 晶片設計、硬體設計、軟體設計，整合成簡易的平台，移除了製造手機的最大進入障礙。聯發科的創新技術，促成「今日山寨，明日主流」的期望，改變了大陸手機的競爭態勢與創新路徑。聯發科既是山寨之父，也是推動大陸手機創新的關鍵行動者（Lee and Hung, 2014）。

　　大學或研究機構，也可能是推動創新的主要行動者，例如，網際網路的起源，是由一群專業人士為了在科研與軍事領域推動資訊分享所促成（Leiner et al., 1997）。台灣半導體的創新源頭，都會從工研院所執行的 RCA 計畫開始談起（吳淑敏，2016, 2019）。Garud and Rappa（1994）對於人工電子耳技術的發展過程中發現，1970 年代初期，美國 NIH（National Institutes of Health，國家衛生研究院）之所以決定採用 Nucleus 所研發的多頻裝置，而非 3M 的單頻產品，既不是考量聽障人士的回饋，也非只是參考聽力師與耳科醫師的意見，而是依據專業機構的建議。開放創新概念的崛起與流行，也強化了參與產業創新行動者的多元性與隨機性（Chesbrough, 2003）。因為不同的個人或組織對於機會可能採取不同的反應，技術與產業的發展因此就會出現意料之外的結果，進而改變原有的均衡、軌跡或路徑，而創造出另一頁的產業篇章與創新景象。

　　行動既非隔空捉藥，也非只靠意志殺人（就如電影《功夫》裡靠彈古箏殺人的兩兄弟），而是從與創新路徑或其他外部環境的連結中，取得改變的可能性。制度或規則不只是制約之所在，也有使動之所生。路徑上的規則越多，行動者的能動性空間就會越大（Fleming,

2002；Fuenfschilling and Truffer, 2014）。就如「鷸蚌相爭，漁翁得利」的寓言啟示一般，客體之間的衝突，帶給主體的就是從中取利的機會。韓國面板對於日本所發動的攻擊，使得台灣面板可以很快地得到日本的技術授權。1970 年代 NMOS、PMOS、CMOS 等半導體技術的激烈競爭，讓台灣可以因此順利地得到美國政府同意，跨國移轉當時還不成氣候的 CMOS 技術（張如心、潘文淵文教基金會，2006：92-94）。工研院的「1：1」政策，讓其可以從民間取得資源，來對抗政府的壓力。iOS 與 Android 的標準之爭，一度讓宏達電的品牌，可以從「台灣折價」（Taiwan discount）變成「台灣溢價」（Taiwan premium）。規則越多元，資源連結越是廣泛，行動者就具有越多的選擇，則創業創新的機會就會越多。

行動者之所以能夠「用制度，而不為制度所用」，關鍵之一就在反思力，也就是懂得將自身的關係網絡，轉換而為可以利用的知識與資源，進而在回應環境與技術變遷的過程中，發揮變革與創新的力量。據此，創業家過去的學經歷、工作關係、自主人際關係、親屬關係與社群等，構成其自身的先驗知識，而此不只是誘發創業冒險的動力，也是資助行動的基礎（Davidsson and Honig, 2003；Larson, 1992；Starr and MacMillan, 1990）。例如，台灣在發展 DRAM 產業時，盧超群、趙瑚等人的 IBM 資歷，就引導台灣避開佈滿 IBM 專利的深溝（deep trench）電容技術，而從堆疊（stack）技術裡去找到可行的創新道路。創業創新從來都是社會化的過程。過去是奠基未來的基礎，因為機會只留給有準備的人。反思力，既是先於創業創新的知識，也是涉及對於當下問題的即時反應與判斷能力。就如擁有一身絕技的武林高手，臨場對陣時如果變得捉襟見肘，那即便擁有知識寶庫、武功秘笈，也是徒呼負負。

除了反思力，行動者的能動性也是建立在未來力之上。具有未來力的行動者，是能夠看到機會並設想未來的可能，進而擘劃出未來可能的制度模式，再根據未來制度所建構的行動模式來重組資源，展開行動。例如，張忠謀根據他的知識與經歷，看到半導體的水平分工發

展趨勢，進而設想出晶圓代工的商業模式，在政府、Philips 與其他業界的支持下，創立台積電，改變半導體的遊戲規則。未來力也是一種設想力、想像力，就如美國黑人民權運動領袖 Martin Luther King（馬丁‧路德‧金恩）的名言：「I have a dream」，不只是一句口號，也是要實現的政見。這也就像中國古代的樂僔和尚在路過敦煌時，因為心見萬道金光、千佛現身，所以就停下腳步開鑿石窟，接著後人跟隨，終成敦煌的千佛洞。

從過程中而言，未來力涵蓋了機會的辨識、開發與實現。機會代表的是行動者對於未來所抱有的希望、展望與慾望，是心之所向、身之所往。在受限理性與資訊不對稱的情況下，機會常常不是總在燈火闌珊處，就是船過水無痕。亦即機會不是個客觀現象，而是主觀意念（Fletcher, 2006；Hambrick, 1981；Kaplan, Murray, and Henderson, 2003；Krueger, 2007），是從行動者的未來力之中浮現出來的未來可能與輪廓。童話小說《小王子》（*The Little Prince*）說：「只有用心才能看清楚；真正重要的東西，用眼睛是看不見的。」[8] 未來力是個人從現在的制度脈絡，探索未來的可能機會，因此既是主觀意志的展現，也是想像力的投射，是因人而異，具有個人創造力火花的成分在裡面的。

機會決定不同的技術方向，如何進一步發展成可以辨識的創新指標與林道（Sahal, 1981），也區別出行動者如何走出既有的制度模式，開創另一個新的技術創新模式。為了能夠有效發揮與運用未來力，行動者可以借用一些方法或工具，讓未來的可能可以更具體的與現有的制度結構與行為模式產生連結，進而合理化資源重組的行動。環境偵測（environmental scanning）（Hambrick, 1981, 1982；May, Stewart, and Sweo, 2000；Teece, 2007）、類比推理（analogical reasoning）（Gavetti and Menon, 2016；Gilboa and Schmeidler,

---

[8] 原文為："It is only with the heart that one can see rightly; what is essential is invisible to the eye."。

2001）、技術藍圖（technology roadmapping）（Kappel, 2001；Phaal, Farrukh, and Probert, 2004），以及情境規劃（scenario planning）（Grant, 2003；Phadnis, Caplice, Sheffi, and Singh, 2015）等，都是提升與落實行動者未來力的有用工具。用電腦的硬體與軟體的關係，來預見晶圓代工的獲利模式，就是一例。社會與政治技能越好，越能夠得心應手地設計與運用這些策略工具，將所控制的資源導向於實現新的情境（Dorado, 2013；Fligstein, 1997；Garud, Jain, and Kumaraswamy, 2002）。精簡而言，成功的行動者既是個思想家（具備反思力）、夢想家（具備未來力），也必須是個政治家、領導者（擁有社會與政治技能）。

創業創新者的行動既是從制度中走出的獨特路徑，也是逝者如斯的流變軌跡。因為行動需要資源的投入或重組，或使技術往前進展而脫離原先的均衡情況，所以行動是無法回復原先的情況（Teece, 1996）。例如，雖然消費電子產品有迷你化的趨勢，但錄影帶之 Beta 系統再也不可能取代 VHS 系統（Cusumano, Mylonadis, and Rosenbloom, 1992）。其他類似的例子還包括：數值控制（numerically controlled）機床取代記錄－重播（record-playback）技術（Noble, 1984）、Sony 的隨身聽取代 Philips 的小型數位卡帶（Digital Compact Cassette）（Funk, 2009），以及 Intel 的 Pentium 取代 DEC（迪吉多）的 Alpha 技術（Gawer and Henderson, 2007）。行動的路徑就在充滿鑼鼓聲的動態脈絡中，持續地上演新舊技術更迭的戲碼。

因為行動的本質代表破壞與改變，故這常常都是由外來者所帶動（Christensen, 1997；Wade, 1996），進而引發技術的競爭、擴散與發酵（Gurses and Ozcan, 2015；Henderson and Clark, 1990；Tripsas, 1997；Tushman and Anderson, 1986）。當手機從 2G 進展到 3G 而加入作業系統功能時，帶起產業創新風潮的不是既有的領導者 Nokia，而是 Apple 與 Google 等電腦軟硬體公司。當然創新也有可能是由產業內的既得利益者所推動（Klepper and Simons, 2000；Mitchell, 1989）。或許由於對產業現況的熟悉度較高，也或許由於擁有的資源

較多，產業內的大型廠商也往往可以透過現有的商業網路來更快速地推廣創新的產品與服務。到底是外來者或是產業內的既有大型廠商比較適合啟動創新，也可能是個取決於產業本質的不同策略搭配問題。例如，以行動支付的推廣而言，比起現有受到嚴格規範的銀行體系，電信商因為能夠接觸的人與面向更多，可能是更好的創新推手。然而，若由電信商來推廣行動支付，因為金融業務關聯性低，因此比起銀行而言所能夠創造的金融擴散效果又會較為侷限。在各取其長的考量下，雙方的合作與聯手出擊就是一個好的作法（Pelletier, Khavul, and Estrin, 2020）。

伴隨技術創新與破壞之後的是，市場會朝向商品化發展以及廠商致力追求規模經濟，市場的擾動與不確定會慢慢地降低，直到主流設計出現之後，技術的發展才又進入到下一個階段。開創主流設計的行動者，既是技術的先鋒，也會是引發「技術從眾效應」（technological bandwagon effects）（Wade, 1996）的帶頭大哥。主流設計的建立，除了代表行動者的技術成為大家模仿、學習的對象，也代表產業不確定性的降低，進而帶動起廠商之間的互動過程。當廠商之間的互動與合作關係變得更為密切，彼此也就更容易分享共同的價值與信仰，解決問題的模式也變得更常規化、共同化。隨著新一波產業關係與制度模式的形成，行動也就走入了制度之中。就如台灣科技新貴們所催生而成的專業主義（見第六章），或是新生殖科技在台發展所形成的「避免不孕」社會法則（吳嘉苓，2002），創新的行動從來就是在制度的滋養與形塑之下成長，但也會在非意圖的過程中發展成為制度化的現象，成為社會運作與創新系統邏輯的一環。

行動轉成制度，也就如在禪宗的發展史上，從惠能講道到《六祖壇經》、從大師到經典的這一段演變過程。傳承五祖弘忍的六祖惠能，提出「直指人心，見性成佛」，改變了先前大乘佛教把佛菩薩神格化的過程。惠能對於修行方法的創新，讓他成為推動佛教中國化與世俗化的關鍵行動者。而《六祖壇經》的出版，代表的不只是惠能成為繼佛祖之後，唯一言行變成經文的高僧，也代表生活禪制度化成為

佛教教義甚或是我們日常生活的一部份。從李白的「宴坐寂不動，大千入毫髮」、杜甫的「身許雙峰寺，門求七祖禪」，到黃庭堅的「花氣薰人欲破禪，心情其實過中年」，都可見到這種潛移默化的惠能禪風。

## 第五節　結語

　　在本書的最後一章裡，我們發展出一個嶄新的科技創新分析架構 —— 創新路徑，據以調和行動與制度之間的緊張關係。在此架構裡，環環相扣的行動與制度關係，既能呈現科技創新的歷史面貌與社會特徵，也能反應科技與社會、策略與結構、組織機能與社會程式相互建構、相互依存的過程。雖然創新路徑的架構建立在行動與制度的互動關係上，但核心的重點還是要把能動性與變革找進來。一來由於規則的多元性，賦予能知的行動者策略選擇的空間；二來由於資源的豐富性，讓行動者可以將其轉換為開發機會、啟動變革的能力。在規則與資源相互作用之下，行動者可以穩穩踏出變革創新的道路。一方面，具有反思力的行動者，可以在回顧與省思例行慣習之中，找到安心立命之處；另一方面，行動者也會透過設想未來的可能，重組既有資源，實現創新的夢想。制度的變革、創業創新的流動，就在行動者回顧過去、展望未來之下開展起來。

　　創新路徑的架構，對於產業生命週期的相關文獻，也提供一些補充分析（Tolbert and Zucker, 1983）。我們已知產業生命週期的早期階段會有較高程度的組織差異化，而隨著產業逐漸成熟，組織則漸漸朝向同質性的發展。相對的，創新路徑的觀點告訴我們，在高度成熟或制度化發展的產業中，變革的發生不只是因為外部的刺激或不確定性，也是因為制度化的環境提供了明確的規則，引導資源的分配，進而給了創新者得以開發機會、施行策略的空間。產業或技術同形之所以發生，不只是因為成熟行業所引起的寡佔或獨佔現象，也是因為產業內的份子開始分享共同的信仰與價值，進而形成制度化的鐵籠或同形效應。換言之，經濟活動與社會過程，都是解釋產業競爭、企業發

展與科技創新的重要面向。

在管理的意涵上，同時考量行動與制度的創新分析，讓領導者與經理人可以更加清楚瞭解技術策略的運用時機。當處於順從階段，也就是有明確主流設計引導的時代，企業就必須依循既有規則去發展，並藉此累積資源與能力，以投入下一階段的創造性破壞與創新、變革。在制度影響行動的階段裡，策略的重心是要「管理當下」（守、駱駝），也就是遵守有關規則，學習最佳實務。在站穩腳步，取得足夠的資源後，就應該要開始「忘記過去」（破、獅子）。思索如何開發新的技術與市場機會，以「創造未來」（離、嬰兒）。隨著企業規模的擴大與環境複雜性與不確定性的增加，以上三種不同的管理重心，也可同時運用在企業當中，就像是雙元組織會同時著重利用與探索能力一樣（O'Reilly III and Tushman, 2008；Raisch, Birkinshaw, Probst, and Tushman, 2009）。而同時強調「管理當下」（守、駱駝）、「忘記過去」（破、獅子）、「創造未來」（離、嬰兒）的方式就如同印度教三相神（毗濕奴、濕婆、梵天）所代表的宇宙循環，一個企業要可以生生不息，也有賴它在維持當前核心事業的同時（毗濕奴），毀滅已成阻礙的過去（濕婆），開創新的未來（梵天）。

最後，創新路徑也能提供一些重要的政策意涵。雖說創新路徑的發展是建立在特定技術之上而行，但這個技術也可擴大解釋成一個國家的技術專長。就如同組織慣習討論的是組織的歷史、文化影響，若將台灣視為一家公司（Taiwan Inc.），台灣的歷史、文化影響過程也可以組織路徑來分析。將台灣的發展視為創新路徑的模式，最重要的就是要能清楚認清世界與技術局勢，將「管理當下」、「忘記過去」、「創造未來」的內涵，適時地整合到政策規劃當中。例如，過去二十年來，台灣的 IC 設計業能夠成功發展的主因，就是能跟上個人電腦產業的風潮，每每在 Intel 新平台與 Microsoft 新作業系統推出之際，就可以跟上最新的規格，推出具有價格競爭優勢的新產品。但隨著 2010 年 Apple iPad 的推出，個人電腦市場受到強大衝擊，再加上智慧型手機的風行，長久以來靠著電腦周邊發展的 IC 設計公司開

始面臨嚴重的挑戰。為了協助產業轉型，政府的角色就應該「忘記過去」，調整相關產業政策，鼓勵廠商投入新資源、開發新產品，以及發展新的產業關係。創新路徑的重點就是提醒我們，技術的發展就是制度與行動兩股力量交互推演、往前發展，而成功進出其中的關鍵就在於能適時體察時勢、運用資源、開發機會，進而創造改變未來的新局勢。

# 研究方法：
# 質的分析

本書的主軸是台灣的資訊科技產業，包括個人電腦、硬碟、面板、半導體等，雖然案例對象或有差異，但所採用的研究方法都是質性或稱定性分析，參考文獻上一般的定義，我們將這類型的研究稱為實徵研究，以與採用量化分析與假說檢定的實證研究做區別。

「徵」與「證」雖只一字之差，但內容卻有天壤之別。實徵與實證的「實」字，可以理解對於實際發生在我們周邊社會現象所進行的第一手研究（Gray, 2004）。「徵」字則可代表為「徵詢」之意，代表以公開或開放方式來詢問、探詢常道與真理，並且找到可以敘說事實真相的任何可能跡象。換言之，「實徵」講究的是提問的技巧，研究過程常常是「上窮碧落下黃泉，兩處茫茫皆不見」。[1] 就像今天我常常會提醒我的博士生，不用這麼急著要確定你的研究題目或問題，因為等到你真的清楚知道你在研究什麼問題的那一天，也就代表你已經差不多完成了博士論文。

相對而言，實證的「證」字，代表的是證明、驗證，因為真理不可能是不驗自明，因此必須在特定的價值系統下，依據一定的規

---

[1] 摘錄自白居易《長恨歌》。

則，蒐集大量的資料，經由嚴謹、客觀的演繹推理，來證明定理或命題的真實性。如果「實徵」強調「問」，「實證」就更重視「答」；如果「實徵」常是在自然開放環境中的「上下求索」，那麼「實證」就強調在人為建構環境下的推理論證。如果「實徵」常帶有主觀的解釋，是「她在叢中笑」，那麼「實證」就是客觀的證實，是「她在旁邊笑」。[2]

實徵研究與實證研究，都算是「empirical research」，這個詞也許可以翻譯成「觀察研究」，以與「理論研究」做區別（這就如同我們會區分「理論物理」與「實驗物理」的道理是一樣的）；《Academy of Management Journal》就屬於前者的出版園地，而《Academy of Management Review》就是收錄後者類型的期刊。學術界也有一種說法是將 empirical research 拿來對應 positive research；前者就是實徵研究（亦有人稱之為「經驗性研究」），後者就是實證研究。但不管如何劃分或命名，本書依循組織管理的一般看法，將實徵研究與質性分析、案例研究畫上等號，實證分析指的則是量化研究，是有假說、有統計、有方程式的研究。

在此附錄裡，我們介紹本書各章實徵或個案分析過程中所依據的研究方法，包括：質性分析、案例選擇、資料來源，以及資料分析。但首先，我們先比較一下量化分析與質性分析的差異。

## 第一節　量化與質性的比較

不管是應用研究、個案研究或是實證分析等性質的學術研究，亦即只要不是文獻整理、純理論發展的論文，就會牽涉到一個方法論問題，所採用的基本研究方法是什麼？是數學推演、統計檢定或是電腦

---

[2] 毛澤東曾作一首詞《詠梅》：「俏也不爭春，只把春來報。待到山花爛漫時，她在叢中笑。」據說，這首詞的原稿為：「俏也不爭春，只把春來報。待到山花爛漫時，她在旁邊笑。」

模擬等量化分析，還是個案比較、歷史回顧或是實際紮根等質化分析。很明顯的，本書是質性研究的應用與彙整。那為什麼質性的分析方法，可以用來回答本書各章所提出研究問題呢？要回答這個問題，我們首先必須對量化分析與質性分析的差別有基本的認識。

## 一、從量化到質性

　　管理或科技管理的學術研究一般公認為屬於社會科學的研究範疇中（見第一章）。而在社會科學與現象的探索中，研究方法基本上可分為量化研究與質性分析，雖說量化仍為社會科學與管理研究知識產生的主流，但論戰卻持續不斷（洪世章，2009；Hodgkinson, 2001；Morgan and Smircich, 1980；Van Maanen, 1998）。以經濟學為例，Adam Smith（亞當‧斯密）所撰寫的《國富論》（*The Wealth of Nations*）為經濟分析的古典之作，作者以自身觀察社會現象、透過定性的詮釋歸納出經濟活動的規律與通則。然而，經濟學在往後兩百餘年的發展中，持續上演方法論上的爭辯，最終以 Alfred Marshall（馬歇爾）等人所提倡的數值方法成為主流規範。經濟學的發展是如此，其他社會科學也大致一樣。這種質與量的優劣爭辯，在 Kuhn（1962）提出典範一詞後，得到了些微的喘息空間。Kuhn（1962）的典範概念，強調科學理論的評價受群體的價值、意識型態、制度、文化與歷史背景的影響，所以不是絕對客觀的，科學與語言一樣為特定群體所共有。因此，唯有透過對產生此科學或語言的群體瞭解，才能瞭解事物的真正意義與內涵。也或因此，質性研究在典範的價值支持下，慢慢地找到自己的方法定位，並逐漸被學術社群所接受。

　　記得 1997 年時，我首次嘗試將一篇質性研究論文投稿到國內某知名的管理學術期刊，但很快地就收到退稿通知，理由之一就是質性分析不是學術研究，建議我可以改投到《工商時報》或《天下雜誌》。當然如果我可以想到更早的二、三十年前，Mintzberg（1973）為了出版他採用質性方法所完成的博士論文，曾連續被十五家出版

社拒絕的經歷，[3] 我可能就會稍感寬慰。從常態科學或典範的角度來思考，在由量化方法所凝聚的學術社群中，質性本就是一個不被認可或允許的反常活動，學術論文的出版與否，都受到這種主導邏輯的影響，形成一種不可撼動的制度，因為制度本身就代表著穩定與同形的力量，質性研究者必然受到編輯群與同儕群體的質疑、挑戰。Cummings and Frost（1985）指出，期刊文章審查的決定，在某種程度上類似於政治力量的角逐與妥協，文章的觀點與採用的方法如果不符合期刊的意識形態，就很容易被直接拒絕。對於強調科學與量化方法的管理研究而言，更是如此。

事實上，管理學的量化傳統，可說是源遠流長。早在 20 世紀初的泰勒主義（Taylorism），重點就在於用科學的方法，找出工人最適合的工具，以及建立功能領班制度來提高產能。之後，管理研究歷經工業組織與管理科學的洗禮，逐漸確立了數學或量化的主流地位，二次大戰後興起的管理科學學派甚至主張一切的問題都可以寫成目標函數與限制條件的形式，並透過最佳化來求解。然而這種看似完美無瑕的歸納式邏輯推理過程可能仍難逃主觀的影響，因為試圖從觀察中歸納出通則時，背景知識與期望心理無形中都會干擾我們的推理，因此產生了背離絕對客觀的風險。在這股批判潮流當中，Popper（1959）是最具有代表性也是最有影響力的人物。Popper（1959）強調，觀察一定是先有理論為引導，但理論本身又是可被否證的、也就是可被證明是錯的，因此必然必須對知識的產生過程採取批判的態度。至此，建立在「可否證性」（falsifiability）下的假說檢定，成為管理學者依循的研究藍圖，並大致遵循著 Popper（1972）的試誤方程式作為流程的範例：$P_1 \rightarrow TT \rightarrow EE \rightarrow P_2$，其中 P 是問題，TT 是嘗試性理論（tentative theory），EE 是錯誤消除（error elimination）。首先，研究者先針對問題建立一組模型與數個假說，模型通常是猜測性地解釋一個現象的因果關係，而每條假說都存在著被支持（不被否證）或是被

---

[3] https://thinkers50.com/blog/__trashed/。瀏覽時間：2019 年 7 月。

拒絕（被否證）的可能性，有些假說甚至是彼此競爭，但也唯有最禁得起重重考驗的假說才是硬道理、真知識。然而不管是數學規劃或是統計檢定，都是建立在量化的研究軌跡之上，商管研究也就自然而然地跟量化分析畫上了等號。量化學者普遍的看法就是：沒有用到數學或統計，就不是在做研究，個案分析都只是隨便說說而已，沒有科學根據。

　　但是時至今日，不管是國內還是國外的學術期刊，都幾乎明白表示，非常歡迎質性分析的作品（彭玉樹、梁奕忠、于卓民、梁晉嘉，2010；Bansal and Corley, 2011），甚至我們也看到，越來越多好的定性研究成果得到高度的肯定。根據《Academy of Management Journal》於 1991 至 2000 年的年度最佳論文中，量化與質性所佔的比例是壓倒性的 9：1，但是這個比例在 2001 至 2010 年間，卻是相對平衡的 5：6，且質性方法還略勝一籌。量變也帶來質變，質性方法所強調的自省、反思，也進而回饋到了方法本身，在經過多次的知識論與方法論的演變之後，也終於建立一個較完整、被學術社群所廣泛認可的研究途徑（Bansal and Corley, 2011；Berg, 2006；Denzin and Lincoln, 2005；Silverman, 2000；Symon and Cassell, 1998；Taylor and Bogdan, 1998）。這樣的變化也可看作是在管理研究上所興起的後現代主義（postmodernism）浪潮，是對於現代主義所強調的絕對性、普遍性、共通性、統一性等工具理性與量化方法的挑戰。

　　就如同產業的主流標準建立之後，就會帶動流程創新一般（Abernathy and Utterback, 1975），質性分析在取得學術研究的正當性之後，更多的學者轉而深化其內涵，具體的執行步驟也變得越來越清晰。例如，Eisenhardt（1989）針對如何從個案中建構理論，提供一個清晰的流程；Strauss and Corbin（1990）則為定性資料的分析方法提供了編碼（coding）的架構；Yin（1984）針對個案研究提出一個可操作化的指引與手冊；Maxwell（1996）將定性研究設計成互動的模式；Lincoln and Guba（1985）則為定性的自然探究法（naturalistic inquiry）鋪陳了一個整合性的流程；Langley（1999）闡述如何進行

歷程性資料的分析。以上這些都是質性研究者可以遵循的範例。於 2002 至 2004 年間擔任《*Academy of Management Journal*》主編的 Tom Lee 教授，在擔任副主編期間（1998 ～ 2001 年），也還特別出版了一本質性方法的專書（Lee, 1999）。在多元的學術價值影響下，量化研究與質性分析，都是科學的研究（Chalmers, 1999；Woolgar, 1996）。更特別的是，因為所需處理問題以及所需面對的環境特性，質性學者更能在研究過程中提升自己的見識、判斷力，以及人際關係能力，而這對於管理學院的教師與研究生（包括 EMBA 與博士生）都更顯得重要（Cassell, 2018）。

## 二、典範之別與爭

對許多人而言，研究方法應是一個最佳化或最優解尋找過程，引導我們發現典型的事實（stylized fact）（Helfat, 2007），或是看到「就在那裡」（out there）的真實存在。就如在半導體產業的競賽中，總是要能找到的最佳化方法（best-known method），以提升量產技術與製程良率。方法雖然會日新月異，但優劣總是不難判斷，也容易有共識。雖說「條條道路通羅馬」，但一定會有一條最快通往羅馬的道路，而羅馬也永遠只有一個。然而對於社會科學研究而言，方法並非具有絕對的真理，而是以百花齊放、爭奇鬥豔的方式展現，而量化研究與質性分析，也就像是說著不同學術語言的兩群人，雖不至於老死不相往來，但在學術發表的競技場裡，兩群人之間的爭辯總是不免流於各說各話的窘境。《聖經》有個關於「巴別塔」（Babel）的故事，大意是說：遠古時代的人原本都是說同一種語言，他們決定建造一座通往天堂的高塔，以證明自己的能力。上帝知道之後，就把他們的語言打亂，讓他們彼此無法溝通，通天的計畫也就無疾而終了。量化與質性的分別，或許讓我們無法萬眾一心的快速窺探知識殿堂的終極奧妙，但在多元的價值與方法引導下，或許也可讓我們在反思取徑的尋尋覓覓旅途中，多了些許學術探索的樂趣與驚喜。

如表 9-1 所示，量化研究與質性分析源於不同的價值、信仰或

典範，從而建立自己獨特的學術規範、準則與群體。量化研究深受傳統科學研究精神的影響，依循的理論與方法明確，講究驗證、推理、廣泛通則。相對而言，質性分析有較廣泛的應用，與許多的理論或方法都可找到連結，包括：現象學（phenomenology）（Sanders, 1982）、民族誌學（ethnography）（Garfinkel, 1967；Neyland, 2007；Van Maanen, 1995）、符號互動論（symbolic interactionism）、建構主義（constructionism）（Berger and Luckmann, 1966）、解構主義（deconstructionism）（Linstead, 1993）、詮釋學（hermeneutics）、批判理論（critical theory）、敘事分析（narrative analysis）（Riessman, 1993）、語意學（semiotics）等。

▶ 表 9-1　量化與質性的比較

|  | 量化 | 質性 |
|---|---|---|
| 哲學 | 實在論、實證主義 | 觀念論、詮釋主義 |
| 思維 | 線性關係、因果連結 | 整體性、脈絡化 |
| 理論 | 變數、預測 | 歷程、解釋 |
| 作者 | 旁觀者、操控情境 | 參與者、身歷其境 |
| 資料 | 數值、量表 | 文字、經驗 |
| 成果 | 印證理論、客觀標準 | 浮現理論、主觀意識 |

　　量化研究可被視為知識論中的實在論（realism）取向，質性分析則傾向於擁抱觀念論（idealism）。實在論將研究者的外在世界視為客觀真實存在，認為人類經驗的事物應有客觀共同性，Albert Einstein（愛因斯坦）的名言：「如果你沒轉頭看月亮，就代表月亮不在那裡嗎？」[4] 就是一種科學的實在論。相對的，質性分析則反對我們的世界是客觀存在的看法，強調透過人類主體性的開展，與外在世界形成對話、互動的關係，進而建構出人類生活之體驗、理解與意義

---

[4] 原文為："Do you really believe that the moon isn't there when nobody looks?"。

（Berger and Luckmann, 1966）。換言之，量化與質化的關係，很類似於哲學領域中理性主義與經驗主義之間的長久拉扯、論戰，前者認為理性是先天本我的知識，人類可以依靠邏輯推理就能發掘事實真相；後者則認為知識並非直觀而得，而是被動而生、感官的作用，是人類透過對於外界的經驗、觀察與歸納而來。

實在論之下的量化研究，趨向實證主義（positivism）（Popper, 1959），強調「大膽假設，小心求證」，希望透過對人類行為的觀察，並藉由演繹或歸納的方法，取得類似於自然科學的法則性知識，進而讓人類能夠一步一步走向擁有掌握規律、預測未來的權力。法國實證主義先驅 Auguste Comte（孔德）的著名論點即是：知識就是為了預測，預測就是為了控制，也就是施展力量，掌控自然界。相對的，質性方法偏向詮釋（hermeneutics）哲學的應用與實踐（Denzin, 1989, 1997），強調自我省察、反思，而去理解人與人或世界在互為主體下所產生的規則與共用的意義。在量化研究之下，世界上一切的事件都是物理事件，一切的關係都是因果關係；然而在質性學者眼中，人類並非原子，不完全受機械的因果法則決定，人類的世界是個精神文明的活動，是動態的、流動的，重視的不只是預測與控制，更要批判與改造。我們也可以這麼說，就中國哲學的精神而言，量化研究偏向程朱理學，世界的規範就存在外在事物之理當中，經由格物致知與窮理，我們就能瞭解萬物之所以然，也能從心所欲而不逾矩。質化分析就富含有濃濃的陽明之學，道理或天理不在身外之物而在內心良知，良知可以作為行為的準則、判斷事物的標準，良知既是人類意志的延伸發揮，也是主體認識宇宙萬物的主宰。

量化分析強調不同變數之間的線性關係（linear relationship）與因果連結（causation），質性分析因為所欲研究之現象常是複雜的、動態的，包含了許多互相糾纏之變數，因此強調脈絡化（contextualization）與整體性（holism）的觀察（Lincoln and Guba, 1985；Pettigrew, 1997）。量化分析偏向發展變數理論（variance theory），採行多重樣本的研究設計，希望由預設的假說建立人類

行為的統計通則（statistical generalization），並依據複現邏輯的展現，將研究結果推論演繹，進而控制與預測。質性分析則偏向發展歷程理論（process theory），起始點總是隱約未明，在「摸著石頭過河」的探索過程中去理解社會建構的現實，從而發展「厚實描述」（thick description）（Geertz, 1973），建立分析性通則（analytical generalization）（Lieberson, 1991），以解釋大千世界的各種現象。[5]

　　研究者在兩種方法中所扮演的角色也有明顯的不同。量化講究置身局外，會藉由人為的方式操控研究情境，並要求研究者保持客觀、與研究對象保持一定的距離，讓事實真相透過研究的過程自然的浮現出來。質性研究者則是觀察家、詮釋家，本身即是分析的工具，強調在身歷其境的過程中，經由自身的體悟、語言與洞察力來理解或賦予事物的意義（Alvesson and Shöldberg, 2000；Becker, 1998；Mintzberg, 1979）。質性研究者不只是與研究對象距離較近，有時甚至是扮演參與者、行動者的角色，走入其中，改變場域與社會（曾詠青、洪世章，2017；Dover and Lawrence, 2010）。Karl Marx（馬克思）有句名言：「哲學家們只是用不同的方式解釋世界，然而重點應該是在於如何改變世界。」[6] 這句話就頗能反映這樣的思維。

　　在資料的蒐集與分析上，量化研究會針對外顯行為進行操作設計，透過調查、檢索、實驗等，蒐集數值型資料，加以統計分析，呈現量表來預測或推論群體的結構特性或通則。質性分析除了客觀資料的蒐集，也強調個人主觀經驗的詮釋，所運用的方法包括自然觀察、人員訪談、歷史回顧、紮根過程、行動研究等不一，資料可以是數字、敘述型統計，但更多是文字，甚或是圖片、照片（Pink, 2007），研究成果的展現更重視文辭使用與脈絡解析（Marshall and Rossman, 1995；Maxwell, 1996；Naumes and Naumes, 1999）。量化分析重視統

---

[5] 變數理論與歷程理論的詳細比較，可參考：Mohr（1982）。

[6] 原文為："The philosophers have only interpreted the world, in various ways. The point, however, is to change it."。

計顯著性（p-value 的判定），而質性分析則強調脈絡的說明。另外值得一提的是，量化與質性都重視數字的呈現，因為有時一張圖表、一組數字就勝過千言萬語，例如在本書的第二章，我們用簡單的敘述型統計，來表現出宏碁、神通與大眾之間不同的策略選擇與行動路徑。就像知名童話小說《小王子》裡所提到的一段話：「大人們就是如此……他們天生就著迷於數字這玩意兒……他們總認為只有透過數字才可以瞭解真相。」[7]雖然都會用到數字，但量化與質性還是有差別，主要是前者強調推論統計，而後者只是使用敘述統計，來增強文字的說明。

在分析過程中，量化研究常以研究結果驗證理論或假說，以進一步的修改、建構理論，而質化分析通常偏向探索性質，在不預設理論架構與假設下，透過所蒐集的資料不斷進行分析、歸納，逐漸形成概念或主題。由於量化研究強調越客觀越愈好，所以要讓數字自己來說話，對於結果的評估或判斷就依據統計標準而定。質化分析基本上不會去特別強調客觀的一致性與普遍性，而是重視主觀的經驗意識，結果評估主要以研究者的發現與詮釋能否符合常理、是否讓人感到有趣（Davis, 1971），以及是否能夠與既有的大理論有所呼應與對話（Glesne and Peshkin, 1992）。

## 三、量質之融與合

在典範的「獨一性」（singularity）、「互斥性」（exclusiveness）與「不可通約性」（incommensurability）的影響下，質性與量化總是壁壘分明、井水不犯河水。例如，Behling（1980）歸納出個案學者最常攻擊量化分析的五大問題：研究對象具有特殊性、不穩定性、敏感性、缺乏真實性以及認識論的差異，並據此逐一反駁，來確認量化研究的正統性與不可取代性。Geertz（1973）則認為量化分析難以完整

---

[7] 英文譯文為："Grown-ups are like that...Grown-ups love figures...Only from these figures do they think they have learned anything about him."。

地描述多重面向的文化與人類活動，因此應該要在社會科學中完全被掃除乾淨。但跳開這兩個極端之外，我們也看到越來越多的研究同時採用質量混合的方法。針對此一現象，可以有以下兩種解釋。

　　首先，即便是質量混合，但還是有一個中心典範的思想，或許是量化，也或許是質性。以 Barley（1986）為例，此篇論文描述電腦斷層掃描儀於 1982 年分別導入兩家位於美國麻州的社區醫院，傳統上對於病人身體內部的診斷技術是由 X 光片的放射技術所把持，也因為放射師長期把持專業執照與相關知識，在醫院中的地位有如不可撼動的制度與結構，醫生也相當仰賴放射師對於 X 光片裡病理資訊的判讀能力。但是新技術的導入破壞了原有的結構，放射師與技術人員的角色互換，即結構與行動產生動搖，組織型態趨向分權。Barley（1986）透過質性的比較個案，得出兩家社區醫院面對新技術的導入都有呈現分權的現象，且歷經的階段性也不同。最後，作者透過簡單的迴歸分析驗證得出，一家個案醫院分權的速度較快，呈現二次函數的模型；而另一家醫院分權的速度較慢，呈現線性的模式。除此之外，利用虛擬變數的設定，加以驗證概念上、認知上的階段區分是具有統計上的顯著性。雖然此論文以個案開頭，以統計結尾，但我相信沒有人會覺得這是一篇量化研究的作品，事實上，在許多的回顧中，這篇還總是被認為是質性研究的經典之作（e.g., Bartunek, Rynes, and Ireland, 2006；Johnson, Langley, Melin, and Whittington, 2007）。

　　其次，質量混合的研究，有可能是跳脫質化或量化的既有研究，而開啟新一代學術典範的可能。例如在洪世章、曾詠青、賴俊彥（2018）一文中，我們就嘗試從複雜科學的觀點，發展出一個質量融合的執行大綱，包括：啟動研究、蒐集量化資料、選取適合的量化模型、以定性觀點詮釋複雜系統，以及結束研究等五個執行步驟。扼要的說，我們指出定量與定性應該是一體兩面的概念，二者相輔相成、截長補短，而非相互對立。在以複雜適應系統為例說明質量融合的作法時，我們提出可以一方面經由定量的數量模擬找出技術變遷過程中的混沌與隨機分佈，另一方面則透過個案的定性分析，將之與定量結

果相對照，以對觀察的現象做出最終的判斷或解釋。雖然這種類型的研究尚在起步階段，但在方法不斷推陳出新的助攻之下，應該很有機會成為新一代組織科學的新典範（McKelvey, 1997）。

另外值得一提的是，這裡所謂的量與質指的是方法本身，而非資料的屬性。換言之，量化研究可以處理文本資料，而質性分析也可以有許多數字或數值的呈現。具體而言，若將方法屬性與資料屬性進行區分，大致上有四種情況：如果以量化手法處理定量資料，則為傳統實證主義的假設檢定；而若以量化分析處理定性資料，則就是找出定性資料本身的代理變數，使定性的意涵可以被運算。例如：Bingham and Eisenhardt（2011）欲探討企業在國際化進入國外市場時，策略的複雜性如何變化，因此以概念化的方式具體企業透過學習過程所得到的「啟發」（heuristics），並以簡單的敘述統計，透過縱向的研究分析發現企業的策略在長時間下會有簡化的趨勢。至於以質性方法處理定性或文本資料，當然就是傳統自然主義的歸納與詮釋分析。而如果以質性方法處理量化或數值資料時，則通常為判讀數據背後的意涵與潛藏樣式，此情境則和第一點雷同，尤其是針對資料為一段長時間的歷程。例如，本書第二章就藉由簡單的敘述統計，來探討台灣電腦公司的成長策略變化軌跡。或是本書第七章裡，所呈現出台積電的技術進步與摩爾定律的比較。因此，不論是量化的數字、數值或是文本、紀錄等定性資料，均存在著同時被量化方法與質性研究歸類處理的可能性。

## 四、方法的定位

以上的質量分析與比較，屬於方法論（methodology）的層次，而此也引導吾人思考組織管理研究中比較少被觸及、但卻很關鍵的核心議題，那就是知識論（亦稱認識論，epistemology）、本體論（亦稱存有論，ontology）與方法論之間的關係。本體論是一門關於研究「存在」（being）的學問，旨在探討被認識對象的本體或本質。知識論則源自希臘文的 episteme（知識）和 logos（邏輯、學

科），亦即人認識外在世界的一種知識邏輯。探討這三者的關係是個複雜的議題，但簡單地說，就是「現象引出理論，進而再帶出方法」（亦即：Ontology determines epistemology which, in turn, justifies methodology.）。這樣的命題也說明：研究應是問題導向，而非方法導向。提出需求層次理論的 Abraham Maslow（馬斯洛）有句名言：「如果你有的只是一個錘子，那麼所有的東西看起來都像一個釘子。」[8] 研究的過程既不應受到方法的侷限，也應有效地避免專業偏差。所謂「君子不器」、「器者各適其用，而不能相通」，也可用來代表這個道理。

　　如果本體論關心的是研究問題，知識論就是理論背景，而方法論就是研究設計與方法。而這也剛好對應到任何碩博士論文的第一章、第二章與第三章（抑或是期刊論文的第一節、第二節與第三節）。雖說這有順序性、也隱含線性關係，但其中的關係可能更為複雜。事實上，對於任何牽涉本體論、知識論與方法論考量的學術研究工作，這既是理性規劃的過程，也是漸進調適（muddling through）的產物。不管是實徵還是實證的研究，基本上都包括思考、田野與寫作三個基本的工作與流程（見圖 9-1）。研究者一定是先有一些構想、想到一些問題，進而閱讀相關理論、發展研究設計，接著進入場域或田野蒐集資料，在詳細的分析、解讀之後，再將成果寫下來。對應於博士生的學習，博一就是思考工作、博二是田野工作，而博三就是進入論文寫作的工作。在最後成品的表現上，「問題、文獻、假設、方法、資料、衡量、發現、結論」等八個要件，成為現代的「八股文」，也是學術期刊「八股取士」的普世準則。雖然不管是量化或質性，這個「八股」框架大體形成如 Foucault（1977）所稱的「全景監獄」（panopticon），規範所有的學術出版品的格式、架構，但量或質還是有程度上的不同；量化學者通常會將「工具理性」（instrumental rationality）或是趨同性（isomorphism）發揮得更徹底，而對質性作品而言，更會向「文無定體，藝無定規」的價值靠攏。

---

[8] 原文為："If all you have is a hammer, everything looks like a nail."。

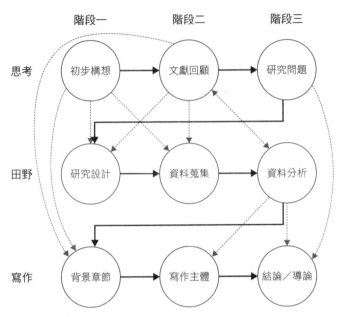

▶ **圖 9-1** 研究工作歷程

　　雖說從問題、理論，以至方法與衡量等所呈現的是典型的理性、線性的決策過程，但就如圖 9-1 所示，實際的過程常是來來回回、上上下下的修正，例如，初步的研究構想雖會引導吾人搜尋相關理論與文獻，但文獻回顧也會引導我們修正研究問題；先導性研究雖有助於後來的正式研究設計，但也常引導吾人對於既有理論的省思。在這漸進調適的過程中，方法論或研究方法處於一個承先啟後、也相對獨立的地位。也或因此，在很多博士論文裡，研究方法常常是最先完成的一部份，而在很多頂級期刊的論文審查的過程中，研究方法一節，也常成為評審委員關愛的眼神、並且都是「一招斃命」所在（例如：量化分析所常被提問的「共同方法偏差」〔common method biases〕與「未回卷偏誤」〔non-response biases〕等）。

　　據此，清楚說明研究方法與過程，就成為學術研究的必要工作。在此，我們在以下的篇幅裡，就依據表 9-1 的比較，以及以上的說

明，來敘述本書所採用的研究方法，並合理化採用質性分析的理由。

## 第二節　選擇質性理由

　　承上所述，本書的主軸是實徵分析，採用的是質性研究方法，因此既無任何研究假說，也無任何統計分析與驗證工作。對於任何一個研究者而言，採用質性方法的理由，基本上都可歸納為以下五點：

　　第一，研究的現象大都缺乏可得或可信的資料，因此只能藉由自己走入田野從事調研。當然走入田野，不只是單純為了蒐集資料，也是為了建立研究者的主題意識與經驗。就如同假如我們想要瞭解現代中國的產業轉型問題，就不能只是留在台灣，當個遙遠的旁觀者或獨白者，靠著蒐集次級資料做片面的簡單描述，而是要親身到現場觀察研究，感受田野的脈動。透過這樣的溝通與行動，研究者得以發展如德國哲學家 Jürgen Habermas（哈伯瑪斯）所說的「溝通理性」（communicative rationality），建立對於研究對象的相互瞭解，而非只是相信自己所認定的真理。

　　例如，Mintzberg（1973）為了研究高階管理者工作的本質，就近貼身觀察他們每天的工作與行程；又例如，達爾文於 1831 年搭乘小獵犬號，從英國出發前往世界各地，五年的世界之旅中近距離觀察各種生物，並歸納出革命性的演化理論。雖說今日網際網路的發達，加上 Google 大神的威力，讓很多人變成「秀才不出門，能知天下事」，但對於缺乏既有訊息或資料的案例，就還是只能靠著自己的雙腳，一步一腳印的建立知識地圖。例如，本書第三章所探討的台灣硬碟機，或因這是個失敗的案例，所以並沒有太多的公開資料可以蒐集，只能靠研究者自己從無到有、建構自己的資料檔案。

　　第二，因為所研究的對象並沒有清楚可辨的因果關係，或是說存在太多變數牽涉其中，因此需一個可以發覺與捕捉複雜現象特質的方法。例如本書對於宏碁、神通、大眾三家電腦公司成長策略的研究分析（第二章），或是對於台灣科技新族群的分析（第六章），都是著眼

於歷史性的解釋（Argyres et al., 2020），進而從中描繪個案成長至今之脈絡與成長模式，就很適合於採用質性方法。同樣的，本書對於台灣硬碟機分析（第三章），也是必須依賴質性方法，因為對於台灣硬碟機失敗的分析，不只沒有清楚可辨的因果關係，也牽涉太多的人、事、時、地、物等變數在其中，因此也比較適合採用質性方法，來釐清其中的關係與可能的連結。

第三，適合用來回答「為何」（why）與「如何」（how）問題的研究（Yin, 1984）。例如對於「台灣為何沒能發展硬碟機產業？」（第三章），以及「為何台灣能夠快速進入面板產業？」（第四章）這類型的問題，就很適合質性方法。同理，本書第二章（成長策略）與第六章（新組織型態）關心的問題都是台灣企業如何發展，這些提出「如何」問題的研究，也很適合選用質性方法。

第四，研究目的是為了理論發展或探索，亦即藉由對觀察現象的瞭解來延伸與擴充既有理論（Lee, Mitchell, and Sablynski, 1999），或是說明作者所提出的新的觀念架構（Siggelkow, 2007）。例如，第五章所發展的 3B 制度策略組合，是質性研究的理論成果，而第六章的科技族群案例，則是用來突顯我們所提出的觀念架構。另外本書第七章所探討的台積電創新作為，目的在於探索行動者如何發揮施為能力，以對抗、甚至改變所處的制度環境，所得的成果有助於我們瞭解制度與行動的關係，以及擴充對於產品與製程創新關係的瞭解，這也比較適合採用質性方法。

第五，探討的現象牽涉歷史過程，必須回溯過往檢視獨特現象發生的背後根源，以捕捉「誰在何時做了哪些事」（who did what, and when）（Hargadon and Douglas, 2001；Raff, 2000）。例如，本書對於硬碟機（第三章）與面板產業（第四章）分析，都強調社會發展過程中的敏感性與深入性，以分析具有歷史與地理獨特性之工業活動現象，因此很適合質性方法。又如本書對於工研院（第五章）的分析，在時間作為縱貫軸的導引下，觀察科技專案體系或場域的轉變，再佐以空間作為橫切面，掌握工研院在推動新制度成形之策略行動，藉以

回答制度改變的原因與制度策略的內容，也是典型的質性研究的實踐。

　　另外還值得一提的是，本書所探討的制度力與行動者的互動關係，也與文獻上探討類似議題採用的研究方法與設計相契合（e.g., Edquist and Hommen, 2008；Maguire, Hardy, and Lawrence, 2004）。換言之，現象帶出理論，類似的問題，也就需要類似的工具與方法。

## 第三節　研究對象

### 一、個案選擇

　　對於一個質性研究者來說，在研究對象或案例的選擇上，通常牽涉到實務層面與理論層面，前者包括現實層面的考量（例如資料可否取得、資源是否允許）與個人的興趣，後者主要是所選擇的案例是否能夠契合研究目的，或是可用來幫助回答所提問的問題。

　　以本書第五章為例，其研究對象為：1987 到 2009 年期間，工研院如何推動創新前瞻制度的成形。之所以選擇這個個案來分析，除了因為資料豐富性與研究便利性等實務性理由之外，我們的選擇奠基於以下二點理論上的原因：第一、因為此研究欲探討的是制度創業的現象，因此理所當然要選擇一個特質明顯、具有豐富工作歷程與經驗的制度興業家來研究，而工研院具備這樣的特性。第二、在我們的長期研究過程中，我們發覺對工研院而言，創新前瞻機制是一個重要制度因素，此制度的發展是從計畫面轉化到文化面，在此改變過程中，工研院又是扮演一個主導推動的角色，因此我們聚焦於此。

　　又以第三章的台灣硬碟機而言，其個案選擇的理由基本上基於以下三點原因：首先，台灣硬碟機是一個失敗並消逝的產業。在探討制度與技術關係的議題上，此研究不同於既有的文獻，以制度整合解讀產業優勢與延續的發生；反之，其以制度衝突為因，產業劣勢為果，以彰顯外在環境對產業發展所可能有之負面影響。因為瞭解劣勢或失

敗往往比瞭解優勢或成功困難，也更加具有挑戰性，也因此或能得到更好之學術成果。事實上，在現實的社會中，我們總是會樂於傳頌奮鬥向上的成功故事，但是在學術研究中，我們似乎對於盛極而衰的失敗故事會感到更有興趣，Tripsas and Gavetti（2000）對於 Polaroid 的分析，以及 Vuori and Huy（2016）對於 Nokia 的研究，都是著名的案例。俄國小說家托爾斯泰（Lev Nikolayevich Tolstoy）在《安娜‧卡列尼娜》（*Anna Karenina*）書中曾言道：「所有幸福的家庭都是相似的，而不幸的家庭則各有各的不幸。」[9] 同理或可言，所有偉大的企業都是相似的，而陷入困境的企業則各有各的獨特原因。相較於千篇一律的幸福結局，相信五彩繽紛、別樹一幟的企業案例總是能引起更多的讀者迴響。

其次，硬碟機工業雖在台灣曇花一現，但曾是被廣泛認為最有發展潛力的工業之一，特別是當時參與其中的政府官員、相關研發機構人員與企業廠商均認為，台灣發展個人電腦的成功模式應可重現於硬碟機工業，但如今硬碟機卻是台灣嘗試建構資訊王國中，一個重要的失落環節。因此，若能對其失敗原因能有更深一層的認識，應可真正瞭解台灣創新系統的制度作用性。

最後，台灣硬碟機工業從消逝之後至本研究開始調查之始（1996年），只有約四、五年時間。次級資料雖不多，但部分都還保存著。產業人員也大都還活躍在相關行業，如光碟機與掃描器工業。對於曾經擁有的工作經驗也都還記憶猶新。甚且許多人後來所轉進的其他高科技產業，也都正欣欣向榮，因此，比較不會堅決地拒絕回憶以往的失敗甚或痛苦經驗，或是扭曲歷史事實的真相。凡此種種，都降低我們在資料蒐集過程中，所遭遇的困難。由於在失敗產業的研究中，資料蒐集是最為困難的一環，因此這點是非常重要的考量。整體而言，以上這三點理由包括了理論擴充的因素，以及資料蒐集的實務性原因。同樣的因素也適用於本書其他各章。

---

[9] 英文譯文為："Happy families are all alike; every unhappy family is unhappy in its own way."。

　　另外，從現實面考量，研究者的興趣也很重要，子曰：「知之者不如好之者，好之者不如樂之者。」如果自己都無法樂在其中、享受研究的過程，那怎麼可能寫出一篇好的質性研究論文呢？幾年前，我的一位博士生告訴我，她想研究精神科診所，我聽了差點「精神病發作」，但仔細暸解之後，才知道她的先生就是精神科醫生，而她就是「醫師娘」，選擇研究精神科當然就是理所當然，情之所在，至於如何合理化案例的選擇，那就是後來才會去考量的事了（洪世章、林秀萍，2017）。因為質性研究強調觀察者並非獨立於現象，必須要參與其中，因為我們扮演著重新詮釋這個世界的角色，研究者本身便是研究過程的工具，是分析資料與發展理論的主體，所以個人興趣或是與自身的利益關係，都是驅使自己不怕麻煩地面對問題、接受挑戰、處理困難的內在動力來源。快樂的心態總是讓人充滿勇氣、使人直接走向成功。洪世章、林秀萍（2017）這篇論文，最後還獲得「管理學報論文獎 —— 年度最佳實用價值論文」。黃振豐、洪世章（2011）這篇論文則曾獲得「聯電經營管理論文獎傑出獎」，其研究問題主要根源於黃老師多年來身兼會計師身份的工作心得，豐富的人生閱歷加上獨到的個人心得，相信都是打動評審委員的關鍵所在。最後值得一提的是，因為管理也是入世的社會科學，因此讓某些組織或群體被注意，讓被主流價值排除的聲音浮現，而非只是考慮代表性、豐富性與重要性，也應該是重要的個案選擇判準以及研究使命。就此點而言，研究精神科診所也算是具有不忘初衷的社會實踐精神。

## 二、個案數目與本質

　　要選擇多重個案還是單一個案，是質性研究者常需面對的選擇。在現有的管理學術社群裡，在強調樣本數的量化研究影響下，多重個案一直都是相對保險、也是比較容易被接受的選擇。

　　強調對照與歸納的比較個案分析，相較於單一個案研究，更接近量化研究的精神（Eisenhardt, 1989）。根據 Ragin（1987）的看法，個案導向式比較研究之運用，在於透過將蒐集到的證據，提供一個符

合個案脈絡的歷史性歸納結果。只要個案間有著某種共通性存在，個案導向式之比較方法就能以一種因果交錯的圖形或表格加以描繪或對比解釋。即便是個案分析，透過比較，也比較能夠得到客觀、令人信服結果。兩個案例的比較，讓我們看到的往往是兩兩比較之下的「第三個案例」，依此類推，比較案例分析更能擴大研究者的觀察面向。

就比較個案而言，首先牽涉的研究設計問題就是，到底要選擇幾個案例來比較？Ragin（1987）的建議是，個案數不宜太多，以便做到仔細比較。Eisenhardt（1989）的具體建議是四到十個，而具體個案的選擇可以配對方式行之，亦即環境相同、抑或發展背景相同之個案宜選取至少兩個，並且需將其間之異同明確列出。比較分析是在看似類似的個案中尋找其相異處；在看似不同的個案中，導引出更具有解釋力的理論意涵。Pettigrew（1990, 1997）的建議則是四到六個，並且可以選擇極端表現做對比，例如成功對比失敗、製造相較於服務業。基本上這裡的比較邏輯就是透過具有對各種情境的代表性個案研究，就能比較其共通性，進而推演出各種涵蓋情況的概化成果。

相較於比較個案，單一研究比較少見。事實上，即便是歡迎質性與案例研究的期刊，單一個案研究的論文，相較於比較個案分析，也總是比較難得到評審委員的青睞。雖說難度較高，但有時真正有趣的研究往往就是單一、極端特殊的案例。例如，Siggelkow（2007）以一個特殊的醫學案例作為，來闡述質性與個案研究的價值。1848 年一位 25 歲的鐵路工人 Phineas Gage 在一場爆破中被一根一公尺的鐵棍從左下臉頰穿進，通過左眼後方，再從額頭上方的頭頂穿出，頭骨和臉頰被射出一個大洞。Phineas Gage 大難不死，但是性情卻大為轉變，原本嚴謹、謙虛的態度變成懶惰、暴躁與酗酒。後來醫生發現原來大腦的不同區塊所掌管的功能並不相同，Phineas Gage 腦部損傷的區域剛好是掌管情緒的部分，雖然大難不死，但是換來的代價卻是掌管情緒的大腦區塊被嚴重破壞。如果不從單一個案研究的角度切入，這個不尋常的案例將會被認為是偏離統計期望值的異常現象而不被賦予任何研究的價值，神經科學家也將永遠無法揭露複雜的大腦運作。

就單一個案選擇理由而言，假若個案被選擇的理由是奠基在個案本身的獨特性，研究者無意進行普遍性的推論，這類型是一種「本質性」（intrinsic）的個案研究。而假設個案被選擇的理由是基於經驗上或理論上的代表性，則此類型是一種「工具性」（instrumental）的個案研究（Stake, 1994）。若以佛家的筏喻來做比喻，本質性的個案研究就是單純探討所關注案例的本質或固有價值，個案本身就是研究的目的、是「彼岸」；「工具性」的個案研究則是藉由單一個案的研究，推演並擴充至瞭解其他個案，單一個案就是工具、方法，是航向彼岸的「船筏」。然而即便是「本質性」的個案，也不是完全排斥概化或普遍化的可能性，單一個案就像是「從一滴水裡看世界」，雖然特別的案例無法在本質上找到類似的個體形式與表現，但若能做到明心見性、即物窮理，亦可成就知識、創造理論（Chen, 2016）。

雖說如此，我們還是覺得個案研究的初心應該就是探索本質性的個案，個案是否具有代表性反而不是重點。事實上，個案作為知識探索的途徑，乃源自於 19 世紀末的哈佛大學法學院，當時的美國法律條文急遽攀升，為了因應環境的改變，法學院開創了個案教學與個案研究。個案研究的思考邏輯相對於定量方法有很大的差異，為了確保所挑選的個案具有研究者所需要的資訊，個案的選取可以透過理論或立意抽樣法，而非定量方法的代表性抽樣。且研究者在蒐集個案的過程中並不存在著先驗的知識與理論，研究者直接與原始資料對話，並透過案例內分析與跨案例分析從原始資料中湧現出紮根的理論或命題（Glaser and Strauss, 1967；Strauss, 1987），在歸納分析的過程中甚至不斷遞迴重新檢視原始資料，如果原始資料是訪談資料，還必須不斷回去和受訪者進行確認，以確保研究的品質與可信度。人世百態，獨特的案例，有時反而能提高我們的理論層次，看到原本看不到、也想不到的東西。然而在量化研究仍為主流的情況下，為了能通過期刊的評審，詳述個案的代表性以及概化的程度與範圍，就會是一件很重要的事。

從邏輯與結構上而言，如果是從事本質型的個案研究，因為個案

的特殊性是主體,在撰寫「研究方法」這一章節時,則通常會先是介紹研究的對象,接著才具體的討論基本的方法(例如:紮根、詮釋或是自然探究法等)。而如果個案是被當作為「工具型」,則會在問題定義之後,討論基本方法,接著再討論為何會選取特定的個案,以及這個或這些個案具有發展理論或闡釋架構的代表性特徵。當然這樣的分類不是「非黑即白」,例如 Greenwood and Suddaby(2006)的論文,在研究方法這一節,就是先說明為何他們要探討五大會計師事務所,接著介紹為何要採用質性的自然探究法,並且表明他們的研究對象是工具型的個案。原則上,敘述是否符合邏輯推理、參酌讀者的閱讀習慣,都是檢視「研究方法」這一章節的基本原則。

對於單一個案的類型,Yin(1984:47-49)提出另一種分類的方式,包括:關鍵的(critical)、極端的(extreme)或特殊的(unique),以及揭露性的(revelatory)。首先,關鍵的個案是滿足既有理論主張的代表性或典型個案,可以用來確認、挑戰或是擴充該理論。例如,本書第三章的硬碟機工業,就是一個在創新系統架構下的典型案例,但其發展情況卻與其他的台灣資訊產業不同,因此可以用來挑戰與擴充創新系統理論的不足。第四章的台灣面板產業也是同樣的情況,因此這兩章所探討的對象都是關鍵案例。

其次,極端或特殊的案例,指的是很少見的案例,因此對其的研究或可找到重要的發現。前述的 Siggelkow(2007)是一例。至於本書第三章的台灣硬碟機,就不能算是一個極端或特殊的個案,因為失敗的產業很多(例如,台灣印表機也是個失敗案例),不差這一個。然而本書第七章所探討的,就是一個極端或特殊的。因為幾乎所有的半導體產業都是依循摩爾定律而行,然而台積電卻突破這個限制,能夠不只「為摩爾定律所用」,而是讓「摩爾定律為台積電所用」,進而能夠從製程創新出發來引領產品創新,這是一個很少見的情況,因此可說是個典型的特殊個案。

最後,揭露性個案,指的是研究者少有機會能夠探討的案例或現象。這些案例的存在可能很普遍,但基於某種原因,例如可能是無人

知曉，或是說接觸管道缺乏，因此常成為學術研究領域的遺珠之憾。或由於地緣之便與個人關係，史丹佛商學院教授 Robert Burgelman 一系列關於 Intel 的深入研究，就是一例（Burgelman, 1994, 1996）。又例如，我曾與同事及博士生對於大陸山寨手機的研究，探討的也可算是一個揭露性個案（洪世章、陳鈺淳、涂敏芬，2014；Lee and Hung, 2014）。大陸山寨手機屬於非正式經濟的活動，不只因為遊走於灰色地帶，而且受限於大陸產業田野研究的困難，因此幾乎沒有任何有關的學術分析。我們對於大陸山寨手機的分析，因此有助於揭露非正式經濟體的運作，以及大陸手機產業的發展過程。

相較於比較個案強調「理論抽樣」（theoretical sampling）（Eisenhardt, 1989），單一個案會強調「立意抽樣」（purposeful sampling）（Lincoln and Guba, 1985；Patton, 2002：45-46），也就是會刻意地選取個案對象來達到深入瞭解特定現象之目的。抽樣的目的非為了母體的代表性，而更多是為了探索與建立理論（Ragin and Becker, 1992；Siggelkow, 2007）。以本書第五章的工研院為例，我們認為單一個案的研究設計才能保證個案能夠確實地被描述，而且擇定的研究對象，對於本文亟欲觀察的現象，提供了資訊豐富與啟示性的具體表現形式的可能性（Denzin, 1989）。

在實際的應用上，單一個案或比較個案，有時端視觀察的角度而言。以本書第三章硬碟機為例，這是對單一產業的研究，但其又是專注在六家台灣硬碟機公司的共通探討，因此也是比較個案，這樣的研究設計也可以理解成一種「單一個案中的多重個案分析比較」（embedded comparative case study）（Yin, 1984）。

## 第四節　資料來源

質性研究需要豐富的資料來源，而質性的資料通常是昂貴的、難得的（Rumsey, 2004）。一個好的質性研究，一定會在資料蒐集上下了很多的功夫，讓讀者在還沒有瞭解作者的功勞之前，就先能體會

他／她的苦勞。多樣、難得且豐富的資料來源，不僅可以減少讀者對
於質性作品可能過於偏重主觀解釋的疑慮，也讓研究者在推論的過程
中更能體會到各種不同的意義建構可能。

質性資料可概分為次級與初級，分述如下。

## 一、次級資料

次級資料指的是任何可能取得的公開資料或訊息，包括：資料
庫、公司出版品、專書、報章雜誌報導、企業或機關歷年年報等。近
年來，隨著網際網路的普及，透過網頁搜尋獲得資料，變得更為普
遍。

以本書第二章的台灣電腦成長策略研究為例，就很倚賴次級資料
的來源以建立公司的行動事件年表。作法上，此研究首先透過「卓越
商情資料庫」、「中央通訊社剪報資料庫」、「中華民國證券暨期貨發展
基金會」（公司剪報、年報及財務報表）以及各公司股務室（索取年
報）等管道，並參考企業相關著作，從中整理出三者自成立迄今所有
重大且攸關成長的策略事件，並分別依年代先後加以排序，有系統地
建立公司的重要策略行動事件。

雖說研究者對於次級與初級資料的蒐集常是交叉進行，但實務上
的作法，常是對於次級有充分的瞭解與掌握後，才開始進行初級資料
的蒐集工作（Bell and Opie, 2002）。畢竟，若能充分利用現有的文獻
與訊息，不僅能夠省去很多寶貴的時間，增進自己對於案例的瞭解，
也能夠在後續的訪談部分，提升自己的權威感與可信度，讓受訪者願
意接受訪談、也願意投入時間跟你／妳分享案例的真實面貌（Archer
and Erlich, 1985）。例如，多年以前，我們為了研究大陸的山寨手
機，就在花了三年多的時間蒐集、整理、消化次級資料之後，才開始
著手進行初級資料的蒐集工作。這麼做的原因，一方面就是為了提升
自己對於產業的瞭解，一方面也是因為所研究的是非正式經濟體，訪
談的工作很困難，因此於次級資料就更應有全盤的掌握，也才比較能
降低受訪者的抗拒。

## 二、初級資料

　　除了歷史回顧或評述的研究以外（e.g., Hargadon and Douglas, 2001），質性學者相信互動是學術研究或理性分析的重要環節，因此普遍強調進入場域或田野，蒐集第一手初級資料（Van Maanen, 1988），這個實地的調研過程既是為了尋找答案，有時也是為了找尋問題所在。初級資料來源對於一些很難取得次級資料的研究對象而言，常扮演更為重要的角色。以本書第三章為例，由於國內已無任何廠商從事硬碟機的生產，且國內從事硬碟機研究的文獻相當稀少，因此就相對地非常倚賴對初級資料的搜集。除了經由國內訪談所得到的十六萬字書面資料外，我們也曾前往韓國參訪，探索 Samsung 發展硬碟機之經驗與過程，也曾前往新加坡，實地拜訪 Seagate 與 Maxtor。

　　質性的初級資料大致區分為個人訪談、參與觀察以及現場筆記等，這也是本書在撰寫過程中所依據的第一手來源。在個人訪談方面，我們基本都以滾雪球方式尋索適當的受訪者，這也是將研究落實在中國人強調關係網絡的文化之中。訪談內容首先都以問候、聊天、談及共同朋友的方式開始，再從過程之中慢慢的聚焦在事先所準備的問題當中（Jovchelovitch and Bauer, 2000）。訪談，也可理解成訪問與談話，任何的拜訪、問候都是建立關係、擴展資料來源的過程（Cunliffe and Alcadipani, 2016）。任何的談話、閒聊也都可以開闊自己的思路，進而提升自己的觀察力與洞察力（Cannell and Kahn, 1968；Erlandson, Harris, Skipper, and Allen, 1993）。「與君一席話，勝讀十年書」，訪談既可以讓研究者反思既有文獻的應用價值，也可以建立對於理解問題現象所需的溝通理性。

　　本書每次的正式人員訪談通常約莫 1～1.5 小時，太短了缺少建立關係、寒暄問候的暖機時間；太長了，也不符合忙碌的台灣人。訪談時會盡可能錄音，並於事後將訪談內容謄製訪談文字稿，並針對疑問之處進行查證；若沒有錄音，則當場記錄重點，並在事後趁著還有

新鮮記憶時，繕打成完整的訪談筆記（Thorne, 1980）。有時訪談也會以餐敘的方式進行，這時我們都沒有嘗試過在餐桌上錄音，因為感覺有點不友善，而隨著手機的普及，錄音變得更為方便、也比較自在，惟事先徵得受訪者的同意是必須的，畢竟我們不是在演出「無間道」，而這也是學術倫理的重要規範。我們也需切記，一旦在桌上放了錄音設備，訪談者與受訪者的關係就會發生變化（Barley, 1986），這時受訪者的談話就會變得更為謹慎、也更不願意分享，這在中國人的社會裡更是如此。

雖說訪談者要引導受訪者說出他／她想要說的話，而不是說出訪談者想要聽的話，也就是不要對訪談對象有干預，但在實務的運作上，這也是一大挑戰。因為受訪者是有可能會因為訪談者的不同，而有不同的想法。就像面對資深教授或是年輕研究生的經理人，在回答同樣的訪談提問時，很可能就會有不一樣的答案。量子力學裡有個「測不準原理」（uncertainty principle），指的是人們在測量的過程中，一定不可避免地會與測量對象發生交互作用，那也就不可避免地對測量對象產生干擾，因此也就無法實現完全精確且客觀的測量。物理世界如此，人類社會亦然。

就像我們在訪談的過程中，受訪者的回憶與對事件的解讀，都有可能因為不同的提問方式而有所不同。即便如此，在訪談的過程中，還是應盡量保持價值中立，越是保持客觀、開放的態度進行訪談，越有可能得到意想不到的資料，也就越能提高與豐富化最後的研究成果。就像電影《大賣空》（The Big Short）裡，由 Mark Baum 所帶領的基金投資團隊，透過實地拜訪保險業務員、房仲業、脫衣舞孃、租屋民眾，參加大型會議以及與銀行高階主管晤談，而得以瞭解到次級房貸的潛在風險。本書第六章所探討的新族群發展，也是因為長期、開放式的訪談過程中，所浮現出來的主題。

訪談的數目視「資料飽和」（data saturation）的原則與程度而定。也就是說，若研究者覺得所蒐集的資料已經足以提供一個厚實描述，而且在費盡心力所蒐集的第一手資料所能貢獻的資訊已經有限，

並開始出現重複性，那就可以停止訪談工作。除了比較正式的個人訪談，我們也透過比較非正式「直接觀察」（Lofland, 1995；Mintzberg, 1979）來理解研究對象，撰寫田野或現場筆記，以建立資料的深度與廣度（Burgess, 1990）。

另外，隨著本書研究的進展，對於不同資料來源的管道也發生變化，基本上，在研究的早期，當研究者比較年輕、資淺，以及分析能力尚待建立時，會更為倚賴正式的訪談，而隨著研究歷練的加深、更為有自信，以及更有豐富的人生歷練，會更加利用直接觀察與隨機碰面所蒐集的心得、筆記，來建立自己的資料來源。考量台灣的習俗，透過飯局邀約、聊天的作法，也會隨著研究者本身的成長而更為加重。

## 第五節　資料分析

質性的資料分析，就是一個「資料簡化」（data reduction）的過程，是從「淺入淺出」、「淺入深出」，經過「深入深出」，而到達最後的「深入淺出」的境界（Bauer and Gaskell, 1999；Miles and Huberman, 1994；Wilcott, 1994）。具體而言，本書對於以上初、次級資料的分析，原則都是以「紮根」（grounded）（Glaser and Strauss, 1967；Locke, 2001；Martin and Turner, 1986；Strauss, 1987）結合「想像」（imaging）（Atkinson, 1990；Mills, 1970；Morgan, 1986）、「經驗」輔以「詮釋」的方式來處理，是一個看個案、看理論「來回反覆」（iterative）的「感知」或「賦意」（sense making）過程（Coffey and Atkinson, 1996；Silverman, 2001）。在「寫寫，想想，寫寫」的循環之中，編織出主客交融的意義。另外值得一提的是，雖然在此我們將資料蒐集與資料分析單獨分開介紹，但在現實的情境中，它們都是交叉進行，更多的資料，提升了研究者的視角，進而引導蒐集更多的資料，以求更接近事實。

我們的分析過程會兼具理論應用與實務觀察，也就是既考量既有

理論與文獻的解釋（Merton, 1968；Weick, 1989），但也會根據實際的現象或實徵證據來修正、甚或發展新的看法或架構。例如，本書第三章與第四章對於台灣硬碟機與面板產業的研究，在國家創新系統或體制的分析上，Porter（1990）、Patel and Pavitt（1994）與 Radosevic（1998）等都嘗試建立一般性分析架構，並建議後續研究者引用更多的證據，增強其理論的應用面與解釋力。我們雖然也都參考這方面的文獻解釋，但也會根據當時、當地的具體情況，對制度環境的分類做出適當的選擇（DiMaggio and Powell, 1983；Nelson, 1993）。Aristotle（亞里斯多德）有句名言：「我愛我師，但我更愛真理。」子亦曰：「當仁不讓於師。」（「仁」，也是真理）同理，我們回顧文獻、參考理論，但不為其所限，而是走入田野，做出判斷。

資料分析過程開始於嘗試將紛雜的紀錄、筆記或出版品等資料，整理出一個比較有系統的文本。我們通常會參考 Eisenhardt（1989）的建議，先撰寫一個可以用在課堂上討論的產業或企業的案例，藉以提升自己對於案例的瞭解，甚或是蒐集更多有用的資料。在分析與歸納的過程中，我們會盡力去找出龐雜資料中的共通性、差異性、模式與結構（Glaser and Strauss, 1967；Seidel and Kelle, 1995），並經過統整合併成具有意義性的分類結構。

比較與歸納的工作要持續進行到分類結構中的資料已達「理論性飽和」（theoretical saturation）（Strauss and Corbin, 1990）為止，這包括絕大部分的資料都可被指定到分類結構或範疇（categories）之中，而且各個分類結構或範疇都具有內部聚斂（internal convergence）與外部離散（external divergence）的雙重特性（Marshall and Rossman, 1995）。這些分類的結構或範疇表現的是資料與理論間的連結，協助我們掌握在資料表面所未能掌握到的意義體系，並進一步發展成為論述式的主張或命題。在這分析的過程中，我們也會蒐集並特別標示出一些關鍵的訪談文字，放在論文中，藉以增加閱讀的生動性，並提升研究的有效度。雖然我們會在研究過程中就特別注意這些相關的資訊，但更多的作法是在已經浮現出我們分類或理論時，才回頭去蒐集

相關的文字或證據來支援我們的看法。

　　例如，在本書第三章的硬碟機分析中，我們就先發展出一個硬碟機發展的案例，再藉由課堂上的討論，持續地蒐集資料，並精進我們對於失敗原因的看法與分析。最後在一連串的紮根、想像，以及回顧、詮釋的過程中，歸納出組織形式、產業網絡、教育系統、產業政策以及研發機構五個制度變數，來解釋台灣硬碟機的發展與成效。第四章對於台灣面板產業的分析，也是依循相同的分析過程。

　　以上所述的分析過程，雖說很注重研究者的主觀詮釋，但是不是就一定會落入個人偏見或一家之言，則是個見仁見智的問題。開創經驗主義（empiricism）的英國哲學家 John Locke（洛克）曾提出一個著名的命題：「心靈是一塊白板」，亦即人們的心中並沒有存在先天的普遍或必然的觀念，所有知識與想法都根源於對外界事物的實際經驗與理解。據此，不同的經驗、感知與反省，就會產生不同的知識內涵。洛克之後的德國哲學家 Immanuel Kant（康德）則認為，知識並不是遵循外部經驗所產生，而是依循人類先天即具備的感官與認知能力所推導而得的集合。這種先於經驗（簡稱「先驗」，a priori）的知識結構，讓人們可以在主觀的推理過程中，達到一致性的判斷。Kant 的先驗推理主張，與宋朝大儒陸象山的「東海有聖人出焉，此心同也，此理同也。西海有聖人出焉，此心同也，此理同也。南海北海有聖人出焉，此心同也，此理同也」說法，可謂有異曲同工之妙。在後驗的主張下，質性研究的好壞相當程度受到研究者的認識能力而定，因此研究者的個人偏見或能力侷限或有可能扭曲事實的真相。在先驗主張下，知識或真理都是獨立於個人經驗而存在，因為「人同此心，心同此理」，所以對於質性研究而言，雖是主觀的堆疊分析，但也是理性與客觀的求知過程。然而即便具備有先驗知識，質性研究者的認知能力也有可能因為生理、認知或動機限制等原因，而無法在個案的經驗過程中，做到完全理性的推論過程。據此，如何在主觀過程中盡求客觀，亦即提升研究成果的「信度」（reliability）與「效度」（validity），就會是質性研究者的重要挑戰。

# 第六節　信度與效度

　　信度與效度，是量化研究常用來檢視成果是否具有信任感或信賴度的主要指標。信度指的是若別人重複此研究過程是否可得出相同結果，而效度則是研究成果是否真的可以呈現之事實（也就是可靠性），以及可否概推到其他情境（亦即普遍性）。雖然質性分析通常不會特別突出信度與效度的問題，但追求研究信賴度的精神是一致的。事實上，信度指的就是研究成果是否可信，而效度就是研究是否有效（可靠性與普遍性），在這方面，量化研究與質性分析都是英雄所見略同，只是話語或有迥異（Jonsen, Fendt, and Point, 2018；Kirk and Miller, 1986）。

　　就信度而言，質性研究會清楚透明地交代本文的研究過程，包括：資料蒐集與分析的方式、訪談名單、逐字稿或筆記字數等，讓讀者在閱讀時可感同身受，就此提升可信度。對於質性研究而言，信度就是透明度，研究越透明，可重複性越高、可驗證性越高，信度也就越高，而這通常也是量化學者最挑戰質性研究的地方（Aguinis and Solarino, 2019；Bamberger, 2019；O'Kane, Smith, and Lerman, in press）。也因此，質性論文的研究方法一節，通常會比量化分析者，篇幅更長、字數更多。陶淵明的《桃花源記》一文，曾寫到偶入桃花源的漁夫在沿著先前來的路線離開之後，將所經過的每個地方都記了下來，以便來日再訪（原文：既出，得其船，便扶向路，處處誌之）。「處處誌之」，就是一種呈現信度的作法。

　　就效度而言，質性研究會強調「三角檢定」或是「三角對焦」（triangulation）的設計與運用，以求提升研究者接近事實、理解現象的能力。三角檢定就是雙管齊下或是多角度思考，就像員警會用隔離詢問的方式來偵訊犯人、陪審團制度會依據聯合意見做出判決，以及歷史學家強調異源史料的使用一樣，真理既是越辯越明，但也需要經過多元的校定過程。在《堂吉訶德》這本小說裡，曾提到一個喝酒的

例子，其中一位品酒行家嘗出酒裡面有鐵味，另外一位行家則聞到羊皮味，最後在清洗酒罈子的時候，發現裡面有一支繫著羊皮圈的鑰匙。換言之，從不同的來源中做出的交互比對與綜合判斷，總會是接近與瞭解事實的好方法。[10]

　　對許多量化學者而言，客觀的實體或存在是個不可撼動的唯一真理。就像牛頓只透過三個運動方程式就闡明世界所有的物理現象一樣，量化分析相信只要找對方法，答案就顯而易見。但對於質性研究者而言，所要探討的對象或是所要回答的問題，常是「公說公有理，婆說婆有理」，為了即物之理，就要在論述與推理方面，盡量做到面面俱到，多方查證。更多管道的推論、更多證據的支持，就表示更接近事實，結論也就更明確、合理。例如西方中世紀神學家 St. Thomas Aquinas（阿奎那）提出「五路論證」方法，來顯明「上帝是否存在」這個幾乎無法用現代科學回答的問題。五路論證，就是用五種論理的方式，從上帝是始動者，是第一因，是必然性的根源，是至善至美，是萬物的目的等五種理由，來證明上帝是存在的。雖然從科學理性的觀點，我們無法就此論斷上帝是否真的存在，但對於神學家而言，這至少做到了多方查證的研究精神。因為「理未易察」，[11] 但「兼聽則明」。[12] 近年來組織研究社群所興起的「循證管理」（evidence-based management）概念，強調領導人不應迷信金科玉律或是主觀經驗，而是要參考各種事實證據來源，包括：所有可得的科學證據，機構內部的相關數據、專業的經驗判斷，以及利益關係人的看法等，以提高決策的品質（Pfeffer and Sutton, 2006），這也是一種應用三角檢定或對焦來求解的作法。近年來運用人工智慧協助醫師進

---

[10] 楊絳譯，Miguel de Cervantes Saavedra 著，1989，堂吉訶德（頁 109）。台北：聯經。

[11] 「理未易察」是胡適先生在 1946 年於北京大學開學典禮上所提出，意思是說世界上的事物有很多面向，勉勵學子需要多方瞭解、多方思考，並且培養洞察力，從各個面向來建構出不變的道理。

[12] 語出《資治通鑑》：「上問魏徵曰：『人主何為而明，何為而暗？』對曰：『兼聽則明，偏信則暗。』」

行疾病判讀，往往能夠得到更正確的結果，也是一種極大化三角檢定精神的具體實踐。

如果真有一個絕對、客觀存在的實象，那麼在多方查證之下，真理或真相必然清楚浮現。戰國末期的呂不韋將集眾人之力所完成的《呂氏春秋》懸掛於咸陽城門，宣稱：誰要是能從中修改一字，就賞金千兩。因為事實或真相只有一個，就像很多恆久不變的物理公式一樣，增一字則太多，減一字則太少。但社會現象的研究，是否能做到描述事實，一如所以，是個見仁見智的問題，更何況很多的人社研究是意義的建構，而非事實的描述。就像先前所提到的《桃花源記》例子，即便是「處處誌之」，但之後再訪，「尋向所誌，遂迷不復得路」，外人亦然，「南陽劉子驥，高尚士也，聞之，欣然規往，未果」，若桃花源只是心之所向，而非真實社會，那就即便是大師、高士也無法重見所見。學術界偶會聽聞的學術造假問題（如 2005 年的韓國科學家黃禹錫事件），爆發的原因就常是因為後人「尋向所誌，未果」，因為自然科學本就是客觀、中立、理性，研究無法重製，當然一定有問題。但同樣的論述，放在人類活動的研究中是否適用，則又是另一個問題。

因為人文社會探討的是人的精神活動，作為物質的反義詞，精神本就是主觀的、抽象的、感性的，而外在的世界也可能只是不同的心靈所產生的不同幻覺，而變得各說各話、難以捉摸。就像電影《羅生門》的情節一般，不管是武士、武士的妻子、強盜還是樵夫，追求真相的過程中總是變成曖昧不明的糾纏，是一場際遇，各自解讀。在真相難以辨別，或是本就沒有真相，又或是真相根本就不只一個的情況下，多方推論雖然還是可以提升研究的品質，但不見得就是接近真實的必要方法，研究者本身（也就是認識的主體）的理性、知識與經驗永遠是解謎的關鍵。對於很多的質性工作者而言，研究更多時候變成一場想像力的遊戲，就像是參與一場「樂高驚奇積木創作比賽」，而不是一場「奧林匹克數理競賽」。

就提升質性研究的品質或信度而言，三角檢定或是多角度分析

的精神，也可以應用在資料或者是研究者方面，前者即為資料三角檢定（data triangulation）；後者則為研究者三角檢定（investigator triangulation）（Patton, 2002）。在資料三角檢定方面，參考不同的出版來源與刊物、初次級資料交互使用、訪談對象的多元性，盡量蒐集回饋意見，以及受訪者或專業人士的檢視，就是一種資料三角檢定的表現。在研究者三角檢定方面，就是先透過不同作者的角度來探索問題，接著再經由一連串的討論與修正，來達成比較客觀的一致看法。以 Lee and Hung（2014）這篇探討大陸山寨手機崛起過程的研究為例，我與李傳楷老師都曾經各自前往大陸進行訪談，也各自發展自己的教學個案，這就是一種研究者三角檢定的具體實踐。

運用研究者三角檢定的效果，可以用以下兩個極端情況做說明。最好的情況是「三個臭皮匠，勝過一個諸葛亮」，最壞的情況則是「三個和尚沒水喝」。而如何達到最好的情況、避免出現最壞的情況，就端視合作者之間的關係、默契與想法。記得有一次我在「美國管理學會」（AOM）年會上曾聽過 James March 分享過，通常要能在一起喝酒三年之後，才有辦法一起合作寫論文。對於質性研究而言，這個所需的相互瞭解與交流的時間，肯定不會更少。事實上，對於質性分析而言，運用研究者三角檢定，相較於量化研究而言，本來難度就會比較高，不只是因為研究過程的分工不容易清楚切割，也因為質性分析比較容易會有學派的門戶之見。也是因為這個原因，對於質性分析而言，更多的研究者投入，不代表就能達到更好的檢定或觀察效果。換言之，近年來興起的「群眾科學」方法（Franzoni and Sauermann, 2014），是很難應用於強調賦意過程的質性分析研究。

質性研究所強調的厚實描述，也是提高效度的一種方式。所謂的厚實就是不空洞、不表面化，而是在個案描述上必須達到提供細節與脈絡背景之具體描述，就像《紅樓夢》小說一樣，同時具備高度的思想內容與深廣的文化內涵。研究者也可以提供一些當事人或受訪者談話的「直接摘述」（direct quotations），以佐證自己的論點，這也可以大大提升研究的可靠性（Feldman, 1995；Golden-Biddle and

Locke, 1993)。因為質性研究重視主觀見解與詮釋，研究者的過往紀錄（track record）既是信用（credibility）的延伸，也是彰顯信度與效度的重要指標。不管是與資深學者一起合作並列名發表，或是盡可能請領域專家對於初稿提供可以改進的意見，都是提升質性研究信度與效度的常見作法。

## 第七節　後語

　　質性研究雖然跟量化分析源於不同的典範、立足於不同的價值與規範，但在很多方面，也跟量化分析一樣，有一定的程序，也有一定的判準，也都重視求真的過程（Huff, 1999；Tracy, 2010；Whetten, 1989）。事實上，就現有很多國際頂級期刊在收到質性研究投稿時，有時也都會特別邀請一位量化研究學者，就其專長與所學，給予批評與建議。真正好的質性作品，也必定能夠得到量化學者的讚許（Frost and Stablein, 1992）。質性與量化也不是完全的壁壘分明（洪世章、曾詠青、賴俊彥，2018；Creswell, 2003；Jick, 1979；Tashakkori and Teddlie, 1998）。內容分析法就同時運用了量的技巧與質的分析（Weber, 1990）。在案例詮釋後，加入統計檢定以為佐證（e.g., Barley, 1986），或是根據案例分析來發展與驗證統計假說（Bitektine, 2008；Dubé and Paré, 2003；Markus, 1983），或是在數量分析之後，再進一步提出質性證據或個案闡釋（e.g., Hung and Tu, 2014；Wang, Wijen, and Heugens, 2018）等，這些同時結合量與質的研究，也慢慢變得更為普遍，也更受到重視（Molina-Azorin, 2012）。隨著大數據時代的到來，在質化研究之中加入一些量化的分析，也應該會是一個趨勢（Akemu and Abdelnour, 2020）。

　　雖說質性研究仍必須依循一定的程序，如在研究對象、資料來源、資料分析，甚或在可靠性、普遍性上面，有具體且詳細的說明，但即便如此，在實際的應用與操作上，質性研究在方法上更強調是一種「可能的藝術」（art of possible）。因為質性分析更依賴研究者本

身，以及對田野與現象的接觸與調研，不同的地區、文化，也往往會發展出不同的調研手法（Alasuutari, 1995）。舉個例子，在西方重視專業治理的環境下，約訪就會相對簡單與正式化。而在講究人情世故的華人社會裡，往往有關係就沒關係，訪談時的伴手禮、講關係也成為一種常態。西方人會樂於侃侃而談，不喜歡欺騙，但華人卻喜歡忸怩作態，不告訴你真實的一面。強調「英雄出少年」的西方人，比較不會因為你的年紀而拒絕你的邀訪，但華人或是東方人卻喜歡敬老尊賢，相信「嘴上無毛，辦事不牢」，而這也帶給從事質性研究的博士生很大的困難。想像一下，一個研究台灣半導體產業與台積電的博士生，要如何讓台積電的副總級以上經理人員，接受他的訪談呢？這更不用提及張忠謀了，而對台積電而言，沒有訪談到張忠謀的研究會有價值嗎？可以通過期刊評審委員的質疑嗎？

俗云：「條條道路通羅馬」，訪談不到張忠謀，那就訪問他的太太張淑芬，或是他的商場對手曹興誠，或是試試曾經專訪他的報章雜誌記者，而這獲得的收穫可能更大。副總們不接受你的正式訪談，那就好好把握機會，盡量在他們會出現的公開場合，對其提問。這幾年來，台灣各大學收了很多 EMBA 的學生，以清華大學為例，幾乎每年都會有台積電的學生，這些人在「儒家思想」、「尊師重道」的影響上，鐵定會樂於跟老師以及他的研究生們分享真實的故事，正所謂「三個臭皮匠，勝過一個諸葛亮」，這也是一種三角驗證的在地實踐。質性研究，是一種可能的藝術，也是對周邊資源與文化的善用。正所謂「計無定法」，質性方法「運用之妙，存乎一心」。

研究者的個人特性，也會影響研究設計與資料蒐集的方式。有些人，天生就容易交朋友，一坐下來，很快就能直搗人心，讓人願意掏心掏肺的跟你分享祖宗八代的故事；有些人，天生就不善於言詞，勉強約訪，不只自己難過，別人也受不了。有些人，天生就喜歡觀察，總能夠在言談舉止之間，發覺出很多有用的訊息；有些人就喜歡坐在電腦桌前，不只很會利用資料庫，也很懂得如何下關鍵字，在網路的浩瀚大海中找到所需的資料。雖說不斷地練習，總會有幫助，但如何

善用自己的長處、特性，也是做好質性研究的關鍵所在。

　　質性研究有程序，有步驟，這些構成了形式要件。但對任何的質性作品而言，太過拘泥於形式，而無深層的洞察力、寬廣的想像力，反而讓質性研究失去了原本的靈魂。進行質性研究，就像是煮一碗乾拌麵，麵條永遠是主角，而醬料是配角，一碗 Q 彈有勁的麵條，有時只需放個幾滴苦茶油，就很好吃。就像有些質性作品，雖然沒有在研究方法上大做文章，甚至有時只是簡單幾句話交代一下研究過程，但因為作品內容有深度、有見地，也很能引起讀者的共鳴。但就像好的醬料，具有可以讓一碗乾拌麵提升到另一個讓人食指大動、真心稱讚的層次，質性研究的作品，若能在研究方法、設計，以及資料來源、分析上，做到更嚴謹、更可信，就更能夠引起讀者共鳴，走進大家的內心世界。

# 參考文獻

王之傑、楊方儒、張育寧、蔡佳珊，2008，預見科技新未來。台北：天下文化。

王百祿，1988，高成長的魅力：台灣電腦業小巨人奮鬥史。台北：時報文化。

王振寰，2010，追趕的極限：台灣的經濟轉型與創新。台北：巨流圖書。

王振寰、高士欽，2000，全球化與在地化：新竹與台中的學習型區域比較。臺灣社會學刊，24：179-237。

王振寰、溫肇東（編），2011，家族企業還重要嗎？台北：巨流圖書。

王淑珍，2003，台灣邁向液晶王國之秘。台北：中國生產力中心。

吳介民，2019，尋租中國：台商、廣東模式與全球資本主義。台北：國立臺灣大學出版中心。

吳思華、沈榮欽，1999，「台灣積體電路產業的形成與發展」，收錄於蔡敦浩編，管理資本在台灣：台灣產業發展的邏輯：頁57-150。台北：遠流。

吳淑敏，2016，十里天下：史欽泰和他的開創時代。新竹：力和博原創坊。

吳淑敏，2019，胡定華：創新行傳。新竹：力和博創新網絡。

吳嘉苓，2002，「台灣的新生殖科技與性別政治，1950-2000」，台灣社會研究季刊，45：1-67。

李宗榮，2009，制度變邊與市場網絡：台灣大型企業間董監事跨坐的歷史考察（1962-2003），台灣社會學，17：101-160。

李雅明，2012，從半導體看世界。台北：天下文化。

周正賢，1996，施振榮的電腦傳奇。台北：聯經。

周正賢，2000，從大眾出發：簡明仁和王雪齡的故事。台北：聯經。

林玉娟、葉匡時，2008，「治理結構的改變：台灣個人電腦、半導體以及面板產業個案研究」，管理學報，25（2）：151-171。

林垂宙，2013，科技創新四重奏：成功創業故事解密。台北：商訊文化。

施振榮，1996，再造宏碁。台北：天下文化。

施振榮，2004，宏碁的世紀變革：淡出製造，成就品牌。台北：天下文化。

洪世章，1999，「國家系統、技術系統與產業創新」，科技管理學刊，4（2）：125-136。

洪世章，2001，「社會結構與國家競爭力」，收錄於張維安編，台灣企業組織結構與競爭力：頁 93-118。台北：聯經。

洪世章，2002，「結構衝突與產業劣勢：台灣硬碟機工業之發展」，管理學報，19（2）：273-302。

洪世章，2009，「台灣的管理學術研究：回顧過去，展望未來」，組織與管理，2（2）：3-15。

洪世章，2016，創新六策：寫給創新者的關鍵思維。台北：聯經。

洪世章、余孝倫、劉子歆，2002，「網路空間內電子企業之本質 —— 探索性研究」，台灣管理學刊，1（2）：289-316。

洪世章、呂巧玲，2001，「台灣液晶顯示器產業之發展」，科技發展政策報導，SR9003：173-183

洪世章、李傳楷，2011，「科技發展：從賽先生到東方的矽谷」，收錄於國立政治大學人文中心編，中華民國發展史：頁 419-442。台北：聯經。

洪世章、林秀萍，2017，「千山響杜鵑：台灣精神科診所的發展」，管理學報，34（1）：119-145。

洪世章、馬玫生，2004，「我國 TFT-LCD 產業之技術優勢分析」，科技發展政策報導，SR9312：993-1013。

洪世章、陳忠賢，2000，「台灣企業集團的發展是漸趨同形嗎？」，台大管理論叢，11（1）：73-101。

洪世章、陳鈺淳、涂敏芬，2014，「緣情喻說山寨事」，管理學報，31（4）：295-317。

洪世章、曾詠青、賴俊彥，2016，「科技管理三重奏：策略視角的分析與評論」，台大管理論叢，26（3）：257-300。

洪世章、曾詠青、賴俊彥，2018，「質量融合：基於複雜科學觀點下的探索」，中山管理評論，26（2）：331-360。

洪世章、黃怡華，2003，「研究機構利用資源加速產業發展」，收錄於史欽泰編，產業科技與工研院 —— 看得見的腦：頁 105-135。新竹：工業技術研究院。

洪世章、黃欣怡，2003，「產業、環境與競爭力—台灣薄膜電晶體液晶顯示器工業的分析」，科技管理學刊，8（1）：1-31。

洪世章、蔡碧鳳，2006，「企業興業與成長：比較個案研究」，中山管理評論，14（1）：79-117。

洪世章、盧素涵，2004，「演化路徑觀點下的生物科技發展」，管理評論，23（4）：1-23。

洪世章、譚丹琪、廖曉青，2007，「企業成長、策略選擇與策略改變」，中山管理評論，15（1）：11-35。

洪魁東，1988，宏碁企業文化。台北：宏碁科技管理教育中心。

洪懿妍，2003，創新引擎：工研院：臺灣產業成功的推手。台北：天下出版社。

苗豐強，1997，雙贏策略：苗豐強策略聯盟的故事。台北：天下文化。

徐進鈺，2000，廠商的時空策略與動態學習：新竹科學園區積體電路工業為例，城市與設計學報，11/12：67-96。

涂敏芬、洪世章，2008，「探討技術變遷的週期循環：1976-2003年之顯示器技術發展」，管理學報，25（3）：291-308。

涂敏芬、洪世章，2012，「『有』中生『有』：工研院如何運用 B.B.C. 策略改造科專制度」，管理學報，29（3）：229-254。

張如心、潘文淵文教基金會，2006，矽說台灣：台灣半導體產業傳奇。台北：天下文化。

張忠謀，1998，張忠謀自傳（上冊）。台北：天下文化。

張俊彥、游伯龍（編），2002，活力：台灣如何創造半導體與個人電腦產業奇蹟。台北：時報文化。

張淑珍、李傳楷、洪世章，2020，「必也正名乎：中國網路小額信貸的個案分析」，管理學報，37（1）：69-99。

張琬喻、劉志旋、洪世章，2003，「台灣上市公司策略聯盟宣告對股東財富之衝擊」，管理學報，20（4）：617-653。

許文宗、王俊如，2012，「模仿同形與關係專屬性投資：以臺灣代工廠商為例」，管理學報，29（6）：619-637。

陳介玄，1994，協力網路與生活結構：台灣中小企業的社會經濟分析。台北：聯經。

陳希孟、蕭亮星，1995，硬式磁碟機原理。台北：碁峰資訊。

陳昇瑋、溫怡玲，2019，人工智慧在台灣：產業轉型的契機與挑戰。台北：天下雜誌。

陳東升，2003，積體網路：臺灣高科技產業的社會學分析。台北：群學。

陳泳丞，2004，台灣的驚嘆號：台日韓 TFT 世紀爭霸戰。台北：時報文化。

傅大為，2009，回答科學是什麼的三個答案：STS、性別與科學哲學。台北：群學。

彭玉樹、梁奕忠、于卓民、梁晉嘉，2010，「台灣管理學門質性研究之回顧與展望」，中山管理評論，18（1）：11-40。

曾詠青、洪世章，2017，「千營共一呼：策略研討會中議題設定的實踐分析」，台大管理論叢，27（4）：1-25。

黃欣怡、洪世章，2003，「光儲存之突破與進展」，科技發展政策報導，SR9212：966-975。

黃振豐、洪世章，2011，「管理控制制度之跨國比較個案分析：以台灣資訊業為例」，台大管理論叢，21（2）：287-314。

黃欽勇，1996，電腦王國 R.O.C.。台北：天下文化。

楊艾俐，1998，IC 教父：張忠謀的策略傳奇。台北：天下雜誌。

葉啟政，2004，進出「結構—行動」的困境。台北：三民。

雍惟會、洪世章，2006，「以動態能力觀點探討明基的興起」，管理與系統，13（1）：99-120。

劉仁傑，1999，分工網絡：剖析台灣工具機產業競爭力的奧秘。台北：聯經。

蔡明介、林宏文、李書齊，2002，競爭力的探求：IC 設計、高科技產業實戰策略與觀察。台北：財信。

鄭伯壎、蔡舒恆（編），2007，矽龍：台灣半導體產業的傳奇。台北：華泰。

鄭陸霖，1999，一個半邊陲的浮現與隱藏：國際鞋類市場網絡重組下的生產外移，台灣社會研究季刊，35：1-46。

鄭陸霖，2006，幻象之後：台灣汽車產業發展經驗與「跨界產業場域」理論，台灣社會學，11：111-174。

謝國雄，1991，網絡式生產組織：台灣外銷工業中的外包制度，中央研究院民族學研究所集刊，71：161-182。

謝國興，1993，台南幫：一個台灣本土企業集團的興起。台北：遠流。

瞿宛文，2017，台灣戰後經濟發展的源起：後進發展的為何與如何。台北：聯經。

譚仲民，1995，大顯神通。台北：商周文化。

Abdelnour, S., Hasselbladh, H., & Kallinikos, J. 2017. Agency and institutions in organization studies. Organization Studies, 38(12): 1775-1792.

Abernathy, W. J., & Utterback, J. M. 1975. A dynamic model of product and process innovation. Omega, 3(6): 639-656.

Abrahamson, E., & Fombrun, C. J. 1992. Forging the iron cage: Interorganizational networks and the production of macro-culture. Journal of Management Studies, 29(2): 175-194.

Abrahamson, E., & Fombrun, C. J. 1994. Macrocultures: Determinants and consequences. Academy of Management Review, 19(4): 728-755.

Acs, Z. J., Anselin, L., & Varga, A. 2002. Patents and innovation counts as measures of regional production of new knowledge. Research Policy, 31(7): 1069-1085.

Adams, P., Fontana, R., & Malerba, F. 2013. The magnitude of innovation by demand in a sectoral system: The role of industrial users in semiconductors. Research Policy, 42(1): 1-14.

Adner, R., & Kapoor, R. 2016. Innovation ecosystems and the pace of substitution: Re-examining technology S-curves. Strategic Management Journal, 37(4): 625-648.

Adner, R., & Levinthal, D. A. 2002. The emergence of emerging technologies. California Management Review, 45(1): 50-66.

Agarwal, S., & Ramaswami, S. N. 1992. Choice of foreign market entry mode: Impact of ownership, location and internationalization factors. Journal of International Business Studies, 23(1): 1-27.

Agarwal, R., Echambadi, R., Franco, A. M., & Sarkar, M. B. 2004. Knowledge transfer through inheritance: Spin-out generation, development, and survival. Academy of Management Journal, 47(4): 501-522.

Aguinis, H., & Solarino, A. M. 2019. Transparency and replicability in qualitative research: The case of interviews with elite informants. Strategic Management Journal, 40(8): 1291-1315.

Ahmadjian, C. L., & Robinson, P. 2001. Safety in numbers: Downsizing and the deinstitutionalization of permanent employment in Japan. Administrative Science Quarterly, 46(4): 622-654.

Ahuja, G. 2000. Collaboration networks, structural holes, and innovation: A longitudinal study. Administrative Science Quarterly, 45(3): 425-455.

Akemu, O., & Abdelnour, S. 2020. Confronting the digital: Doing ethnography in modern organizational settings. Organizational Research Methods, 23(2): 296-321.

Alakent, E., & Lee, S. H. 2010. Do institutionalized traditions matter during crisis? Employee downsizing in Korean manufacturing organizations. Journal of Management Studies, 47(3): 509-532.

Alasuutari, P. 1995. Researching culture: Qualitative method and cultural studies. London, UK: Sage.

Aldrich, H. & Ruef, M. 1999. Organizations evolving. London, UK: Sage.

Aldrich, H. 1979. Organizations and environments. Englewood Cliffs, NJ: Prentice-Hall.

Aldrich, H. E. 2011. Heroes, villains, and fools: Institutional entrepreneurship, NOT institutional entrepreneurs. Entrepreneurship Research Journal, 1(2): 1-4.

Aldrich, H. E., & Fiol, C. M. 1994. Fools rush in? The institutional context of industry creation. Academy of Management Review, 19(4): 645-670.

Allen, T. J., & Sosa, M. L. 2004. 50 years of engineering management through the lens of the IEEE Transactions. IEEE Transactions on Engineering Management, 54(4): 391-395.

Almandoz, J. 2014. Founding teams as carriers of competing logics: When institutional forces predict banks' risk exposure. Administrative Science Quarterly, 59(3): 442-473.

Alvesson, M., & Shöldberg, K. 2000. Reflexive methodology: New vistas for qualitative research. London, UK: Sage.

Ambrosini, V., Bowman, C., & Collier, N. 2009. Dynamic capabilities: An exploration of how firms renew their resource base. British Journal of Management, 20(S1): S9-S24.

Amit, R., & Schoemaker, P. 1993. Strategic assets and organizational rent. Strategic Management Journal, 14(1): 33-46.

Amsden, A. H. 1989. Asia's next giant: South Korea and late industrialization. New York: Oxford University Press.

Amsden, A. H., & Chu, W. W. 2003. Beyond late development: Taiwan's upgrading policies. Cambridge, MA: MIT Press.

Anchordoguy, M. 2000. Japan's software industry: A failure of institutions? Research Policy, 29(3): 391-408.

Anderson, P., & Tushman, M. L. 1990. Technological discontinuities and dominant designs: A cyclical model of technological change. Administrative Science Quarterly, 35(4): 604-633.

Andriopoulos, C., & Lewis, M. W. 2009. Exploitation-exploration tensions and organizational ambidexterity: Managing paradoxes of innovation. Organization Science, 20(4): 696-717.

Ansari, S., & Krop, P. 2012. Incumbent performance in the face of a radical innovation: Towards a framework for incumbent challenger dynamics. Research Policy, 41(8): 1357-1374.

Ansoff, H. I. 1957. Strategies for diversification. Harvard Business Review, 35(5): 113-124.

Ansoff, H. I. 1965. Corporate strategy. New York, NY: McGraw Hill.

Anthony, S. 2016. Kodak's downfall wasn't about technology. Harvard Business Review. https://hbr.org/2016/07/kodaks-downfall-wasnt-about-technology. Accessed December 2019.

Antonelli, C. 1993. Externalities and complementarities in telecommunications dynamics. International Journal of Industrial Organization, 11(3): 437-47.

Archer, D., & Erlich, L. 1985. Weighing the evidence: A new method for research on restricted information. Qualitative Sociology, 8(4): 345-358.

Archibugi, D. 2017. Blade Runner economics: Will innovation lead the economic recovery? Research Policy, 46(3): 535-543.

Archibugi, D., & Michie, J. 1997. Technological globalisation or national systems of innovation. Futures, 29: 121-137.

Arendt, H. 1958. The human condition. Chicago, IL: University of Chicago Press.（林宏濤譯，2016，人的條件。台北：商周。）

Argote, L. 1999. Organizational learning: Creating, retaining, and transferring knowledge. Boston, MA: Kluwer Academic.

Argote, L., & Miron-Spektor, E. 2011. Organizational learning: From experience to knowledge. Organization Science, 22(5): 1123-1137.

Argyres, N. S., De Massis, A., Foss, N. J., Frattini, F., Jones, G., & Silverman, B. S. 2020. History-informed strategy research: The promise of history and historical research methods in advancing strategy scholarship. Strategic Management Journal, 41(3): 343-368.

Arndt, M., & Bigelow, B. 2000. Presenting structural innovation in an institutional environment: Hospitals' use of impression management. Administrative Science Quarterly, 45(3): 494-522.

Arnold, W. 1989. Bureaucratic politics, state capacity, and Taiwan's automobile industrial policy. Modern China, 15(2): 178-214.

Arqué-Castells, P. 2012. How venture capitalists spur invention in Spain: Evidence from patent trajectories. Research Policy, 41(5): 897-912.

Arthur, W. B. 1994. Increasing returns and path dependence in the economy. Ann Arbor, MI: University of Michigan Press.

Arthur, W. B. 1989. Competing technologies, increasing returns, and lock-in by historical events. Economic Journal, 99(394): 116-31.

Arzeni, S. 1998. Entrepreneurship and job creation: Leveraging the relationship. OECD Observer, 209: 18-20.

Ashmos, D. P., & Huber, G. P. 1987. The systems paradigm in organizational theory: Correcting the record and suggesting the future. Academy of Management Review, 12(4): 607-621.

Atkinson, P. 1990. Ethnography and the poetics of authoritative accounts. In P. Atkinson (Ed.), The ethnographic imagination: Textual constructions of reality: 35-56. London, UK: Routledge.

Aschhoff, B., & Sofka, W. 2009. Innovation on demand—Can public procurement drive market success of innovations? Research Policy, 38(8): 1235-1247.

Badosevic, S. 1998. Defining systems of innovation: A methodological discussion. Technology in Society, 20(1): 75-86.

Bain, J. S. 1956. Barriers to new competition: Their character and consequences in manufacturing industries. Cambridge, MA: Harvard University Press.

Baker, T., & Nelson, R. E. 2005. Creating something from nothing: Resource construction through entrepreneurial bricolage. Administrative Science Quarterly, 50(3): 329-366.

Baker, T., Gedajlovic, E., & Lubatkin, M. 2005. A framework for comparing entrepreneurship processes across nations. Journal of International Business Studies, 36(5): 492-504.

Baker, T., Miner, A., & Eesley, D. 2003. Improvising firms: Bricolage, retrospective interpretation and improvisational competencies in the founding process. Research Policy, 32(2): 255-276.

Balaguer, A., Luo, Y.-L., Tsai, M.-H., Hung, S.-C., Chu, Y.-Y., Wu, F.-S., Hsu, M.-Y., & Wang, K. 2008. The rise and growth of a policy-driven economy: Taiwan. In C. Edquist & L. Hommen (Eds.), Small country innovation systems: Globalization, change and policy in Asia and Europe: 31-70. Cheltenham, UK: Edward Elgar.

Ball, D. F., & Rigby, J. 2006. Disseminating research in management of technology: Journals and authors. R&D Management, 36(2): 205-215.

Bamberger, P. A. 2019. On the replicability of abductive research in management and organizations: Internal replication and its alternatives. Academy of Management

Discoveries, 5(2): 103-108.

Bansal, P., & Corley, K. 2011. The coming of age for qualitative research: Embracing the diversity of qualitative methods. Academy of Management Journal, 54(2): 233-237.

Baptista, R., & Swann, P. 1998. Do firms in clusters innovate more? Research Policy, 27(5): 525-540.

Barge-Gil, A., & López, A. 2015. R versus D: Estimating the differentiated effect of research and development on innovation results. Industrial and Corporate Change, 24(1): 93-129.

Barley, S. R. 1986. Technology as an occasion for structuring: Evidence from observations of CT scanners and the social order of radiology departments. Administrative Science Quarterly, 31(1): 78-108.

Barley, S. R., & Tolbert, P. S. 1997. Institutionalization and structuration: Studying the links between action and institution. Organization Studies, 18(1): 93-117.

Barnett, W. P., & McKendrick, D. G. 2004. Why are some organizations more competitive than others? Evidence from a changing global market. Administrative Science Quarterly, 49(4): 535-571.

Barney, J. 1986. Strategic factor markets: Expectations, luck, and business strategy. Management Science, 32(10): 1231-1241.

Barney, J. 1991. Firm resources and sustained competitive advantage. Journal of Management, 17(1): 99-120.

Barney, J. B. 2001. Resource-based theories of competitive advantage: A ten-year retrospective on the resource-based view. Journal of Management, 27(6): 643-650.

Barrett, F. J. 1998. Creativity and improvisation in jazz and organizations: Implications for organizational learning. Organization Science, 9(5): 605-622.

Bartunek, J. M., Rynes, S. L., & Ireland, R. D. 2006. What makes management research interesting, and why does it matter? Academy of Management Journal, 49(1): 9-15.

Bass, M. J., & Christensen, C. M. 2002. The future of the microprocessor business. IEEE Spectrum, 39(4): 34-39.

Bassett, R. K. 2002. To the digital age: Research labs, start-up companies, and the rise of MOS technology. Baltimore, MD: Johns Hopkins University Press.

Battard, N., Donnelly, P. F., & Mangematin, V. 2017. Organizational responses to institutional pressures: Reconfiguration of spaces in nanosciences and nanotechnologies. Organization Studies, 38(11): 1529-1551.

Battilana, J., & D'Aunno, T. 2009. Institutional work and the paradox of embedded agency. In T. B. Lawrence, & R. Suddaby, & B. Leca (Eds.), Institutional work: Actors and agency in institutional studies of organization: 31-58. Cambridge: Cambridge University Press.

Battilana, J., B. Leca, B., & Boxenbaum, E. V. A. 2009. How actors change institutions: Towards a theory of institutional entrepreneurship. Academy of Management Annals, 3(1): 65-107.

Bauer, M., & Gaskell, G. 1999. Qualitative researching with text, image and sound. London, UK: Sage.

Baum, A. A. C., & Oliver, C. 1992. Institutional embeddedness and the dynamics of organizational population. American Sociological Review, 57(4): 540-559.

Baum, J. A. C., & Singh, J. V. 1994. Organizational niche overlap and the dynamics of organizational founding. Organization Science, 5(4): 583-502.

Baum, J. A. C., Calabrese, T., & Silverman, B. S. 2000. Don't go it alone: Alliance network composition and startups' performance in Canadian biotechnology. Strategic Management Journal, 21(3): 267-294.

Baum, J. A., & Oliver, C. 1996. Toward an institutional ecology of organizational founding. Academy of Management Journal, 39(5): 1378-1427.

Becker, H. 1998. Tricks of the trade: How to think about your research while you're doing it. Chicago, IL: University of Chicago Press.

Becker, M. C. 2004. Organizational routines: A review of the literature. Industrial and Corporate Change, 13(4): 643-678.

Becker, M. C. 2005. A framework for applying organizational routines in empirical research: Linking antecedents, characteristics and performance outcomes of recurrent interaction patterns. Industrial and Corporate Change, 14(5): 817-846.

Beckert, J. 1999. Agency, entrepreneurs, and institutional change. The role of strategic choice and institutionalized practices in organizations. Organization Studies, 20(5): 777-799.

Begley, T. M., & Tan, W.-L. 2001. The socio-cultural environment for entrepreneurship: A comparison between East Asian and Anglo-Saxon countries. Journal of International Business Studies, 32(3): 537-553.

Behling, O. 1980. The case for the natural science model for research in organizational behavior and organization theory. Academy of Management Review, 5(4): 483-490.

Beise, M., & Stahl, H. 1999. Public research and industrial innovations in Germany. Research Policy, 28(4): 397-422.

Bell, J., & Opie, C. 2002. Learning from research: Getting more from your data. Buckingham, UK: Open University.

Berg, B. L. 2006. Qualitative methods for the social sciences (6th). Boston, MA: Allyn & Bacon.

Bergek, A., & Onufrey, K. 2013. Is one path enough? Multiple paths and path interaction as an extension of path dependency theory. Industrial and Corporate Change, 23(5): 1261-1297.

Berger, P. L., & Luckmann, T. 1966. The social construction of reality: A treatise in the sociology of knowledge. Garden City, NY: Anchor Books.

Bertoni, F., & Tykvová, T. 2015. Does governmental venture capital spur invention and innovation? Evidence from young European biotech companies. Research Policy, 44(4): 925-935.

Bijker, W. E. 1995. Sociohistorical technology studies. In S. Tasanoff, G. E. Markle, J. C. Peterson, & T. Pinch (Eds.), Handbook of science and technology studies: 229-256. London, UK: Sage.

Bingham, C. B., & Eisenhardt, K. M. 2011. Rational heuristics: The 'simple rules' that strategists learn from process experience. Strategic Management Journal, 32(13): 1437-1464.

Bingham, C. B., Eisenhardt, K. M., & Furr, N. R. 2007. What makes a process a capability? Heuristics, strategy, and effective capture of opportunities. Strategic Entrepreneurship Journal, 1(1-2): 27-47.

Binz, C., & Truffer, B. 2017. Global innovation systems—A conceptual framework for innovation dynamics in transnational contexts. Research Policy, 46(7): 1284-1298.

Birch, D. L. 1979. The job generation process: MIT program on neighborhood and regional change. Cambridge, MA: MIT Press.

Birch, D. L. 1987. Job creation in America: How our smallest companies put the most people to work. New York, NY: Free Press.

Bitektine, A. 2008. Prospective case study design: Qualitative method for deductive theory testing. Organizational Research Methods, 11(1): 160-180.

Boari, C., & Riboldazzi, F. 2014. How knowledge brokers emerge and evolve: The role of actors' behaviour. Research Policy, 43(4): 683-695.

Botelho, A. J. J. 1995. The politics of resistance to new technology: Semiconductor diffusion in France and Japan until 1965. In M. Bauer (Ed.), Resistance to new technology: Nuclear power, information technology and biotechnology: 227-253. New York, NY: Cambridge University Press.

Bourdieu, P. 1977. Outline of a theory of practice. Cambridge, UK: Cambridge University Press.

Bourdieu, P. 1990. The logic of practice. Cambridge, UK: Polity Press.

Bourdieu, P. 2004. Science of science and reflexivity. Cambridge, UK: Polity Press.

Bourdieu, P. and Wacquant, L. J. D. 1992. An invitation to reflexive sociology. Chicago, IL: The University of Chicago Press.

Boyd, B. K., Finkelstein, S., & Gove, S. 2005. How advanced is the strategy paradigm? The role of particularism and universalism in shaping research outcomes. Strategic Management Journal, 26(9): 841-854.

Brahm, R. 1995. National targeting policies, high-technology industries, and excessive competition. Strategic Management Journal, 16(S1): 71-91.

Braun, E., & MacDonald, S. 1982. Revolution in miniature: The history and impact of semiconductor electronics. New York, NY: Cambridge University Press.

Breznitz, D. 2005. Development, flexibility and R & D performance in the Taiwanese IT industry: Capability creation and the effects of state-industry coevolution. Industrial and Corporate Change, 14(1): 153-187.

Breznitz, D. 2007. Industrial R&D as a national policy: Horizontal technology policies and industry-state co-evolution in the growth of the Israeli software industry. Research Policy, 36(9): 1465-1482.

Brock, D. 2006. Understanding Moore's Law: Four decades of innovation. Philadelphia, PA: Chemical Heritage Press.

Brown, S., & Eisenhardt, K. M. 1998. Competing on the edge: Strategy as structured chaos. Boston, MA: Harvard Business School Press.

Brown, T. E., Davidson, P., & Wiklund, J. 2001. An operationalization of Stevenson's conceptualization of entrepreneurship as opportunity-based firm behavior. Strategic Management Journal, 22(10): 953-968.

Browning, L. D., Beyer, J. M., & Shetler, J. C. 1995. Building cooperation in a competitive industry: SEMATECH and the semiconductor industry. Academy of Management Journal, 38(1): 113-151.

Brusoni, S., Prencipe, A., & Pavitt, K. 2001. Knowledge specialization, organizational coupling, and the boundaries of the firm: Why do firms know more than they make? Administrative Science Quarterly, 46(4): 597-621.

Bucheli, M., & Salvaj, E. 2018. Political connections, the liability of foreignness, and legitimacy: A business historical analysis of multinationals' strategies in Chile. Global Strategy Journal, 8(3): 399-420.

Buenstorf, G., & Klepper, S. 2009. Heritage and agglomeration: The Akron tyre cluster revisited. The Economic Journal, 119(537): 705-733.

Burgelman, R. A. 1994. Fading memories: A process theory of strategic business exit in dynamic environments. Administrative Science Quarterly, 39(1): 24-56.

Burgelman, R. A. 1996. A process model of strategic business exit: Implications for an evolutionary perspective on strategy. Strategic Management Journal, 17(S1): 193-214.

Burgess, R. G. 1990. In the field: An introduction to field research. London, UK: Routledge.

Burrell, G., & Morgan, G. 1979. Sociological paradigms and organisational analysis: Elements of the sociology of corporate life. London, UK: Heinemann.

Burt, R. S. 1992. Structural holes: The social structure of competition. Cambridge, MA: Harvard University Press.

Business Week. 2005. Why Taiwan matters. May 16: 16-24.

Bygrave, W. D., & Hofer, C. W. 1991. Theorizing about entrepreneurship. Entrepreneurship Theory and Practice, 16(2): 3-22.

Campbell, D. T. 1969. Variation and selective retention in socio-cultural evolution. General Systems, 14: 69-85.

Canales, R. 2016. From ideas to institutions: Institutional entrepreneurship and the growth of Mexican small business finance. Organization Science, 27(6): 1548-1573.

Candice, S. 1990. Techno-globalism vs. techno-nationalism: The corporate dilemma. Columbia Journal of World Business, 25(3): 42-49.

Cannell, C. F., & Kahn, R. L. 1968. Interviewing. In G. Lindzey & E. Arondson (Eds.), The handbook of social psychology, Volume 2: 526-595. London, UK: Addison Wesley.

Cano-Kollmann, M., Hamilton III, R. D., & Mudambi, R. 2017. Public support for innovation and the openness of firms' innovation activities. Industrial and Corporate Change, 26(3): 421-442.

Capron, L. 1999. The long-term performance of horizontal acquisition. Strategic Management Journal, 29(11): 987-1018.

Capron, L., Dussauge, P., & Mitchell, W. 1998. Resource redeployment following horizontal acquisitions in Europe and North America, 1988-1992. Strategic Management Journal, 19(7): 631-661.

Cardinale, I. 2018. Beyond constraining and enabling: Toward new microfoundations for institutional theory. Academy of Management Review, 43(1): 132-155.

Carlsson B, & Stankiewics R. 1991. Of the nature, function, and composition of technological systems. Journal of Evolutionary Economics, 1(2): 93-118.

Carlsson, B., Jacobsson, S., Holmen, M., & Rickne, A. 2002. Innovation systems: Analytical and methodological issues. Research Policy, 31(2): 233-245.

Carney, M., & Eric, G. 2002. The co-evolution of institutional environments and organizational strategies: The rise of family business groups. Organization Studies, 23(1): 1-29.

Carney, M., Gedajlovic, E., & Yang, X. 2009. Varieties of Asian capitalism: Toward an institutional theory of Asian enterprise. Asia Pacific Journal of Management, 26(3): 361-380.

Carton, A. M. 2018. "I'm not mopping the floors, I'm putting a man on the moon": How

NASA leaders enhanced the meaningfulness of work by changing the meaning of work. Administrative Science Quarterly, 63(2): 323-369.

Casper, S. 2000. Institutional adaptiveness, technology policy, and the diffusion of new business models: The case of German biotechnology. Organization Studies, 21(5): 887-914.

Cassell, C. 2018. "Pushed beyond my comfort zone": MBA student experiences of conducting qualitative research. Academy of Management Learning & Education, 17(2): 119-136.

Castellacci, F., & Natera, J. M. 2013. The dynamics of national innovation systems: A panel cointegration analysis of the coevolution between innovative capability and absorptive capacity. Research Policy, 42(3): 579-594.

Cefis, E., & Marsili, O. 2015. Crossing the innovation threshold through mergers and acquisitions. Research Policy, 44(3): 698-710.

Cennamo, C., & Santalo, J. 2013. Platform competition: Strategic trade-offs in platform markets. Strategic Management Journal, 34(11): 1331-1350.

Ceruzzi, P. E. 2005. Moore's Law and technological determinism: Reflections on the history of technology. Technology and Culture, 46(3): 584-593.

Chalmers, A. F. 1999. What is this thing called science? (3rd) Buckingham, UK: Open University Press.

Chaminade, C., & Vang, J. 2008. Globalisation of knowledge production and regional innovation policy: Supporting specialized hubs in the Bangalore software industry. Research Policy, 37(10): 1684-1696.

Chandler, A. D. 1962. Strategy and structure: Chapters in the history of the American industrial enterprise. Cambridge, MA: MIT Press.

Chandler, A. D. 1977. The visible hand: The managerial revolution in American business. Cambridge, MA: The Belknap Press.

Chandler, A. D. 1990. Scale and scope: Dynamics of industrial capitalism. Cambridge, MA: Harvard University Press.

Chang, P.-L., & Hsu, C.-W. 1998. The development strategies for Taiwan's semiconductor industry. IEEE Transactions on Engineering Management, 45(4): 349-356.

Chang, P.-L., & Shih, H.-Y. 2004. The innovation systems of Taiwan and China: A comparative analysis. Technovation, 24(7): 529-539.

Chatterjee, S. 1990. Excess resources, utilization costs, and mode of entry. Academy of Management Journal, 33(4): 780-800.

Chen, M. J. 2014. Presidential address—Becoming ambicultural: A personal quest, and aspiration for organizations. Academy of Management Review, 39(2): 119-137.

Chen, X. 2016. Challenges and strategies of teaching qualitative research in China. Qualitative Inquiry, 22(2): 72-86.

Cheng, Y.-C., & Van de Ven, A. H. 1996. Learning the innovation journey: Order out of chaos? Organization Science, 7(6): 593-614.

Chesbrough, H. 1999. Arrested development: The experience of European hard disk drive firms in comparison with US and Japanese firms. Journal of Evolutionary Economics, 9(3): 287-330.

Chesbrough, H. W. 2003. Open innovation: The new imperative for creating and profiting from technology. Boston, MA: Harvard Business School Press.

Cheyre, C., Kowalski, J., & Veloso, F. M. 2015. Spinoffs and the ascension of Silicon Valley. Industrial and Corporate Change, 24(4): 837-858.

Child, J. 1972. Organizational structure, environment and performance: The role of strategic choice. Sociology, 6(1): 1-22.

Child, J., Lu, Y., & Tsai, T. 2007. Institutional entrepreneurship in building an environmental protection system for the People's Republic of China. Organization Studies, 28(7): 1013-1034.

Choung, J.-Y. 1998. Patterns of innovation in Korea and Taiwan. IEEE Transactions on Engineering Management, 45(4): 357-365.

Christensen, C. M. 1993. The rigid disk drive industry: A history of commercial and technological turbulence. Business History Review, 67(4): 531-588.

Christensen, C. M. 1997. The innovator's dilemma: When new technologies cause great firms to fail. Boston, MA: Harvard University Press.

Christensen, C. M., & Bower, J. L. 1996. Customer power, strategic investment, and the failure of leading firms. Strategic Management Journal, 17: 197-218.

Christensen, C., & Raynor, M. 2013. The innovator's solution: Creating and sustaining successful growth. Boston, MA: Harvard Business School Press.

Chua, A. Y., & Banerjee, S. 2013. Customer knowledge management via social media: The case of Starbucks. Journal of Knowledge Management, 17(2): 237-249.

Chung, C. N. 2001. Markets, culture and institutions: The emergence of large business groups in Taiwan, 1950s-1970s. Journal of Management Studies, 38(5): 719-745.

Chung, C. N. 2006. Beyond guanxi: Network contingencies in Taiwanese business groups. Organization Studies, 27(4): 461-489.

Churchill, N. C., & Bygrave, W. D. 1990. The entrepreneurship paradigm (II): Chaos and catastrophes among quantum jumps? Entrepreneurship Theory and Practice, 14(2): 7-30.

Ciborra, C. U. 1996. The platform organization: Recombining strategies, structures, and surprises. Organization Science, 7(2): 103-118.

Clark, P., & Mueller, F. 1996. Organizations and nations: From universalism to institutionalism? British Journal of Management, 7(2): 125-139.

Clemens, E. S., & Cook, J. M. 1999. Politics and institutionalism: Explaining durability and change. Annual Review of Sociology, 25(1): 441-466.

Clough, D. R., Fang, T. P., Vissa, B., & Wu, A. 2019. Turning lead into gold: How do entrepreneurs mobilize resources to exploit opportunities?. Academy of Management Annals, 13(1): 240-271.

Coad, A., Segarra, A., & Teruel, M. 2016. Innovation and firm growth: Does firm age play a role? Research Policy, 45(2): 387-400.

Coase, R. 1937. The nature of the firm. Economica, 4: 386-405.

Coffey, A., & Atkinson, P. 1996. Making sense of qualitative data: Complementary research strategies. London, UK: Sage.

Coffinet, J-P., & Nemec, J. 1992. The strategic path for achieving market leadership within an innovation-driven industry – The HDTV case example. Interfaces, 22(4): 49-59.

Cohen, W. M., & Levinthal, D. A. 1989. Innovation and learning: The two faces of R&D. The Economic Journal, 99(397): 569-596.

Cohen, W. M., & Levinthal, D. A. 1990. Absorptive capability: A new perspective on learning and innovation. Administrative Science Quarterly, 35(1): 128-152.

Coleman, J. 1990. Foundations of social theory. Cambridge, MA: Harvard University Press.

Conner, K. R. 1991. A historical comparison of resource-based theory and five schools of thought within industrial organizational economics: Do we have a new theory of the firm? Journal of Management, 17(1): 121-154.

Conti, A., & Liu, C. C. 2015. Bringing the lab back in: Personnel composition and scientific output at the MIT Department of Biology. Research Policy, 44(9): 1633-1644.

Conrad, P. 1992. Medicalization and social control. Annual Review of Sociology, 18(1): 209-232.

Courtland, R. 2012. The high stakes of low power. IEEE Spectrum, 49(5): 11-12.

Cowan, R. 1990. Nuclear power reactors: A study in technological lock-in. Journal of Economic History, 5(3): 541-567.

Creswell, J. 2003. Research design: Qualitative, quantitative, and mixed method approaches (2nd). London, UK: Sage.

Crossan, M. M., Lane, H. W., & White, R. E. 1999. An organizational learning framework: From intuition to institution. Academy of Management Review, 24(3): 522-537.

Cummings, L. L., & Frost, P. J. (Eds.). 1985. Publishing in the organizational sciences. Homewood, IL: Irwin.

Cunliffe, A. L. & Alcadipani, R. 2016. The politics of access in fieldwork: Immersion, backstage dramas, and deception. Organizational Research Methods, 19(4): 535-561.

Currie, G., Lockett, A., Finn, R., Martin, G., & Waring, J. 2012. Institutional work to maintain professional power: Recreating the model of medical professionalism. Organization Studies, 33(7): 937-962.

Cusumano, M., Mylonadis, Y., & Rosenbloom, R. 1992. Strategic maneuvering and mass market dynamics: The triumph of VHS over Betamax. Business History Review, 66: 41-58.

Czarnitzki, D., Grimpe, C., & Toole, A. A. 2015. Delay and secrecy: Does industry sponsorship jeopardize disclosure of academic research? Industrial and Corporate Change, 24(1): 251-279.

Dacin, M. T., Goodstein, J., & Scott, W. R. 2002. Institutional theory and institutional change: Introduction to the special research forum. Academy of Management Journal, 45(1): 45-56.

Dacin, M. T., Munir, K., & Tracey, P. 2010. Formal dining at Cambridge colleges: Linking ritual performance and institutional maintenance. Academy of Management Journal, 53(6): 1393-1418.

Daft, R. L. 1978. A dual-core model of organizational innovation. Academy of Management Journal, 21(2): 193-210.

Dahlman, C. J. 1994. Technology strategy in East Asian developing economies. Journal of Asian Economics, 5(4): 541-572.

Dalpiaz, E., Rindova, V., & Ravasi, D. 2016. Combining logics to transform organizational agency: Blending industry and art at Alessi. Administrative Science Quarterly, 61(3): 347-392.

Danneels, E. 2002. The dynamics of product innovation and firm competences. Strategic Management Journal, 23(5): 1095-1121.

Das, T. K., & Teng, B.-S. 1998. Between trust and control: Developing confidence in partner cooperation in alliance. Academy of Management Review, 23(3): 491-512.

David, P. A. 1985. Clio and the economics of QWERTY. American Economic Review, 75(2): 332-337.

David, P. A. 2001. Path dependence, its critics and the quest for 'historical economics.' In P. Garrouste & S. Ionnides (Eds.), Evolution and path dependence in economic ideas: Past and present: 15-40. Cheltenham, UK: Edward Elgar.

Davidsson, P., & Honig, B. 2003. The role of social and human capital among nascent entrepreneurs. Journal of Business Venturing, 18(3): 301-331.

Davis, G. F. 1991. Agents without principles? The spread of the poison pill through the intercorporate network. Administrative Science Quarterly, 36(4): 583-613.

Davis, M. S. 1971. That's interesting! Towards a phenomenology of sociology and a sociology of phenomenology. Philosophy of the Social Science, 1(2): 309-344.

Day, S. G., Schoemaker, P. J. H., & Gunther, R.E. 2000. Managing emerging technologies. New York, NY: John Wiley & Sons.

De Bijl, P. W. J., & Goyal, S. 1995. Technological change in markets with network externality. International Journal of Industrial Organization, 13(3): 307-325.

Debackere, K., & Rappa, M. A. 1994. Technological communities and the diffusion of knowledge: A replication and validation. R&D Management, 24(4): 355-371.

Dedrick, J., & Kraemer, K. L. 1998. Asia's computer challenge: Threat or opportunity for the United States and the world? Oxford, UK: Oxford University Press.

Dedrick, J., & Kraemer, K. L. 2015. Who captures value from science-based innovation? The distribution of benefits from GMR in the hard disk drive industry. Research Policy, 44(8): 1615-1628.

Dedrick, J., Kraemer, K. L., & Linden, G. 2010. Who profits from innovation in global value chains? A study of the iPod and notebook PCs. Industrial and Corporate Change, 19(1): 81-116.

Deephouse D. L., & Suchman, M. 2008. Legitimacy in organizational institutionalism. In R. Greenwood, C. Oliver, R. Suddaby, & K. Sahlin (Eds.), The Sage handbook of organizational institutionalism: 49-77. London, UK: Sage.

Deephouse, D. L. 1996. Does isomorphism legitimate? Academy of Management Journal, 39(4): 1024-1039.

Deephouse, D. L. 1999. To be different, or to be the same? It's a question (and theory) of strategic balance. Strategic Management Journal, 20(2): 147-166.

Deephouse, D. L., Bundy, J., Tost, L. P., & Suchman, M. C. 2017. Organizational legitimacy: Six key questions. In R. Greenwood, C. Oliver, K. Sahlin, & R. Suddaby (Eds.), The Sage handbook of organizational institutionalism: 27-54. London, UK: Sage.

Déjean, F., Gond, J.-P., & Leca, B. 2004. Measuring the unmeasured: An institutional entrepreneur strategy in an emerging industry. Human Relations, 57(6): 741-764.

Denzin, N. K. 1989. Interpretive interactionism. Newbury Park, CA: Sage.

Denzin, N. K. 1997. Interpretive ethnography: Ethnographic practices for the 21$^{st}$ century. London, UK: Sage.

Denzin, N. K., & Lincoln, Y. S. (Eds.). 2005. Handbook of qualitative research. (3$^{rd}$) Thousand Oaks, CA: Sage.

Dess, G. G., & Beard, D. W. 1984. Dimensions of organizational task environments. Administrative Science Quarterly, 29(1): 52-73.

Dess, G., & Davis, P. 1982. An empirical examination of Porter's (1980) generic strategies. Academy of Management Proceedings: 7-11.

Dhanaraj, C., & Parkhe, A. 2006. Orchestrating innovation networks. Academy of Management Review, 31(3): 659-669.

Diesing, P. 1966. Objectivism vs. subjectivism in the social sciences. Philosophy of Science, 33(1/2): 124-133.

DiMaggio, P. J. 1988. Interest and agency in institutional theory. In L. G. Zucker (Ed.), Institutional patterns and organizations: Culture and environment: 3-22. Cambridge, MA: Ballinger.

DiMaggio, P. J. 1991. Constructing an organizational field as a professional project: U.S. art museums, 1920-1940. In W. W. Powell & P. J. DiMaggio (Eds.), The new institutionalism in organizational analysis: 267-292. Chicago, IL: University of Chicago Press.

DiMaggio, P. J., & Powell, W. W. 1983. The iron cage revisited: Institutional isomorphism and collective rationality in organizational fields. American Sociological Review, 48(2): 147-160.

DiVito, L. 2012. Institutional entrepreneurship in constructing alternative paths: A comparison of biotech hybrids. Research Policy, 41(5): 884-896.

Dobbin, F., & Dowd, T. 1997. How policy shapes competition: Early railroad foundings in Massachusetts. Administrative Science Quarterly, 42(3): 501-529.

Dobrev, S. D. 2001. Revisiting organizational legitimation: Cognitive diffusion and socio-political factors in the evolution of Bulgarian newspaper enterprises, 1846-1992. Organization Studies, 22(3): 419-444.

Dobusch, L. & Schüßler, E. 2013. Theorizing path dependence: A review of positive feedback mechanisms in technology markets, regional clusters, and organizations. Industrial and Corporate Change, 22: 617-647.

Dorado, S. 2005. Institutional entrepreneurship, partaking, and convening. Organization Studies, 26(3): 385-414.

Dorado, S. 2013. Small groups as context for institutional entrepreneurship: An exploration of the emergence of commercial microfinance in Bolivia. Organization Studies, 34(4): 533-557.

Dosi, G. 1982. Technological paradigms and technological trajectories: A suggested interpretation of the determinants and directions of technical change. Research Policy, 11(3): 147-162.

Dosi, G. 1984. Technical change and industrial transformation. London, UK: Macmillan.

Dosi, G. 1988. Sources, procedures, and microeconomic effects of innovation. Journal of Economic Literature, 26(3): 1120-1171.

Dosi, G., & Kogut, B. 1993. National specificities and the context of change: The coevolution of organization and technology. In B. Kogut (Ed.), Country competitiveness: Technology and the organizing of work: 249-262. Oxford, UK: Oxford University Press.

Dover, G., & Lawrence, T. B. 2010. A gap year for institutional theory: Integrating the study of institutional work and participatory action research. Journal of Management Inquiry, 19(4): 305-316.

Dowell, G., Swaminathan, A., & Wade, J. 2002. Pretty pictures and ugly scenes: Political and technological maneuvers in high definition television. Advances in Strategic Management, 19: 97-134.

Doz, Y., & Wilson, K. 2018. Ringtone: Exploring the rise and fall of Nokia in mobile phones. Oxford, UK: Oxford University Press.

Drucker, P. F. 1985. Innovation and entrepreneurship: Practice and principles. New York: Harper & Row. (蕭富峰與李田樹譯，1995，創新與創業精神：管理大師談創新實務與策略。台北：臉譜。)

Dubé, L., & Paré, G. 2003. Rigor in information systems positivist case research: Current practices, trends, and recommendations. MIS Quarterly, 27(4): 597-635.

Duncan, R. B. 1972. Characteristics of organizational environments and perceived environmental uncertainty. Administrative Science Quarterly, 17(3): 313-327.

Dunn, M. B., & Jones, C. 2010. Institutional logics and institutional pluralism: The contestation of care and science logics in medical education, 1967-2005. Administrative Science Quarterly, 55(1): 114-149.

Dunning, J. H. 1981. The eclectic theory of the MNC. London, UK: Allen & Unwin.

Dunning, J. H. 1988. The eclectic paradigm of international production: A restatement and some possible extensions. Journal of International Business Studies, 19(1): 1-31.

Durand, R., & Jourdan, J. 2012. Jules or Jim: Alternative conformity to minority logics. Academy of Management Journal, 55(6): 1295-1315.

Durand, R., & McGuire, J. 2005. Legitimating agencies in the face of selection: The case of AACSB. Organization Studies, 26(2): 165-196.

Durkheim, E. 1984. The division of labour in society. London: MacMillan. (Original work published 1893)

Duymedjian, R., & Rüling, C.-C. 2010. Towards a foundation of bricolage in organization and management theory. Organization Studies, 31(2): 133-151.

Dyer, J. H, Gregersen, H. B., & Christensen, C. M. 2011. The innovator's DNA: Mastering the five skills of disruptive innovators. Boston, MA: Harvard Business School Press.

Dyer, J. H. 1996. Does governance matter? Keiretsu alliances and asset specificity as sources of Japanese competitive advantage. Organization Science, 7(6): 649-666.

Dyer, J. H., & Nobeoka, K. 2000. Creating and managing a high-performance knowledge-sharing network: The Toyota case. Strategic Management Journal, 21(3): 345-367.

Dyer, J. H., Kale, P., & Singh, H. 2001. How to make strategic alliances work. Sloan Management Review, 42(4): 37-43.

Edquist, C. (Ed.). 1997. Systems of innovation: Technologies, institutions and organizations. London, UK: Pinter.

Edquist, C., & Hommen, L. (Eds.). 2008. Small country innovation systems: Globalization, change and policy in Asia and Europe. Northampton, MA: Edward Elgar Publishing.

Edquist, C., & McKelvey, M. (Eds.). 2000. Systems of innovation: Growth, competitiveness and employment (Volume 1 & 2). Hants, UK: Edward Elgar.

Eisenhardt, K. M. 1989. Building theories from case study research. Academy of Management Review, 14(4): 532-550.

Eisenhardt, K. M., & Brown, S. L. 1999. Patching: Restitching business portfolios in dynamic markets. Harvard Business Review, 77(3): 72-83.

Eisenhardt, K. M., & Martin, J. A. 2000. Dynamic capabilities: What are they? Strategic Management Journal, 21(10/11): 1105-1121.

Eisenstadt, S. N. 1980. Cultural orientations, institutional entrepreneurs, and social change: Comparative analysis of traditional civilizations. American Journal of Sociology, 85(4): 840-869.

Elsbach, K. D., & Sutton, R. I. 1992. Acquiring organizational legitimacy through illegitimate actions: A marriage of institutional and impression management theories. Academy of Management Journal, 35(4): 699-738.

Emirbayer, M., & Mische, A. 1998. What is agency? American Journal of Sociology, 103(4): 962-1023.

Ennas, G., Marras, F., & Di Guardo, M. C. 2016. Technological cycle and S-curve: A nonconventional trend in the microprocessor market. In C. Rossignoli, M. Gatti, & R. Agrifoglio (Eds.), Organizational innovation and change: Managing information and technology: 75-87. New York, NY: Springer.

Epicoco, M. 2013. Knowledge patterns and sources of leadership: Mapping the semiconductor miniaturization trajectory. Research Policy, 42(1): 180-195.

Erlandson, D. A., Harris, E. L., Skipper, B. L., & Allen, S. D. 1993. Doing naturalistic inquiry: A guide to methods. London: Sage.

Ernst, D. 2000. Inter-organizational knowledge outsourcing: What permits small Taiwanese firms to compete in the computer industry. Asia Pacific Journal of Management, 17(2): 223-255.

Etzkowitz, H., & Leydesdorff, L. 2000. The dynamics of innovation: From national systems and "Mode 2" to a Triple Helix of university–industry–government relations. Research Policy, 29(2): 109-123.

Fabrizio, K. R. 2009. Absorptive capacity and the search for innovation. Research Policy, 38(2): 255-267.

Farjoun, M. 2002. The dialectics of institutional development in emergent and turbulent fields: The history of pricing conventions in the on-line database industry. Academy of Management Journal, 45(5): 848-874.

Farmer, J. D., & Lafond, F. 2016. How predictable is technological progress? Research Policy, 45(3): 647-665.

Feldman, M. S. 2000. Organizational routines as a source of continuous change. Organization Science, 11(6): 611-629.

Feldman, M. S., & Orlikowski, W. J. 2011. Theorizing practice and practicing theory. Organization Science, 22(5): 1240-1253.

Feldman. M. S. 1995. Strategies for interpreting qualitative data. London, UK: Sage.

Ferguson, C. H., & Morris, C. R. 1993. Computer wars: The fall of IBM and the future of global technology. New York: Times Book.

Finkelstein, S., & Hambrick, D. C. 1996. Strategic leadership: Top executives and their effects on organizations. St. Paul, MN: West Publishing.

Finon, D., & Staropoli, C. 2001. Institutional and technological co-evolution in the French electronuclear industry. Industry and Innovation, 8(2): 179-199.

Flanagan, K., Uyarra, E., & Laranja, M. 2011. Reconceptualising the 'policy mix' for innovation. Research Policy, 40(5): 702-713.

Fleming, L. 2002. Finding the organizational sources of technological breakthroughs: The story of Hewlett-Packard's thermal ink-jet. Industrial and Corporate Change, 11(5): 1059-1084.

Fletcher, D. E. 2006. Entrepreneurial processes and the social construction of opportunity. Entrepreneurship & Regional Development, 18(5): 421-440.

Fligstein, N. 1997. Social skill and institutional theory. American Behavioral Scientist, 40(4): 397-405.

Fligstein, N., & Mara-Drita, I. 1996. How to make a market: Reflections on the attempt to create a single market in the European Union. American Journal of Sociology, 102(1): 1-33.

Forbes, N., & Foster, M. 2003. Guest editors' introduction: The end of Moore's Law? Computing in Science & Engineering, 5(1): 18-19.

Foucault, M. 1977. Discipline and punish: The birth of the prison. New York: Pantheon Books.
（劉北成與楊遠嬰譯，1992，規訓與懲罰：監獄的誕生。台北：桂冠。）

Franco, A. M., & Filson, D. 2006. Spin-outs: Knowledge diffusion through employee mobility. The RAND Journal of Economics, 37(4): 841-860.

Fransman, M. 2001. Analysing the evolution of industry: The relevance of the telecommunications industry. Economics of Innovation and New Technology, 10(2/3): 109-140.

Fransman, M. 2001. Designing dolly: Interactions between economics, technology and science and the evolution of hybrid institutions. Research Policy, 30(2): 263-273.

Franzoni, C., & Sauermann, H. 2014. Crowd science: The organization of scientific research in open collaborative projects. Research Policy, 43(1): 1-20.

Freeman, C. 1987. Technology policy and economic performance: Lessons from Japan. London: Pinter.

Freeman, C. 1988. Japan: A new national system of innovation? In G. Dosi, C. Freeman, R. Nelson, G. Silverberg, & L. Soete (Eds.), Technical, change and economic theory: 330-348. London, UK: Pinter.

Freeman, C. 2002. Continental, national and sub-national innovation systems – Complementarity and economic growth. Research Policy, 31(2): 191-211.

Freeman, C., & Perez, C. 1988. Structural crises of adjustment: Business cycles. In G. Dosi, C. Freeman, R. Nelson, G. Silverberg, & L. Soete (Eds.), Technical change and economic theory: 39-62. London, UK: Pinter.

Freeman, J., Carroll, G. R., & Hannan, M. T. 1983. The liability of newness: Age dependence in organizational death rates. American Sociological Review, 48(5): 692-710.

Friedman, A. L. 1994. The information technology field: Using fields and paradigms for analysing technological change. Human Relations, 47(4): 367-92.

Frost, P., & Stablein, R. 1992. Doing exemplary research. London, UK: Sage.

Fudickar, R., Hottenrott, H., & Lawson, C. 2018. What's the price of academic consulting? Effects of public and private sector consulting on academic research. Industrial and Corporate Change, 27(4): 699-722.

Fuenfschilling, L., & Binz, C. 2018. Global socio-technical regimes. Research Policy, 47(4): 735-749.

Fuenfschilling, L., & Truffer, B. 2014. The structuration of socio-technical regimes—Conceptual foundations from institutional theory. Research Policy, 43(4): 772-791.

Funk, J. 2009. Components, systems and discontinuities: The case of magnetic recording and playback equipment. Research Policy, 38(7): 1192-1202.

Furman, J. L., Porter, M. E., & Stern, S. 2002. The determinants of national innovative capacity. Research Policy, 31(6): 899-933.

Furtado, A. 1997. The French system of innovation in the oil industry: Some lessons about the role of public policies and sectoral patterns of technological change in innovation networking. Research Policy, 25(8): 1243-1259.

Galbraith, C., & Schendel, D. 1983. An empirical analysis of strategy types. Strategic Management Journal, 4(2): 153-173.

Garfinkel, H. 1967. Studies in ethnomethodology. Englewood Cliffs, NJ: Prentice Hall.

Garud, R., & Karnøe, P. 2003. Bricolage versus breakthrough: Distributed and embedded agency in technology entrepreneurship. Research Policy, 32(2): 277-300.

Garud, R., & Kumaraswamy, A. 1993. Changing competitive dynamics in network industries: An exploration of Sun Microsystems' open systems strategy. Strategic Management Journal, 14(5): 351-369.

Garud, R., & Nayyar, P. R. 1994. Transformative capacity: Continual structuring by intertemporal technology transfer. Strategic Management Journal, 15(5): 365-385.

Garud, R., & Rappa, M. A. 1994. A socio-cognitive model of technological evolution: The case of cochlear implants. Organization Science, 5(3): 344-362.

Garud, R., Jain, S., & Kumaraswamy, A. 2002. Institutional entrepreneurship in the sponsorship of common technological standards: The case of Sun Microsystems and Java. Academy of Management Journal, 45(1): 196-214.

Garud, R., Kumaraswamy, A., & Karnøe, P. 2010. Path dependence or path creation? Journal of Management Studies, 47(4): 760-774.

Garud, R., Gehman, J., & Giuliani, A. P. 2014. Contextualizing entrepreneurial innovation: A narrative perspective. Research Policy, 43(7): 1177-1188.

Gaur, A. S., Kumar, V., & Sarathy, R. 2011. Liability of foreignness and internationalisation of emerging market firms. Advances in International Management, 24: 211-233.

Galunic, D. C., & Rodan, S. 1998. Resource recombination in the firm: Knowledge structures and the potential for Schumpeterian innovation. Strategic Management Journal, 19(12): 1193-1201

Garud, R., Hardy, C., & Maguire, S. 2007. Institutional entrepreneurship as embedded agency: An introduction to the special issue. Organization Studies, 28(7): 957-969.

Gavetti, G., & Levinthal, D. 2000. Looking forward and looking backward: Cognitive and experiential search. Administrative Science Quarterly, 45(1): 113-137.

Gavetti, G., & Menon, A. 2016. Evolution cum agency: Toward a model of strategic foresight. Strategy Science, 1(3): 207-233.

Gawer, A., & Henderson, R. 2007. Platform owner entry and innovation in complementary markets: Evidence from Intel. Journal of Economics & Management Strategy, 16(1): 1-34.

Gawer, A., & Phillips, N. 2013. Institutional work as logics shift: The case of Intel's transformation to platform leader. Organization Studies, 34(8): 1035-1071.

Geertz, C. 1973. The interpretation of cultures. New York, NY: Basic Books.

Geng, X., Yoshikawa, T., & Colpan, A. M. 2016. Leveraging foreign institutional logic in the adoption of stock option pay among Japanese firms. Strategic Management Journal, 37(7): 1472-1492.

Georgallis, P., Dowell, G., & Durand, R. 2019. Shine on me: Industry coherence and policy support for emerging industries. Administrative Science Quarterly, 64(3): 503-541.

Gereffi, G. 1996. Commodity chains and regional divisions of labor in East Asia. Journal of Asian Business, 12(1): 75-112.

Gereffi, G. 1996. Global commodity chains: New forms of coordination and control among nations and firms in international industries. Competition and Change, 1(4): 427-439.

Gereffi, G., Humphrey, J., & Sturgeon, T. 2005. The governance of global value chains. Review of International Political Economy, 12(1): 78-104.

Gersick, C. 1991. Revolutionary change theories: A multilevel exploration of the punctuated equilibrium paradigm. Academy of Management Review, 16(1): 10-36.

Ghoshal, S., & Moran, P. 1996. Bad for practice: A critique of the transaction cost theory. Academy of Management Review, 21(1): 13-47.

Gibbon, P. 2001. Upgrading primary production: A global commodity chain approach. World Development, 29(2): 345-363.

Gibson, C. B., & Birkinshaw, J. 2004. The antecedents, consequences, and mediating role of organizational ambidexterity. Academy of Management Journal, 47(2): 209-226.

Giddens, A. 1979. Central problems in social theory. London, UK: Macmillan.

Giddens, A. 1984. The constitution of society: Outline of the theory of structuration. Cambridge, UK: Polity Press.

Giddens, A. 1985. The nation-state and violence. Cambridge, UK: Polity Press.

Gilbert, C. G. 2006. Change in the presence of residual fit: Can competing frames coexist? Organization Science, 17(1): 150-167.

Gilboa, I., & Schmeidler, D. 2001. A theory of case-based decisions. Cambridge, UK: Cambridge University Press.

Gioia, D. A., & Pitre, E. 1990. Multiparadigm perspectives on theory building. Academy of Management Review, 15(4): 584-602.

Glaser, B. G., & Strauss, A. L. 1967. The discovery of grounded theory: Strategies for qualitative research. London, UK: Weidenfeld & Nicholson.

Glesne, C., & Peshkin, A. 1992. Becoming qualitative researchers. White Plains, NY: Longman.

Godin, B., 2009. National innovation system: The system approach in historical perspective. Science, Technology and Human Values, 34(4): 476-501.

Golden-Biddle, K., & Locke, K. 1993. Appealing work: An investigation of how ethnographic texts convince. Organization Science, 4 (4): 595-616.

Goll, I., & Rasheed, A. A. 2005. The relationships between top management demographic characteristics, rational decision making, environmental munificence, and firm performance. Organization Studies, 26(7): 999-1023.

Gorman, M., & Sahlman, W. A. 1989. What do venture capitalists do? Journal of Business Venturing, 4(4): 231-248.

Gould, S. J. 1989. Punctuated equilibrium in fact and theory. Journal of Social and Biological Structures, 12(2-3): 117-136.

Gourevitch, P., Bohn, R., & McKendrick, D. 2000. Globalization of production: Insights from the hard disk drive industry. World Development, 28(2): 301-317.

Gover, J. E. 1993. Analysis of U.S. semiconductor collaboration. IEEE Transactions on Engineering Management, 40(2): 104-113.

Govindarajan, V., & Trimble, C. 2011. The CEO's role in business model reinvention. Harvard Business Review, 89(1/2): 108-114.

Grandori, A., & Soda, G. 1995. Inter-firm networks: Antecedents, mechanisms and forms. Organization Studies, 16(2): 183-214.

Granovetter, M. 1973. The strength of weak ties. American Journal of Sociology, 78(6): 1360-1380.

Granovetter, M. 1985. Economic action and social structure: The problem of embeddedness. American Journal of Sociology, 91(3): 481-510.

Granstrand, O., & Sjolander, S. 1990. The acquisition of technology and small firms by large firms. Journal of Economic Behavior and Organization, 13(3): 367-386.

Grant, R. M. 1991. The resource-based theory of competitive advantage: Implications for strategy formulation. California Management Review, 33(3): 114-122.

Grant, R. M. 2003. Strategic planning in a turbulent environment: Evidence from the oil majors. Strategic Management Journal, 24(6): 491-517.

Gray, C. 2004. Doing research in the real world. London, UK: Sage.

Greenwood, R., & Suddaby, R. 2006. Institutional entrepreneurship in mature fields: The big five accounting firms. Academy of Management Journal, 49(1): 27-48.

Greenwood, R., Hinings, C. R., & Suddaby, R. 2002. Theorizing change: The role of professional associations in the transformation of institutionalized fields. Academy of Management Journal, 45(1): 58-80.

Greenwood, R., Raynard, M., Kodeih, F., Micelotta, E. R., & Lounsbury, M. 2011. Institutional complexity and organizational responses. Academy of Management Annals, 5(1): 317-371.

Greve, H. R. 2007. Exploration and exploitation in product innovation. Industrial and Corporate Change, 16(5): 945-975.

Grove, A. 1996. Only the paranoid survive: How to exploit the crisis points that challenge every company. New York, NY: Doubleday.

Grupp, H. 1994. The measurement of technical performance of innovations by technometrics and its impact on established technology indicators. Research Policy, 23(2): 175-194.

Gulati, R. 1998. Alliances and networks. Strategic Management Journal, 19(4): 293-317.

Gulati, R., & Gargiulo, M. 1999. Where do inter-organizational networks come from? American Journal of Sociology, 104(5): 1439-1493.

Gulati, R., Nohria, N., & Zaheer, A. 2000. Strategic networks, Strategic Management Journal, 21(3): 203-215.

Gurses, K., & Ozcan, P. 2015. Entrepreneurship in regulated markets: Framing contests and collective action to introduce pay TV in the US. Academy of Management Journal, 58(6): 1709-1739.

Hage, J., & Dewar, R. 1973. Elite values versus organizational structure in predicting innovation. Administrative Science Quarterly, 18(3): 279-290.

Hage, J., & Hollingsworth, R. 2000. A strategy for the analysis of idea innovation networks and institutions. Organization Studies, 21(5): 971-1004.

Hagedoorn, J., & Boijakkers, N. 2002. Small entrepreneurial firms and large companies in inert-firm R&D networks: The international biotechnology industry. In M. A. Hitt, R. D. Ireland, S. M. Camp, & D. L. Sexton (Eds.), Strategic entrepreneurship: Creating a new mindset: 223-252. Oxford, UK: Blackwell Publishing.

Hagedoorn, J., Carayannis, E., & Alexander, J. 2001. Strange bedfellows in the personal computer industry: Technology alliances between IBM and Apple. Research Policy, 30(5): 837-849.

Halfhill, R. 2006. The mythology of Moore's Law. IEEE Solid-State Circuits Society Newsletter, 11(3): 21-25.

Hambrick, D. C. 1981. Specialization of environmental scanning activities among upper level executives. Journal of Management Studies, 18(3): 299-320.

Hambrick, D. C. 1982. Environmental scanning and organizational strategy. Strategic Management Journal, 3(2): 159-174.

Hambrick, D. C. 1983. High profit strategies in mature capital goods industries: A contingency approach. Academy of Management Journal, 26(4): 687-707.

Hambrick, D. C., & Mason, P. 1984. Upper echelons: The organization as a reflection of its top managers. Academy of Management Review, 9(2): 193-206.

Hamel, G. 2000. Leading the revolution. Boston, MA: Harvard Business School Press.

Hamel, G., & Prahalad, C. K. 1989. Strategic intent. Harvard Business Review, 67(3): 63-76.

Hamel, G., & Prahalad, C. K. 1993. Strategy as stretch and leverage. Harvard Business Review, 71(2): 75-84.

Hamel, G., & Prahalad, C. K. 1994. Competing for the future. Boston, MA: Harvard Business School Press.

Hamilton, G. G. 1996. The theoretical significance of Asian business networks. In G. G. Hamilton (Ed.), Asian business networks: 283-298. Berlin, Germany: Walter de Gruyter.

Hamilton, G. G., & Feenstra, R. C. 1995. Varieties of hierarchies and markets: An introduction. Industrial and Corporate Change, 4(1): 51-91.

Hamilton, G. G., & Kao, C.-S. 1990. The institutional foundation of Chinese business: The family firm in Taiwan. Comparative Social Research, 12: 95-112.

Hamilton, G., & Biggart, N. W. 1988. Market, culture, and authority: A comparative analysis of management and organization in the Far East. American Journal of Sociology, 94(S): 552-594.

Hammersley, M., Gomm, R., & Foster, P. 2000. Case study method: Key issues, key texts. London, UK: Sage.

Hannah, D. P., & Eisenhardt, K. M. 2018. How firms navigate cooperation and competition in nascent ecosystems. Strategic Management Journal, 39(12): 3163-3192.

Hannan, M. T., & Freeman, J. 1984. Structural inertia and organizational change. American Sociological Review, 49(2): 149-164.

Hannan, M. T., & Freeman, J. H. 1977. The population ecology of organizations. American Journal of Sociology, 82: 929-64.

Hannan, M., & Freeman, J. 1989. Organizational ecology. Cambridge, MA: Harvard University Press.

Harari, Y. N. 2011. Sapiens: A brief history of humankind. New York: Random House.（林俊宏譯，2018，人類大歷史：從野獸到扮演上帝。台北：天下文化。）

Hardy, C. & Maguire, S. 2008. Institutional entrepreneurship. In R. Greenwood, C. Oliver, R. Suddaby, & K. Sahlin (Eds.), The Sage handbook of organizational institutionalism: 198-217. London, UK: Sage.

Hardy, C., & Maguire, S. 2010. Discourse, field-configuring events, and change in organizations and institutional fields: Narratives of DDT and the Stockholm Convention. Academy of Management Journal, 53(6): 1365-1392.

Hargadon, A. 2003. How breakthroughs happen: The surprising truth about how companies innovate. Boston, MA: Harvard Business School Press.

Hargadon, A., & Douglas, Y. 2001. When innovation meet institutions: Edison and the design of the electric light. Administrative Science Quarterly, 46(3): 476-501.

Hargadon, A., & Sutton, R. I. 1997. Technology brokering and innovation in a product development firm. Administrative Science Quarterly, 42(4): 716-749.

Hargrave, T. J., & Van De Ven, A. H. 2006. A collective action model of institutional innovation. Academy of Management Review, 31(4): 864-888.

Harmon, D. J., Green Jr, S. E., & Goodnight, G. T. 2015. A model of rhetorical legitimation: The structure of communication and cognition underlying institutional maintenance and change. Academy of Management Review, 40(1): 76-95.

Harrison, J. S., & Freeman, E. 1999. Stakeholders, social responsibility, and performance: Empirical evidence and theoretical perspectives. Academy of Management Journal, 42(5): 479-485.

Hassard, J. 1990. An alternative to paradigm incommensurability in organization theory. In J. Hassard & D. Pym (Eds.), The theory and philosophy of organizations: 219-230. London, UK: Routledge.

Haunschild, P. R., & Miner, A. S. 1997. Modes of interorganizational imitation: The effects of outcome salience and uncertainty. Administrative Science Quarterly, 42(3): 472-500.

Hautz, J., Seidl, D., & Whittington, R. 2017. Open strategy: Dimensions, dilemmas, dynamics. Long Range Planning, 50(3): 298-309.

Haveman, H. A., Rao, H., & Paruchuri, S. 2007. The winds of change: The progressive movement and the bureaucratization of thrift. American Sociological Review, 72(1): 117-142.

Heidegger, M. 1936. The origin of the work of art. In Hofstadter, A. (Trans. & Ed.), 1971. Poetry, language, thought: 17-87. London: Harper. (孫周興譯，1994，林中路。台北：時報文化。)

Heidegger, M. 1962. Being and time. Oxford, UK: Blackwell. (陳嘉映與王慶節譯，2006，存在與時間。北京：生活·讀書·新知三聯書店。)

Helfat, C. E. 1997. Know-how and asset complementarity and dynamic capability accumulation: The case of R&D. Strategic Management Journal, 18(5): 339-360.

Helfat, C. E. 2007. Stylized facts, empirical research and theory development in management. Strategic Organization, 5(2): 185-192.

Helfat, C. E., & Peteraf, M. A. 2003. The dynamic resource-based view: Capability lifecycles. Strategic Management Journal, 24(10): 997-1010.

Helfat, C. E., & Raubitschek, R. S. 2000. Product sequencing: Co-evolution of knowledge, capabilities and products. Strategic Management Journal, 21(10-11): 961-979.

Henderson, A. H. 1999. Firm strategy and age dependence: A contingent view of the liabilities of newness, adolescence, and obsolescence. Administrative Science Quarterly, 44(2): 281-314.

Henderson, J. 1989. The globalization of high technology production. London, UK: Routledge.

Henderson, R., & Clark, K. B. 1990. Architectural innovations: The reconfiguration of existing product technologies and the failure of established firms. Administrative Science Quarterly, 35(1): 9-30.

Hendry, J., & Seidl, D. 2003. The structure and significance of strategic episodes: Social systems theory and the routine practices of strategic change. Journal of Management Studies, 40(1): 175-196.

Hennart, J. -F., & Park, Y.-R. 1993. Greenfield vs. acquisition: The strategy of Japanese investors in the United States. Management Science, 39(9): 1054-1070.

Hensmans, M. 2003. Social movement organizations: A metaphor for strategic actors in institutional fields. Organization Studies, 24(3): 355-381.

Herriott, S. R., Levinthal, D., & March, J. G. 1985. Learning from experience in organizations. American Economic Review, 75(2): 298-302.

Hiatt, S. R., Sine, W. D., & Tolbert, P. S. 2009. From Pabst to Pepsi: The deinstitutionalization of social practices and the creation of entrepreneurial opportunities. Administrative Science Quarterly, 54(4): 635-667.

Hill, C. W. 1995. National institutional structures, transaction cost economizing and competitive advantage: The case of Japan. Organization Science, 6(1): 119-131.

Hill, C. W. 1997. Establishing a standard: Competitive strategy and technological standards in winner-take-all industries. Academy of Management Perspectives, 11(2): 7-25.

Hillman, A. J., & Hitt, M. A. 1999. Corporate political strategy formulation: A model of approach, participation, and strategy decisions. Academy of Management Review, 24(4): 825-842.

Hillman, A., Zardkoohi, A., & Bierman, L. 1999. Corporate political strategies and firm performance: Indications of firm-specific benefits from personal service in the U.S. government. Strategic Management Journal, 20(1): 67-81.

Hirsch, P., & Lounsbury, M. 1997. Ending the family quarrel: Toward a reconciliation of 'old' and 'new' institutionalisms. American Behavioral Scientist, 40(4): 406-418.

Hitt, M. A., Ireland, R. D., Camp, S. M., & Sexton, D. L. 2001. Strategic entrepreneurship: Entrepreneurial strategies for wealth creation. Strategic Management Journal, 22(6/7): 479-491.

Hitt, M. A., Ireland, R. D., Camp, S. M., & Sexton, D. L. 2002. Strategic entrepreneurship: Integrating entrepreneurial and strategic management perspectives. In M. A. Hitt, R. D. Ireland, S. M. Camp, & D. L. Sexton (Eds.), Strategic entrepreneurship: Creating a new mindset: 1-16. Oxford, UK: Blackwell.

Hobday, M. 1995. Innovation in East Asia. Hants, UK: Edward Elgar.

Hodgkinson, G. 2001. Facing the future: The nature and purpose of management research reassessed. British Journal of Management, 12(1): S1-S2.

Hoffman, A. J. 1999. Institutional evolution and change: Environmentalism and the U.S. chemical industry. Academy of Management Journal, 42(4): 351-371.

Hoffman, A. J., & Ocasio, W. 2001. Not all events are attended equally: Toward a middle-range theory of industry attention to external events. Organization Science, 12(4): 414-434.

Holbrook, D., Cohen, W. M., Hounshell, D. A., & Klepper, S. 2000. The nature, sources, and consequences of firm differences in the early history of the semiconductor industry. Strategic Management Journal, 21(10/11): 1017-1041.

Hollis, M. 1994. The philosophy of social science: An introduction. Cambridge, UK: Cambridge University Press.

Holm, P. 1995. The dynamics of institutionalization: Transformation processes in Norwegian fisheries. Administrative Science Quarterly, 40(3): 398-422.

Holmqvist, M. 2004. Experiential learning processes of exploitation and exploration within and between organizations: An empirical study of product development. Organization Science, 15(1): 70-81.

Hoopes, D. G., & Steven, P. 1999. Shared knowledge, "glitches," and product development performance. Strategic Management Journal, 20(9): 837-865.

Hopkins, T. K., & Wallerstein, I. 1986. Commodity chains in the world-economy prior to 1800. Review, 10(1): 157-170.

Hou, C., & Gee, S. 1993. National systems supporting technical advance in industry: The case of Taiwan. In R. R. Nelson (Ed.), National innovation systems: A comparative analysis: 384-413. New York, NY: Oxford University Press.

Hou, J., Huang, C., Licht, G., Mairesse, J., Mohnen, P., Mulkay, B., Peters, B., Wu, Y., Zhao, Y., & Zhen, F. 2019. Does innovation stimulate employment? Evidence from China, France, Germany, and the Netherlands. Industrial and Corporate Change, 28(1): 109-121.

Hounshell, D. A. 1985. From the American system to mass production, 1800-1932: The development of manufacturing technology in the United States. Baltimore, MD: John Hopkins University Press.

Howell, J. M., & Higgins, C. A. 1990. Champions of technological innovation. Administrative Science Quarterly, 35(2): 317-341.

Howells, J. 2005. Innovation and regional economic development: A matter of perspective? Research Policy, 34(8), 1220-1234.

Hu, M. C. 2012. Technological innovation capabilities in the thin film transistor-liquid crystal display industries of Japan, Korea, and Taiwan. Research Policy, 41(3): 541-555.

Hu, M. C., & Hung, S.-C. 2014. Taiwan's pharmaceuticals: A failure of the sectoral system of innovation? Technological Forecasting and Social Change, 88: 162-176.

Huang, A. 2015. Moore's Law is dying (and that could be good). IEEE Spectrum, 52(4): 43-47.

Huber, G., & Daft, R. 1987. The information environment of organizations. In F. M. Jablin, L. L. Putnam, K. H. Roberts, & L. W. Porter (Eds.), Handbook of organizational communication: An interdisplinary perspective: 130-164. Newbury Park, CA: Sage.

Hung, S.-C. 1999. Policy system in Taiwan's industrial context. Asia Pacific Journal of Management, 16(3): 411-428.

Hung, S.-C. 2000. Social construction of industrial advantage. Technovation, 20(4): 197-203.

Hung, S.-C. 2002. Mobilising networks to achieve strategic difference. Long Range Planning, 35(6): 591-613.

Hung, S.-C. 2004. Explaining the process of innovation: The dynamic reconciliation of action and structure. Human Relations, 57(11): 1479-1497.

Hung, S.-C., & Hsu, Y.-C. 2011. Managing TFT-LCDs under uncertainty: When crystal cycles meet business cycles. Technological Forecasting and Social Change, 78(7): 1104-1114.

Hung, S.-C., & Lai, J.-Y. 2016. When innovations meet chaos: Analyzing the technology development of printers in 1976-2012. Journal of Engineering and Technology Management, 42: 31-45.

Hung, S.-C., & Tseng, Y.-C. 2017. Extending the LLL framework through an institution-based view: Acer as a dragon multinational. Asia Pacific Journal of Management, 34(4): 799-821.

Hung, S.-C., & Tu, M.-F. 2014. Is small actually big? The chaos of technological change. Research Policy, 43(7): 1227-1238.

Hung, S.-C., & Whittington, R. 1997. Strategies and institutions: A pluralistic account of strategies in the Taiwanese computer industry. Organization Studies, 18(4): 551-575.

Hung, S.-C., & Whittington, R. 2000. Playing by the rules: Institutional foundations of success and failure in the Taiwanese IT industry. Journal of Business Research, 47(1): 47-53.

Hung, S.-C., & Whittington, R. 2011. Agency in national innovation systems: Institutional entrepreneurship and the professionalization of Taiwanese IT. Research Policy, 40(4): 526-538.

Huff, A. S. 1999. Writing for scholarly publication. London, UK: Sage.

Iansiti, M., & West, J. 1999. From physics to function: An empirical study of R&D performance in the semiconductor industry. Journal of Product Innovation Management, 16(4): 385-399.

Intarakumnerd, P., & Goto, A. 2018. Role of public research institutes in national innovation systems in industrialized countries: The cases of Fraunhofer, NIST, CSIRO, AIST, and ITRI. Research Policy, 47(7): 1309-1320.

Jacobides, M. G., Cennamo, C., & Gawer, A. 2018. Towards a theory of ecosystems. Strategic Management Journal, 39(8): 2255-2276.

Jaffe, A. B. 1989. Real effects of academic research. American Economic Review, 79(5): 957-970.

Jain, D., Mahajan, V., & Muller, E. 1991. Innovation diffusion in the presence of supply restrictions. Marketing Science, 10(1): 83-90.

Jansen, D. 1994. National research systems and change: The reaction of the British and German research systems to the discovery of High-Tc superconductors. Research Policy, 23(4): 357-374.

Janszen, F. H. A., & Degenaars, G. H. 1998. A dynamic analysis of the relations between the structure and the process of national systems of innovation using computer simulation: The case of the Dutch biotechnological Sector. Research Policy, 27(1): 37-54.

Jarzabkowski, P., & Fenton, E. 2006. Strategizing and organizing in pluralistic contexts. Long Range Planning, 39(6): 631-648.

Jarzabkowski, P., Lê, J., & Balogun, J. 2019. The social practice of coevolving strategy and structure to realize mandated radical change. Academy of Management Journal, 62(3): 850-882.

Jenkins, M., & Floyd, S. 2001. Trajectories in the evolution of technology: A multi-level study of competition in Formula 1 racing. Organization Studies, 22(6): 945-969.

Jensen, M. C., & Ruback, R. S. 1983. The market for corporate control: The scientific evidence. Journal of Financial Economics, 11(5): 5-50.

Jick, T. D. 1979. Mixing qualitative and quantitative methods: Triangulation in action. Administrative Science Quarterly, 24(4): 602-611.

Johnson, G., Langely, A., Melin, L., & Whittington, R. 2007. Strategy as practice: Research directions and resources. Cambridge, UK: Cambridge University.

Johnson, G., Prashantham, S., Floyd, S. W., & Bourque, N. 2010. The ritualization of strategy workshops. Organization Studies, 31(12): 1589-1618.

Jones, M. R., & Karsten, H. 2008. Giddens's structuration theory and information systems research. MIS Quarterly, 32(1): 127-157.

Jonsen, K., Fendt, J., & Point, S. 2018. Convincing qualitative research: What constitutes persuasive writing? Organizational Research Methods, 21(1): 30-67.

Jovchelovitch, S., & Bauer, M. W. 2000 Narrative interviewing. In M. W. Bauer & G. Gaskell

(Eds.), Qualitative researching with text, image and sound: A practical handbook: 57-74. London: Sage.

Jung, M., & Lee, K. 2010. Sectoral systems of innovation and productivity catch-up: Determinants of the productivity gap between Korean and Japanese firms. Industrial and Corporate Change, 19(4): 1037-1069.

Kahl, S. J., & Grodal, S. 2016. Discursive strategies and radical technological change: Multilevel discourse analysis of the early computer (1947–1958). Strategic Management Journal, 37(1): 149-166.

Kaiser, R., & Prange, H. 2004. The reconfiguration of national innovation systems: The example of German biotechnology. Research Policy, 33(3): 395-408.

Kaplan, S., & Tripsas, M. 2008. Thinking about technology: Applying a cognitive lens to technical change. Research Policy, 37(5): 790-805.

Kaplan, S., Murray, F., & Henderson, R. 2003. Discontinuities and senior management: Assessing the role of recognition in pharmaceutical firm response to biotechnology. Industrial and Corporate Change, 12(2): 203-233.

Kapoor, R. 2013. Persistence of integration in the face of specialization: How firms navigated the winds of disintegration and shaped the architecture of the semiconductor industry. Organization Science, 24(4): 1195-1213.

Kapoor, R., & McGrath, P. J. 2014. Unmasking the interplay between technology evolution and R&D collaboration: Evidence from the global semiconductor manufacturing industry, 1990-2010. Research Policy, 43(3): 555-569.

Kappel, T. A. 2001. Perspectives on roadmaps: How organizations talk about the future. Journal of Product Innovation Management, 18(1): 39-50.

Karim, S., & Mitchell, W. 2000. Path-dependent and path-breaking change: Reconfiguring business resources following acquisitions in the U.S. medical sector, 1978-1995. Strategic Management Journal, 21(10/11): 1061-1081.

Karo, E. 2018. Mission-oriented innovation policies and bureaucracies in East Asia. Industrial and Corporate Change, 27(5): 867-881.

Katz, M. L., & Sharpiro, C. 1985. Network externality, competition, and compatibility. American Economic Review, 75(3): 424-440.

Kay, N. M. 2013. Rerun the tape of history and QWERTY always wins. Research Policy, 42(6-7): 1175-1185.

Kenney, M., & Florida, R. 1994. Japanese maquiladoras: Production organization and global commodity chains. World Development, 22(1): 27-44.

Kessler, E. H., & Chakrabarti, A. K. 1996. Innovation speed: A conceptual model of context, antecedents, and outcomes. Academy of Management Review, 21(4): 1143-1191.

Ketchen, D. J., Boyd, B. K., & Bergh, D. D. 2008. Research methodology in strategic management: Past accomplishments and future challenges. Organizational Research Methods, 11(4): 643-658.

Kiechel, W. 2010. The lords of strategy: The secret intellectual history of the new corporate world. Boston, MA: Harvard Business School Press.

Kim, L. 1997. Imitation to innovation: The dynamics of Korea's technological learning. Boston, MA: Harvard Business Press.

Kim, W. C., & Mauborgne, R. 2005. Blue ocean strategy: How to create uncontested market space and make the competition irrelevant. Boston, MA: Harvard Business School Press.

Kirk, J., & Miller, M. L. 1986. Reliability and validity in qualitative research. London, UK: Sage.

Kirkels, Y., & Duysters, G. 2010. Brokerage in SME networks. Research Policy, 39(3): 375-385.

Kisfalvi, V., & Maguire, S. 2011. On the nature of institutional entrepreneurs: Insights from the life of Rachel Carson. Journal of Management Inquiry, 20(2): 152-177.

Kitschelt, H. 1991. Industrial governance structures, innovation strategies, and the case of Japan: Sectoral or cross-national comparative analysis. International Organization, 45(4): 453-493.

Klepper, S. 1996. Entry, exit, growth, and innovation over the product cycle. American Economic Review, 86(3): 562-583.

Klepper, S., & Simons, K. L. 2000. Dominance by birthright: Entry of prior radio producers and competitive ramifications in the U.S. television receiver industry. Strategic Management Journal, 21(10/11): 997-1016.

Klevorick, A., Levin, R., Nelson, R., & Winter, S. 1995. On the sources and significance of interindustry differences in technological opportunity. Research Policy, 24(2): 185-206.

Kogut, B. (Ed.). 1993. Country competitiveness: Technology and organizing of work. Oxford, UK: Oxford University Press.

Kogut, B. 1991. Country capabilities and the permeability of borders. Strategic Management Journal, 12(S1): 33-47.

Kogut, B. 2000. The network as knowledge generative rules and the emergence of structure. Strategic Management Journal, 21(3): 405-425.

Kogut, B., & Zander, U. 1992. Knowledge of the firm, combinative capabilities, and the replication of technology. Organization Science, 3(3): 383-397.

Kogut, B., & Zander, U. 1996. What firms do? Coordination, identity, and learning. Organization Science, 7(5): 502-518.

Koput, K. W. 1997. A chaotic model of innovative search: Some answers, many questions. Organization Science, 8(5): 528-542.

Korzeniewicz, M. 1994. Commodity chains and marketing strategies: Nike and the global athletic footwear industry. In G. Gereffi & M. Korzeniewicz (Eds.), Commodity chains and global capitalism: 247-265. London, UK: Greenwood Press.

Kostoff, R. N., & Schaller, R. R. 2001. Science and technology roadmaps. IEEE Transactions on Engineering Management, 48(2): 132-143.

Kraatz, M. S., & Zajac, E. J. 1996. Exploring the limits of the new institutionalism: The causes and consequences of illegitimate organization change. American Sociological Review, 61(5): 812-836.

Kraatz, M. S., & Block, E. S. 2008. Organizational implications of institutional pluralism. In R. Greenwood, C. Oliver, K. Sahlin, & R. Suddaby (Eds.), The Sage handbook of organizational institutionalism: 243-275. London, UK: Sage.

Kraemer, K. L., Dedrick, J., Hwang, C.-Y., Tu, T.-C., & Yap, C.-S. 1996. Entrepreneurship, flexibility, and policy coordination: Taiwan's computer industry. The Information Society, 12(3): 215-249.

Kroezen, J. J., & Heugens, P. P. 2019. What is dead may never die: Institutional regeneration through logic reemergence in Dutch beer brewing. Administrative Science Quarterly, 64(4): 976-1019.

Krone, K., Jablin, F., & Putnam, L. 1987. Communication theory and organizational communication: Multiple perspective. In F. M. Jablin, L. L. Putnam, K. H. Roberts, & L. W. Porter (Eds.), Handbook of organizational communication: An interdisplinary perspective: 11-17. Newbury Park, CA: Sage.

Krueger, N. F. 2007. What lies beneath? The experiential essence of entrepreneurial thinking. Entrepreneurship Theory and Practice, 31(1): 123-138.

Kuhn, T. S. 1962. The structure of scientific revolutions. Chicago, IL: University of Chicago Press.

Kuhn, T. S. 1977. The essential tension: Selected studies in scientific tradition and change. Chicago, IL: University of Chicago Press.

Kumaresan, N., & Miyazaki, K. 1999. An integrated network approach to systems of innovation – The case of robotics in Japan. Research Policy, 28(6): 563-585.

Laamanen, T., & Wallin, J. 2009. Cognitive dynamics of capability development paths. Journal of Management Studies, 46(6): 950-981.

Laamanen, T., Lamberg, J. A., & Vaara, E. 2016. Explanations of success and failure in management learning: What can we learn from Nokia's rise and fall? Academy of Management Learning & Education, 15(1): 2-25.

Lammers, J. C., & Barbour, J. B. 2006. An institutional theory of organizational communication. Communication Theory, 16(3): 356-377.

Landström, H., & Harirchi, G. 2018. The social structure of entrepreneurship as a scientific field. Research Policy, 47(3): 650-662.

Langley, A. 1999. Strategies for theorizing from process data. Academy of Management Review, 24(4): 691-710.

Langlois, R. N. 1990. Creating external capabilities: Innovation and vertical disintegration in the microcomputer industry. Business and Economic History, 19(2): 93-102.

Langlois, R. N., & Robertson, P. L. 1992. Networks and innovation in a modular system: Lessons from the microcomputer and stereo component industries. Research Policy, 21(4): 297-313.

Langlois, R. N., & Steinmueller, W. E. 2000. Strategy and circumstance: The response of American firms to Japanese competition in semiconductors, 1980-1995. Strategic Management Journal, 21(10/11): 1163-1173.

Larson, A. 1992. Network dyads in entrepreneurial settings: A study of the governance of exchange relationships. Administrative Science Quarterly, 37(1): 76-104.

Lashitew, A. A., van Tulder, R., & Liasse, Y. 2019. Mobile phones for financial inclusion: What explains the diffusion of mobile money innovations? Research Policy, 48(5): 1201-1215.

Laursen, K. 1996. Horizontal diversification in the Danish national system of innovation: The case of pharmaceuticals. Research Policy, 25(7): 1121-1137.

Lavie, D., Stettner, U., & Tushman, M. L. 2010. Exploration and exploitation within and across organizations. Academy of Management Annals, 4(1): 109-155.

Lawrence, P. R., & Lorsch, J. W. 1967. Organization and environment. Homewood, IL: Richard E. Irwin.

Lawrence, T. B. 1999. Institutional strategy. Journal of Management, 25(2): 161-187.

Lawrence, T. B., & Phillips, N. 2004. From Moby Dick to Free Willy: Macro-cultural discourse and institutional entrepreneurship in emerging institutional fields. Organization, 11(5): 689-711.

Lawrence, T. B., & Suddaby, R. 2006. Institutions and institutional work. In S. Clegg, C. Hardy, T. Lawrence, & W. R. Nord (Eds.), Handbook of organization studies (2nd ed.): 215-254. Oxford, UK: Sage.

Lawrence, T. B., Winn, M. I., & Jennings, P. D. 2001. The temporal dynamics of institutionalization. Academy of Management Review, 26(4): 624-644.

Lazzarini, S. G. 2015. Strategizing by the government: Can industrial policy create firm-level competitive advantage? Strategic Management Journal, 36(1): 97-112.

Lee, C. K., & Saxenian, A. 2008. Coevolution and coordination: A systemic analysis of the Taiwanese information technology industry. Journal of Economic Geography, 8(2): 157-180.

Lee, C.-K., & Hung, S.-C. 2014. Institutional entrepreneurship in the informal economy: China's shan-zhai mobile phones. Strategic Entrepreneurship Journal, 8(1): 16-36.

Lee, K., & Malerba, F. 2017. Catch-up cycles and changes in industrial leadership: Windows of opportunity and responses of firms and countries in the evolution of sectoral systems. Research Policy, 46(2): 338-351.

Lee, M.-W., Liu, B.-C., & Wang, P. 1994. Growth and equity with endogenous human capital: Taiwan's economic miracle revisited. Southern Economic Journal, 61(2): 435-444.

Lee, T. W. 1999. Using qualitative methods in organizational studies. London, UK: Sage.

Lee, T. W., Mitchell, T. R., & Sablynski, C. J. 1999. Qualitative research in organizational and vocational psychology, 1979–1999. Journal of Vocational Behavior, 55(2): 161-187.

Lehmann, E. E., Schenkenhofer, J., & Wirsching, K. 2019. Hidden champions and unicorns: A question of the context of human capital investment. Small Business Economics, 52(2): 359-374.

Lehmberg, D., Dhanaraj, C., & White, R. 2019. Market adjacency and competing technologies: Evidence from the flat panel display industry. Industrial and Corporate Change, 28(6): 1429-1447.

Leiner, B. M., Cerf, V. G., Clark, D. D., Kahn, R. E., Kleinrock, L., Lynch, D. C., Postel, J., Roberts, L. G., & Wolff, S. S. 1997. The past and future history of the Internet. Communications of the ACM, 40(2): 102-108.

Lengnick-Hall, C. A., & Wolff, J. A. 1999. Similarities and contradictions in the core logic of three strategy research streams. Strategic Management Journal, 20(12): 1109-1132.

Leonard-Barton, D. 1992. Core capabilities and core rigidities: A paradox in managing new product development. Strategic Management Journal, 13(SI): 111-125.

Lerner, J., & Tåg, J. 2013. Institutions and venture capital. Industrial and Corporate Change, 22(1): 153-182.

Leung, A., Zietsma, C., & Peredo, A. M. 2014. Emergent identity work and institutional change: The 'quiet' revolution of Japanese middle-class housewives. Organization Studies, 35(3): 423-450.

Levifaur, D. 1998. The developmental state: Israel, South Korea, and Taiwan compared. Studies in Comparative International Development, 33(1): 65-93.

Levi-Strauss, C. 1967. The savage mind. Chicago, IL: University of Chicago Press.

Levy, B., & Kuo, W.-J. 1991. The strategic orientations of firms and the performance of Korea and Taiwan in frontier industries: Lessons from comparative case studies of keyboard and personal computer assembly. World Development, 19(4): 363-374.

Levy, D., & Scully, M. 2007. The institutional entrepreneur as modern prince: The strategic face of power in contested fields. Organization Studies, 28(7): 971-991.

Lewin, A, Long C., & Carroll T. 1999. The coevolution of new organizational forms. Organization Science, 10(5): 535-550.

Li, Z., Kang, J., Yu, R., Ye, D., Deng, Q., & Zhang, Y. 2017. Consortium blockchain for secure energy trading in industrial internet of things. IEEE Transactions on Industrial Informatics, 14(8): 3690-3700.

Lichtenthaler, U. 2009. Absorptive capacity, environmental turbulence, and the complementarity of organizational learning processes. Academy of Management Journal, 52(4): 822-846.

Lieberman, M. B., & Montgomery, D. B. 1988. First-mover advantages. Strategic Management Journal, 9(S1): 41-58.

Lieberman, M. B., & Montgomery, D. B. 1998. First-mover (dis) advantages: Retrospective and link with the resource-based view. Strategic Management Journal, 19(12): 1111-1125.

Lieberson, S. 1991. Small N's and big conclusions: An examination of the reasoning in comparative studies based on a small number of cases. Social Forces, 70(2): 307-320.

Liebeskind, J. P., Oliver, A. L., Zucker, L., & Brewer, M. 1996. Social networks, learning and flexibility: Sourcing scientific knowledge in new biotechnology firms. Organization Science, 7(4): 428-443.

Lifshitz-Assaf, H. 2018. Dismantling knowledge boundaries at NASA: The critical role of professional identity in open innovation. Administrative Science Quarterly, 63(4): 746-782.

Lim, K. 2004. The relationship between research and innovation in the semiconductor and pharmaceutical industries (1981–1997). Research Policy, 33(2): 287-321.

Lim, K. 2009. The many faces of absorptive capacity: Spillovers of copper interconnect technology for semiconductor chips. Industrial and Corporate Change, 18(6): 1249-1284.

Lin, N. 2000. Social capital: A theory of social structure and action. New York, NY: Cambridge University Press.

Lincoln, Y. S., & Guba, E. G. 1985. Naturalistic inquiry. Newbury Park, CA: Sage.

Linden, G., & Somaya, D. 2003. System-on-a-chip integration in the semiconductor industry: Industry structure and firm strategies. Industrial and Corporate Change, 12(3): 545-576.

Link, A. N. 1998. The US display consortium: Analysis of a public/private partnership. Industry and Innovation, 5(1): 35-50.

Linstead, S. 1993. From postmodern anthropology to deconstructive ethnography. Human Relations, 46 (1): 97-120.

Linton, J. D., & Thongpapanl, N. 2004. Perspective: Ranking the technology innovation management journals. Journal of Product Innovation Management, 21(2): 123-139.

Liu, T.-H., Chu, Y.-Y., Hung, S.-C., & Wu, S.-Y. 2005. Technology entrepreneurial styles: A comparison of UMC and TSMC. International Journal of Technology Management, 29(1/2): 92-115.

Liu, X., & White, S. 2001. Comparing innovation systems: A framework and application to China's transitional context. Research Policy, 30(7): 1091-1114.

Liu, Y., Ahlstrom, D., & Yeh, K. S. 2006. The separation of ownership and management in Taiwan's public companies: An empirical study. International Business Review, 15(4): 415-435.

Locke, K. 2001. Grounded theory in management research. London, UK: Sage.

Loderer, C., Stulz, R., & Waelchli, U. 2017. Firm rigidities and the decline in growth opportunities. Management Science, 63(9): 3000-3020.

Lodh, S., & Battaggion, M. R. 2015. Technological breadth and depth of knowledge in innovation: The role of mergers and acquisitions in biotech. Industrial and Corporate Change, 24(2): 383-415.

Lofland, J. 1995. Analyzing social settings: A guide to qualitative observation and analysis. London, UK: Wadsworth.

Lorenz, E. N. 1993. The essence of chaos. Seattle, WA: University of Washington Press.

Lounsbury, M., & Glynn, M. A. 2001. Cultural entrepreneurship: Stories, legitimacy, and the acquisition of resources. Strategic Management Journal, 22(6/7): 545-564.

Lu, J. W., & Beamish, P. W. 2001. The internationalization and performance of SMES. Strategic Management Journal, 22(6/7): 565-586.

Lubinski, C., & Wadhwani, R. D. 2020. Geopolitical jockeying: Economic nationalism and multinational strategy in historical perspective. Strategic Management Journal, 41(3): 400-421.

Lundstrom, M. 2003. Moore's Law forever? Science, 299(5604): 210-211.

Lundvall, B. A. 1992. National systems of innovation: Towards a theory of innovation and interactive learning. London, UK: Printer Publishers.

Lundvall, B.-Å. 1988. Innovation as an interactive process: From user-producer interaction to the national system of innovation. In G. Dosi, C. Freeman, R. Nelson, G. Silverberg, & L. Soete (Eds.), Technical change and economic theory: 349-369. London, UK: Pinter.

Lundvall, B.-Å., Johnson, B., Andersen, E. B., & Balum, B. 2002. National systems of production, innovation and competence building. Research Policy, 31(2): 213-231.

Luthans, F., & Davis, T. R. V. 1982. An idiographic approach to organizational behavior research: The use of single case experimental designs and direct measures. Academy of Management Review, 7(3): 380-391.

Lynn, L. H., Reddy, N. M., & Aram, J. D. 1996. Linking technology and institutions: The innovation community framework. Research Policy, 25(1): 91-106.

Macher, J. T., & Mowery, D. C. 2009. Measuring dynamic capabilities: Practices and performance in semiconductor manufacturing. British Journal of Management, 20(S1): 41-62.

Maguire, S., & Hardy, C. 2006. The emergence of new global institutions: A discursive perspective. Organization Studies, 27(1): 7-29.

Maguire, S., & Hardy, C. 2009. Discourse and deinstitutionalization: The decline of DDT. Academy of Management Journal, 52(1): 148-178.

Maguire, S., Hardy, C., & Lawrence, T. B. 2004. Institutional entrepreneurship in emerging fields: HIV/AIDS treatment advocacy in Canada. Academy of Management Journal, 47(5): 657-679.

Mahoney, J., & Pandian, J. 1992. The resource-based view within the conversation of strategic management. Strategic Management Journal, 13(5): 363-380.

Makadok, R. 1999. Interfirm differences in scale economies and the evolution of market shares. Strategic Management Journal, 20(10): 935-952.

Malerba, F. 2002. Sectoral systems of innovation and production. Research Policy, 31(2): 247-264.

Malerba, F. (Ed.). 2004. Sectoral systems of innovation: Concepts, issues and analyses of six major sectors in Europe. Cambridge, UK: Cambridge University Press.

Malerba, F., & Orsenigo, L. 1997. Technological regimes and sectoral patterns of innovative activities. Industrial and Corporate Change, 6(1): 83-118.

Mani, S. 2009. Why is the Indian pharmaceutical industry more innovative than its telecommunications equipment industry? Contrasts between the sectoral systems of innovation of the Indian pharmaceutical and telecommunications industries. In F. Malerba & S. Mani (Eds.), Sectoral systems of innovation and production in developing countries: 27–56. Cheltenham, UK: Edward Elgar.

Mansfield, E. 1991. Academic research and industrial innovation. Research Policy, 20(1): 1-12.

March, J. G. 1991. Exploration and exploitation in organizational learning. Organization Science, 2(1): 71-87.

March, J. G., & Simon, H. A., 1958. Organizations. New York: Wiley.

March, J. G., & Olsen, J. P. 1976. Ambiguity and choice in organizations. Bergen, Norway: Universitetsforlaget.

Markard, J., Wirth, S., & Truffer, B. 2016. Institutional dynamics and technology legitimacy – A framework and a case study on biogas technology. Research Policy, 45(1): 330-344.

Markus, M. L. 1983. Power, politics, and MIS implementation. Communications of the ACM, 26(6): 430-444.

Marshall, C., & Rossman, G. 1995. Designing qualitative research. London, UK: Sage.

Martí, I., & Mair, J. 2009. Bringing change into the lives of the poor: Entrepreneurship outside traditional boundaries. In T. B. Lawrence, R. Suddaby, & B. Leca (Eds.), Institutional work: Actors and agency in institutional studies of organizations: 92-119. Cambridge, UK: Cambridge University Press.

Martin, P. Y., & Turner, B. A. 1986. Grounded theory and organizational research. Journal of Applied Behavioral Science, 22(2): 141-157.

Marx, K., & Engels, F. 1974. The German ideology. London: Lawrence & Wishart. (Original work published 1846)

Mason, E. S. 1939. Price and production policies of large-scale enterprise. American Economic Review, 29(1): 61-74.

Masten, S. E. 1993. Transaction costs, mistakes, and performance: Assessing the importance of governance. Managerial and Decision Economics, 14(2): 119-129.

Mathews, J. A. 1997. A Silicon Valley of the East: Creating Taiwan's semiconductor industry. California Management Review, 39(4): 26-54.

Mathews, J. A. 2002a. Dragon multinational: A new model for global growth. New York, NY: Oxford University Press.

Mathews, J. A. 2002b. The origins and dynamics of Taiwan's R&D consortia. Research Policy, 31(4): 633-651.

Mathews, J. A. 2006. Dragon multinationals: New players in 21st century globalization. Asia Pacific Journal of Management, 23(1): 5-27.

Mathews, J. A., & Cho, D.-S. 2000. Tiger technology: The creation of a semiconductor industry in East Asia. Cambridge, UK: Cambridge University Press.

Maxwell, J. 1996. Qualitative research design: An interactive approach. London, UK: Sage.

May, R. C., Stewart, W. H., & Sweo, R. 2000. Environmental scanning behavior in a transitional economy: Evidence from Russia. Academy of Management Journal, 43(3): 403-427.

Mayer, R. C., Davis, J. H., & Schoorman, F. D. 1995. An integrative model of organizational trust. Academy of Management Review, 20(3): 709-734.

McGee, J., & Thomas, H. 1986. Strategic groups: Theory, research and taxonomy. Strategic Management Journal, 7(2): 141-160.

McGrath, R. G. 2013. Transient advantage. Harvard Business Review, 91(6): 62-70.

McKelvey, B. 1997. Quasi-natural organization science. Organization Science, 8(4): 352-380.

McKendrick, D. G. 2001. Global strategy and population level learning: The case of hard disk drives. Strategic Management Journal, 22(4): 307-334.

McKendrick, D. G., Doner, R. F., & Haggard, S. 2000. From Silicon Valley to Singapore: Location and competitive advantage in the hard disk drive industry. Stanford, CA: Stanford University Press.

McKenna, R. 1989. Who's afraid of Big Blue? How companies are challenging IBM - and winning. Reading, MA: Addison-Wesley.

McKnight, D. H., Cummings, L. L., & Chervany, N. L. 1998. Initial trust formation in new organizational relationships. Academy of Management Review, 23(3): 473-490.

McPherson, C. M., & Sauder, M. 2013. Logics in action: Managing institutional complexity in a drug court. Administrative Science Quarterly, 58: 165-196.

Meindl, J. D. 2003. Beyond Moore's Law: The interconnect era. Computing in Science & Engineering, 5(1): 20-24.

Merton, R. K. 1968. Social theory and social structure. New York, NY: Free Press.

Meuer, J., Rupietta, C., & Backes-Gellner, U. 2015. Layers of co-existing innovation systems. Research Policy, 44(4): 888-910.

Meyer, A. D. 1982. Adapting to environmental jolts. Administrative Science Quarterly, 27(4): 515-537.

Meyer, J. W., & Rowan, B. 1977. Institutionalized organizations: Formalized structures as myth and ceremony. American Journal of Sociology, 83(2): 340-363.

Miles, L. 1997. Cyberspace as product space. Futures, 29(9): 769-789.

Miles, M. B., & Huberman, M. A. 1994. Qualitative data analysis: An expanded source book (2nd). London, UK: Sage.

Miller, D., & Chen, M. J. 1996. Nonconformity in competitive repertoires: A sociological view of markets. Social Forces, 74(4): 1209-1234.

Mills, C. W. 1970. The sociological imagination. London, UK: Oxford University Press.

Mintzberg, H. 1973. The nature of managerial work. New York: Harper & Row.

Mintzberg, H. 1979. An emerging strategy of "direct" research. Administrative Science Quarterly, 24(4): 582-589.

Mintzberg, H., Ahlstrand, B., & Lampel, J. 1998. Strategy safari: A guide tour through the wilds of strategic management. New York, NY: Free Press.

Mitchell, W. 1989. Whether and when? Probability and timing of incumbents' entry into emerging industrial subfields. Administrative Science Quarterly, 34(2): 208-230.

Mody, C. C. M. 2016. The long arm of Moore's Law: Microelectronics and American science. Cambridge, MA: MIT Press.

Mohr, L. B. 1982. Explaining organizational behavior: The limits and possibilities of theory and research. San Francisco, CA: Jossey-Bass.

Mohr, V., Garnsey, E., & Theyel, G. 2014. The role of alliances in the early development of high-growth firms. Industrial and Corporate Change, 23(1): 233-259.

Molina-Azorin, J. F. 2012. Mixed methods research in strategic management: Impact and applications. Organizational Research Methods, 15(1): 33-56.

Moore, G. 1965. Cramming more components onto integrated circuits. Electronics, 38(8): 114-117.

Moore, S. K. 2019. Another step toward the end of Moore's Law: Samsung and TSMC move to 5-nanometer manufacturing. IEEE Spectrum, 56(6): 9-10.

Morgan, G. 1986. Images of organization. London, UK: Sage.

Morgan, G., & Smircich, L. 1980. The case for qualitative research. Academy of Management Review, 5(4): 491-500.

Morris, M. H. 1998. Entrepreneurial intensity: Sustainable advantage for individuals, organizations, and societies. Westport, CT: Quorum.

Mosakowski, E., & Earley, P. C. 2000. A selective review of time assumptions in strategy research. Academy of Management Review, 25(4): 796-812.

Mowery, D. C. 2001. Technological innovation in a multipolar system: Analysis and implications for U.S. policy. Technological Forecasting and Social Change, 67(2-3): 143-157.

Mowery, D. C., & Oxley, J. E. 1995. Inward technology transfer and competitiveness: The role of national innovation systems. Cambridge Journal of Economics, 19(1): 67-93

Munir, K. A. 2005. The social construction of events: A study of institutional change in the photographic field. Organization Studies, 26(1): 93-112.

Munir, K. A., & Phillips, N. 2005. The birth of the "Kodak Moment": Institutional entrepreneurship and the adoption of new technologies. Organization Studies, 26(11): 1665-1687.

Murray, A. 1988. A contingency view of Porter's "generic strategies". Academy of Management Review, 13(3): 390-400.

Murray, F., Stern, S., Campbell, G., & MacCormack, A. 2012. Grand innovation prizes: A theoretical, normative, and empirical evaluation. Research Policy, 41(10): 1779-1792.

Murtha, T. P., Lenway, S. A., & Hart, J. A. 2001. Managing new industry creation: Global knowledge formation and entrepreneurship in high technology. Stanford, CA: Stanford University Press.

Mutch, A. 2007. Reflexivity and the institutional entrepreneur: A historical exploration. Organization Studies, 28(7): 1123-1140.

Muzio, D., Brock, D. M., & Suddaby, R. 2013. Professions and institutional change: Towards an institutionalist sociology of the professions. Journal of Management Studies, 50(5): 699-721.

Mytelka, L. 2000. Local systems of innovation in a globalized world economy. Industry and Innovation, 7(1): 15-32.

Nadella, S. 2017. Hit refresh: The quest to rediscover Microsoft's soul and imagine a better future for everyone. London: Harper Collins. （謝儀霏譯，2018，刷新未來：重新想像 AI+HI 智能革命下的商業與變革。台北：天下雜誌。）

Nadkarni, S., & Barr, P. S. 2008. Environmental context, managerial cognition, and strategic action: An integrated view. Strategic Management Journal, 29(13): 1395-1427.

Nahapiet, J., & Ghoshal, S. 1998. Social capital, intellectual capital, and the organizational advantage. Academy of Management Review, 23(2): 242-266.

Nahmias, E. 2015. Why we have free will. Scientific American, 312(1): 77-79.

Narayanan, V. K., & Chen, T. 2012. Research on technology standards: Accomplishment and challenges. Research Policy, 41(8): 1375-1406.

Naumes, W., & Naumes, M. J. 1999. The art and craft of case writing. London, UK: Sage.

Neffke, F., Hartog, M., Boschma, R., & Henning, M. 2018. Agents of structural change: The role of firms and entrepreneurs in regional diversification. Economic Geography, 94(1): 23-48.

Nelson, R. E. 1989. The strength of strong ties: Social networks and intergroup conflict in organization. Academy of Management Journal, 32(2): 377-401.

Nelson, R. R. (Ed.). 1993. National systems of innovation: A comparative study. Oxford: UK: Oxford University Press.

Nelson, R. R. 1996. The evolution of comparative or competitive advantage: A preliminary report on a study. Industrial and Corporate Change, 5(4): 597-617.

Nelson, R. R. 1998. Technology and industrial development in Japan. Research Policy, 26(7/8): 929-931.

Nelson, R. R. 1998. The co-evolution of technology, industrial structure, and supporting institutions. In G. Dosi, D. T. Teece, & J. Chytry (Eds.), Technology, organization, and competitiveness: 310-336. Oxford, UK: Oxford University Press.

Nelson, R. R. 2016. The sciences are different and the differences matter. Research Policy, 45(9): 1692-1701.

Nelson, R. R., & Winter, S. G. 1977. In search of useful theory of innovation. Research Policy, 6(1): 36-76.

Nelson, R. R., & Winter, S. G. 1982. An evolutionary theory of economic change. Cambridge, MA: Harvard University Press.

Nerur, S. P., Rasheed, A. A., & Natarajan, V. 2008. The intellectual structure of the strategic management field: An author co-citation analysis. Strategic Management Journal, 29(3): 319-336.

Neyland, D. 2007. Organizational ethnography. London, UK: Sage.

Nietzsche, F. 1896. Thus spoke Zarathustra: A book for all and none. London, UK: Macmillan. （徐楓譯，2019，查拉圖斯特拉如是說。台北：五南。）

Nightingale, P. 1998. A cognitive model of innovation. Research Policy, 27(7): 689-709.

Niosi, J. 2002. National systems of innovations are "x-efficient" (and x-effective): Why some are slow learners. Research Policy, 31(2): 291-302.

Niosi, J., Saviotti, P., Bellon, B., & Crow, M. 1993. National systems of innovation: In search of a workable concept. Technology in Society, 15(2): 207-227.

Noble, D. 1984. Forces of production. New York: Alfred A. Knopf.

North, D. C. 1990. Institutions, institutional change and economic performance. Cambridge, England: Cambridge University Press.

O'Kane, P., Smith, A., & Lerman, M. P. In press. Building transparency and trustworthiness in inductive research through computer-aided qualitative data analysis software. Organizational Research Methods.

O'Mara, W. C. 1993. Liquid crystal flat panel displays. New York, NY: Van Nostrand Reinhold.

O'Reilly III, C. A., & Tushman, M. L. 2008. Ambidexterity as a dynamic capability: Resolving the innovator's dilemma. Research in Organizational Behavior, 28: 185-206.

Oakes, L. S., Townley, B., & Cooper, D. J. 1998. Business planning as pedagogy: Language and control in a changing institutional field. Administrative Science Quarterly, 43(2): 257-292.

Ocasio, W., & Radoynovska, N. 2016. Strategy and commitments to institutional logics: Organizational heterogeneity in business models and governance. Strategic Organization, 14(4): 287-309.

OECD. 1997. National innovation systems. The NIS Project, OECD, Paris.

Oliver, C. 1991. Strategic responses to institutional process. Academy of Management Review, 16(1): 145-179.

Oliver, C. 1992. The antecedents of deinstitutionalization. Organization Studies, 13(4): 563-588.

Oliver, C. 1997. Sustaining competitive advantage: Combining institutional and resource-based views. Strategic Management Journal, 18(9): 697-713.

Orlikowski, W. J. 1992. The duality of technology: Rethinking the concept of technology in organizations. Organization Science, 3(3): 398-427.

Orlikowski, W. J. 2000. Using technology and constituting structures: A practice lens for studying technology in organizations. Organization Science, 3(3): 398-427.

Orlikowski, W. J., & Gash, D. C. 1994. Technological frames: Making sense of information technology in organizations. ACM Transactions on Information Systems, 12(2): 174-207.

Orrù, M., Biggart, N. W., & Hamilton, G. G. 1991. Organizational isomorphism in East Asia. In W. W. Powell & P. J. DiMaggio (Eds.), The new institutionalism in organizational analysis: 361-389. Chicago, IL: University of Chicago Press.

Ostry, S., & Nelson, R. 1995. Techno-nationalism and techno-globalism: Conflict and cooperation. Washington D.C.: The Brookings Institution.

Pache, A. C., & Santos, F. 2010. When worlds collide: The internal dynamics of organizational responses to conflicting institutional demands. Academy of Management Review, 35(3): 455-476.

Pache, A.-C., & Santos, F. 2013. Inside the hybrid organization: Selective coupling as a response to competing institutional logics. Academy of Management Journal, 56(4): 972-1001.

Paik, Y., Kang, S., & Seamans, R. 2019. Entrepreneurship, innovation, and political competition: How the public sector helps the sharing economy create value. Strategic Management Journal, 40(4): 503-532.

Park, K. H., & Lee, K. 2006. Linking the technological regime to the technological catch-up: Analyzing Korea and Taiwan using the US patent data. Industrial and Corporate Change, 15(4): 715-753.

Parkhe, A. 1993. Strategic alliance structuring: A game theoretic and transaction cost examination of interfirm cooperation. Academy of Management Journal, 36(4): 794-829.

Parsons, T. 1960. Structure and process in modern societies. Glencoe, IL: Free Press.

Pascale, R. T. 1999. Surfing the edge of chaos. Sloan Management Review, 40(3): 83-94.

Patala, S., Korpivaara, I., Jalkala, A., Kuitunen, A., & Soppe, B. 2019. Legitimacy under institutional change: How incumbents appropriate clean rhetoric for dirty technologies. Organization Studies, 40(3): 395-419.

Patel, P., & Pavitt, K. 1994a. National innovation systems: Why they are important, and how they might be measured and compared. Economics of Innovation and New Technology, 3(1): 77-95.

Patel, P., & Pavitt, K. 1994b. Uneven (and divergent) technological accumulation among advanced countries: Evidence and a framework of explanation. Industrial and Corporate Change, 3(3): 759-787.

Patton, M. Q. 2002. Qualitative research and evaluation methods. Thousand Oaks, CA: Sage.

Peck, E., Gulliver, P., & Towell, D. 2004. Why do we keep on meeting like this? The board as a ritual in health and social care. Health Services Management Research, 17(2): 100-109.

Pekar Jr, P., & Allio, R. 1994. Making alliances work—Guidelines for success. Long Range Planning, 27(4), 54-65.

Pellens, M., & Della Malva, A. 2018. Corporate science, firm value, and vertical specialization: Evidence from the semiconductor industry. Industrial and Corporate Change, 27(3): 489-505.

Pelletier, A., Khavul, S., & Estrin, S. 2020. Innovations in emerging markets: The case of mobile money. Industrial and Corporate Change, 29(2): 395-421.

Peneder, M. 2010. Technological regimes and the variety of innovation behaviour: Creating integrated taxonomies of firms and sectors. Research Policy, 39(3): 323-334.

Peng, M. W. 1997. Firm growth in transitional economies: Three longitudinal cases from China, 1989-96. Organization Studies, 18(3): 385-413.

Peng, M. W., & Heath, P. S. 1996. The growth of the firm in planned economies in transition: Institutions, organizations and strategic choice. Academy of Management Review, 21(2): 492-528.

Penrose, E. T. 1959. The theory of the growth of the firm. New York, NY: Wiley.

Perren, L., & Sapsed, J. 2013. Innovation as politics: The rise and reshaping of innovation in UK parliamentary discourse 1960–2005. Research Policy, 42(10): 1815-1828.

Perkmann, M., McKelvey, M., & Phillips, N. 2019. Protecting scientists from Gordon Gekko: How organizations use hybrid spaces to engage with multiple institutional logics. Organization Science, 30(2): 298-318.

Pettigrew, A. M. 1985. The awakening giant. Oxford, UK: Blackwell.

Pettigrew, A. M. 1990. Longitudinal field research on change: Theory and practice. Organization Science, 1(3): 267-292.

Pettigrew, A. M. 1997. What is a processual analysis? Scandinavian Journal of Management, 13(4), 337-348.

Pettigrew, A. M., Woodman, R. W., & Cameron, K. S. 2001. Studying organizational change and development: Challenges for future research. Academy of Management Journal, 44(9): 697-713.

Pfeffer, J., & Salancik, G. E. 1978. The external control of organizations: A resource dependence perspective. New York, NY: Harper Row.

Pfeffer, J., & Sutton, R. I. 2006. Hard facts, dangerous half-truths, and total nonsense: Profiting from evidence-based management. Boston, MA: Harvard Business School Press.

Pfotenhauer, S. M., Juhl, J., & Aarden, E. 2019. Challenging the "deficit model" of innovation: Framing policy issues under the innovation imperative. Research Policy, 48(4): 895-904.

Phaal, R., Farrukh, C. J., & Probert, D. R. 2004. Technology roadmapping—A planning framework for evolution and revolution. Technological Forecasting and Social Change, 71(1-2): 5-26.

Phadnis, S., Caplice, C., Sheffi, Y., & Singh, M. 2015. Effect of scenario planning on field experts' judgment of long-range investment decisions. Strategic Management Journal, 36(9): 1401-1411.

Phillips, N., Lawrence, T. B., & Hardy, C. 2000. Inter-organizational collaboration and the dynamics of institutional fields. Journal of Management Studies, 37(1): 23-43.

Phillips, N., Lawrence, T. B., & Hardy, C. 2004. Discourse and institutions. Academy of Management Review, 29(4): 635-652.

Pinch, T. F., & Bijker, W. E. 1987. The social construction of facts and artifacts: Or how the sociology of science and the sociology of technology might benefit each other. In W. E. Bijker, T. P. Hughes, & T. Pinch (Eds.), The social construction of technological systems: 17-50. Cambridge, MA: MIT Press.

Pink, S. 2007. Doing visual ethnography. London, UK: Sage.

Pisano. G. P. 1991. The governance of innovation: Vertical integration and collaborative arrangements in the biotechnology industry. Research Policy, 20(3): 237-249.

Popper, K. 1959. The logic of scientific discovery. London, UK: Hutchinson.

Popper, K. 1972. Objective knowledge: An evolutionary approach. Oxford, UK: Clarendon Press.

Porter, M. E. 1980. Competitive strategy: Techniques for analyzing industries and competitors. New York, NY: Free Press.

Porter, M. E. 1981. The contributions of industrial organization to strategic management. Academy of Management Review, 6(4): 609-620.

Porter, M. E. 1985. Competitive advantage: Creating and sustaining superior performance. New York, NY: Free Press.

Porter, M. E. 1996. What is strategy? Harvard Business Review, 74(6): 61-78.

Porter, M.E. 1990. Competitive advantage of nations. London, UK: Macmillan.

Powell, T. C., & Dent-Micallef, A. 1997. Information technology as competitive advantage: The role of human, business and technology resources. Strategic Management Journal, 18(5): 375-405.

Powell, W. W. 1990. Neither market nor hierarchy: Network forms of organization. Research in Organizational Behavior, 12: 295-336.

Pozzebon, M. 2004. The influence of a structurationist view on strategic management research. Journal of Management Studies, 41(2): 247-272.

Prahalad, C. K., & Hamel, G. 1990. The core competence of the corporation. Harvard Business Review, 68(3): 79-91.

Puffert, D. 2000. The standardization of track gauge on North American railways, 1830-1890. Journal of Economic History, 60(4): 933-60.

Quinn, J. B. 1980. Strategies for change: Logical incrementalism. Homewood, IL: Irwin.

Radosevic, S. 1998. Defining systems of innovation: A methodological discussion. Technology in Society, 20(1): 75-86.

Radzicki, M. J. 1990. Institutional dynamics, deterministic chaos, and self-organizing systems. Journal of Economic Issues, 24(1): 57-102.

Raff, D. M. G 2000. Superstores and the evolution of firm capabilities in American bookselling. Strategic Management Journal, 21(10/11): 1043-1059.

Ragin, C. C. 1987. The comparative method. Berkeley, CA: University of California Press.

Ragin, C. C., & Becker, H. S. 1992. What is a case? Exploring the foundations of social inquiry. New York, NY: Cambridge University Press.

Raisch, S., Birkinshaw, J., Probst, G., & Tushman, M. L. 2009. Organizational ambidexterity: Balancing exploitation and exploration for sustained performance. Organization Science, 20(4): 685-695.

Rajagopalan, N., & Spreitzer, G. M. 1997. Toward a theory of strategic change: A multi-lens perspective and integrative framework. Academy of Management Review, 22(1): 48-79.

Rao, H. 1998. Caveat emptor: The construction of nonprofit consumer watchdog organizations. American Journal of Sociology, 103(4): 912-961.

Rao, H., & Singh, J. 2001. The construction of new paths: Institution-building activity in the early automobile and biotech industries. In R. Garud & P. Karnoe (Eds.), Path dependence and creation: 243-267. London, UK: Erlbaum.

Rao, H., Monin, P., & Durand, R. 2003. Institutional change in Toque Ville: Nouvelle Cuisine as an identity movement in French gastronomy. American Journal of Sociology, 108: 795-843.

Rao, H., Monin, P., & Durand, R. 2005. Border crossing: Bricolage and the erosion of categorical boundaries in French Gastronomy. American Sociological Review, 70(6): 968-991.

Rao, H., Morrill, C., & Zald, M. N. 2000. Power plays: How social movements and collective action create new organizational forms. In R. I. Sutton & B. M. Staw (Eds.), Research in organizational behavior, Vol. 22: 239-282. Greenwich, CT: JAI Press.

Raynard, M., & Greenwood, R. 2014. Deconstructing complexity: How organizations cope with multiple institutional logics. In Academy of Management Proceedings: 12907. Briarcliff Manor, NY: Academy of Management.

Reagan, 1985. Why this is an entrepreneurial age. Journal of Business Venturing, 1(1): 1-4.

Redding, G. 1990. The spirit of Chinese capitalism. New York: Walter de Gruyter.

Reed, M. I. 1997. In praise of duality and dualism: Rethinking agency and structure in organizational analysis. Organization Studies, 18(1): 21-42.

Riessman, C. K. 1993. Narrative analysis. Newbury Park, CA: Sage.

Rigby, J. 2016. A long and winding road: 40 years of R&D Management. R&D Management, 46(S3): 1062-1083.

Rindfleisch, A., & Heide, J. B. 1997. Transaction cost analysis: Past, present, and future applications. Journal of Marketing, 61(4): 30-54.

Robertson, T. S., & Gatignon, H. 1986. Competitive effects on technology diffusion. Journal of Marketing, 50(3): 1-12.

Rogers, E. M. 1983. Diffusion of innovations. New York, NY: Free Press.

Romanelli, E. 1989. Organizing birth and population variety: A community perspective. In L. L. Cummings & B. M. Staw (Eds.), Research in organizational behavior: 211-246. Greenwich, CT: JAI.

Roos, J. 1998. Exploring the concept of intellectual capital (IC). Long Range Planning, 31(1): 150-153.

Rosenberg, N. 1982. Inside the black box: Technology and economics. Cambridge, MA: Cambridge University Press.

Rosenkopf, L., & Tushman, M. 1994. The coevolution of technology and organization. In J. A. C. Baum & J. V. Singh (Eds.), Evolutionary dynamics of organizations: 403-424. New York, NY: Oxford University Press.

Rosenzweig, P. M. 1994. International sourcing in athletic footwear: Nike and Reebok. Harvard Business School Case no. 9394189.

Rothaermel, F. T., & Hill, C. W. L. 2005. Technological discontinuities and complementary assets: A longitudinal study of industry and firm performance. Organization Science, 16(1): 52-70.

Ruef, M. 2000. The emergence of organizational forms: A community ecology approach. American Journal of Sociology, 106(3): 658-714.

Ruelle, D. 1989. Chaotic evolution and strange attractors. New York: Cambridge University Press.

Rugman, A. M., & Verbeke, A. 1993. Foreign subsidiaries and multinational strategy management: An extension and correction of Porter's single diamond framework. Management International Review, 33(special issue): 71-84.

Rugman, A., & D'Cruz, J. R. 1993. The "double diamond" model of international competitiveness: The Canadian experience. Management International Review, 33(special issue): 17-39.

Rumsey, S. 2004. How to find information: A guide for researchers. Maidenhead, UK: Open University Press.

Rutherford, M. W., & Buller, P. F. 2007. Searching for the legitimacy threshold. Journal of Management Inquiry 16(1): 78-92.

Rycroft, R., & Kash, D. 2002. Path dependence in the innovation of complex technologies. Technology Analysis & Strategic Management, 14(1): 21-35.

Sadowski, B. M., Dittrich, K., & Duysters, G. M. 2003. Collaborative strategies in the event of technological discontinuities: The case of Nokia in the mobile telecommunication industry. Small Business Economics, 21(2): 173-186.

Sahal, D. 1981. Patterns of technological innovation. Reading, MA: Addison-Wesley.

Sahal, D. 1985. Technological guide-posts and innovation avenues. Research Policy, 14(2): 61-82.

Salter, A. J., & Martin, B. R. 2001. The economic benefits of publicly funded basic research: A critical review. Research Policy, 30(3): 509-532.

Sanders, P. 1982. Phenomenology: A new way of viewing organizational research. Academy of Management Review, 7(3): 353-360.

Santos, F. M., & Eisenhardt, K. M. 2009. Constructing markets and shaping boundaries: Entrepreneurial power in nascent fields. Academy of Management Journal, 52(4): 643-671.

Sapienza, H. J. 1992. When do venture capitalists add value? Journal of Business Venturing, 7(1): 9-27.

Saren, M. 1987. The role of strategy in technological innovation: A re-assessment in organization analysis and development. In I. L. Mangham (Ed.), Organization analysis and development: A social construction of organizational behavior: 125-165. New York: Wiley.

Sarma, S., & Sun, S. L. 2017. The genesis of fabless business model: Institutional entrepreneurs in an adaptive ecosystem. Asia Pacific Journal of Management, 34(3): 587-617.

Saviotti, P. P. 2002. Variety, growth and demand. In A. McMeekin, K. Green, M. Tomlinson, & V. Walsh (Eds.), New dynamics of innovation and competition: 41-55. Manchester, UK: Manchester University Press.

Saxenian, A. 1994. Regional advantage: Culture and competition in Silicon Valley and Route 128. Boston, MA: Harvard Business Press.

Saxenian, A. 2007. The new argonauts: Regional advantage in a global economy. Cambridge, MA: Harvard University Press.

Saxenian, A., & Hsu, J.-Y. 2001. The Silicon Valley — Hsinchu connection: Technical communities and industrial upgrading. Industrial and Corporate Change, 10(4): 893-920.

Schaller, R. R. 1997. Moore's Law: Past, present and future. IEEE Spectrum, 34(6): 52-59.

Scherer, F. M. 1980. Industrial market structure and economic performance. Boston, MA: Houghton Mifflin.

Schumpeter, J. A. 1934. The theory of economic development: An inquiry into profits, capital, credit, interest, and the business cycle. Boston, MA: President and Fellows of Harvard College.

Schumpeter, J. A. 1942. Capitalism, socialism and democracy. New York, NY: Harper & Row.

Scott, W. R. 1995. Institutions and organizations: Ideas, interests, and identities. Thousand Oaks, CA: Sage.

Scott, W. R. 2007. Organizations and organizing: Rational, natural, and open system perspectives. Upper Saddle River, NJ: Pearson Education International.

Scott, W. R. 2008. Lords of the dance: Professionals as institutional agents. Organization Studies, 29(2): 219-238.

Scott, W. R., Ruef, M., Mendel, P., & Caronna, C. 2000. Institutional change and healthcare organizations: From professional dominance to managed care. Chicago, IL: University of Chicago Press.

Seidel, J., & Kelle, U. 1995. Different functions of coding in the analysis of textual data. In U. Kelle (Ed.), Computer-aided qualitative data analysis: Theory, methods, and practice. London: Sage.

Selznick, P. 1957. Leadership in administration: A sociological interpretation. Berkeley, CA: University of California Press.

Senker, J. 1996. National systems of innovation, organizational learning and industrial biotechnology. Technovation, 16(5): 219-229.

Seo, M.-G., & Creed, W. E. D. 2002. Institutional contradictions, praxis, and institutional change: A dialectical perspective. Academy of Management Review, 27(2): 222-247.

Sewell, W. H. 1992. A theory of structure: Duality, agency, and transformation. American Journal of Sociology, 98(1): 1-29.

Shamsie, J., Phelps, C., & Kuperman, J. 2004. Better late than never: A study of late entrants in household electrical equipment. Strategic Management Journal, 25(1): 69-84.

Shane, S. 2001. Technological opportunities and new firm creation. Management Science, 47(2): 205-220.

Shane, S. A. 2003. A general theory of entrepreneurship: The individual-opportunity nexus. Cheltenham, UK: Edward Elgar.

Shane, S., & Venkataraman, S. 2000. The promise of entrepreneurship as a field of research. Academy of Management Review, 25(1): 217-226.

Sherer, P. D., & Lee, K. 2002. Institutional change in large law firms: A resource dependency and institutional perspective. Academy of Management Journal, 45(1): 102-119.

Shu, E., & Lewin, A. Y. 2017. A resource dependence perspective on low-power actors shaping their regulatory environment: The case of Honda. Organization Studies, 38(8): 1039-1058.

Shubbak, M. H. 2019. The technological system of production and innovation: The case of photovoltaic technology in China. Research Policy, 48(4): 993-1015.

Siggelkow, N. 2007. Persuasion with case studies. Academy of Management Journal, 50(1): 20-24.

Silverman, B. S. 1999. Technological resources and the direction of corporate diversification: Toward an integration of the resource-based view and transaction cost economics. Management Science, 45(8): 1109-1124.

Silverman, D. 2000. Doing qualitative research: A practical handbook. London, UK: Sage.

Silverman, D. 2001. Interpreting qualitative data: Methods for analysing talk, text and interaction. London, UK: Sage.

Simon, H. A. 1991. Bounded rationality and organizational learning. Organization Science, 2(1): 125-134.

Sine, W. D., & David, R. J. 2003. Environmental jolts, institutional change, and the creation of entrepreneurial opportunity in the US electric power industry. Research Policy, 32(2): 185-207.

Sine, W. D., Haveman, H. A., & Tolbert, P. S. 2005. Risky business? Entrepreneurship in the new independent-power sector. Administrative Science Quarterly, 50(2): 200-232.

Singh, J. V., Tucker, D. J., & House, R. J. 1986. Organizational legitimacy and the liability of newness. Administrative Science Quarterly, 31(2): 171-193.

Sirmon, D. G., & Hitt, M. A., & Ireland, R. D. 2007. Managing firm resources in dynamic environments to create value: Looking inside the black box. Academy of Management Review, 32(1): 273-292.

Sirmon, D., Hitt, M. A., Ireland, R. D., & Gilbert, B. A. 2011. Resource orchestration to create competitive advantage: Breadth, depth, and life cycle effects. Journal of Management, 37: 1390-1412.

Slappendel, C. 1996. Perspectives on innovation in organizations. Organization Studies, 17(1): 107-129.

Slater, M. 1980. The managerial limitations to the growth of firms. Economic Journal, 90(359): 520-528.

Sloan, A. P. 1963. My years with General Motors. New York: Doubleday.

Solow, R. M. 1957. Technical change and the aggregate production function. The Review of Economics and Statistics, 39(3): 312-320.

Spencer, J. W. 2000. Knowledge flows in the global innovation system: Do US firms share more scientific knowledge than their Japanese rivals? Journal of International Business Studies, 31(3): 521-530.

Spencer, J. W. 2003a. Firms' knowledge-sharing strategies in the global innovation system: Empirical evidence from the flat panel display industry. Strategic Management Journal, 24(3): 217-233.

Spencer, J. W. 2003b. Global gatekeeping, representation, and network structure: A longitudinal analysis of regional knowledge-diffusion networks. Journal of International Business Studies, 34(5): 428-442.

Spencer, J. W., Murtha, T. P., & Lenway, S. A. 2005. How governments matter to new industry creation. Academy of Management Review, 30(2): 321-337.

Spender, J.-C. 1989. Industry recipes: The nature and sources of managerial judgement. Oxford, UK: Blackwell.

Stacey, R. D. 1995. The science of complexity: An alternative perspective for strategic change processes. Strategic Management Journal, 16(6), 477-495.

Stake, R. E. 1994. Case studies. In N. K. Denzin & Y. S. Lincoln (Eds.), Handbook of qualitative research: 236-247. Thousand Oaks, CA: Sage.

Starr, J., & Macmillan, I. 1990. Resource cooptation via social contracting: Resource acquisition strategies for new ventures. Strategic Management Journal, 11(SI): 79-92.

Stephan, A., Schmidt, T. S., Bening, C. R., & Hoffmann, V. H. 2017. The sectoral configuration of technological innovation systems: Patterns of knowledge development and diffusion in the lithium-ion battery technology in Japan. Research Policy, 46(4): 709-723.

Stevens, G., & Burley, J. 1997. 3,000 raw ideas equal 1 commercial success! Research-Technology Management, 40(3): 16-27.

Strauss, A. L. 1987. Qualitative analysis for social scientists. New York, NY: Cambridge University Press.

Strauss, A., & Corbin, J. M. 1990. Basics of qualitative research: Grounded theory procedures and techniques. Thousand Oaks, CA: Sage.

Stuart, T. E., & Sorenson, O. 2003. Liquidity events and the geographic distribution of entrepreneurial activity. Administrative Science Quarterly, 48(2): 175-201.

Suárez, F. F., & Utterback, J. M. 1995. Dominant designs and the survival of firms. Strategic Management Journal, 16(6): 415-430.

Suarez, F. F. 2004. Battles for technological dominance: An integrative framework. Research Policy, 33(2): 271-286.

Subramaniam, M., & Youndt, M. A. 2005. The influence of intellectual capital on the types of innovative capabilities. Academy of Management Journal, 48(3): 450-463.

Suchman, M. C. 1995. Managing legitimacy: Strategic and institutional approaches. Academy of Management Review, 20(3): 571-610.

Suddaby, R., & Greenwood, R. 2005. Rhetorical strategies of legitimacy. Administrative Science Quarterly, 50(1): 35-67.

Suri, T. 2017. Mobile money. Annual Review of Economics, 9(1): 497-520.

Swan, J., & Newell, S. 1995. The role of professional associations in technological diffusion. Organization Studies, 16(5): 847-874.

Swann, G. M. P. 2001. The demand for distinction and the evolution of the prestige car. In U. Witt (Ed.), Escaping satiation: 65-81. Berlin, Germany: Heidelberg.

Sydow, J., & Müller-Seitz, G. In press. Open innovation at the interorganizational network level: Stretching practices to face technological discontinuities in the semiconductor industry. Technological Forecasting and Social Change.

Sydow, J., Schreyögg, G., & Koch, J. 2009. Organizational path dependence: Opening the black box. Academy of Management Review, 34(4): 689-709.

Symon, G., & Cassell, C. 1998. Qualitative methods and analysis in organizational research: A practical guide. London, UK: Sage.

Taalbi, J. 2017. What drives innovation? Evidence from economic history. Research Policy, 46(8): 1437-1453.

Taleb, N. N. 2007. The black swan: The impact of the highly improbable. New York: Random House.

Tallman, E., & Wang, P. 1994. Human capital and endogenous growth: Evidence from Taiwan. Journal of Monetary Economics, 34(1): 101-124.

Tan, D., Hung, S.-C., & Liu, N. 2007. The timing of entry into a new market: An empirical study of Taiwanese firms in China. Management and Organization Review, 3(2): 227-254.

Tang, J. 2010. How entrepreneurs discover opportunities in China: An institutional view. Asia Pacific Journal of Management, 27(3): 461-479.

Tashakkori, A., & Teddlie, C. B. 1998. Mixed methodology: Combining qualitative and quantitative approaches. London, UK: Sage.

Taylor, S. J., & Bogdan, R. 1998. Introduction to qualitative research methods: A guidebook and resource (3rd). New York, NY: Wiley.

Teece, D. 1982. Towards an economic theory of the multiproduct firm. Journal of Economic Behavior and Organization, 3(1): 39-63.

Teece, D. J. 1986. Profiting from technological innovation: Implications for integration, collaboration, licensing and public policy. Research Policy, 15(6): 285-305.

Teece, D. J. 1996. Firm organization, industrial structure, and technological innovation. Journal of Economic Behavior & Organization, 31(2): 193-224.

Teece, D. J. 2007. Explicating dynamic capabilities: The nature and microfoundations of (sustainable) enterprise performance. Strategic Management Journal, 28(13): 1319-1350.

Teece, D. J., Pisano, G., & Shuen, A. 1997. Dynamic capabilities and strategic management. Strategic Management Journal, 18(7): 509-533.

Tegarden, L. F., Hatfield, D. E, & Echols, A. E. 1999. Doomed from the start: What is the value of selecting a future dominant design? Strategic Management Journal, 20(6): 495-518.

Thiétart, R. A., & Forgues, B. 1997. Action, structure and chaos. Organization Studies, 18(1): 119-143.

Thomas, G., & Wyatt, S. 1999. Shaping cyberspace-Interpreting and transforming the Internet. Research Policy, 28(7): 681-698.

Thorne, B. 1980. "You still takin' notes?" Fieldwork and problems of informed consent. Social Problems, 27 (3): 284-297.

Thornton, P. H. 1999. The sociology of entrepreneurship. Annual Review of Sociology, 25: 19-46.

Thornton, P. H., & Ocasio, W. 1999. Institutional logics and the historical contingency of power in organizations: Executive succession in the higher education publishing industry, 1958-1990. American Journal of Sociology, 105(3): 801-843.

Thursby, M., Thursby, J., & Gupta-Mukherjee, S. 2007. Are there real effects of licensing on academic research? A life cycle view. Journal of Economic Behavior & Organization, 63(4): 577-598.

Tolbert, P. A., & Zucker, L. G. 1983. Institutional sources of change in the femoral structure of organizations: The diffusion of civil service reform, 1990-1935. Administrative Science Quarterly, 28(1): 22-39.

Tolbert, P. S., & Zucker, L. G. 1996. The institutionalization of institutional theory. In S. R. Clegg, C. Hardy, & W. R. Nord (Eds.), Handbook of organization studies: 175-190. London, UK: Sage.

Tracy, S. J. 2010. Qualitative quality: Eight "big-tent" criteria for excellent qualitative research. Qualitative Inquiry, 16(10): 837.

Tripsas, M. 1997. Unraveling the process of creative destruction: Complementary assets and incumbent survival in the typesetter industry. Strategic Management Journal, 18(S1): 119-142.

Tripsas, M. 2000. Managing emerging technologies. New York, NY: John Wiley & Sons.

Tripsas, M., & Gavetti, G. 2000. Capabilities, cognition, and inertia: Evidence from digital imaging. Strategic Management Journal, 21(10/11): 1147-1161.

Tushman, M. 1977. Special boundary roles in the innovation process. Administrative Science Quarterly, 22(4): 587-605.

Tushman, M. L., & O'Reilly III, C. A. 2002. Winning through innovation: A practical guide to leading organizational change and renewal. Boston, MA: Harvard Business School Press.

Tushman, M. L., & O'Reilly III, C. A. 1996. Ambidextrous organizations: Managing evolutionary and revolutionary change. California Management Review, 38(40): 8-30.

Tushman, M. L., & Anderson, P. 1986. Technological discontinuities and organizational environments. Administrative Science Quarterly, 31(3): 439-465.

Tushman, M. L., & Rosenkopf, L. 1992. Organizational determinants of technological change: Toward a sociology of technological evolution. Research in Organizational Behavior, 14: 311-347.

Tzeng, C. H., Beamish, P. W., & Chen, S. F. 2011. Institutions and entrepreneurship development: High-technology indigenous firms in China and Taiwan. Asia Pacific Journal of Management, 28(3): 453-481.

Utterback, J. M. 1994. Mastering the dynamics of innovation. Boston, MA: Harvard Business School Press.

Vaara, E., & Whittington, R. 2012. Strategy-as-practice: Taking social practices seriously. Academy of Management Annals, 6(1): 285-336.

Van de Ven, A. H., & Rogers, E. M. 1988. Innovations and organizations: Critical perspectives. Communication Research, 15(5): 632-651.

Van den Ende, J., & Kemp, R. 1999. Technological transformations in history: How the computer regime grew out of existing computing regimes. Research Policy, 28(8): 833-851.

Van Maanen, J. 1988. Tales of the field. Chicago, IL: University of Chicago Press (1995, 2nd).

Van Maanen, J. 1995. Representation in ethnography. London, UK: Sage.

Van Maanen, J. 1998. Qualitative studies of organizations. London, UK: Sage.

Veloso, F., & Soto, J. M. 2001. Incentives, infrastructure and institutions: Perspectives on industrialization and technical change in late-developing nations. Technological Forecasting and Social Change, 66(1): 87-109.

Venkataraman, S. 1997. The distinctive domain of entrepreneurship research. In J. Katz & R. Brockhaus (Eds.), Advances in entrepreneurship, firm emergence and growth, Vol. 3: 119-138. Greenwich, CT: JAI Press.

Vernon, R. 1979. The product cycle hypothesis in a new international environment. Oxford Bulletin of Economics and Statistics, 41(4): 255-267.

von Hippel, E. 1988. The sources of innovation. New York, NY: Oxford University Press.

von Neumann, J., & Morgenstern, O. 1944. Theory of games and economic behavior. Princeton, NJ: Princeton University Press.

Vuori, T. O., & Huy, Q. N. 2016. Distributed attention and shared emotions in the innovation process: How Nokia lost the smartphone battle. Administrative Science Quarterly, 61(1): 9-51.

Wade, J. 1996. A community-level analysis of sources and rates of technological variation in the microprocessor market. Academy of Management Journal, 39(5): 1218-1244.

Wade, R. 1990. Governing the market: Economic theory and the role of government in East Asian industrialization. Princeton, NJ: Princeton University Press.

Walsh, S. T., Boylan, R. L., McDermott, C., & Paulson, A. 2005. The semiconductor silicon industry roadmap: Epochs driven by the dynamics between disruptive technologies and core competencies. Technological Forecasting and Social Change, 72(2): 213-236.

Wang, Q., Woo, H. L., Quek, C. L., Yang, Y., & Liu, M. 2012. Using the Facebook group as a learning management system: An exploratory study. British Journal of Educational Technology, 43(3): 428-438.

Wang, R., Wijen, F., & Heugens, P. P. 2018. Government's green grip: Multifaceted state influence on corporate environmental actions in China. Strategic Management Journal, 39(2): 403-428.

Warner, R. M., & Grung, B. L. 1983. Transistors: Fundamentals for the integrated circuit engineer. New York, NY: Wiley.

Watkins, A., Papaioannou, T., Mugwagwa, J., & Kale, D. 2015. National innovation systems and the intermediary role of industry associations in building institutional capacities for innovation in developing countries: A critical review of the literature. Research Policy, 44(8): 1407-1418.

Watzlawick, P., Weakland, J. H., & Fisch, R. 1974. Change: Principles of problem formation and problem resolution. New York: Norton.

Weber, M. 1946. Politics as a vocation. In H. Gerth & C. W. Mills (Eds.), From Max Weber: Essays in sociology: 77-128. New York: Oxford University Press.

Weber, M. 1952. The protestant ethic and the spirit of capitalism. New York, NY: Scribner.

Weber, R. P. 1990. Basic content analysis. London, UK: Sage.

Weick, K. E. 1989. Theory construction as disciplined imagination. Academy of Management Review, 14(4): 516-531.

Weiss, L., & Mathew, J. 1994. Innovation alliances in Taiwan: A coordinated approach to developing and diffusing technology. Journal of Industry Studies, 1(2): 91-101.

Wernerfelt, B. 1984. A resource-based view of the firm. Strategic Management Journal, 5(2): 171-180.

Wernerfelt, B. 1995. The resource-based view of the firm: Ten years after. Strategic Management Journal, 16(3): 171-174.

Westphal, J. D., & Zajac, E. J. 2001. Decoupling policy from practice: The case of stock repurchase programs. Administrative Science Quarterly, 46(2): 202-228.

Wheelwright, S. C., & Clark, K. B. 1992. Revolutionizing product development: Quantum leaps in speed, efficiency and quality. New York: Free Press.

Wheelwright, S. C., Holloway, C. A., Kasper, C. G., & Tempest, N. 2000. Cisco Systems, Inc.: Acquisition Integration for Manufacturing (A). Harvard Business School Case no. 9600015.

Whetten, D. 1989. What constitutes a theoretical contribution? Academy of Management Review, 14(4): 490-495.

Whitley, R. 1996. Business systems and global commodity chains: Competing or complementary forms of economic organizations? Competition & Change, 1(4): 411-425.

Whitley, R. 1999. Divergent capitalisms: The social structuring and change of business systems. Oxford, UK: Oxford University Press.

Whitley, R. D. 1992. Business systems in East Asia: Firms, markets and societies. London, UK: Sage.

Whittington, R. 1992. Putting Giddens into action: Managerial agency and social structure. Journal of Management Studies, 29(6): 693-712.

Whittington, R. 2003. The work of strategizing and organizing: For a practice perspective. Strategic Organization, 1(1): 117-125.

Whittington, R. 2006. Completing the practice turn in strategy research. Organization Studies, 27(5): 613-634.

Whittington, R., Cailluet, L., & Yakis-Douglas, B. 2011. Open strategy: Evolution of a precarious profession. British Journal of Management, 22(3): 531-544.

Wiggins, R. R., & Ruefli, T. W. 2005. Schumpeter's ghost: Is hypercompetition making the best of times shorter? Strategic Management Journal, 26(10): 887-911.

Wijen, F., & Ansari S. 2007. Overcoming inaction through collective institutional entrepreneurship: Insights from regime theory. Organization Studies 28(7): 1079-1100.

Wilcott, H. F. 1994. Transforming qualitative data. Thousand Oaks, CA: Sage.

Will, J. M., & Theo, M. M. 1996. Strategic alliances among small retailing firms: Empirical evidence for the Netherlands. Journal of Small Business Management, 34(1): 36-45.

Williamson, O. E. 1985. The economic institution of capitalism: Firms, markets, relational contracting. New York, NY: Free Press.

Williamson, O. E. 1999. Strategy research: Governance and competence perspective. Strategic Management Journal, 20(12): 1087-1108.

Williamson, P. J. 1989. Corporatism in perspective: An introduction to corporatist theory. London: Sage.

Williamson, P. J. 1997. Asia' new competitive game. Harvard Business Review, 75(5): 55-67.

Willmott, H. 1990. Beyond paradigmatic closure in organizational enquiry. In J. Hassard & D. Pym (Eds.), The theory and philosophy of organizations: 44-60. London, UK: Routledge.

Witt, M. A., & Redding, G. 2013. Asian business systems: Institutional comparison, clusters and implications for varieties of capitalism and business systems theory. Socio-Economic Review, 11(2): 265-300.

Wittgenstein, L. 1953. Philosophical investigations. New York: Macmillan.

Womack, J. P., Jones, D. T., & Roos, D. 1990. The machine that changed the world. New York: Rawson Associates.

Wong, P.-K. 1995. Competing in the global electronics industry: A comparative study of the innovation networks of Singapore and Taiwan. Journal of Industry Studies, 2(2): 35-62.

Wong, P.-K. 1997. Creation of a regional hub for flexible production: The case of the hard disk drive industry in Singapore. Industry and Innovation, 4(2): 183-206.

Woodward, J. 1965. Industrial organization: Theory and practice. Oxford, UK: Oxford University Press.

Woolgar, S. 1996. Psychology, qualitative methods and the ideas of science. In J. Richardson (Ed.), Handbook of qualitative research methods for psychology and the social sciences: 11-24. Leicester, UK: British Psychological Society.

Wright, P. 1984. MNC-Third World business unit performance: Application of strategic elements. Strategic Management Journal, 5(3): 231-240.

Wright, P. 1987. Research notes and communications: A refinement of Porter's strategies. Strategic Management Journal, 8(1): 93-101.

Wu, S.-Y., Hung, S.-C., & Lin, B.-W. 2006. Agile strategy adaptation in semiconductor wafer foundries: An example from Taiwan. Technological Forecasting and Social Change, 73(4): 436-451.

Yamakawa, Y., Peng, M. W., & Deeds, D. L. 2008. What drives new ventures to internationalize from emerging to developed economies? Entrepreneurship Theory and Practice, 32(1): 59-82.

Yates, J. A., & Orlikowski, W. J. 1992. Genres of organizational communication: A structurational approach to studying communication and media. Academy of Management Review, 17(2): 299-326.

Yeung, H. 2000. The dynamics of Asian business systems in a globalizing era. Review of International Political Economy, 17(3): 399-433.

Yin, R. K. 1984. Case study research: Design and methods. London, UK: Sage.

Yin, R. K. 1993. Applications of case study research. London, UK: Sage.

York, J. G., & Venkataraman, S. 2010. The entrepreneur-environment nexus: Uncertainty, innovation, and allocation. Journal of Business Venturing, 25(5): 449-463.

Zaltman, G., Robert, D., & Jonny, H. 1973. Innovations and organizations. New York, NY: Wiley.

Zeigler, L. H. 1988. Pluralism, corporatism, and Confucianism: Political associations and conflict regulation in the United States, Europe, and Taiwan. Philadelphia, PA: Temple University Press.

Zhao, B., & Ziedonis, R. In press. State governments as financiers of technology startups: Evidence from Michigan's R&D loan program. Research Policy.

Zietsma, C., & Lawrence, T. B. 2010. Institutional work in the transformation of an organizational field: The interplay of boundary work and practice work. Administrative Science Quarterly, 55: 189-221.

Zimmerman, M. A., & Zeitz, G. J. 2002. Beyond survival: Achieving new venture growth by building legitimacy. Academy of Management Review, 27(3): 414-431.

Zola, I. K. 1972. Medicine as an institution of social control. Sociological Review, 20: 487-503.

Zucker, L. G. 1988. Where do institutional patterns come from? Organizations as actors in social systems. In L. G. Zucker (Ed.), Institutional patterns and organizations: Culture and environment: 23-49. Cambridge, MA: Ballinger.

創新觀點35

# 打造創新路徑：改變世界的台灣科技產業

2021年1月初版　　　　　　　　　　　　　　　　　　　定價：新臺幣420元
2023年10月初版第五刷
有著作權‧翻印必究
Printed in Taiwan.

| | | |
|---|---|---|
| 著　　　者 | 洪　世　章 | |
| 叢書編輯 | 陳　冠　豪 | |
| 校　　　對 | 吳　美　滿 | |
| 內文排版 | 李　信　慧 | |
| 封面設計 | ＦＥ設計工作室 | |

| 出　版　者 | 聯經出版事業股份有限公司 | 副總編輯 | 陳　逸　華 |
|---|---|---|---|
| 地　　　址 | 新北市汐止區大同路一段369號1樓 | 總　編　輯 | 涂　豐　恩 |
| 叢書編輯電話 | (02)86925588轉5315 | 總　經　理 | 陳　芝　宇 |
| 台北聯經書房 | 台北市新生南路三段94號 | 社　　　長 | 羅　國　俊 |
| 電　　　話 | (02)23620308 | 發　行　人 | 林　載　爵 |
| 郵政劃撥帳戶 | 第0100559-3號 | | |
| 郵撥電話 | (02)23620308 | | |
| 印　刷　者 | 世和印製企業有限公司 | | |
| 總　經　銷 | 聯合發行股份有限公司 | | |
| 發　行　所 | 新北市新店區寶橋路235巷6弄6號2樓 | | |
| 電　　　話 | (02)29178022 | | |

行政院新聞局出版事業登記證局版臺業字第0130號

本書如有缺頁，破損，倒裝請寄回台北聯經書房更換。　　ISBN　978-957-08-5686-6 (平裝)
聯經網址：www.linkingbooks.com.tw
電子信箱：linking@udngroup.com

國家圖書館出版品預行編目資料

**打造創新路徑**：改變世界的台灣科技產業/洪世章著.
初版．新北市．聯經．2021年1月．428面．14.8×21公分
（創新觀點35）
ISBN 978-957-08-5686-6（平裝）
[2023年10月初版第五刷]

1.科技產業 2.資訊科技 3.產業發展 4.台灣

484                                             109020678